普通高等教育"十一五"国家级规划教材

21世纪高等院校自动化类专业系列教材

国家级精品课程教材·国家级精品资源共享课教材·新形态教材

控制系统仿真与计算机辅助设计

第3版

薛定宇　潘　峰　著

机 械 工 业 出 版 社

本书是作者从使用者角度出发，融合了作者三十多年的教学、研究和实际编程经验，并参考以往出版的专著和教材精心编写而成的。本书以 MATLAB/Simulink 语言为主要工具，在全新的框架下对控制系统建模、仿真、分析与设计进行了较全面的介绍，内容包括：MATLAB 语言的编程方法及其在各类数学问题求解中的应用；各类线性系统模型的表示方法与模型转换、系统辨识问题的求解方法；控制系统的计算机辅助分析；基于 Simulink 的控制系统建模仿真的方法；控制系统的计算机辅助设计算法；PID 控制器与最优控制器设计；工程系统的物理建模与仿真等。

本书可作为高等院校自动化专业本科生的教材或参考书，还可供研究生、科技工作者和教师参考。

图书在版编目（CIP）数据

控制系统仿真与计算机辅助设计 / 薛定宇，潘峰著. —3 版. —北京：机械工业出版社，2022.1（2023.8 重印）

21 世纪高等院校自动化类专业系列教材

ISBN 978-7-111-70015-9

Ⅰ. ①控⋯　Ⅱ. ①薛⋯　②潘⋯　Ⅲ. ①自动控制系统－系统仿真－高等学校－教材　②计算机辅助设计-高等学校－教材　Ⅳ. ①TP273②TP391.72

中国版本图书馆 CIP 数据核字（2022）第 006760 号

机械工业出版社（北京市百万庄大街22 号　邮政编码 100037）

策划编辑：李馨馨　　责任编辑：李馨馨　李培培
责任校对：张艳霞　　责任印制：郜　敏

中煤（北京）印务有限公司印刷

2023 年 8 月第 3 版·第 3 次印刷
184mm×260mm·17.5 印张·434 千字
标准书号：ISBN 978-7-111-70015-9
定价：79.00 元

电话服务　　　　　　　　　网络服务

客服电话：010-88361066　　机　工　官　网：www.cmpbook.com
　　　　　010-88379833　　机　工　官　博：weibo.com/cmp1952
　　　　　010-68326294　　金　书　网：www.golden-book.com
封底无防伪标均为盗版　机工教育服务网：www.cmpedu.com

前　言

随着MATLAB语言和Simulink仿真环境在控制系统研究与教学中的应用日益广泛，在系统仿真、自动控制等领域，国外很多高校在教学与研究中都将MATLAB/Simulink语言作为首选的计算机工具。我国的科学工作者和教育工作者也逐渐认识到MATLAB语言的重要性。MATLAB语言是一种十分有效的工具，能容易地解决在系统仿真及控制系统计算机辅助设计领域的教学与研究中遇到的问题，它可以将使用者从烦琐的底层编程中解放出来，把有限的宝贵时间更多地花在解决科学问题上。MATLAB语言虽然是计算数学专家倡导并开发的，但其普及和发展离不开自动控制领域学者的贡献。在MATLAB语言的发展进程中，许多有代表性的成就是和控制界的要求与贡献分不开的。MATLAB具有强大的数学运算能力、方便实用的绘图功能及语言的高度集成性，它在其他科学与工程领域也有着广阔的应用前景和无穷的潜能。因此，以MATLAB/Simulink作为主线，为我国高校自动化专业的一门重要课程——"控制系统仿真与计算机辅助设计"或"计算机仿真"编写一本实用的教材就显得非常迫切。

本书是作者从使用者的角度出发，融合了作者三十多年的教学、研究和实际编程经验，并参考以往出版的专著和教材，精心编写而成的。书中除简单介绍MATLAB的基础知识外，其余内容均围绕其在控制系统中的应用来展开。所以本书还可以作为"自动控制原理"等课程的计算机实践材料。本书第2版入选普通高等教育"十一五"国家级规划教材，并作为支撑教材之一入选国家级精品课程、国家级精品资源共享课"控制系统仿真与CAD"。本书的读者对象是应用型高校自动化专业的本科生，相应的英文版 *Linear Feedback Control — Analysis and Design with MATLAB* 由美国SIAM出版社于2007年出版，可以用于双语教学。

作者从1988年开始系统地使用MATLAB语言进行程序设计与控制理论研究，积累了丰富的第一手经验；用MATLAB语言编写的程序Control Kit曾作为英国Rapid Data软件公司的商品在国际范围内发行，并于1991年在国际电工教学杂志上发表文章介绍该软件。新近编写的几个通用程序在MathWorks公司（MATLAB语言的开发者）的网页上可以下载，其中反馈系统分析与设计程序CtrlLAB的下载量长期高居控制类软件的榜首，得到了国际上很多用户的关注。

多年来，作者一直试图以最实用的方式将MATLAB语言介绍给国内的读者，并出版了多部关于MATLAB语言及其应用方面的著作，其中，1996年出版的《控制系统计算机辅助设计——MATLAB语言与应用》一书被公认为国内关于MATLAB语言方面书籍中出版最早、影响最广的著作,被期刊文章他引数万次。本书主要介绍MATLAB 2021a版本,同时兼顾早期版本。

本书第1版的出版得到了丛书编委会主任南开大学袁著祉教授、清华大学王桂增教授和上海交通大学席裕庚教授的指点,作者对他们的辛勤工作深表谢意。

本书第1版和第2版由上海交通大学的施颂椒教授主审,感谢他对作者提出的建设性意见和细致审读。作者的导师,东北大学任兴权教授和英国Sussex大学的Derek P Atherton教授也对本书的最终成型提供了很多的帮助,是他们将作者引入系统仿真和MATLAB/Simulink语言编程这个充满趣味的领域。

作者的一些同事、同行和朋友也先后给予作者许多建议和支持,还有在互联网上交流的众多同行与朋友,在此表示深深的谢意。

由于本书第2版出版也已经十多年了,在此期间MATLAB取得了巨大发展,控制系统仿真与计算机辅助设计技术也取得了巨大的进步,因此,本教材的内容需要全面更新。全书由东北大学潘峰副教授负责更新材料和教学内容,由薛定宇最终定稿。

本书部分内容的编写受国家自然科学基金(基金编号61174145、61673094)资助,在此深表谢意。

由于作者水平有限,书中的缺点、错误在所难免,欢迎读者批评指教。

为了配合本书教学,读者可以从机工教育网(http://www.cmpedu.com)免费注册,审核通过后下载本书的源代码、演示实例。本书还在正文相应位置给出二维码视频,方便读者自学。

薛定宇

2021年8月

目　录

第1章 控制系统仿真与计算机辅助设计概述

1.1 控制理论和控制系统概述

1.1.1 自动控制理论的历史回顾

自动化科学作为一门学科起源于20世纪初,自动化科学与技术的基础理论来自于物理学等自然科学和数学、系统科学、社会科学等基础科学[1]。自动控制理论在现代科学技术的发展中有着重要的地位,起着重要的作用。

自动控制系统的早期应用可以追溯到两千多年前古埃及的水钟控制[2]与中国汉代的指南车控制[3],但当时未建立起自动控制的理论体系。1769年,英国科学家James Watt设计的蒸汽机引发了现代工业革命,1788年Watt为蒸汽机设计的飞锤调速器可以认为是最早的反馈控制系统的工程应用。由于当时应用的调速器会出现振荡现象,所以后来出现了Maxwell对微分方程系统稳定性的理论研究(1868年),他指出线性系统稳定的条件是其特征根均有负实部[4],Routh(1874年)[5]和Hurwitz(1895年)[6]等人提出了间接的稳定性判据,使得高阶系统稳定性判定成为可能。控制器的设计问题是由Minorsky在1922年开始研究的[7],其研究成果可以看成是现在广泛应用的PID控制器的前身,而1942年,Ziegler与Nichols提出了调节PID控制器参数的经验公式方法[8],此方法对当今的PID控制器整定仍有影响。

Harris于1942年提出的控制系统的传递函数概念,建立了控制系统理论研究的基础。系统的频域分析技术是在Nyquist(1932年)[9]、Bode(1945年)[10]、Nichols(1946年)[11]等进行的早期关于通信学科的频域研究工作的基础上建立起来的。Evans在1946年提出的线性反馈系统的根轨迹分析技术[12]是那个时代的另一个里程碑,在这些成果的基础上诞生了第一代控制理论——经典控制理论,又称为自动调节原理。

苏联学者Pontryagin于1956年提出的极大值原理[13]、美国学者Bellman的动态规划(1957年)[14]和美国学者Kalman的状态空间分析技术(1960年)[15]开创了控制理论研究的新时代,这三个代表性成果构成了第二代控制理论——即当时所谓的"现代控制理论"的理论基础。在那个时期以后,控制理论研究中出现了线性二次型最优调节器[16]、极点配置状态反馈、最优状态观测器[17]及线性二次型Gauss(linear quadratic Gaussian,LQG)问题的研究,并在后来出现了引入回路传输恢复技术的LQG控制器。

鲁棒控制是控制系统设计中的另一个令人瞩目的领域。1981 年,美国学者 Zames 提出了基于 Hardy 空间范数最小化方法的鲁棒最优控制理论[18],而 1992 年美国学者 Doyle 等人提出的最优控制的状态空间数值解法在这个领域有着重要的贡献[19],多变量鲁棒控制理论又被称为"第三代控制理论"[1]。

当代的控制理论发展仍然很迅速,出现了众多新的分支,如自适应控制与模型预测控制、最优控制理论、非线性控制理论、网络控制理论、智能控制理论(如专家系统、神经网络控制、模糊逻辑控制、学习控制)等。这些领域的研究还远未结束,控制理论正在迅猛、蓬勃地发展[20]。

1.1.2 控制系统分类

系统是由客观世界中实体与实体间的相互作用和相互依赖关系构成的具有某种特定功能的有机整体。系统的分类方法是多种多样的,习惯上依照其应用范围可以将系统分为工程系统和非工程系统。工程系统的含意是指由相互关联部件组成的一个整体,可实现特定的目标,例如,电力拖动自动控制系统是由执行部件、功率转换部件、检测部件所组成,用它来完成对电机的转速、位置和其他参数的某个特定目标的控制。非工程系统涵盖的范围更加广泛,大至宇宙,小至微观世界都存在着相互关联、相互制约的关系。形成的可以实现某种目的一个整体,均可以认为是系统。

如果想定量地研究系统的行为,可以将其本身的特性及内部的相互关系抽象出来,构造出系统的模型。系统的模型分为物理模型和数学模型。系统的数学模型是描述系统动态特性的数学表达式,用来表示系统运动过程中各个量的关系,是分析、设计系统的依据。从它所描述系统的运动性质和数学工具来分,又可以分为连续系统、离散时间系统、离散事件系统、混杂系统;从是否满足叠加原理上又可以细分为线性和非线性系统;从系统参数是否显式地依赖时间变化而变化可以分为定常系统与时变系统,从系统输入和输出情况可以分为单变量系统与多变量系统等;另外还可以依据其数学模型的性质分为集中参数系统、分布参数系统、确定性系统与随机系统等。

由于计算机技术的迅速发展和广泛应用,数学模型的应用越来越普遍。在实际控制工程中,获得系统模型主要有两种途径,其一是根据已知工程的物理定律和数学推导获得系统的数学模型,这样的方法称为物理建模方法,另一种途径是由实验数据拟合数学模型的方法,这类方法称为系统的模型辨识。

不同的系统模型需要不同的数学分支和求解工具来研究。例如,连续系统需要用常微分方程理论来研究,离散系统需要用差分方程理论来研究,分布参数系统需要用偏微分方程理论来研究,线性系统需要采用线性代数理论去研究,为了使整个系统的性能达到最好,则需要掌握最优化理论与技术。

解决控制系统的实际控制也可能需要各方面的知识,如自动控制原理与现代控制理论、电力电子系统、电机及拖动系统以及机械原理等内容,所以控制理论和控制系统的研究是一门综合的科学。

1.2　系统仿真与仿真语言工具概述

1.2.1　系统仿真与控制系统仿真

计算机仿真是指以计算机为主要工具,运行真实系统或预研系统的仿真模型。计算机仿真通过对计算机输出信息的分析与研究,实现对实际系统运行状态和演化规律的综合评估与预测。它是分析评价现有系统运行状态或设计优化未来系统性能与功能的一种技术手段,在工程设计、航空航天、交通运输、经济管理、生态环境、通信网络和计算机集成等领域中有着广泛的应用。计算机仿真的基本内容包括系统建模、仿真算法、计算机程序设计与仿真结果显示、分析与验证等环节。

动态系统计算机仿真是一门以系统科学、计算机科学、系统工程理论、随机网络理论、随机过程理论、概率论、数理统计和时间序列分析等多个学科理论为基础的,以工程系统和各类社会经济系统为主要处理对象的,以数学模型和数字计算机为主要研究工具的新兴的边缘学科,它属于技术科学的范畴。

动态系统计算机仿真的目的是通过对动态系统仿真模型运行过程的观察和统计,获得系统仿真输出和掌握模型基本特性,推断被仿真对象的真实参数(或设计最佳参数),以期获得对仿真对象实际性能的评估或预测,进而实现对真实系统设计与结构的改善或优化[21]。

随着计算机仿真理论与技术的发展,目前各个科学与工程领域均已开展了仿真技术的研究。系统仿真技术已经被公认为是一种新的实验手段,在科学与工程领域发挥着越来越重要的作用。

顾名思义,"控制系统仿真"就是利用计算机研究控制系统性能的一门学问,它依赖于现行"自动控制原理"和"现代控制理论"等课程的基础知识,但侧重点不同。控制系统计算机仿真更侧重于控制理论问题的计算机求解,可以解决传统控制原理课程不能解决的问题。例如,以往非线性系统的研究在控制原理课程中采用描述函数[22]这样的近似方法来研究,这是因为历史局限性所致,有了计算机仿真工具就能轻而易举地对复杂非线性系统进行精确的建模与仿真,且得出的结果更加直观、可信。再例如,以往系统稳定性分析中由于没有办法直接解决高阶系统的特征值求解问题,故出现了各种各样的间接方法,如连续系统的 Routh 判据与离散系统的 Jury 判据[23]等,其实有了现代的计算工具,用一个指令就可以立即得出线性系统的全部特征根,根据它们的位置立即就能判定出系统的稳定性,且能得到比传统间接方法多得多的信息。

MATLAB/Simulink 及其工具箱已经成为国际控制界公认的首选计算机语言[20]。本书以 MATLAB/Simulink 作为解决控制系统仿真与设计的主要语言工具,介绍控制系统模型表示与变换、控制系统定性分析(如稳定性、可控可观测性等性质)、系统的时域分析、复域分析与频域分析等内容,从各个角度对控制系统进行全面分析,并基于分析结果给系统设计控制器,改善闭环系统的性能。本书的内容不是"自动控制原理"等课程的简单重复,而是利用一个强大的计算机语言从全新的角度全面研究控制问题,使读者能更好地掌握控制系统仿真与设计的基本问题,并进一步扩展思路,用该工具直观地解决电子线路仿真、电机及拖动系统仿真、机电一体化系统仿真问题等,为控制理论与实践搭建起一种有益的桥梁。

1.2.2 常规计算机语言的局限性

人们有时习惯用其他计算机语言,如C和Fortran,去解决实际问题。毋庸置疑,这些计算机语言在数学与工程问题求解中起过很大的作用,而且它们曾经是实现MATLAB这类高级语言的底层计算机语言。然而,对于一般科学研究者来说,利用C这类语言去求解数学问题是远远不够的。首先,一般程序设计者无法编写出符号运算和公式推导类程序,只能编写数值计算程序;其次,常规数值算法往往不是求解数学问题的最好方法;另外,除了上述的局限性外,采用底层计算机语言编程,由于程序冗长、难以验证,即使得出结果也不敢相信与依赖该结果。所以应该采用更可靠、更简洁的专门的计算机数学语言来进行科学研究,因为这样可以将研究者从烦琐的底层编程中解放出来,更好地把握要求解的问题,避免"只见树木、不见森林"的认识偏差,这无疑是受到更多研究者认可的方式。本节将给出两个简单例子来说明C语言的局限性。

例1-1　已知Fibonacci数列的前两个元素为 $a_1 = a_2 = 1$,随后的元素可以由 $a_k = a_{k-1} + a_{k-2}$, $k = 3, 4, \cdots$ 递推地计算出来。试用计算机列出该数列的前100项。

C语言在编写程序之前需要首先给变量选择数据类型,此问题需要的是整数,所以很自然地选择int或long来表示数列的元素,若选择数据类型为int,则可以编写出如下C程序:

```
main()
{  int a1, a2, a3, i;
   a1=1; a2=1; printf("%d  %d  ",a1,a2);
   for (i=3; i<=100; i++){a3=a1+a2; printf("%d  ",a3); a1=a2; a2=a3;
}}
```

只用了上面几条语句,问题就看似轻易地被解决了。然而该程序是错误的!运行该程序会发现,该数列显示到第24项会突然出现负号,而再显示下几项会发现时正时负。显然,上面的程序出了问题。问题出在int整型变量的选择上,因为该数据类型能表示的数值范围为 $(-32767, 32767)$,超出此范围则会导致错误的结果。即使采用long整型数据定义,也只能保留31位二进制数值,即保留9位十进制有效数字,超过这个数仍然返回负值。可见,采用C语言,如果某些细节考虑不到,则可能得出完全错误的结论。故可以说C这类语言得出的结果有时不大令人信服。用MATLAB语言则不必考虑这些烦琐的问题。

```
>> a=[1 1]; for i=3:100, a(i)=a(i-1)+a(i-2); end; a
```

另外,由于long整型数据只保留9位有效数字,而double型只保留15位有效数字,如果得出的结果超出此范围,则精度将存在问题。采用MATLAB的符号运算则可以避免这类问题,只需将第一个语句修改成 a=sym([1,1]) 就可以得出 a_{100} 的精确值为354224848179261915075,这个结果是在双精度数据结构下采用任何数值运算方法都无法得出的。

例1-2　试编写出两个矩阵 A 和 B 相乘的C语言通用程序。

如果 A 为 $n \times p$ 矩阵, B 为 $p \times m$ 矩阵, 则由线性代数理论, 可以得出 C 矩阵, 其元素为

$$c_{ij} = \sum_{k=1}^{p} a_{ik}b_{kj}, \ i = 1, \cdots, n, \ j = 1, \cdots, m$$

分析上面的算法, 容易编写出 C 语言程序, 其核心部分为三重循环结构:

```
for (i=0: i<n; i++){ for (j=0; j<m; j++){
    c[i][j]=0; for (k=0; k<p; k++) c[i][j]+=a[i][k]*b[k][j];
}}
```

看起来这样一个通用程序通过这几条语句就解决了。事实不然, 这个程序有个致命的漏洞, 就是没考虑两个矩阵是不是可乘。通常, 两个矩阵可乘时, A 矩阵的列数应该等于 B 的行数, 所以很自然地想到应该加一个判定语句:

```
if A 的列数不等于 B 的行数, 给出错误信息
```

其实这样的判定将引入新的漏洞, 因为若 A 或 B 为标量, A 和 B 无条件可乘, 而增加上述 if 语句反而会给出错误信息。这样, 在原来的基础上还应该增加判定 A、B 是否为标量的语句。

即使考虑了上面所有的内容, 程序还不是通用的程序, 因为并未考虑矩阵为复数矩阵的情况。如果要处理复数矩阵, 则需大幅度修改程序结构。

从这个例子可见, 用 C 这类语言处理某类标准问题时需要特别细心, 否则难免会有漏洞, 致使程序出现错误, 或其通用性受到限制, 甚至可能得出有误导性的结果。在 MATLAB 语言中则没有必要考虑这样的琐碎问题, 因为 A 和 B 矩阵的积由 $A*B$ 直接求取, 若可乘则得出正确结果, 若不可乘则给出出现问题的原因。

当然, 在实时控制等领域, C 语言也有它的优势。虽然 MATLAB 的代码也可以自动翻译成 C 语言程序, 但这不是本书叙述的范围。

1.2.3　数学软件的发展

控制系统计算机仿真与辅助设计软件是在数值计算技术的基础上发展起来的, 数字计算机的出现给数值计算技术的研究注入了新的活力。在数值计算技术的早期发展中, 出现了一些著名的数学软件包, 如美国的基于特征值的软件包 EISPACK[24, 25] 和线性代数软件包 LINPACK[26], 英国牛津数值算法研究组 (Numerical Algorithm Group, NAG) 开发的 NAG 软件包[27] 及享有盛誉的著作 Numerical Recipes[28] 中给出的程序集等, 这些都是在国际上广泛流行的、有着较高声望的软件包。

美国的 EISPACK 和 LINPACK 都是基于矩阵特征值和奇异值解决线性代数问题的专用软件包。限于当时的计算机发展状况, 这些软件包大都是由 Fortran 语言编写的源程序组成的。

例如, 若想求出 N 阶实矩阵 A 的全部特征值 (用 W_R、W_I 数组分别表示其实虚部) 和对应的特征向量矩阵 Z, 则 EISPACK 软件包给出的子程序建议调用路径为

```
CALL BALANC(NM,N,A,IS1,IS2,FV1)
CALL ELMHES(NM,N,IS1,IS2,A,IV1)
CALL ELTRAN(NM,N,IS1,IS2,A,IV1,Z)
```

```
CALL HQR2(NM,N,IS1,IS2,A,WR,WI,Z,IERR)
IF (IERR.EQ.0) GOTO 99999
CALL BALBAK(NM,N,IS1,IS2,FV1,N,Z)
```

由上面的叙述可以看出，要求取矩阵的特征值和特征向量，首先要给一些数组和变量依据 EISPACK 的格式做出定义和赋值，并编写出主程序，再经过编译和连接过程，形成可执行文件，最后才能得出所需的结果。

英国的 NAG 软件包和美国的 Numerical Recipes 工具包则包括了各种各样数学问题的数值解法，二者中 NAG 的功能尤其强大。NAG 的子程序都是以字母加数字编号的形式命名的，非专业人员很难找到适合自己问题的子程序，更不用说能保证以正确的格式去调用这些子程序了。这些程序包使用起来极其复杂，谁也不能保证不发生错误，NAG 数百页的使用手册就有十几本之多。

Numerical Recipes 一书[28]中给出的一系列算法语言源程序也是一个在国际上广泛应用的软件包。该书中的子程序有 C、Fortran 和 Pascal 等版本，适合于科学研究者和工程技术人员直接应用。该书的程序包由 200 多个高效、实用的子程序构成，这些子程序一般有较好的数值特性，比较可靠，为各国的研究者所信赖。

具有 Fortran 和 C 等高级计算机语言知识的读者可能已经注意到，如果用它们去进行程序设计，尤其当涉及矩阵运算或画图时，则编程会很麻烦。比如说，若想求解一个线性代数方程，用户首先要编写一个主程序，然后编写一个子程序去读入各个矩阵的元素，之后再编写一个子程序，求解相应的方程（如使用 Gauss 消去法），最后输出计算结果。如果选择的计算子程序不是很可靠，则所得的计算结果往往会出现问题。如果没有标准的子程序可以调用，则用户要将自己编好的子程序逐条地输入计算机，然后进行调试，最后进行计算。这样一个简单的问题往往需要用户编写 100 条左右的源程序，而且输入与调试程序也是很费事的，并且无法保证所输入的程序 100% 可靠。可见，求解线性方程组这样一个简单的功能需要 100 条源程序，其他复杂的功能往往要求有更多条语句，如采用双步 QR 法求取矩阵特征值的子程序则需要 500 多条源程序，其中任何一条语句有毛病，或者调用不当（如数组维数不匹配）都可能导致错误结果的出现。

用软件包的形式编写程序有如下的缺点。

1）使用不方便。对不是很熟悉所使用软件包的用户来说，直接利用软件包编写程序是相当困难的，也是容易出错。如果其中一个子程序调用发生微小的错误，就可能导致最终得出错误的结果。

2）调用过程烦琐。首先需要编写主程序，确定对软件包的调用过程，再经过必要的编译和连接过程，有时还要花大量的时间去调试程序以保证其正确性，才能运行程序得出结果，而不是想得出什么马上就可以得出的。

3）执行程序过多。想求解一个特定的问题就需要编写一个专门的程序，并形成一个可执行文件，如果需要求解的问题很多，那么就需要在计算机硬盘上同时保留很多这样的可执行文件,这样,计算机磁盘空间的利用不是很经济,管理起来也十分困难。

　　4)不利于传递数据。通过软件包调用方式会针对每个具体问题形成一个孤立的可执行文件,因而在一个程序中产生的数据无法传入另一个程序,更无法使几个程序同时执行以解决所关心的问题。

　　5)维数指定困难。在很多数学问题中最重要的变量是矩阵,如果要求解的问题维数较低,则形成的程序就不能用于求解高阶问题,例如参考文献[29]中的程序维数均定为10阶。所以有时为使程序通用,往往将维数设置得很大,这样在解小规模问题时会出现空间的浪费,而更大规模问题仍然求解不了。在优秀的软件中往往需要动态地进行矩阵定维。

　　此外,这里介绍的大多数早期软件包都是由 Fortran 语言编写的,由于某些原因,以前使用 Fortran 语言绘图并不是轻而易举的事情,它需要调用相应的软件包做进一步处理,在绘图方面比较实用和流行的软件包是 GINO-F[30],但这种软件包只给出绘图的基本子程序,如果要绘制较满意的图形,则需要用户自己用这些低级命令编写出合适的绘图子程序。

　　除了上面指出的缺点以外,用 Fortran 和 C 等程序设计语言编程还有一个致命的弱点,那就是因为这些语言本身的原因,致使在不同的机器平台上,扩展的高级语言源程序代码是不兼容的,尤其在绘图及界面设计方面更是如此。例如,在 PC 的 Microsoft Windows 操作系统下编写的 C 语言程序不能立即在 SUN 工作站上直接运行,而需要在该机器上对源程序进行修改、编译后才可以执行。

　　尽管如此,数学软件包仍在继续发展,其发展方向是采用国际上最先进的数值算法,提供更高效、更稳定、更快速、更可靠的数学软件包。例如,在线性代数计算领域,全新的 LaPACK[31] 已经成为当前最有影响的软件包,但它们的目的似乎已经不再为一般用户提供解决问题的方法,而是为数学软件提供底层的支持。新版的 MATLAB 已经抛弃了一直使用的 LINPACK 和 EISPACK,采用 LaPACK 作为其底层支持软件包。

　　MATLAB 语言及稍后出现的计算机代数系统 Mathematica[32](美国 Wolfram Research 公司)和 Maple[33](加拿大 MapleSoft 公司)是当今国际上三种最具代表性的科学运算语言,后两种更适用于数学公式推导,而且程序编写格式采用模式匹配的方法,不易掌握。相比之下,MATLAB 在数值运算方面有很大优势,在符号运算方面集成了 Maple 的内核,可以进行各种常用的解析运算,编程结构类似于其他高级语言,在控制系统研究、计算机仿真领域有众多工具箱可以直接使用,是国际控制界最流行也是最有影响、最具活力的计算机语言,并将长期保持其独一无二的地位,故本书完全采用 MATLAB 语言进行介绍。

1.2.4　控制系统仿真与计算机辅助设计软件

　　早在 1973 年,美国学者 Melsa 教授和 Jones 博士出版了一本专著[29],书中给出了一套控制系统计算机辅助分析与设计的程序,包括求取系统的根轨迹、频率响应、时间响应,以及各种控制系统设计的子程序如 Luenberger 观测器、Kalman 滤波等。瑞典 Lund 工学院 Karl Åström 教授主持开发的一套交互式 CACSD 软件 INTRAC（IDPAC、MODPAC、SYNPAC、POLPAC 等,以及仿真语言 SIMNON）[34] 中的 SIMNON 仿真语言要求用户依照它所提供的语句编写一个描述系统的程序,然后才可以对控制系统进行仿真。日本的古田胜久(Katsuhisa Furuta)教授主持开发的 DPACS-F 软件[35],在处理多变量系统的分析和设计上还是很有特色的。在国际上流行的仿真语言 ACSL、CSMP、TSIM、ESL 等也同样要求用户编写模型程序,并提供了大量的模型模块。在这一阶段还出现了很多的专用程序,如英国 Manchester 理工大学(现合并入 Manchester 大学)的控制系统计算机辅助设计软件包[36]、英国剑桥大学推出的线性系统分析与设计软件 CLADP(Cambridge Linear Analysis and Design Programs)[37,38],以及美国国家航空航天局(NASA)Langley 研究中心的 Armstrong 开发的 LQ 控制器设计的 ORACLS(Optimal Regulator Algorithms for the Control of Linear Systems)[39] 等。

我国较有影响的控制系统仿真与 CAD 成果是中科院系统科学研究所韩京清研究员等主持的国家自然科学基金重大项目开发的 CADCSC 软件[40]和清华大学孙增圻、袁曾任教授的著作和程序[41],以及北京化工学院吴重光、沈承林教授的著作和程序[42]等。

1984 年正式推出的 MATLAB 语言为数学问题的计算机求解,特别是控制系统的仿真和 CAD 发展起到了巨大的推动作用。1980 年前后,时任美国 New Maxico 大学计算机科学系主任的 Cleve Moler 教授认为用当时最先进的 EISPACK 和 LINPACK 软件包求解线性代数问题过程过于烦琐,所以构思一个名为 MATLAB(MATrix LABoratory,矩阵实验室)的交互式计算机语言,该语言 1980 年出现了免费版本[43]。1984 年 Moler 教授和 Jack Little 等人共同成立了 The MathWorks 公司,专门开发 MATLAB 语言,并推出了 1.0 版。该语言的出现正赶上控制界基于状态空间的控制理论蓬勃发展的阶段,所以很快就引起了控制界学者的关注,之后很快就出现了用 MATLAB 语言编写的控制系统工具箱,在控制界产生了巨大的影响,成为控制界的标准计算机语言。后来由于控制界及相关领域提出的各种要求,使 MATLAB 语言得到持续发展,其功能越来越强大。可以说,MATLAB 语言是由计算数学专家首创的,但是由控制界学者"捧红"的新型计算机语言,目前大部分工具箱都是面向控制和相关学科的,但随着 MATLAB 语言的不断发展,目前它也在其他领域开始被使用。

系统仿真技术引起各国学者、专家们的重视,建立了仿真委员会(Simulation Councils Inc,SCi),该委员会于 1967 年通过了仿真语言规范。IBM 公司开发的仿真语言 CSMP(Computer Simulation Modeling Language)应该属于建立在该标准上的最早的专用仿真语言。国内有代表意义的仿真语言是 1988 年中科院沈阳自动化研究所马纪虎研究员在此基础上主持开发的 CSMP-C 仿真语言。

20 世纪 80 年代初期,美国 Mitchell 与 Gauthier Associate 公司推出了依照该标准的著名仿真语言 ACSL(Advanced Continuous Simulation Language)[44]。该语言出现后,由于其功能较强大,并有一些系统分析的功能,很快就在仿真领域占据了主导地位。1990 年前后,The MathWorks 公司推出了图形化的基于框图的 Simulink 仿真环境,由于其使用简单,又与 MATLAB 有着无缝接口,所以很快就成为控制系统仿真的主要工具,很多 ACSL 及其他仿真语言的用户纷纷弃用原来的工具,开始使用 MATLAB/Simulink 语言环境进行系统仿真研究。

在 MATLAB 语言出现以后,国际上也出现了 Matrix-x 语言,该语言也曾经有一定的繁荣和发展,2000 年 Integrated Systems 公司(Matrix-x 的开发公司)被 The MathWorks 公司吞并,该语言就不再单独存在了。由于 MATLAB 语言环境较昂贵,在国际上还出现了法国国家科学院研发的免费软件 Scilab[45]、美国 Wisconsin 大学与 Texas 大学开发的免费软件 Octave 及韩国汉城国立大学权旭铉教授主持开发的 CemTool 等,这些语言和 MATLAB 很相近。从整体水平看,这些软件尚未达到 MATLAB 语言的水准,配套的工具箱也较少,所以可以预言,MATLAB 语言在一段相当长的时间内仍将保持其独一无二的地位。所以本课程选定 MATLAB 语言作为主要工具,为保证本书结构的完整性,第 2 章将用一定的篇幅介绍 MATLAB 语言编程和数学问题求解的内容,但建议有条件的学校专门开设课程学习该语言,并掌握基于 MATLAB 语言的数学问题求解方法[46]。

1.3 本书主要结构

对控制系统进行仿真与计算机辅助设计的工作可以认为是三个阶段的有机结合,即所谓的 MAD(modelling、analysis、design,建模、分析与设计)过程,首先需要给系统建立起数学模型,然后根据数学模型进行仿真分析。在系统分析时,如果发现与实际系统不符,则可能是系统的数学模型有问题,需要重新建模再进行分析。建立起准确的数学模型,并在分析了系统的性质后,就可以根据要求给系统设计控制器,然后可以对系统在控制器作用下的性质进行分析,如果不理想则应该重新设计控制器,再返回分析过程,直至得到满意的控制效果。当然,在系统分析与设计的过程中,有时还需要对系统模型进行修正。

围绕控制系统仿真与计算机辅助设计的几个阶段,本书对各章的内容作如下安排。

第 1 章(本章)对两个主题,即控制理论的发展概况、控制系统仿真和计算机辅助设计软件环境的发展做了综述,并解释了选择 MATLAB/Simulink 语言作为本书主要计算机语言的原因,因为该语言是国际上本领域最普及也是代表最高水平的计算机语言,使用该语言还能更好地理解本课程介绍的方法。

从保证本书内容完整的角度考虑,第 2 章将简要介绍 MATLAB 语言基础知识,包括 MATLAB 基本数据类型,基本程序设计方法,二维、三维图形可视化方法,并介绍图形用户界面与 App 的设计方法。

第 3 章介绍 MATLAB 语言在数学问题求解中的应用,侧重于介绍基于 MATLAB 的线性代数、微分方程、最优化和积分变换问题的直接求解。这两章将为全书所需的软件背景知识奠定较好的基础,所以,已经掌握 MATLAB 语言基础知识的读者可以略过本章的内容,这部分更详细的信息可以参阅参考文献[46]。

线性控制系统的模型描述、MATLAB 语言环境中的模型表示方法、模型转换等内容是第 4 章的重点内容,其中包括单变量、多变量系统的模型内容,以及连续、离散系统的模型等,还将介绍系统的模型辨识方法。系统的数学模型及其 MATLAB 表示是控制系统仿真与计算机辅助设计的基础。

有了线性系统模型,就可以用第5章介绍的方法对其从各个方面加以分析,如定性分析、频域分析、复域分析和时域仿真分析等,从而全面理解现有系统的特性。本章是线性系统性能分析的基础内容。

鉴于并非所有系统都可以简化为线性系统,所以第6章将介绍利用Simulink的系统建模与仿真方法,对以往难以分析的非线性系统从各个方面进行分析研究,介绍模块化的、更高层次下的系统仿真方法。

第7章将介绍控制系统计算机辅助设计的各种方法,包括常规的超前滞后校正器的设计、状态反馈、二次型最优控制、极点配置、观测器、基于观测器的控制器设计和解耦控制器的设计等,并介绍基于数值最优化技术的最优控制器设计方法与工具。

第8章主要介绍PID控制器和一般最优控制器的设计方法,首先给出PID控制器的基本概念、结构及实现等内容,介绍一些常用的整定方法,然后介绍MATLAB提供的PID控制器设计程序。此外,还将介绍作者编写的两个程序:PID控制器模块集和最优PID控制器设计程序OptimPID。

第9章介绍工程系统的建模与仿真方法,首先介绍Simulink提供的多领域物理建模工具Simscape,然后通过例子演示利用搭积木的方法,建立电气系统与机械系统的仿真模型。

本书提供了课程的授课课件,也提供了大量的MATLAB函数与Simulink模型。本书开发的MATLAB工具箱可以由下面二维码直接访问和下载。

工具箱下载

本书还提供了授课的视频,可以由相应章节对应的二维码直接访问。

1.4 习 题

1 MATLAB语言是控制系统研究的首选语言,本书以该语言为主线介绍课程的内容。请在自己的机器上安装MATLAB程序,在提示符下键入demo,运行演示程序,领略MATLAB语言的基本功能。

2 学会利用MATLAB语言提供的在线帮助功能,更好地学习MATLAB语言,熟练掌握查找需要了解内容的方法和技巧。

3 矩阵运算是MATLAB最传统的特色,用 $B=\text{inv}(A)$ 命令即可以求出 A 矩阵的逆矩阵,感受MATLAB在求解逆矩阵时的运算效率。试求一个 n 阶随机矩阵的逆,分别取 $n=550$ 和 $n=1550$,测试矩阵求逆所需的时间及结果的正确性。具体语句如下:

```
>> tic, A=rand(1000); B=inv(A); toc, norm(A*B-eye(size(A)))
```

4 在求解数学问题时,不同的算法在求解精度与速度上是不同的。考虑求取矩阵行列式的代数余子式方法,可以将 n 阶矩阵的行列式问题转化成 n 个 $n-1$ 阶矩阵的行列式问题,

$n-1$ 阶矩阵又可以转化成 $n-2$ 阶。因而可以得出结论:任意阶矩阵行列式均可以由代数余子式方法求出解析解。然而这样的结论忽略了计算量的问题,用这样的方法,n 阶矩阵行列式求解的计算量为 $(n-1)(n+1)!+n$,当 $n=20$ 时计算量相当于每秒亿次的巨型计算机求解 3000 年,所以该法则不可能真正用于行列式的求解。

由矩阵运算可知,可以将矩阵进行 LU 分解,计算出矩阵的行列式,MATLAB 的解析解运算也实现了这样的算法,可以在短时间内求解出矩阵的行列式。试用 MATLAB 语言求解 20 阶矩阵的行列式解析解,需要使用多少时间。具体参考语句如下:

```
>> tic, A=sym(hilb(20)); det(A); toc
```

5 MATLAB 语言的 Simulink 仿真程序允许用户用直观的方法搭建控制系统的框图,试利用 Simulink 提供的模块搭建起一个如图 1-1 所示的模型,请研究 $\delta=0.3$ 时不同输入信号激励下系统的响应曲线,另外请研究对阶跃输入信号来说,不同 δ 值对系统的响应有何影响,通过这个例子可以领略利用仿真工具的优势及方便程度。

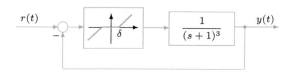

图 1-1　某非线性反馈系统框图

第2章 MATLAB语言必备的基础知识

MATLAB语言是当前国际上自动控制领域的首选计算机语言，本书以MATLAB和Simulink仿真环境为主要工具介绍控制系统的建模、仿真与计算机辅助设计，所以掌握该语言不但有助于更深入理解和掌握控制系统的理论知识，而且还可以利用该工具对其他专业课程的学习起到积极的帮助作用。

和其他程序设计语言相比，MATLAB语言有如下的优势：

1）MATLAB语言的简洁高效性。MATLAB程序设计语言集成度高，语句简洁，往往用C/C++等程序设计语言编写的数百条语句，用MATLAB语言可能几条语句就能解决问题。程序可靠性高、易于维护，可以大大提高解决问题的效率和水平。

2）MATLAB语言的科学运算功能。MATLAB语言以矩阵为基本单元，可以直接用于矩阵运算，另外最优化问题、数值微积分问题、微分方程数值解问题、数据处理问题等都能直接用MATLAB语言求解。

3）MATLAB语言的绘图功能。MATLAB语言可以用最直观的语句将实验数据或计算结果用图形的方式显示出来，并可以将以往难以表示出来的隐函数直接用曲线绘制出来。MATLAB语言还允许用户用可视的方式设计应用程序界面。

4）MATLAB庞大的工具箱与模块集。MATLAB是控制领域通用的计算机语言，在控制领域几乎所有的研究方向均有自己的工具箱，由领域内知名专家编写，可信度很高。随着MATLAB的日益普及，在其他工程领域也出现了工具箱，这也大大促进了MATLAB语言在各个领域的应用。

5）MATLAB强大的动态系统仿真功能。Simulink提供的面向框图的仿真及多领域物理建模与仿真功能，使得用户能容易地建立复杂系统模型，准确地对其进行仿真分析。Simulink的物理仿真模块集允许用户在一个框架下对含有控制环节、机械环节、液压环节和电子电机环节的系统进行建模与仿真，这是目前其他计算机语言无法做到的。

在第2.1节中将介绍MATLAB的数据结构和基本语句结构，并介绍矩阵的代数运算、逻辑运算和比较运算。第2.2节将介绍MATLAB语言的基本编程结构，如循环语句结构、条件转移语句结构、开关结构和试探结构，介绍各种结构在程序设计中的应用。第2.3节将介绍MATLAB语言编程中最重要的程序结构——M-函数的结构与程序编写技巧。第2.4节将介绍MATLAB图形绘制的方法，如二维图形绘制、三维图形绘制、隐函数的曲线绘制等，并将介绍图形修饰方法等。第 2.5 节中介绍的MATLAB应用程序设计技术将使得用户掌握新的方法,方便地给自己的程序设计出优美、友好的图形界面。

限于本书的篇幅,本章只能介绍MATLAB语言最基础的入门知识,更详细的请阅读相应的参考材料,如参考文献 [46,47],并建议开设相应的课程,使得学生能系统、全面地掌握MATLAB语言,为本课程及其他相关课程的学习打下良好的基础。

2.1 MATLAB的数据结构与语句结构

2.1.1 MATLAB语言的变量与常量

MATLAB语言变量名应该由一个字母引导,后面可以跟字母、数字、下画线等。例如,`MYvar12`、`MY_Var12` 和 `MyVar12_` 均为有效的变量名,而 `12MyVar` 和 `_MyVar12` 为无效的变量名。在MATLAB中变量名是区分大小写的,就是说,`Abc` 和 `ABc` 两个变量名表达的是不同的变量,在使用MATLAB语言编程时一定要注意。

在MATLAB语言中还为特定常数保留了一些名称,虽然这些常量都可以重新赋值,但建议在编程时尽量避免对这些量重新赋值。

1)误差限 eps:机器的浮点运算误差限,其默认值为 2.2204×10^{-16},即 2^{-52}。若某个量的绝对值小于 eps,则可以认为这个量为0。

2)虚数单位 i 和 j:若 i 或 j 量不被改写,则它们表示纯虚数量 $j = \sqrt{-1}$。但在MATLAB程序编写过程中经常事先改写这两个变量的值,如在循环过程中常用这两个变量来表示循环变量,所以应该确认使用这两个变量时没有被改写。如果想恢复该变量,则可以用下面的形式设置:$i=\mathrm{sqrt}(-1)$,即对 -1 求平方根,或使用命令 $i=1\mathrm{i}$。

3)无穷大 Inf:无穷大量 $+\infty$ 的MATLAB表示,也可以写成 inf。同样地,$-\infty$ 可以表示为 -Inf。在MATLAB程序执行时,即使遇到了以 0 为除数的运算,也不会终止程序的运行,而只给出一个“除 0”警告,并将结果赋成 Inf,这样的定义方式符合IEEE的标准。从数值运算编程角度看,这样的实现形式明显优于 C 语言这样的非专业计算机语言。

4)不定式 NaN(not a number):通常由 0/0 运算、Inf/Inf 及其他可能的运算得出。NaN是一个很奇特的量,如 NaN 与 Inf 的乘积仍为 NaN。

5)圆周率 pi:圆周率 π 的双精度浮点表示,其值为 3.141592653589793。

2.1.2 MATLAB的数据结构

强大方便的数值运算功能是MATLAB语言的最显著特色,为保证较高的计算精度,MATLAB语言中最常用的数值量为双精度浮点数,占 8 个字节(64 位),遵从IEEE计数法,有 11 个指数位、52 位数值及一个符号位,值域的近似范围为 $-1.7 \times 10^{308} \sim 1.7 \times 10^{308}$,其MATLAB表示为 double()。考虑到一些特殊的应用,例如,图像处理,MATLAB语言还引入了无符号的 8 位整型数据类型,其MATLAB表示为 uint8(),其值域为 0~255,这样可以大大地节省MATLAB的存储空间、提高处理速度。此外,在MATLAB中还可以使用其他的数据类型：int8()、int16()、int32()、uint16()、uint32()等，每一个类型后面的数字表示其位数，其含义不难理解。

除了矩阵型数值数据结构外，MATLAB还支持下面的数据结构。

1）字符串型数据：MATLAB支持字符串变量，可以用它来存储相关的信息，和C语言等程序设计语言不同，MATLAB字符串是用单引号括起来的，而不是双引号。

2）多维数组：可以这样理解，三维数组是一般矩阵的直接拓展。三维数组可以直接用于彩色数字图像的描述，在控制系统的分析上也可以直接用于表示多变量系统。

3）单元数组：单元数组是矩阵的直接扩展，其存储格式类似于普通的矩阵，而矩阵的每个元素不是数值，而是可以存储任意类型的信息。这样每个元素称为"单元"(cell)，单元变量 A 的第 i 行、第 j 列的内容可以用 $A\{i,j\}$ 表示。

4）类与对象：MATLAB允许用户自己编写包含各种复杂信息的变量，即类变量。该变量可以包含各种下级的信息，还可以重新对类定义其计算，在控制系统描述中特别有用。例如，在MATLAB的控制系统工具箱中定义了传递函数类，可以用一个变量来表示整个传递函数，还重新定义了该类的运算，如加法运算可以直接求取多个模块的并联连接，乘法运算可以求取若干模块的串联。

5）符号变量：MATLAB还定义了"符号"型变量，以区别于常规的数值型变量，可以用于公式推导和数学问题的解析解法。如果需要将 a、b 均定义为符号变量，则可以用 syms a b 语句声明（变量名用空格分隔），该命令还支持对符号变量具体形式的设定，如 syms a real、syms b positive 或 syms c nonzero。

如果有其他数据结构表示的变量或矩阵 $\boldsymbol{A}$，还可以通过 $\boldsymbol{B}=\mathrm{sym}(\boldsymbol{A})$ 命令将其转换成符号形式。

2.1.3 MATLAB的基本语句结构

MATLAB的语句有下面两种结构。

1. 直接赋值语句

直接赋值语句的基本结构为：赋值变量＝赋值表达式。这一过程把等号右边的表达式直接赋给左边的赋值变量，并返回到MATLAB的工作空间。如果赋值表达式后面没有分号，则将在MATLAB命令窗口中显示表达式的运算结果。若不想显示运算结果，则应该在赋值语句的末尾加一个分号。如果省略了赋值变量和等号，则表达式运算的结果将赋给保留变量ans。所以说，保留变量ans将永远存放最近一次无赋值变量语句的运算结果。

2. 函数调用语句

函数调用语句的基本结构为：[返回变量]＝函数名（输入变量列表）。其中，函数名的要求和变量名的要求是一致的，一般函数名应该对应在MATLAB路径下的一个文件，例如，函数名my_fun应该对应于my_fun.m文件。当然，还有一些函数名需对应于MATLAB内核中的内置(built-in)函数，如inv()函数等。

返回变量列表和输入变量列表均可以由若干个变量名组成，它们之间应该分别用逗号分隔，返回变量还允许用空格分隔，例如，$[U,S,V]$=svd(X)，该函数对给定的 X 矩阵进行奇异值分解，所得的结果由 U、S、V 三个变量返回。

例 2-1　在 MATLAB 语言中表示一个矩阵是很容易的事，由下面的 MATLAB 语句可以直接将矩阵输入 MATLAB 的工作空间中：

```
>> A=[1,2,3; 4 5,6; 7,8 0]
```

其中的>>为 MATLAB 的提示符，由机器自动给出，在提示符下可以输入各种各样的 MATLAB 命令。上述命令将得出如下所示的显示结果：

```
A =
     1      2      3
     4      5      6
     7      8      0
```

为增加结果的可读性，本书后面内容中将直接采用数学形式显示得出的结果。

矩阵的内容由方括号括起来的部分表示，而在方括号中的分号表示矩阵的换行，逗号或空格表示同一行矩阵元素间的分隔。给出了上面的命令，就可以在 MATLAB 的工作空间中建立一个 A 变量了。如果不想显示中间结果，则应该在语句末尾加一个分号。

```
>> A=[1,2,3; 4 5,6; 7,8 0]; %不显示结果,但进行赋值
```

例 2-2　试在 MATLAB 环境中输入复数矩阵

$$B = \begin{bmatrix} 1+9j & 2+8j & 3+7j \\ 4+6j & 5+5j & 6+4j \\ 7+3j & 8+2j & j \end{bmatrix}$$

复数矩阵的输入同样也很简单，在 MATLAB 环境中定义了两个记号 i 和 j，可以用来直接输入复数矩阵。可以通过下面的 MATLAB 语句直接进行赋值：

```
>> B=[1+9i,2+8i,3+7j; 4+6j 5+5i,6+4i; 7+3i,8+2j 1i]
```

2.1.4　数据存储与读取

如果有一些变量需要存储成数据文件保留起来，已备后用，则可以使用 save 命令来实现，该命令调用格式为：save fname A_1 A_2 $\cdots$ A_m，其中，fname 为文件名，若不带扩展名则将自动存储成 fname.mat 文件，该文件是二进制型文件，用普通编辑软件是不可读的。需要存储的变量 $A_1,A_2,\cdots,A_m$ 等应该使用空格分隔，不能采用逗号等分隔，以免产生歧义。若用户想用 ASCII 码的可读形式存储该文件，则应该在该命令后面加入-ascii 控制选项。数据文件可以由 load 命令直接读取。

2.1.5　MATLAB 语言的基本运算

1. 算术运算

如果一个矩阵 A 有 n 行、m 列元素，则称矩阵 A 为 $n \times m$ 矩阵；若 $n=m$，则矩阵 A 称为方阵。MATLAB 语言中定义了下面各种矩阵的基本算术运算。

1）矩阵转置：在数学公式中一般把一个矩阵的转置记作 A^{T}，假设矩阵 A 为一个 $n \times m$ 矩阵，则其转置矩阵 B 的元素定义为 $b_{ji}=a_{ij}$，$i=1,2,\cdots,n$，$j=1,2,\cdots,m$，故 B 为 $m \times n$ 矩阵。如果 A 矩阵含有复数元素，则对其进行转置时，其转置矩阵 B 的元素定义为

$b_{ji} = a_{ij}^*$, $i = 1, \cdots, n$, $j = 1, 2, \cdots, m$, 即首先对各个元素进行转置, 然后再逐项求取其共轭复数值。这种转置方式又称为 Hermit 转置, 其数学记号为 $\boldsymbol{B} = \boldsymbol{A}^*$。MATLAB 中用 $B=A'$ 可以求出 $\boldsymbol{A}$ 矩阵的 Hermit 转置; 矩阵的直接转置可以由 $B=A.'$ 求出。

2) 加减法运算: 假设在 MATLAB 工作环境下有两个矩阵 $\boldsymbol{A}$ 和 $\boldsymbol{B}$, 则可以由下面的命令执行矩阵加减法: $C=A+B$ 和 $C=A-B$。若矩阵 $\boldsymbol{A}$ 和 $\boldsymbol{B}$ 的维数相同, 它会自动地将 $\boldsymbol{A}$ 和 $\boldsymbol{B}$ 的相应元素相加减, 从而得出正确的结果, 并赋给 C 变量。若二者之一为标量或向量, 则应该将其遍加 (减) 于另一个矩阵, 在其他情况下, MATLAB 将自动地给出错误信息, 提示用户两个矩阵的维数不匹配。

例2-3 若已知矩阵 $\boldsymbol{A}$ 和向量 $\boldsymbol{b}$

$$\boldsymbol{A} = \begin{bmatrix} 1 & 2 & 3 \\ 4 & 5 & 6 \\ 7 & 8 & 0 \end{bmatrix}, \; \boldsymbol{b} = \begin{bmatrix} 1 \\ 2 \\ 3 \end{bmatrix}$$

理论上 $\boldsymbol{A}+\boldsymbol{b}$ 是不存在的, 不过 MATLAB 较新版本支持新的加法运算, 将 $\boldsymbol{b}$ 加到 $\boldsymbol{A}$ 矩阵的各列上, 得出两个变量的加法运算结果。

```
>> A=[1 2 3; 4 5 6; 7 8 0]; b=[1;2;3]; C=A+b
```

得出的加法矩阵为

$$\boldsymbol{C} = \begin{bmatrix} 2 & 3 & 4 \\ 6 & 7 & 8 \\ 10 & 11 & 3 \end{bmatrix}$$

3) 矩阵乘法: 假设有两个矩阵 $\boldsymbol{A}$ 和 $\boldsymbol{B}$, 其中, $\boldsymbol{A}$ 的列数与 $\boldsymbol{B}$ 的行数相等, 或其一为标量, 则称 $\boldsymbol{A}, \boldsymbol{B}$ 矩阵是可乘的, 或称 $\boldsymbol{A}$ 和 $\boldsymbol{B}$ 矩阵的维数是相容的。假设 $\boldsymbol{A}$ 为 $n \times m$ 矩阵, 而 $\boldsymbol{B}$ 为 $m \times r$ 矩阵, 则 $\boldsymbol{C} = \boldsymbol{AB}$ 为 $n \times r$ 矩阵, 其各个元素为

$$c_{ij} = \sum_{k=1}^{m} a_{ik} b_{kj}$$

其中, $i = 1, 2, \cdots, n$; $j = 1, 2, \cdots, r$。MATLAB 语言中两个矩阵的乘法由 $C=A*B$ 直接求出, 且这里并不需要指定矩阵 $\boldsymbol{A}$ 和 $\boldsymbol{B}$ 的维数。如果矩阵 $\boldsymbol{A}$ 和 $\boldsymbol{B}$ 的维数相容, 则可以准确无误地获得乘积矩阵 $\boldsymbol{C}$; 如果二者的维数不相容, 则将给出错误信息, 通知用户两个矩阵是不可乘的。

4) 矩阵的左除: MATLAB 中用 "\" 运算符号表示两个相容矩阵的左除, $A \backslash B$ 为方程 $\boldsymbol{AX} = \boldsymbol{B}$ 的解 $\boldsymbol{X}$; 若 $\boldsymbol{A}$ 为非奇异方阵, 则 $\boldsymbol{X} = \boldsymbol{A}^{-1}\boldsymbol{B}$; 如果 $\boldsymbol{A}$ 矩阵不是方阵, 也可以求出 $X=A\backslash B$, 这时将使用最小二乘解法来求取 $\boldsymbol{AX} = \boldsymbol{B}$ 中的 $\boldsymbol{X}$ 矩阵。

5) 矩阵的右除: MATLAB 中定义了 "$X=B/A$" 运算, 用于表示两个矩阵的右除, 相当于求方程 $\boldsymbol{XA} = \boldsymbol{B}$ 的解。$\boldsymbol{A}$ 为非奇异方阵时, 有 B/A 为 $\boldsymbol{BA}^{-1}$, 但在计算方法上存在差异, 更精确地, 有 $B/A=(A'\backslash B')'$。

6) 矩阵翻转: MATLAB 提供了一些矩阵翻转处理的特殊命令, 例如, $B=\mathtt{fliplr}(A)$ 命令将矩阵 $\boldsymbol{A}$ 进行左右翻转再赋给 $\boldsymbol{B}$, 亦即 $b_{ij} = a_{i,n+1-j}$; 而 $C=\mathtt{flipud}(A)$ 命令将矩阵 $\boldsymbol{A}$ 进行上下翻转并将结果赋给 $\boldsymbol{C}$, 亦即 $c_{ij} = a_{m+1-i,j}$; $D=\mathtt{rot90}(A)$ 将矩阵 $\boldsymbol{A}$ 逆时针旋转 $90°$ 后赋给 $\boldsymbol{D}$, 亦即 $d_{ij} = a_{j,n+1-i}$。

7）**矩阵乘方运算**：一个矩阵的乘方运算可以在数学上表述成 A^x，而其前提条件要求矩阵 A 为方阵。如果 x 为正整数，则乘方表达式 `A^x` 的结果可以将矩阵 A 自乘 x 次得出。如果 x 为负整数，则可以将矩阵 A 自乘 $-x$ 次，然后对结果进行求逆运算，就可以得出该乘方结果。如果 x 是一个分数，例如，$x = n/m$，其中，n 和 m 均为整数，则首先应该将矩阵 A 自乘 n 次，然后对结果再开 m 次方。

例2-4　考虑例2-1中的矩阵 A，由下面命令可以直接求出该矩阵的三次方根。不过，三次方根正常情况下有3个矩阵，另外两个矩阵可以由方根矩阵乘以复数标量 $e^{-j2\pi/3}$ 和 $e^{-j4\pi/3}$ 得出。

```
>> A=[1 2 3; 4 5 6; 7 8 0]; B1=A^(1/3), norm(B1^3-A)
   B2=exp(-2i*pi/3)*B1, norm(B2^3-A)
   B3=exp(-4i*pi/3)*B1, norm(B3^3-A)
```

得出的三次方根矩阵如下：

$$B_1 = \begin{bmatrix} 0.7718 + 0.6538j & 0.4869 - 0.0159j & 0.1764 - 0.2887j \\ 0.8885 - 0.0726j & 1.4473 + 0.4794j & 0.5233 - 0.4959j \\ 0.4685 - 0.6465j & 0.6693 - 0.6748j & 1.3379 + 1.0488j \end{bmatrix}$$

$$B_2 = \begin{bmatrix} 0.1803 - 0.9953j & -0.2572 - 0.4137j & -0.3382 - 0.0084j \\ -0.5071 - 0.7332j & -0.3085 - 1.4931j & -0.6911 - 0.2052j \\ -0.7941 - 0.0825j & -0.9190 - 0.2422j & 0.2393 - 1.6831j \end{bmatrix}$$

$$B_3 = \begin{bmatrix} -0.9521 + 0.3415j & -0.2297 + 0.4296j & 0.1618 + 0.2971j \\ -0.3814 + 0.8058j & -1.1388 + 1.0137j & 0.1678 + 0.7011j \\ 0.3256 + 0.7289j & 0.2497 + 0.9170j & -1.5772 + 0.6343j \end{bmatrix}$$

经检验，误差都为 10^{-15} 级，足够精确。

8）**点运算**：MATLAB中定义了一种特殊的运算，即所谓的点运算。两个矩阵之间的点运算是它们对应元素的直接运算。例如，$C=A.*B$ 表示 A 和 B 矩阵的相应元素之间直接进行乘法运算，然后将结果赋给 C 矩阵，即 $c_{ij} = a_{ij}b_{ij}$。这种点乘积运算又称为 Hadamard 乘积。注意，点乘积运算要求 A 和 B 矩阵的维数相同。可以看出，这种运算和普通乘法运算是不同的。

点运算在 MATLAB 中起着很重要的作用，例如，当 x 是一个向量时，则求取数值 $[x_i^5]$ 时不能直接写成 `x^5`，而必须写成 `x.^5`。在进行矩阵的点运算时，同样要求运算的两个矩阵的维数一致，或其中一个变量为标量。其实一些特殊的函数，如 `sin()` 也是由点运算的形式进行的，因为它要对矩阵的每个元素求取正弦值。

矩阵点运算不仅可以用于点乘积运算，还可以用于其他运算的场合。例如，对前面给出的 A 矩阵作 $C=A.^A$ 运算，则新矩阵的第 (i,j) 元素为 $c_{ij} = a_{ij}^{a_{ij}}$。

9）**矩阵维数变换**：若 $pq = mn$，则一个 $n \times m$ 的矩阵 A 可以通过 $B=$reshape(A,p,q) 函数变换成 $p \times q$ 的矩阵 B。矩阵 B 的内容由原矩阵元素按列重新排列得出。另外，$b=A(:)$ 命令可以将 A 矩阵甚至多维数组按列展开，生成列向量 b。

2. 逻辑运算

早期版本的MATLAB语言并没有定义专门的逻辑变量。在MATLAB语言中，如果一个数的值为0,则可以认为它为逻辑0,否则为逻辑1。新版本支持逻辑变量,且上面的定义仍有效。

假设矩阵 A 和 B 均为 $n \times m$ 矩阵,则在MATLAB下定义了下面的逻辑运算。

1)与运算:在MATLAB下用 & 号表示矩阵的与运算,例如,$C=A \& B$ 表示两个矩阵的与运算。如果两个矩阵相应元素均非0,则该结果元素的值为1,否则该元素为0。

2)或运算:在MATLAB下由 $C=A \mid B$ 表示矩阵的或运算,如果两个矩阵相应元素含有非0值,则该结果元素的值为1,否则该元素为0。

3)非运算:在MATLAB下用 $C=\sim A$ 表示矩阵 A 的非运算。若矩阵相应元素为0,则结果为1,否则为0。

4)异或运算:MATLAB下矩阵 A 和 B 的异或运算可以由 $C=\text{xor}(A, B)$ 求出。若相应的两个数一个为0,一个非0,则结果为1,否则为0。

3. 比较运算

MATLAB语言定义了各种比较关系,如 $C=A > B$,当 A 和 B 矩阵满足 $a_{ij} > b_{ij}$ 时,$c_{ij} = 1$,否则 $c_{ij} = 0$。MATLAB语言还支持等于关系,用 == 表示;大于等于关系用 >= 表示;还支持不等于关系,用 ~= 表示。这些运算符意义是很明显的,可以直接使用。

MATLAB还提供了一些特殊的函数,在编程中也是很实用的,其中,find() 函数可以查询出满足某关系的数组下标。

例 2-5   若想查出例2-1中矩阵 A 中数值大于或等于5的元素下标,则可以给出项目命令,得出满足条件的下标向量为 $k = [3, 5, 6, 8]$。

```
>> A=[1,2,3; 4 5,6; 7,8 0]; %输入实数矩阵
   k=find(A>=5)'              % 找出矩阵元素大于等于5的下标
```

可以看出,该函数相当于先将 A 矩阵按列构成列向量,然后再判断哪些元素大于或等于5,返回其下标。

例 2-6   还可以用下面的格式求解前面的问题,同时返回行和列坐标向量为 $i = [3, 2, 3, 2]$,$j = [1, 2, 2, 3]$。

```
>> A=[1,2,3; 4 5,6; 7,8 0]; %输入实数矩阵
   [i,j]=find(A>=5); [i,j]
```

此外,all() 和 any() 函数也是很实用的查询函数,得出 $k_1 = [0, 0, 0]$,$k_2 = [1, 1, 1]$。

```
>> k1=all(A>=5), k2=any(A>=5)
```

前一个命令当 A 矩阵的某列元素全大于或等于5时相应元素为1,否则为0,而后者是在某列中含有大于或等于5的元素时相应元素为1,否则为0。例如,若想判定一个矩阵 A 的元素是否均大于或等于5,则可以简单地写成 all(A(:)>=5)。

用 find(isnan(A)) 函数可查出 A 变量中为NaN的各元素下标。MATLAB提供了大量的is开头的函数,例如,isfinite()、isinf() 等。

2.2 MATLAB 基本控制流程结构

作为一种程序设计语言，MATLAB 提供了循环语句结构、条件语句结构、开关语句结构以及与众不同的试探语句。本节中将介绍各种控制流程结构。

2.2.1 循环结构

循环结构可以由 for 或 while 语句引导，用 end 语句结束，在这两个语句之间的部分称为循环体。

1）for 语句的一般结构：for $i=v$，循环结构体，end。

在 for 循环结构中，v 为一个向量，循环变量 i 每次从 v 向量中取一个值，执行一次循环体的内容，如此下去，直至执行完 v 向量中所有的分量，自动结束循环结构。如果 v 为矩阵，则 i 每次从 v 矩阵提取一列进行循环，直至所有列处理完成。

2）while 循环的基本结构：while（条件式），循环结构体，end。

while 循环中的"条件式"是一个逻辑表达式，若其值为真则将自动执行循环体的结构，执行完后再判定"条件式"的真伪，为真则仍然执行结构体，否则将退出循环结构。

while 与 for 循环是各有不同的，下面将通过例子演示它们的区别及适用场合。

例 2-7　考虑求解 $S = \sum_{k=1}^{10} k^8$ 这一级数求和问题。对于一般的研究人员来说，恐怕很难记住该级数的求和公式，所以必须借助计算机与合适的工具求出其值。用 for 结构和 while 结构可以按下面的语句分别编程，并得出相同的结果 $s_1 = s_2 = 167731333$。

```
>> s1=0; for k=1:10, s1=s1+k^8; end, s1
   s2=0; k=1; while (k<=10), s2=s2+k^8; k=k+1; end, s2
```

在上面的代码中，for 结构的编程稍简单些。事实上，前面的求和用 sum((1:10).^8) 就能够得出所需的结果，这样做借助了 MATLAB 的 sum() 函数对整个向量进行直接操作，故程序更简单了。

例 2-8　考虑改变原来的问题，求出使得 $\sum_{k=1}^{m} k^8 > 10000000$ 的最小 m 值。这样的问题用 for 循环结构就不便求解了，而用 while 结构即可求出所需的 m 值为 8，和为 $s = 24684612$。

```
>> s=0; m=0; while (s<=10000000), m=m+1; s=s+m^8; end, [s,m]
```

此外，由于双精度数据结构的局限性，上述的方法不可能得出 $m = 200$ 时和式的精确值，这样必须借助于符号型数据结构，下面代码的求和结果为 $s = 58177422072890666417$。

```
>> s=sym(0); for i=1:200, s=s+i^8; end, s
```

循环语句在 MATLAB 语言中是可以嵌套使用的，也可以在 for 下使用 while，或相反使用，另外，在循环语句中如果使用 break 语句，则可以结束上一层的循环结构。

在 MATLAB 程序中，循环结构的执行速度较慢，所以在实际编程时，如果能对整个矩阵进行运算，尽量不要采用循环结构，这样可以提高代码的效率。下面将通过例子演示循环与向量化编程的区别。

例 2-9　Hilbert 矩阵的矩阵元素通项为 $h_{i,j} = 1/(i+j-1)$。考虑 10000×20 的 Hilbert 矩阵

的生成问题。采用双重循环与向量化方法分别求解该问题，耗时分别为0.88s、0.019s和0.016s。可见，如果大循环放在内层可以显著减少程序的执行时间，此外，在新版本下，循环的速度与向量化的速度已经不再是相差悬殊了。

```
>> tic, for i=1:10000, for j=1:20, H(i,j)=1/(i+j-1); end,end, toc
   tic, for j=1:20, for i=1:10000, H2(i,j)=1/(i+j-1); end,end, toc
   tic, [i,j]=meshgrid(1:10000,1:20); H1=1./(i+j-1); toc
```

2.2.2 转移结构

转移结构是一般程序设计语言都支持的结构，MATLAB的最基本的转移结构是 if ... end 型，也可以和 else 语句和 elseif 语句扩展转移语句，其一般结构为

```
if (条件1), 语句组1          %如果条件1满足, 则执行下面的语句组1
elseif (条件2), 语句组2       %否则如果满足条件2, 则执行下面的语句组2
   ⋮                        %可以按照这样的结构设置多种转移条件
else,  语句组 n + 1          %上面的条件均不满足时, 执行下面的语句组
end
```

例 2-10   例 2-8 中提及只用 for 循环结构不便于实现求出和式大于 10000 的最小 i 值，利用该结构必须配合 if 语句结构才能实现。

```
>> s=0; for m=1:10000, s=s+m; if s>10000, break; end, end
```

可见，这样的结构较烦琐，不如直接使用 while 结构直观、方便。

2.2.3 开关结构

开关语句的基本结构为

```
switch 开关表达式
   case 表达式1,  语句段1
   case {表达式2,表达式3,…,表达式m},  语句段2
      ⋮
   otherwise,  语句段 n
end
```

其中，开关语句的关键是对"开关表达式"值的判断，当开关表达式的值等于某个 case 语句后面的条件时，程序将转移到该组语句中执行，执行完成后程序转出开关体继续向下执行。在使用开关语句结构时应该注意下面几点。

1）当开关表达式的值等于表达式1时，将执行语句段1，执行完语句段1后将转出开关体，无须像C语言那样在下一个 case 语句前加 break 语句，所以本结构在这点上和C语言是不同的。

2）当需要在开关表达式满足若干个表达式之一时执行某一程序段，则应该把这样的一些表达式用大括号括起来，中间用逗号分隔。事实上，这样的结构是MATLAB语言定义的单元结构。

3）当前面枚举的各个表达式均不满足时，则将执行 otherwise 语句后面的语句段，此语句等价于C语言中的 default 语句。

4）程序的执行结果和各个 case 语句的次序是无关的。当然这也不是绝对的，当两个 case 语句中包含同样的条件，执行结果则和这两个语句的顺序有关。

5）在 case 语句引导的各个表达式中，不要用重复的表达式，否则列在后面的开关通路将永远也不能执行。

2.2.4　试探结构

MATLAB语言提供了一种新的试探式语句结构，如下：

try, 语句段1, catch, 语句段2, end

本语句结构首先试探性地执行语句段1，如果在此段语句执行过程中出现错误，则将错误信息赋给保留的 lasterr 变量，并终止这段语句的执行，转而执行语句段2中的语句。这种新的语句结构是C等语言中所没有的。试探性结构在实际编程中还是很实用的，例如，可以将一段不保险但速度快的算法放到 try 段落中，而将一个保险的程序放到 catch 段落中，这样就能保证原始问题的求解更加可靠，且可能使程序高速执行。该结构的另外一种应用是，在编写通用程序时，某算法可能出现失效的现象，这时在 catch 语句段说明错误的原因。另外，在图形用户界面设计时，经常使用这种结构设计错误陷阱。

2.3　MATLAB的M-函数设计

MATLAB下提供了两种源程序文件格式。其中一种是普通的ASCII码构成的文件，在这样的文件中包含一族由MATLAB语言所支持的语句，它类似于DOS下的批处理文件，这种文件称作M-脚本文件（M-script，本书中将其简称为M-文件）。它的执行方式很简单，用户只需在MATLAB的提示符>>下键入该M-文件的文件名，这样MATLAB就会自动执行该M-文件中的各条语句。M-文件只能对MATLAB工作空间中的数据进行处理，文件中所有语句的执行结果也完全返回到工作空间中。M-文件格式适用于用户所需要立即得到结果的小规模运算。

另一种源程序格式是M-函数格式，它是MATLAB程序设计的主流。一般情况下，不建议使用M-脚本文件格式编程。本节将着重介绍MATLAB函数的编写方法与技巧。

2.3.1　MATLAB语言函数的基本结构

MATLAB的M-函数是由 function 语句引导的，其基本结构如下：

function [返回变量列表]=函数名(输入变量列表)
%　注释说明语句段，由%引导
输入、返回变量格式的检测
函数体语句

这里输入和返回变量的实际个数分别由 nargin 和 nargout 两个MATLAB保留变量来给出，只要进入该函数，MATLAB就将自动生成这两个变量。

返回变量如果多于1个，则应该用方括号将它们括起来，否则可以省去方括号。输入变量之间用逗号来分隔，返回变量用逗号或空格分隔。注释语句段的每行语句都应该由百分号(%)引导,百分号后面的内容不执行,只起注释作用。用户采用 **help** 命令则可以显示出注释语句段的内容。此外,正规的变量个数检测也是必要的。如果输入或返回变量格式不正确,则应该给出相应的提示。

从系统的角度来说,MATLAB 函数是一个变量处理单元,它从主调函数接收变量,对其进行处理后,将结果返回到主调函数中,除了输入和输出变量外,其他在函数内部产生的所有变量都是局部变量,在函数调用结束后这些变量均将消失。这里将通过下面的例子来演示函数编程的格式与方法。

例2-11 MATLAB 中提供的 hilb() 函数可以生成 Hilbert 方阵。假设想编写一个函数生成 $n \times m$ 阶的 Hilbert 矩阵,其第 i 行第 j 列的元素值为 $h_{i,j} = 1/(i + j - 1)$。想在编写的函数中实现下面几点。

1)如果只给出一个输入参数,则会自动生成一个方阵,即令 $m = n$。

2)在函数中给出合适的帮助信息,包括基本功能、调用方式和参数说明。

3)检测输入和返回变量的个数,如果有错误则给出错误信息。

在编写程序时应养成好的习惯,无论对程序设计者还是维护者、使用者都大有裨益。

根据上面的要求,可以编写一个 MATLAB 函数 myhilb(),文件名为 myhilb.m,并应该放到 MATLAB 的路径下。

```
function A=myhilb(n,m)
%MYHILB    本函数用来演示 MATLAB 语言的函数编写方法
%     A=MYHILB(N,M) 将产生一个 N 行 M 列的 Hilbert 矩阵 A
%     A=MYHILB(N) 将产生一个 NxN 的 Hilbert 方阵 A。
%
%See also: HILB

% Designed by Professor Dingyu XUE, Northeastern University, PRC
%     5 April, 1995, Last modified by DYX at 23 Sept, 2014
if nargout>1, error('Too many output arguments.'); end
if nargin==1, m=n;    % 若给出一个输入,则生成方阵
elseif nargin==0 || nargin>2
    error('Wrong number of input arguments.');
end
[i,j]=meshgrid(1:m,1:n); A=1./(i+j-1);
```

在这段程序中,由 % 引导的部分是注释语句,通常用来给出一段说明性的文字来解释程序段落的功能和变量含义等。由前面的第1点要求,首先测试输入的参数个数。如果个数为1(即 **nargin** 的值为1),则将矩阵的列数 m 赋成 n 的值,从而产生一个方阵。如果输入或返回变量个数不正确,则函数前面的语句将自动检测,并显示出错误信息。

此函数的联机帮助信息可以由 help myhilb 命令获得:

```
MYHILB    本函数用来演示 MATLAB 语言的函数编写方法
    A=MYHILB(N,M) 将产生一个 N 行 M 列的 Hilbert 矩阵 A
    A=MYHILB(N) 将产生一个 NxN 的 Hilbert 方阵 A。
See also: HILB
```

注意，这里只显示了程序及调用方法，而没有把该函数中有关作者的信息显示出来。对照前面的函数可以立即发现，因为在作者信息的前面给出了一个空行，所以可以容易地得出结论：如果想使一段信息可以用 help 命令显示出来，则在它前面不应该加空行，即使想在 help 中显示一个空行，这个空行也应该由 % 来引导。

有了函数之后，可以采用下面的各种方法来调用它，并产生出所需的结果。

```
>> A=myhilb(4,3), B=myhilb(sym(4)) %两种矩阵的输入方法
```

这样得出的两个矩阵分别为（注意后者得出的符号矩阵）

$$\boldsymbol{A} = \begin{bmatrix} 1 & 0.5 & 0.3333 \\ 0.5 & 0.3333 & 0.25 \\ 0.3333 & 0.25 & 0.2 \\ 0.25 & 0.2 & 0.1667 \end{bmatrix}, \boldsymbol{B} = \begin{bmatrix} 1 & 1/2 & 1/3 & 1/4 \\ 1/2 & 1/3 & 1/4 & 1/5 \\ 1/3 & 1/4 & 1/5 & 1/6 \\ 1/4 & 1/5 & 1/6 & 1/7 \end{bmatrix}$$

例 2-12　MATLAB 函数是可以递归调用的，亦即在函数的内部可以调用函数自身。考虑求阶乘 $n!$ 的例子：由阶乘定义可见 $n! = n(n-1)!$，这样，n 的阶乘可以由 $n-1$ 的阶乘求出，而 $n-1$ 的阶乘可以由 $n-2$ 的阶乘求出。依此类推，直到计算到已知的 $1! = 0! = 1$，从而能建立起递归调用的关系（为了节省篇幅，这里略去了注释行段落）。

```
function k=my_fact(n)
if nargin~=1, error('输入变量个数错误,只能有一个输入变量'); end
if nargout>1, error('输出变量个数过多'); end
if abs(n-floor(n))>eps || n<0 %判定n是否为非负整数
    error('n应该为非负整数');
end
if n>1, k=n*my_fact(n-1);   %如果n>1,进行递归调用
elseif any([0 1]==n), k=1; %0!=1!=1为已知,为本函数出口
end
```

可以看出，该函数首先判定 n 是否为非负整数，如果不是则给出错误信息，如果是，则在 $n>1$ 时递归调用该程序自身，若 $n=1$ 或 0 时，则直接返回 1。调用该函数则立即可以得出 11 的阶乘为 39916800。

```
>> my_fact(11)
```

其实 MATLAB 提供了求取阶乘的函数 factorial()，其核心算法为 prod(1:n)，从结构上更简单、直观，速度也更快。

2.3.2　可变输入输出个数的处理

下面将介绍单元变量数据结构的一个重要应用——如何建立起任意多个输入或返回变量的函数调用格式。

例 2-13　MATLAB 提供的 conv() 函数可以用来求两个多项式的乘积。对于多个多项式的连乘，则不能直接使用此函数，而需要用该函数嵌套使用，这样在表示很多多项式连乘时相当麻烦。在这里可以用单元数据的形式来编写一个函数 convs()，专门解决多个多项式连乘的问题。

```
function a=convs(varargin)
a=1; for i=1:length(varargin), a=conv(a,varargin{i}); end
```

这时，所有的输入变量列表由单元变量 varargin 表示，相应地，如有需要，也可以将返回变量列表用一个单元变量 varargout 表示。在这样的表示下，理论上就可以处理任意多个多

项式的连乘问题了。例如，可以用下面的格式调用该函数，得出 $D = [1, 6, 19, 36, 45, 44, 35, 30]$，$G = [1, 11, 56, 176, 376, 578, 678, 648, 527, 315, 90]$。

```
>> P=[1 2 4 0 5]; Q=[1 2]; F=[1 2 3]; D=convs(P,Q,F)
   G=convs(P,Q,F,[1,1],[1,3],[1,1])
```

2.4 MATLAB的图形可视化

图形绘制与可视化是MATLAB语言的一大特色。MATLAB中提供了一系列直观、简单的二维图形和三维图形绘制命令与函数，可以将实验结果和仿真结果用可视的形式显示出来。本节将介绍各种图形的绘制方法。

2.4.1 二维图形的绘制

1. 二维图形绘制基本语句

假设用户已经获得了一些实验数据或仿真数据，例如，已知各个时刻 $t = t_1, t_2, \cdots, t_n$ 和在这些时刻处的函数值 $y = y_1, y_2, \cdots, y_n$，则可以将这些数据输入MATLAB环境中，构成向量 $t = [t_1, t_2, \cdots, t_n]$ 和 $y = [y_1, y_2, \cdots, y_n]$，如果用户想用图形的方式表示二者之间的关系，则给出 $\mathrm{plot}(t, y)$ 即可绘制二维图形。可见，该函数的调用相当直观。这样绘制出的"曲线"实际上是给出各个数值点间的折线，如果这些点足够密，则看起来就是曲线了，故以后将称其为曲线。在实际应用中，$\mathrm{plot}()$ 函数的调用格式还可以进一步扩展.

1) t 仍为向量，而 y 为矩阵，亦即

$$y = \begin{bmatrix} y_{11} & y_{12} & \cdots & y_{1n} \\ y_{21} & y_{22} & \cdots & y_{2n} \\ \vdots & \vdots & & \vdots \\ y_{m1} & y_{m2} & \cdots & y_{mn} \end{bmatrix}$$

则将在同一坐标系下绘制 m 条曲线，每一行和 t 之间的关系将绘制出一条曲线。注意这时要求 y 矩阵的列数应该等于 t 的长度。

2) t 和 y 均为矩阵，且假设 t 和 y 矩阵的行和列数均相同，则将绘制出 t 矩阵每列和 y 矩阵相应列之间关系的曲线。

3) 假设有多对这样的向量或矩阵，$(t_1, y_1)(t_2, y_2), \cdots, (t_m, y_m)$，则可以用下面的语句直接绘制出各自对应的曲线

$\mathrm{plot}(t_1, y_1, t_2, y_2, \cdots, t_m, y_m)$

4) 曲线的性质，如线型、粗细、颜色等，还可以使用下面的命令进行指定：

$\mathrm{plot}(t_1, y_1, 选项1, t_2, y_2, 选项2, \cdots, t_m, y_m, 选项m)$

其中，"选项"可以按表2-1中说明的形式给出，其中的选项可以进行组合，例如，若想绘制红色的点画线，且每个转折点上用五角星表示，则选项可以使用下面的组合形式：`'r-.pentagram'`。

绘制完二维图形后，还可以用 `grid on` 命令在图形上添加网格线，用 `grid off` 命令取消网格线；另外用 `hold on` 命令可以保护当前的坐标系，使得以后再使用 $\mathrm{plot}()$ 函数时将

表2-1 MATLAB绘图命令的各种选项

曲线线型		曲线颜色				标记符号			
选项	意义	选项	意义	选项	意义	选项	意义	选项	意义
'-'	实线	'b'	蓝色	'c'	蓝绿色	'*'	星号	'pentagram'	五角星
'--'	虚线	'g'	绿色	'k'	黑色	'.'	点号	'o'	圆圈
':'	点线	'm'	红紫色	'r'	红色	'x'	叉号	'square'	□
'-.'	点画线	'w'	白色	'y'	黄色	'v'	▽	'diamond'	◇
'none'	无线					'^'	△	'hexagram'	六角星
						'>'	▷	'<'	◁

新的曲线叠印在原来的图上,用 hold off 则可以取消保护状态;用户可以使用 title() 函数在绘制的图形上添加标题,还可以用 xlabel() 和 ylabel() 函数给 x 和 y 坐标轴添加标注,用 gtext() 函数在任意位置添加说明等。

例2-14 假设显函数方程为 $y = \sin(1/x)$,令 $x \in [-\pi, \pi]$,最直接的方法是可以采用下面的语句绘制出该函数的曲线,如图 2-1a 所示。

```
>> x=[-pi : 0.05: pi];    % 以0.05为步距构造自变量向量
   y=sin(1./x); plot(x,y) % 求出各个点上的函数值并绘制曲线
```

从得出的曲线可以看出,在 $x \in (-0.3, 0.3)$ 子区间内图形较粗糙,应该在该区间加密自变量选择点,或全程选择小的步长,这样可以将上述的语句修改为如下语句。

```
>> x=[-pi:0.05:-0.3,-0.3:.0001:0.3, 0.3:0.05:pi]; % 变步长自变量向量
   y=sin(1./x); plot(x,y) % 求出各个点上的函数值并绘制曲线
```

这样将得出如图 2-1b 所示的曲线,可见,这样得出的曲线在快变化区域内表现良好。这也提示我们,不能过分依赖 MATLAB 绘制的图形,每次需要对得出的图形进行检验。一种有效的检验方法是选择不同的步长,看看能不能得出一致的结果。如果不能,则需进一步减小步长。

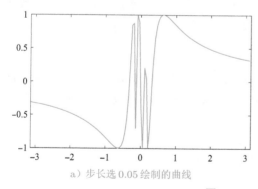

a) 步长选 0.05 绘制的曲线　　　　　　　　b) 加密样本点的曲线

图 2-1 二维曲线的绘制

例2-15 考虑饱和非线性特性方程

$$y = \begin{cases} -1.1, & x < -1.1 \\ x, & -1.1 \leqslant x \leqslant 1.1 \\ 1.1, & x > 1.1 \end{cases}$$

当然用循环与 if 语句配合则可以很容易求出各个 x 点上的 y 值,这里将考虑另外一种有效

的实现方法:如果构造了 x 向量,则关系表达式 $x > 1.1$ 将生成一个和 x 一样长的向量,在满足 $x_i > 1.1$ 的点上,生成向量的对应值为 1,否则为 0。根据这样的想法,可以用下面的语句绘制出分段函数的曲线,如图 2-2 所示。

```
>> x=[-2:0.02:2];  %生成自变量向量
   y=-1.1*(x<-1.1) + x.*((x>=-1.1)&(x<=1.1)) + 1.1*(x>1.1); plot(x,y)
```

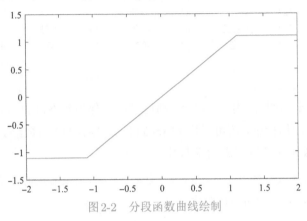

图 2-2   分段函数曲线绘制

在这样的分段模型描述中,注意不要将某个区间重复表示,例如,不能将给出的语句中最后一个条件表示成 $1.1*(x>=1.1)$,否则因为第 2 项中也有 $x_i = 1.1$ 的选项,将使得 $x_i = 1.1$ 点函数求取重复,得出错误的结果。

另外,由于 plot() 函数只将给定点用直线连接起来,分段线性的非线性曲线可以由有限的几个转折点来表示,下面语句能得出和图 2-2 完全一致的结果:

```
>> plot([-2,-1.1,1.1,2],[-1.1,-1.1,1.1,1.1])
```

2. 已知数学函数的曲线绘制

如果已知函数的数学表达式由显式函数给出,则可以将其用符号表达式或匿名函数描述出来,然后调用 fplot() 函数将其直接绘制出来;如果数学表达式不能写成显式形式,后面将探讨隐函数的绘制方法。

例 2-16   可以有两种方式描述例 2-14 中给出数学函数,一种是符号函数,另一种是匿名函数,在后一种描述中,应该使用点运算。描述了函数,就可以用 fplot() 函数直接绘制函数曲线,得出的结果与例 2-14 中给出的完全一致。

```
>> syms x; y1=sin(1/x); y2=@(x)sin(1./x);
   fplot(y1,[-pi,pi])   %或fplot(y2,[-pi,pi])
```

3. 其他二维图形绘制语句

除了简单的 plot() 函数外,MATLAB 还提供了各种其他的二维曲线绘制函数。如 polar() 函数可以绘制出极坐标曲线,stairs() 函数可以绘制阶梯形曲线,stem() 可以绘制火柴杆状曲线,bar() 函数可以绘制直方图,fill() 函数能绘制二维的填充图,而 loglog()、semilogx() 和 semilogy() 函数可以绘制出某轴为对数坐标的图形。下面将通过例子来演示其中一些语句的曲线绘制效果。

例 2-17 以正弦数据为例，用下面的各种语句可以绘制出如图 2-3 所示的图形。其中，subplot() 函数可以将图形窗口分为若干分区，在某一块内绘制图形。在函数调用时，第 1 个 2 表示将窗口分为两行，第 2 个 2 将窗口分为两列，第 3 个参数用于指定绘图的位置。

```
>> t=0:.2:2*pi; y=sin(t);         %首先生成绘图用数据
   subplot(2,2,1), stairs(t,y)    %分割窗口,在左上角绘制阶梯曲线
   subplot(2,2,2), stem(t,y)      % 火柴杆曲线绘制
   subplot(2,2,3), bar(t,y)       % 直方图绘制
   subplot(2,2,4), semilogx(t,y)  %横坐标为对数的曲线
```

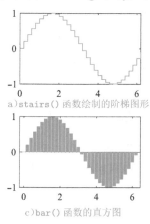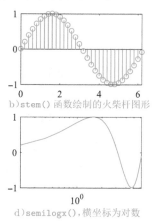

a)stairs() 函数绘制的阶梯图形   b)stem() 函数绘制的火柴杆图形

c)bar() 函数的直方图   d)semilogx(),横坐标为对数

图 2-3 不同的二维曲线绘制函数

4. 隐函数绘制及应用

隐函数即满足 $f(x,y)=0$ 方程的 x,y 之间的关系式，用前面介绍的曲线绘制方法显然会有问题，例如，很多隐函数无法求出 x,y 之间的显式关系，所以无法先定义一个 x 向量再求出相应的 y 向量，从而不能采用 plot() 函数来绘制曲线，另外即使能求出 x,y 之间的显式关系，也不是保证函数的单值对应关系，这样绘制起来也很麻烦。MATLAB 下提供的 fimplicit() 函数可以直接绘隐函数曲线，该函数的调用格式为

$$fimplicit(隐函数表达式,[x_m,x_M,y_m,y_M])$$

其中，x_m、y_m、x_M 和 y_M 的默认值分别为 ± 5。下面将通过例子演示该函数使用方法。

例 2-18 假设隐函数为 $f(x,y)=xy\sin(x^2+y^2)+(x+y)^2 e^{-(x+y)}=0$。从给出的函数可见，无法用解析的方法写出该函数，所以不能用前面给出的 plot() 函数绘制出该函数的曲线。对这样的隐函数，可以给出如下的 MATLAB 命令，并将得出如图 2-4 所示的隐函数曲线。

```
>> syms x y; fimplicit(x*y*sin(x^2+y^2)+(x+y)^2*exp(-(x+y)))
```

2.4.2 三维图形的绘制

1. 三维曲线绘制

二维曲线绘制函数 plot() 可以扩展到三维曲线的绘制中，这时可以用 plot3() 函数绘制三维曲线，该函数的调用格式为：

$$plot3(x_1,y_1,z_1,选项 1,x_2,y_2,z_2,选项 2,\cdots,x_m,y_m,z_m,选项 m)$$

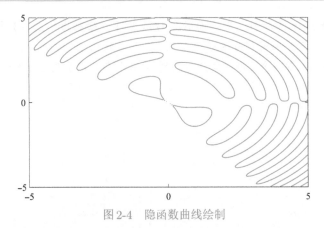

图 2-4　隐函数曲线绘制

其中,"选项"和二维曲线绘制的完全一致,如表 2-1 所示。相应地,类似于二维曲线绘制函数,MATLAB 还提供了其他的三维曲线绘制函数,如 stem3() 可以绘制三维火柴杆型曲线,fill3() 可以绘制三维的填充图形,bar3() 可以绘制三维的直方图等。

　　例 2-19　假设已知三维的参数方程 $x(t) = \mathrm{e}^{-t/30}\cos t$, $y(t) = \mathrm{e}^{-t/30}\sin t$, $z = t$, 则可以生成一个时间向量 t, 由其计算出 x、y 和 z 向量,并用函数 plot3() 绘制出三维曲线,如图 2-5a 所示,注意,这里应该采用点运算。

```
>> t=0:0.1:10*pi;        % 构造 t 向量,注意下面的点运算
   x=exp(-t/30).*cos(t); y=exp(-t/30).*sin(t); z=t;
   plot3(x,y,z), grid    % 三维曲线绘制
```

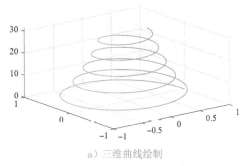

a) 三维曲线绘制

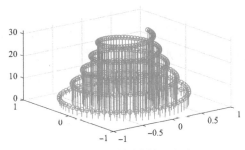

b) stem3() 函数绘制的三维图形

图 2-5　三维曲线的绘制

　　如果用 stem3() 函数绘制出火柴杆形线,还可以在该线上叠印出由 plot3() 函数绘制出的曲线,如图 2-5b 所示。

```
>> stem3(x,y,z); hold on; plot3(x,y,z), grid on
```

　　2. 三维曲面绘制

　　三维曲面也可以用多种函数来绘制,如用 mesh() 函数可以绘制三维的网格型图形,surf() 可以绘制三维曲面,surfc() 函数和 surfl() 函数可以分别绘制带有等高线和光照下的三维曲面,waterfall() 函数可以绘制瀑布形三维图形。在 MATLAB 下还提供了等高线绘制的函数,如 contour() 函数和三维等高线函数 contour3(),这里将通过例子介绍三维曲面绘制方法与技巧。

例 2-20　给出二元函数 $z = f(x,y) = (x^2 - 2x)e^{-x^2 - y^2 - xy}$，试在 xy 平面内选择一个区域，并绘制出该函数的三维表面图形。

解　首先可以调用 meshgrid() 函数生成 xy 平面的网格表示。该函数的调用意义十分明显，即可以产生一个横坐标起始于 -3，中止于 2，步距 0.1，纵坐标起始于 -2，中止于 2，步距为 0.1 的网格分割。然后由上面的公式计算出曲面的 z 矩阵。最后调用 surf() 函数来绘制曲面的三维表面图，如图 2-6 所示。

```
>> [x,y]=meshgrid(-3:0.1:2,-2:0.1:2);    %生成xy平面的网格矩阵x、y
   z=(x.^2-2*x).*exp(-x.^2-y.^2-x.*y);    %计算高度矩阵z
   surf(x,y,z)                            %绘制三维网格图
```

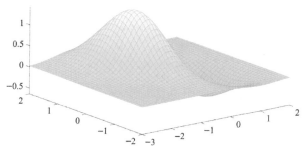

图 2-6　给定函数的三维图表示

例 2-21　假设某信号概率密度函数的解析解由下面的分段函数表示[48]：

$$p(x_1, x_2) = \begin{cases} 0.5457e^{-0.75x_2^2 - 3.75x_1^2 - 1.5x_1}, & x_1 + x_2 > 1 \\ 0.7575e^{-x_2^2 - 6x_1^2}, & -1 < x_1 + x_2 \leqslant 1 \\ 0.5457e^{-0.75x_2^2 - 3.75x_1^2 + 1.5x_1}, & x_1 + x_2 \leqslant -1 \end{cases}$$

分段函数的计算可以采用循环与 if 结构实现该函数值的求取，但结构将很烦琐，所以可以利用类似于前面介绍的分段函数求取方法来求此二维函数的值。

```
>> [x1,x2]=meshgrid(-1.5:.1:1.5,-2:.1:2);
   z=0.5457*exp(-0.75*x2.^2-3.75*x1.^2-1.5*x1).*(x1+x2>1)+...
     0.7575*exp(-x2.^2-6*x1.^2).*((x1+x2>-1) & (x1+x2<=1))+...
     0.5457*exp(-0.75*x2.^2-3.75*x1.^2+1.5*x1).*(x1+x2<=-1);
   surf(x1,x2,z), xlim([-1.5 1.5])
```

这样将得出如图 2-7 所示的三维网格图。

3. 三维图形视角设置

MATLAB 三维图形显示中提供了修改视角的功能，允许用户从任意的角度观察三维图形，实现视角转换有两种方法：其一是使用坐标系工具栏中提供的三维图形转换按钮 来可视地对图形进行旋转；其二是用 view() 函数有目的地进行旋转。

MATLAB 三维图形视角的定义如图 2-8a 所示，其中有两个角度就可以唯一地确定视角，方位角 α 定义为视点在 x-y 平面投影点与 y 轴负方向之间的夹角，默认值为 $\alpha = -37.5°$，仰角 β 定义为视点和 x-y 平面的夹角，默认值为 $\beta = 30°$。

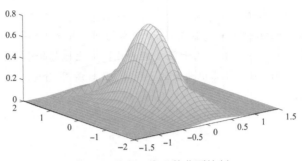

图 2-7　分段二维函数曲面绘制

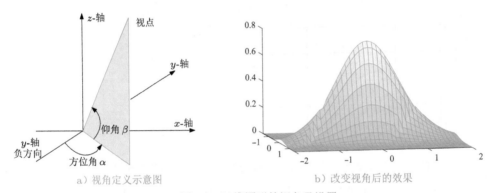

a）视角定义示意图　　　　　　　　b）改变视角后的效果

图 2-8　三维图形的视角及设置

如果想改变视角来观察曲面，则可以给出 view(α, β) 命令。例如，如果想得到俯视图，则可以由 view(0,90) 设置，正视图由 view(0,0) 设置，侧视图可以由 view(90,0) 来设定。

例如，对图 2-7 中给出的三维网格图进行处理，设方位角为 $\alpha = 80°$，仰角为 $\beta = 10°$，则下面的 MATLAB 语句将得出如图 2-8b 所示的三维曲面。

```
>> view(80,10), xlim([-1.5 1.5])
```

2.4.3　图形修饰

MATLAB 的图形窗口工具栏中提供了各种图形修饰的功能，如在图形上添加箭头、文字及直线等，对图形的局部放大，三维图形的旋转等。添加文字时，字符串可以用普通的字母和文字表示，也可以用 LaTeX 的格式[49] 描述数学公式。MATLAB 下支持的只是其中一个子集，这里简单介绍在 MATLAB 图形窗口中添加 LaTeX 描述的数学公式的方法。

1）特殊符号是由 \ 符号引导的命令定义的，如 \alpha、\infty。

2）上下标分别用 ^ 和 _ 表示，例如 a_2^2+b_2^2=c_2^2 表示 $a_2^2 + b_2^2 = c_2^2$，如果需要表示多个上标，则需要用大括号括起，表示段落。例如，a^Abc 命令表示 $a^A bc$，其中，A 为上标，如果想将 Abc 均表示成 a 的上标，则需要给出命令 a^{Abc}。

2.5　MATLAB 的应用程序界面设计入门

对一个成功的软件来说,其内容和基本功能当然应是第一位的。除此之外,图形界面的优劣与易用程度等往往也决定着该软件的档次,因为用户界面会对软件本身起到包装作用,而这又像产品的包装一样,所以能掌握 MATLAB 的图形界面设计技术对设计出良好的通用软件来说是十分重要的。

早期的 MATLAB 版本提供了可以实现界面编程的强大工具 Guide,完全支持可视化界面编程,将它提供的方法和用户的 MATLAB 编程经验结合起来,可以很容易地写出高水平的用户界面程序。新版本下提供了功能更强大的 App Designer 程序 `appdesigner`,可以开发包括图形用户界面在内的 MATLAB 应用程序。本节侧重于基于 App Designer 的应用程序设计方法与应用。

2.5.1　应用程序设计工具 App Designer

在 MATLAB 命令窗口中输入 `appdesigner` 命令,则将打开如图 2-9 所示的界面。在该界面中,给出了 App Designer 程序快速入门演示,如果用户感兴趣,可以选择"快速入门"选项,学习界面设计的入门知识。如果用户有用 Guide 程序设计的程序界面,则可以考虑使用"GUIDE 迁移策略"选项,将程序转换到新的框架下,重新开始 App 设计。

图 2-9　App Designer 程序启动界面

用户还可以选择界面左侧的"打开"或"最近使用的 App"打开或修改现有的 App。如果想创建一个新的 App,建议使用"空白 App"按钮打开设计主界面,如图 2-10 所示。

在当前显示的主界面中,分为左、中、右三个部分,左侧为组件库,中间的为用户想绘制

图 2-10 App Designer 程序主界面

窗口的雏形,右侧为组件浏览器。界面工具栏还提供了"App 详细信息"按钮,允许用户描述应用程序的基本信息。

展开组件库列表,可以发现该库由几部分组件组成,包含如图 2-11 所示的常用组件,还提供了众多的仪表盘组件与菜单系统,可以使程序用户界面丰富多彩。用户可以使用所需组件,在雏形窗口绘制期望的程序界面,并在右侧的组件浏览器编辑组件的初始属性,最后生成程序框架。

图 2-11 常用组件库

2.5.2 应用程序设计举例

图形用户界面编程主要是对各个对象属性读取和修改的技术,各个对象的操作主要靠对象的句柄实现,在 MATLAB 下这样的技术称为句柄图形学,该技术是 MathWorks 公司于 1990 年前后引入的。这里将简要介绍相关技术,更详细的内容可以参见参考文献 [50]。

在 MATLAB 图形用户界面编程中,窗口是一个对象,其上面的每个组件也都是对象,每个对象都有自己的属性,学习句柄图形学的关键是了解句柄对象和属性的操作。

双击每一个对象,都会展开主界面右侧的组件浏览器,将组件的属性显示出来。浏览器中列出了每个组件的大量属性,用户可以通过界面直接修改这些属性。双击雏形窗口,则在组件浏览器中列出了有关窗口的许多属性,通常没有必要改变所有的属性。

早期版本的图形用户界面设计主要依靠 set() 和 get() 函数,其作用是修改或拾取对象的属性。在App Designer程序下，默认的底层对象名为**app**，其他下一级对象可以由**app**结构体变量直接访问。可以由更简洁的方法修改对象的属性，往往可以避开**set()**和**get()**函数。下面用简单例子来演示图形用户界面的设计方法。

　　例2-22　考虑在一个窗口上添加一个"按钮"组件和一个用于字符显示的"文本"组件，并在按下该按钮时，在文本组件上显示Hello World! 字样。

　　面向对象的程序设计方法与传统的程序不同。其根本程序设计是编写对事件的响应函数。这个界面有两个组件，按钮可以认为是主动组件，当按钮被按下时，发出一个事件信息，通知界面去调用其回调函数。回调函数的作用是修改静态文本组件的内容。静态文本是被动组件，只能接受其他组件的动作，自己没有回调函数。所以，面向对象程序设计的关键是任务分派与回调函数的编写。在这个例子中，按钮组件需要完成两个动作，一个是找到静态文本组件，第二是将静态文本组件的值修改成"Hello World!"。

　　给出**appdesigner**命令，就可以直接启动App Designer程序。可以用鼠标拖动的方法拖动雏形窗口右下角的▨图标，调节雏形窗口的大小。然后，用鼠标将按钮组件与静态文本组件从组件库拖动到雏形窗口，如图2-12所示。用户还可以用鼠标修改两个组件的位置与大小。

图2-12　雏形窗口与组件浏览器（文件名：**c2mapp1.mlapp**）

　　可以看出，雏形窗口上绘制了两个组件，一个是静态文本组件，可以通过组件浏览器将后者的Text属性设置为空白，但MATLAB为其保留了一个名字**app.Label**，在右侧的列表中给出。用户可以用组件浏览器修改该组件的属性，如字体、字号等。

　　另一个组件是按钮组件，将其Text属性修改为Press me，则MATLAB会为其自动分配一个名字**app.PressmeButton**。这两个属性都在右侧窗口显示出来。该列表还显示了这两个组件上一级组件**app.UIFigure**，即窗口本身。

　　绘制完雏形窗口，就可以将其存储成文件，例如，存成c2mapp1.mlapp文件。扩展名mlapp是MATLAB程序界面的一种新文件格式，该文件可以在MATLAB命令窗口直接执行，就像普通的m扩展名文件一样。

　　单击组件浏览器中的**app.PressmeButton**列表项，并单击下面出现的"回调"字样，则可以创建一个回调函数。回顾前面介绍的按钮组件分派的任务，找到静态文本组件，将静态文本组件的值修改成"Hello World!"。如何找到组件呢？该组件就是**app.Label**。如何修改属性呢？修改属性也很简单,无须像早期版本那样使用set()函数,可以在自动生成的回调函数框架下加一条指令即可。这样,该程序设计就完成了。

```
function PressmeButtonPushed(app, event)
    app.Label.Text='Hello World!';
end
```

程序存储之后,在MATLAB下给出c2mapp1命令,就可以打开该用户界面。单击Press me按钮,就可以显示"Hello World!"。

在App Designer编程界面中给出了良好的自动提示功能。如果输入"app.",则会自动弹出app下所有组件名的列表,再给出一个字符,如L,则会自动给出L开头的所有组件名,在这个具体例子中会直接给出Label。在后面再输入".",则会列出该组件的所有属性名。利用这样的提示,可以容易地编写回调函数。

可以看出,程序界面的设计很简单。完成三个任务:画界面、任务分派、回调函数编写,一个程序就设计出来了。下面将通过一个控制系统分析的例子,介绍应用程序设计的几个步骤和编程方法。

例2-23 假设想编写一个控制系统分析程序。一个图形用户界面的草图如图2-13所示。用户可以在Numerator与Denominator编辑框中填写系统传递函数分子、分母的系数向量,然后可以单击Load Model按钮,构造系统的传递函数模型。再从Responses列表框里选择系统分析的内容,则最终在界面的坐标系中把分析结果绘制出来。

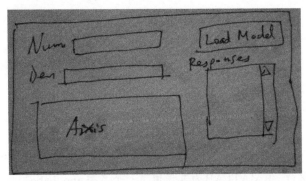

图2-13 期望界面的草图

要编写这样一个图形用户界面,需要启动appdesigner程序,打开一个空白雏形窗口。根据图2-13草图的要求,在雏形窗口中绘制两个编辑框、一个按钮、一个列表框和一个坐标系,如图2-14所示,图中还给出了组件浏览器。MATLAB会为各个组件自动安排组件名。例如,分子编辑框的名字为app.NumeratorEditField,具体见右侧的属性列表。分子、分母多项式的默认值还可以通过组件浏览器填写到组件的Value属性中。

从问题的要求看,两个编辑框是被动组件,只接受其他组件的操作,无须控制其他组件。按钮与列表框是主动组件,需要为这两个组件分派任务,具体任务如下。

1) 按钮组件:①需要从两个编辑框读入系统的传递函数分子、分母多项式系数向量的字符串num、den。这两个编辑框提供的是字符串,需要将其转换为数值向量。②使用$G=\text{tf}(\text{num},\text{den})$

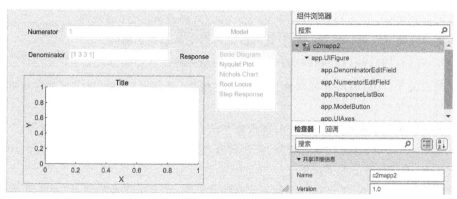

图 2-14　App Designer 绘制的界面与属性列表（文件名：c2mapp2.mlapp）

命令构造传递函数对象。③ 为使得其他组件可以访问这个传递函数对象 G，需要将其暂存起来，如存到窗口组件的 UserData 属性中。另外，由于字符串到数值向量的转换可能出错（如用户输入了不可识别的字符串），需要对其进行容错处理，如用试探结构设计一个错误陷阱。

```
function ModelButtonPushed(app, event)
    try, num=str2num(app.NumeratorEditField.Value);
        den=str2num(app.DenominatorEditField.Value);
        G=tf(num,den); app.UIFigure.UserData=G;
    catch
        errordlg('Data type fault in the edit boxes','ERROR');
end, end, end
```

2）列表框组件：列表框组件分派的任务是，① 从窗口的 UserData 属性读入暂存的模型对象 G。② 由列表框选择的选项绘制系统分析的曲线。这个对象的回调函数比较适合由 switch/case 结构实现。这段代码会根据列表框的选择，先清空 app.UIAxes 坐标系，然后直接绘制系统的响应曲线。这样的程序框架是开放的，用户可以根据需要加入其他的分析命令。

```
function ResponseListBoxValueChanged(app, event)
    G=app.UIFigure.UserData; cla(app.UIAxes);
    switch app.ResponseListBox.Value
        case 'Bode Diagram',  bode(app.UIAxes,G)
        case 'Nyquist Plot',  nyquist(app.UIAxes,G)
        case 'Nichols Chart', nichols(app.UIAxes,G)
        case 'Root Locus',    rlocus(app.UIAxes,G)
        case 'Step Response', step(app.UIAxes,G)
end, end
```

尽管 App Designer 提供了很方便的界面设计功能，编程环境也更理想，但早期版本下 Guide 设计程序提供的一些功能消失了，例如，新版本下不直接支持 ActiveX 组件的使用。

2.6 习　题

1　试对任意整数 k 化简表达式 $\sin(k\pi + \pi/6)$。

2　比较大小：2^{31} 与 3^{21}，并求出这两个数是什么。

3 试求出无理数 $\sqrt{2}$、$\sqrt[6]{11}$、$\sin 1°$、e^2、$\ln(21)$、$\log_2(\mathrm{e})$ 的前 200 位有效数字。

4 如果想精确地求出 $\lg(12345678)$，试判断下面哪个命令是正确的。

  1）`vpa(log10(sym(12345678)))` 2）`vpa(sym(log10(12345678)))`

5 试列出大于 -100 的所有可以被 11 整除的负整数，并找出 $[3000,5000]$ 区间内所有可以被 11 整除的正整数。

6 如果 x、y 都是正整数，试想办法求解代数方程 $x^2 + y^3 = 80893009$，并验证结果。

7 试生成一个 100×100 的魔方矩阵，试分别用循环和向量化的方法找出其中大于 1000 的所有元素，并强行将它们置成 0。

8 前面叙述中介绍过，`for` 循环中的 v 可以取作矩阵，试分析下面的语句，观察其执行结果，解释 v 为矩阵时的执行过程。

```
>> A=magic(9) %生成并显示一个魔方矩阵magic
   for i=A, i, end for
```

9 试构造符号表达式

$$f(x) = \sqrt{x + \sqrt{x + \sqrt{x + \sqrt{x + \sqrt{x + \sqrt{x + \sqrt{x}}}}}}}$$

如果根号重数增至 30，试重新表示其表达式。

10 给出阶次 n，试将下面矩阵输入计算机。

$$\boldsymbol{A} = \begin{bmatrix} 1 & -2 & 4 & \cdots & (-2)^{n-1} \\ 0 & 1 & -2 & \cdots & (-2)^{n-2} \\ 0 & 0 & 1 & \cdots & (-2)^{n-3} \\ \vdots & \vdots & \vdots & & \vdots \\ 0 & 0 & 0 & \cdots & 1 \end{bmatrix}$$

11 已知某迭代序列 $x_{n+1} = x_n/2 + 3/(2x_n)$，$x_0 = 1$，并已知该序列当 n 足够大时将趋于某个固定的常数，试选择合适的 n，求该序列的稳态值（达到精度要求 10^{-14}），并找出精确的数学表示。

12 试用下面的方法编写循环语句函数来近似地用连乘的方法计算 π 值，当乘法因子 $|\delta - 1| < 10^{-6}$ 时停止循环。如果再缩小误差限能得到更精确的 π 值吗？试比较哪种方法更高效，其在双精度数据结构下能得到的最精确的 π 值是多少？

$$\frac{2}{\pi} \approx \frac{\sqrt{2}}{2} \cdot \frac{\sqrt{2+\sqrt{2}}}{2} \cdot \frac{\sqrt{2+\sqrt{2+\sqrt{2}}}}{2} \cdots$$

13 著名的 Mittag-Leffler 函数的基本定义为

$$\mathrm{E}_\alpha(x) = \sum_{k=0}^{\infty} \frac{x^k}{\Gamma(\alpha k + 1)}$$

其中，$\Gamma(x)$ 为 Gamma 函数，可以由 `gamma(x)` 函数直接计算。试编写出 MATLAB 函数，使得其调用格式为 `f=mymittag(`α,z,ϵ`)`，其中，ϵ 为用户允许的误差限，其默认值为 $\epsilon = 10^{-6}$，z 为已知数值向量。利用该函数分别绘制出 $\alpha = 1$ 和 $\alpha = 0.5$ 的曲线。

14 试绘制函数曲线 $y(x) = \sin \pi x/(\pi x)$，其中，$x \in (-4, 4)$。

15 试绘制下面的函数曲线:

1) $f(x) = x \sin x, x \in (-50, 50)$　2) $f(x) = x \sin 1/x, x \in (-1, 1)$

16 试选择合适的 t 范围,绘制 $x = \sin t, y = \sin 2t$ 的曲线,如果有一个质点在该曲线上运动,试绘制其运动的动态显示。

17 试按照下面的规则构造某序列的前 40 项,再用 stem() 函数显示序列的变化趋势。

$$x_k = 1 + \frac{1}{2} + \frac{1}{3} + \cdots + \frac{1}{k} - \ln k$$

18 用图解的方式求解下面联立方程的近似解:

1) $\begin{cases} x^2 + y^2 = 3xy^2 \\ x^3 - x^2 = y^2 - y \end{cases}$ 　　　　2) $\begin{cases} \mathrm{e}^{-(x+y)^2 + \pi/2} \sin(5x + 2y) = 0 \\ (x^2 - y^2 + xy)\mathrm{e}^{-x^2 - y^2 - xy} = 0 \end{cases}$

19 试分别绘制出 xy、$\sin xy$ 和 $\mathrm{e}^{2x/(x^2+y^2)}$ 的三维表面图。

20 试绘制函数的三维表面图 $f(x, y) = \sin \sqrt{x^2 + y^2} / \sqrt{x^2 + y^2}, -8 \leqslant x, y \leqslant 8$。

21 试设计一个摄氏温度与华氏温度转换的程序界面,使得该界面有两个编辑框,分别输入摄氏与华氏温度,如一个编辑框发生变化将自动将另一个编辑框给出正确的转换结果。(提示:转换公式为 $C = 5(F - 32)/9$)

22 试设计一个简单界面,允许输入幅值、频率与初始相位,然后单击按钮可以绘制正弦函数曲线,再设计一个列表框,允许绘制正弦、余弦与正切曲线。

第3章　科学运算问题的MATLAB求解

MATLAB不但能进行数值计算,还可以进行解析解运算,本书中将两种计算统称为科学运算。MATLAB起源于线性代数的数值运算,在其长期的发展过程中,形成了微分方程数值解法、最优化技术、数据处理、数理统计等诸多分支,并成功地引入了符号运算的功能,使得公式推导成为可能。

MATLAB语言求解科学运算的功能是其广受科学工作者喜爱的重要原因,也是MATLAB语言的一大重要的特色。本章将简略介绍和本书内容密切相关的几个数学分支。第3.1节介绍线性代数问题的求解方法,包括矩阵参数的计算、矩阵分解方法、矩阵方程求解方法等内容的计算机之间求解方法。第3.2节介绍常微分方程的求解方法,包括一般微分方程的直接求解、微分方程的变换方法与微分方程的解析求解方法等。第3.3节计算最优化问题的数值求解方法,包括无约束与有约束最优化问题的求解方法与函数最小二乘逼近方法等。第3.4节介绍Laplace变换与z变换的MATLAB求解方法及应用。参考文献[46]中系统地介绍了数学运算问题的MATLAB求解方法。

3.1 线性代数问题的MATLAB求解

3.1.1 矩阵的参数化分析

矩阵的参数化分析往往可以反映出矩阵的某些性质。例如,在控制系统分析中,矩阵的特征值可以用来分析系统的稳定性,矩阵的秩可以用来分析系统的可控性和可观测性等,这里将系统地介绍矩阵参数化的概念及其MATLAB实现。

1. 矩阵的行列式(determinant)

矩阵 $\boldsymbol{A} = \{a_{ij}\}$ 的行列式定义为

$$D = ||\boldsymbol{A}|| = \det(\boldsymbol{A}) = \sum (-1)^k a_{1k_1} a_{2k_2} \cdots a_{nk_n} \tag{3-1-1}$$

其中,$k_1, k_2, \cdots, k_n$ 是将序列 $1, 2, \cdots, n$ 的元素交换 k 次所得出的一个序列,每个这样的序列称为一个置换(permutation),而 Σ 表示对 $k_1, k_2, \cdots, k_n$ 取遍 $1, 2, \cdots, n$ 的所有排列的求和。MATLAB提供了内置函数 `det(A)`,利用它可以直接求取矩阵 $\boldsymbol{A}$ 的行列式。若 $\boldsymbol{A}$ 为数值矩阵,则得出的行列式的数值解,若 $\boldsymbol{A}$ 为符号矩阵则为解析解。

例3-1 已知四阶魔方矩阵

$$\begin{bmatrix} 16 & 2 & 3 & 13 \\ 5 & 11 & 10 & 8 \\ 9 & 7 & 6 & 12 \\ 4 & 14 & 15 & 1 \end{bmatrix}$$

可以由下面语句得出行列式的数值解与解析解,得出的结果分别为 5.1337×10^{-13} 和 0。

```
>> A=[16,2,3,13; 5,11,10,8; 9,7,6,12; 4,14,15,1];
   d1=det(A), d2=det(sym(A)) %求行列式的数值解与解析解
```

其实,该矩阵是奇异矩阵,不过由于使用双精度数据结构计算,可能引入误差。如果想得出精确的行列式值,应该先将其转换为符号型数据结构,在符号运算的框架下重新计算行列式,得出的结果为0。

例3-2 四阶 Hankel 矩阵的数学形式为

$$\boldsymbol{H} = \begin{bmatrix} a_1 & a_2 & a_3 & a_4 \\ a_2 & a_3 & a_4 & \\ a_3 & a_4 & & \\ a_4 & & & \end{bmatrix}$$

该矩阵的行列式解析解可以由下面的语句直接计算,得出结果为 $d = a_4^4$。

```
>> syms a1 a2 a3 a4; H=[a1 a2 a3 a4; a2 a3 a4 0; a3 a4 0 0; a4 0 0 0];
   d=det(H) %直接求符号矩阵的行列式解析解
```

2. 矩阵的迹(trace)

假设一个方阵为 $\boldsymbol{A} = \{a_{ij}\}$,则矩阵 $\boldsymbol{A}$ 的迹定义为

$$\mathrm{tr}(\boldsymbol{A}) = \sum_{i=1}^{n} a_{ii} \tag{3-1-2}$$

亦即矩阵的迹为该矩阵对角线上各个元素之和。由代数理论可知,矩阵的迹和该矩阵的特征值之和是相同的,矩阵 $\boldsymbol{A}$ 的迹可以由 MATLAB 函数 $\mathrm{trace}(\boldsymbol{A})$ 求出,在 MATLAB 语言中,trace() 函数可以扩展到长方形矩阵的迹计算。

3. 矩阵的秩(rank)

若矩阵所有的列向量中最多有 r_c 列线性无关,则称矩阵的列秩为 r_c,如果 $r_c = m$,则称 $\boldsymbol{A}$ 为列满秩矩阵。相应地,若矩阵 $\boldsymbol{A}$ 的行向量中有 r_r 个是线性无关的,则称矩阵 $\boldsymbol{A}$ 的行秩为 r_r。如果 $r_r = n$,则称 $\boldsymbol{A}$ 为行满秩矩阵。可以证明,矩阵的行秩和列秩是相等的,故称之为矩阵的秩,记作 $\mathrm{rank}(\boldsymbol{A}) = r_c = r_r$,这时矩阵的秩为 $\mathrm{rank}(\boldsymbol{A})$。矩阵的秩也表示该矩阵中行列式不等于0的子式的最大阶次,所谓子式,即为从原矩阵中任取 k 行及 k 列所构成的子矩阵。MATLAB 提供了一个内置函数 $\mathrm{rank}(\boldsymbol{A}, \varepsilon)$,用数值方法求取一个已知矩阵 $\boldsymbol{A}$ 的数值秩,其中,ε 为机器精度。如果没有特殊说明,可以由 $\mathrm{rank}(\boldsymbol{A})$ 函数求出 $\boldsymbol{A}$ 矩阵的秩。

4. 矩阵的范数(norm)

对于任意的非零向量 $\boldsymbol{x}$,矩阵 $\boldsymbol{A}$ 的范数为

$$\|\boldsymbol{A}\| = \sup_{\boldsymbol{x} \neq 0} \frac{\|\boldsymbol{A}\boldsymbol{x}\|}{\|\boldsymbol{x}\|} \tag{3-1-3}$$

矩阵的常用范数定义为

$$||\boldsymbol{A}||_1 = \max_{1\leqslant j\leqslant n}\sum_{i=1}^{n}|a_{ij}|, \; ||\boldsymbol{A}||_2 = \sqrt{s_{\max}(\boldsymbol{A}^{\mathrm{T}}\boldsymbol{A})}, \; ||\boldsymbol{A}||_\infty = \max_{1\leqslant i\leqslant n}\sum_{j=1}^{n}|a_{ij}| \qquad (3\text{-}1\text{-}4)$$

其中，$s(\boldsymbol{X})$ 为 $\boldsymbol{X}$ 矩阵的特征值；而 $s_{\max}(\boldsymbol{A}^{\mathrm{T}}\boldsymbol{A})$ 即为 $\boldsymbol{A}^{\mathrm{T}}\boldsymbol{A}$ 矩阵的最大特征值。事实上，$||\boldsymbol{A}||_2$ 还等于 $\boldsymbol{A}$ 矩阵的最大奇异值。MATLAB 提供了求取矩阵范数的函数 norm($\boldsymbol{A}$)，可以求出 $||\boldsymbol{A}||_2$，矩阵的1-范数 $||\boldsymbol{A}||_1$ 可以由 norm($\boldsymbol{A}$,1) 求解，矩阵的无穷范数 $||\boldsymbol{A}||_\infty$ 可以由 norm($\boldsymbol{A}$,inf) 求出。注意，norm() 函数不能求解符号矩阵的范数，只能求解数值问题。

5. 矩阵的特征多项式、特征方程与特征根（eigenvalues）

构造一个矩阵 $s\boldsymbol{I} - \boldsymbol{A}$，并求出该矩阵的行列式，则可以得出一个关于 s 的多项式 $C(s)$

$$C(s) = \det(s\boldsymbol{I} - \boldsymbol{A}) = s^n + c_1 s^{n-1} + \cdots + c_{n-1}s + c_n \qquad (3\text{-}1\text{-}5)$$

这样的多项式 $C(s)$ 称为矩阵 $\boldsymbol{A}$ 的特征多项式，其中系数 $c_i, i = 1, 2, \cdots, n$ 称为矩阵的特征多项式系数。

MATLAB 提供了求取矩阵特征多项式系数的函数 C=poly($\boldsymbol{A}$)，而返回的 $\boldsymbol{C}$ 为一个行向量，其各个分量为矩阵 $\boldsymbol{A}$ 的降幂排列的特征多项式系数。该函数的另外一种调用格式是：如果给定的 $\boldsymbol{A}$ 为向量，则假定该向量是一个矩阵的特征根，由此求出该矩阵的特征多项式系数，如果向量 $\boldsymbol{A}$ 中有无穷大或 NaN 值，则首先剔除它。

例3-3 考虑例3-1中给出的矩阵，可以用数值方法和解析方法得出矩阵特征多项式系数向量 $\boldsymbol{p}_2 = [1, -34, -80, 2720, 0]$，可见，数值解的误差为 2.6231×10^{-12}。

```
>> A=[16,2,3,13; 5,11,10,8; 9,7,6,12; 4,14,15,1];
   p1=poly(A), p2=charpoly(sym(A)), double(norm(p1-p2))
```

例3-4 仍考虑前面的 Hankel 矩阵，其特征多项式可以由下面的语句直接求出

```
>> syms a1 a2 a3 a4; H=[a1 a2 a3 a4; a2 a3 a4 0; a3 a4 0 0; a4 0 0 0];
   p=charpoly(H), syms x, p1=charpoly(H,x) %求特征多项式
```

特征多项式系数向量如下（注意，新版本下符号运算求特征多项式时，应该使用 charpoly() 函数，不能使用 poly() 函数，这与早期版本不同），得出的表达式 p1 为多项式的符号表达式。

$$\boldsymbol{p} = [1, \; -a_1 - a_3, \; -a_2^2 - a_3^2 + a_1 a_3 - 2a_4^2, \; a_3^3 + a_3 a_4^2 - 2a_2 a_3 a_4 + a_1 a_4^2, \; a_4^4]$$

6. 多项式及多项式矩阵的求值

基于点运算的多项式的求值可以由 polyval() 函数直接完成，如果想求取 $\boldsymbol{C} = a_1\boldsymbol{x}.^n + a_2\boldsymbol{x}.^{(n-1)} + \cdots + a_{n+1}$，则可以由 C=polyval(a,x) 命令求出。其中，$\boldsymbol{a}$ 为多项式系数降幂排列构成的向量，即 $a = [a_1, a_2, \cdots, a_n, a_{n+1}]$，$\boldsymbol{x}$ 为一个标量。如果想求取真正的矩阵多项式的值，亦即

$$\boldsymbol{B} = a_1\boldsymbol{A}^n + a_2\boldsymbol{A}^{n-1} + \cdots + a_n\boldsymbol{A} + a_{n+1}\boldsymbol{I} \qquad (3\text{-}1\text{-}6)$$

其中，矩阵 $\boldsymbol{I}$ 是与 $\boldsymbol{A}$ 同阶次的单位矩阵，则可以用 B=polyvalm($a,\boldsymbol{A}$)。

7. 矩阵的特征值问题

对一个矩阵 $\boldsymbol{A}$ 来说，若存在一个非零的向量 $\boldsymbol{x}$，且有标量 λ 满足

$$\boldsymbol{A}\boldsymbol{x} = \lambda\boldsymbol{x} \qquad (3\text{-}1\text{-}7)$$

则称 λ 为 A 矩阵的一个特征值,而 x 为对应于特征值 λ 的特征向量。严格说来,x 应该称为 A 的右特征向量。如果矩阵 A 的特征值不包含重复的值,则对应的各个特征向量为线性无关的,这样由各个特征向量可以构成一个非奇异的矩阵,如果用它对原始矩阵做相似变换,则可以得出一个对角矩阵。矩阵的特征值与特征向量由 MATLAB 提供的函数 eig() 可以容易地求出,该函数的调用格式为 $[V, D]$=eig(A),其中,A 为给定的矩阵,解出的 D 为一个对角矩阵,其对角线上的元素为矩阵 A 的特征值,而每个特征值对应于 V 矩阵中的一列,称为该特征值的特征向量。MATLAB 的矩阵特征值的结果满足 $AV = VD$,且 V 矩阵每个特征向量各元素的平方和(即列向量的 2 范数)均为 1。如果调用该函数时至多只给出一个返回变量,则将返回矩阵 A 的特征值。即使 A 为复数矩阵,也照样可以由 eig() 函数得出其特征值与特征向量矩阵。

8. 矩阵指数 e^A

矩阵指数可以由 MATLAB 给出的 expm(A) 函数立即求出,矩阵指数函数 e^{At} 也可以由 expm($A*t$) 直接求解。矩阵的其他函数,如 $\cos A$ 可以由 funm(A,@cos) 函数求出。值得指出的是:funm() 函数采用了特征值、特征向量的求解方式,若矩阵含有重特征根,则特征向量矩阵可能为奇异矩阵,这样该函数将失效,这时应该考虑用 Taylor 幂级数展开的方式进行求解[47]。

例3-5 已知矩阵如下:

$$A = \begin{bmatrix} -11 & -5 & 5 \\ 12 & 5 & -6 \\ 0 & 1 & 0 \end{bmatrix}$$

则矩阵指数 e^A 和指数函数 e^{At} 可以由下面语句直接求出。

```
>> A=[-11,-5,5; 12,5,-6; 0,1,0]; expm(A)   %求数值解
   A=sym(A); expm(A), syms t; expm(A*t)    %求解析解和指数函数
```

指数矩阵的数值解、解析解与 e^{At} 分别为

$$e^A \approx \begin{bmatrix} 0.24737701 & 0.30723864 & 0.42774107 \\ 0.14460292 & -0.00080692801 & -0.51328929 \\ 0.88197566 & 0.82052793 & 0.30643171 \end{bmatrix}$$

$$e^A = \begin{bmatrix} 15e^{-3} - 20e^{-2} + 6e^{-1} & 5e^{-1} - 15e^{-2} + 10e^{-3} & 5e^{-2} - 5e^{-3} \\ 24e^{-2} - 18e^{-3} - 6e^{-1} & -12e^{-3} - 5e^{-1} + 18e^{-2} & -6e^{-2} + 6e^{-3} \\ 6e^{-1} - 12e^{-2} + 6e^{-3} & -9e^{-2} + 4e^{-3} + 5e^{-1} & -2e^{-3} + 3e^{-2} \end{bmatrix}$$

$$e^{At} = \begin{bmatrix} 15e^{-3t} - 20e^{-2t} + 6e^{-t} & 5e^{-t} - 15e^{-2t} + 10e^{-3t} & 5e^{-2t} - 5e^{-3t} \\ 24e^{-2t} - 18e^{-3t} - 6e^{-t} & -12e^{-3t} - 5e^{-t} + 18e^{-2t} & -6e^{-2t} + 6e^{-3t} \\ 6e^{-t} - 12e^{-2t} + 6e^{-3t} & -9e^{-2t} + 4e^{-3t} + 5e^{-t} & -2e^{-3t} + 3e^{-2t} \end{bmatrix}$$

3.1.2 矩阵的分解

1. 矩阵的相似变换

假设有一个 $n \times n$ 的方阵 A,并存在一个和它同阶的非奇异矩阵 T,则可以对 A 矩阵进行如下的变换:

$$\widehat{A} = T^{-1}AT \qquad (3\text{-}1\text{-}8)$$

这种变换称为 A 的相似变换(similarity transform)。可以证明,变换后矩阵 $\widehat{A}$ 的特征值和

原矩阵 A 是一致的,亦即相似变换并不改变原矩阵的特征结构。

2. 矩阵的三角分解

矩阵的三角分解又称为 LU 分解,它的目的是将一个矩阵分解成一个下三角矩阵 L 和一个上三角矩阵 U 的乘积,亦即 $A = LU$,其中,L 和 U 矩阵可以分别写成

$$L = \begin{bmatrix} 1 & & & \\ l_{21} & 1 & & \\ \vdots & \vdots & & \\ l_{n1} & l_{n2} & \cdots & 1 \end{bmatrix}, \quad U = \begin{bmatrix} u_{11} & u_{12} & \cdots & u_{1n} \\ & u_{22} & \cdots & u_{2n} \\ & & & \vdots \\ & & & u_{nn} \end{bmatrix} \qquad (3\text{-}1\text{-}9)$$

MATLAB 下提供了 $[L, U] = \text{lu}(A)$ 函数,可以对给定矩阵 A 进行 LU 分解,返回下三角矩阵 L 和上三角矩阵 U。

例 3-6 考虑前面的 Hankel 矩阵,可以由下面的语句将其分解出上三角和下三角矩阵,具体形式从略。

```
>> syms a1 a2 a3 a4; H=[a1 a2 a3 a4; a2 a3 a4 0; a3 a4 0 0; a4 0 0 0];
   [L,U]=lu(H)
```

3. 对称矩阵的 Cholesky 分解

如果 A 矩阵为对称矩阵,则仍然可以用 LU 分解的方法对其进行分解,对称矩阵 LU 分解有特殊的性质,即 $L = U^{\text{T}}$,令 $D = L$ 为一个下三角矩阵,则可以将原来的矩阵 A 分解成

$$A = D^{\text{T}} D = \begin{bmatrix} d_{11} & & & \\ d_{21} & d_{22} & & \\ \vdots & \vdots & & \\ d_{n1} & d_{n2} & \cdots & d_{nn} \end{bmatrix} \begin{bmatrix} d_{11} & d_{21} & \cdots & d_{n1} \\ & d_{22} & \cdots & d_{n2} \\ & & & \vdots \\ & & & d_{nn} \end{bmatrix} \qquad (3\text{-}1\text{-}10)$$

其中,D 矩阵可以形象地理解为原 A 矩阵的平方根。对该对称矩阵进行分解可以采用 Cholesky 分解算法。MATLAB 提供了 $\text{chol}()$ 函数来求取矩阵的 Cholesky 分解矩阵 D,该函数的调用格式可以写成 $[D, P] = \text{chol}(A)$,其中,返回的 D 为 Cholesky 分解矩阵,且 $A = D^{\text{T}} D$;而 $P - 1$ 为 A 矩阵中正定的子矩阵的阶次,如果 A 为正定矩阵,则返回 $P = 0$。

4. 矩阵的正交基

如果相似变换矩阵 T 满足 $T^{-1} = T^*$,其中,T^* 为 T 的 Hermit 共轭转置矩阵,则称 T 为正交矩阵,并记为 $Q = T$。可见正交矩阵 Q 满足下面的条件

$$Q^* Q = I, \quad \text{且} \quad Q Q^* = I \qquad (3\text{-}1\text{-}11)$$

其中,I 为 $n \times n$ 的单位阵。MATLAB 中提供了 $Q = \text{orth}(A)$ 函数来求 A 矩阵的正交基 Q,其中,Q 的列数即为 A 矩阵的秩。

5. 矩阵的奇异值分解

假设 A 矩阵为 $n \times m$ 矩阵,且 $\text{rank}(A) = r$,则可以分解为

$$A = L \begin{bmatrix} \Delta & 0 \\ 0 & 0 \end{bmatrix} M^{\text{T}} \qquad (3\text{-}1\text{-}12)$$

其中,L 和 M 均为正交矩阵,$\Delta = \text{diag}(\sigma_1, \cdots, \sigma_r)$ 为对角矩阵,其对角元素 $\sigma_1, \sigma_2, \cdots, \sigma_r$

满足不等式 $\sigma_1 \geqslant \sigma_2 \geqslant \cdots \geqslant \sigma_r > 0$。

MATLAB 提供了直接求取矩阵奇异值分解的函数 $[L, A_1, M]$=svd(A)。其中,返回的 A_1 为对角矩阵,而 L 和 M 均为正交变换矩阵,并满足 $A = LA_1M^{\mathrm{T}}$。

6. 矩阵的条件数

矩阵的奇异值大小通常决定矩阵的性态,如果矩阵的奇异值的差异特别大,则矩阵中某个元素有一个微小的变化将严重影响到原矩阵的参数,这样的矩阵又称为病态矩阵或坏条件矩阵,而在矩阵存在等于 0 的奇异值时称为奇异矩阵。矩阵最大奇异值 $\sigma_{\max}$ 和最小奇异值 $\sigma_{\min}$ 的比值又称为该矩阵的条件数,记作 cond(A),即 cond$(A) = \sigma_{\max}/\sigma_{\min}$,矩阵的条件数越大,则对元素变化越敏感。矩阵的最大和最小奇异值还分别经常记作 $\bar{\sigma}(A)$ 和 $\underline{\sigma}(A)$。在 MATLAB 下也提供了函数 c=cond(A) 来求取矩阵 A 的条件数。

3.1.3 方程求解问题及 MATLAB 实现

1. 矩阵求逆

对一个已知的 $n \times n$ 非奇异方阵 A 来说,如果有一个 C 矩阵满足

$$AC = CA = I \tag{3-1-13}$$

其中,I 为单位阵,则称 C 矩阵为 A 矩阵的逆矩阵,并记作 $C = A^{-1}$。MATLAB 下提供的 C=inv(A) 函数即可求出矩阵 A 的逆矩阵 C。

例 3-7　四阶 Hankel 矩阵的数学形式为

$$H = \begin{bmatrix} a_1 & a_2 & a_3 & a_4 \\ a_2 & a_3 & a_4 & \\ a_3 & a_4 & & \\ a_4 & & & \end{bmatrix}$$

由下面的 MATLAB 语句可以直接求出该矩阵的逆矩阵

```
>> syms a1 a2 a3 a4
   H=[a1 a2 a3 a4; a2 a3 a4 0; a3 a4 0 0; a4 0 0 0]; H1=inv(H)
```

得出的逆矩阵数学形式为

$$H_1 = \begin{bmatrix} & & & 1/a_4 \\ & & 1/a_4 & -a_3/a_4^2 \\ & 1/a_4 & -a_3/a_4^2 & -(-a_3^2+a_2a_4)/a_4^3 \\ 1/a_4 & -a_3/a_4^2 & -(-a_3^2+a_2a_4)/a_4^3 & -(a_3^3-2a_2a_3a_4+a_1a_4^2)/a_4^4 \end{bmatrix}$$

2. 矩阵的广义逆

前面介绍的矩阵的逆是对非奇异方阵而言的,如果用户确实需要得出原来奇异矩阵的一种"逆"阵,就需要使用广义逆的概念了。可以证明,对一个给定的矩阵 A,存在一个唯一的矩阵 M,使得下面 3 个条件同时成立。

1) $AMA = A$。

2) $MAM = M$。

3) AM 与 MA 均为对称矩阵。

这样的矩阵 M 称为矩阵 A 的 Moore–Penrose 广义逆矩阵,记作 $M = A^+$。更进一步

对复数矩阵 $\boldsymbol{A}$ 来说，若得出的广义逆矩阵的第三个条件扩展为 $\boldsymbol{M}\boldsymbol{A}$ 与 $\boldsymbol{A}\boldsymbol{M}$ 均为 Hermit 矩阵，则这样构造的矩阵也是唯一的。MATLAB 下给出的 $\boldsymbol{B}=\text{pinv}(\boldsymbol{A})$ 即可以求出 $\boldsymbol{A}$ 矩阵的 Moore–Penrose 广义逆阵 $\boldsymbol{B}$。

例 3-8　考虑例 3-1 给出的奇异矩阵，如果由 inv() 函数，则可以得出没有意义的"逆矩阵"，因为逆矩阵不存在。对逆矩阵不存在的矩阵，可以求出其 Moore–Penrose 广义逆矩阵。

```
>> A=[16,2,3,13; 5,11,10,8; 9,7,6,12; 4,14,15,1];
   B=pinv(A)
```

得出的 Moore–Penrose 逆矩阵为

$$\boldsymbol{B} = \begin{bmatrix} 0.1011 & -0.0739 & -0.0614 & 0.0636 \\ -0.0364 & 0.0386 & 0.0261 & 0.0011 \\ 0.0136 & -0.0114 & -0.0239 & 0.0511 \\ -0.0489 & 0.0761 & 0.0886 & -0.0864 \end{bmatrix}$$

3. 线性方程求解

前面已经介绍过矩阵的左除和右除，可以用来求解线性方程。若线性方程为 $\boldsymbol{A}\boldsymbol{X}=\boldsymbol{B}$，则用 $\boldsymbol{X}=\boldsymbol{A}\backslash\boldsymbol{B}$ 即可求出方程的解；若方程为 $\boldsymbol{X}\boldsymbol{A}=\boldsymbol{B}$，则用 $\boldsymbol{X}=\boldsymbol{B}/\boldsymbol{A}$ 即可求出方程的解。这里应该指出的是，如果矩阵 $\boldsymbol{A}$ 为非奇异方阵，则得出的 $\boldsymbol{X}$ 是方程的解，否则，原始方程无唯一解，求出的是最小二乘解。

4. Lyapunov 方程求解

下面的方程称为 Lyapunov 方程

$$\boldsymbol{A}\boldsymbol{X} + \boldsymbol{X}\boldsymbol{A}^{\text{T}} = -\boldsymbol{C} \tag{3-1-14}$$

其中，$\boldsymbol{A}$、$\boldsymbol{C}$ 为给定矩阵，且 $\boldsymbol{C}$ 为对称矩阵。MATLAB 下提供的 $\boldsymbol{X}=\text{lyap}(\boldsymbol{A},\boldsymbol{C})$ 可以立即求出满足 Lyapunov 方程的对称矩阵 $\boldsymbol{X}$。

例 3-9　假设式（3-1-14）中 $\boldsymbol{A}$、$\boldsymbol{C}$ 矩阵如下所示：

$$\boldsymbol{A} = \begin{bmatrix} 1 & 2 & 3 \\ 4 & 5 & 6 \\ 7 & 8 & 0 \end{bmatrix}, \; \boldsymbol{C} = -\begin{bmatrix} 10 & 5 & 4 \\ 5 & 6 & 7 \\ 4 & 7 & 9 \end{bmatrix}$$

输入给定的矩阵，可以由下面的 MATLAB 语句求出该方程的解。

```
>> A=[1 2 3;4 5 6; 7 8 0]; C=-[10,5,4; 5,6,7; 4,7,9]; %输入已知矩阵
   X=lyap(A,C), norm(A*X+X*A'+C)   %求 Lyapunov 方程的数值解并检验结果
```

可以得到方程的数值解如下所示：

$$\boldsymbol{X} = \begin{bmatrix} -3.9444444444442 & 3.8888888888887 & 0.38888888888891 \\ 3.8888888888887 & -2.7777777777775 & 0.22222222222221 \\ 0.38888888888891 & 0.22222222222221 & -0.11111111111111 \end{bmatrix}$$

由最后一行语句得出解的误差为 $\|\boldsymbol{A}\boldsymbol{X}+\boldsymbol{X}\boldsymbol{A}^{\text{T}}+\boldsymbol{C}\| = 2.3211\times10^{-14}$，可见得到的方程解 $\boldsymbol{X}$ 基本满足原方程，且有较高精度。

描述离散系统的 Lyapunov 方程标准型为

$$\boldsymbol{X}\boldsymbol{A}\boldsymbol{X}^{\text{T}} - \boldsymbol{X} + \boldsymbol{C} = \boldsymbol{0} \tag{3-1-15}$$

该方程可以直接用 MATLAB 现成的函数 dlyap() 求解，即 X=dlyap(A, C)。

5. Sylvester 方程求解

Sylvester 方程实际上是 Lyapunov 方程的推广，有时又称为 Lyapunov 方程的一般形式，该方程的数学表示为

$$AX + XB = -C \tag{3-1-16}$$

其中，A, B, C 为给定矩阵。MATLAB 下提供的 X=lyap(A, B, C) 可以立即求出满足该方程的 X 矩阵。文献 [46] 给出了 Sylvester 方程解析求解的函数 lyapsym()，由 X=lyapsym (sym(A), B, C) 命令可以获得方程的解析解。

例 3-10　求解下面的 Sylvester 方程。

$$\begin{bmatrix} 8 & 1 & 6 \\ 3 & 5 & 7 \\ 4 & 9 & 2 \end{bmatrix} X + X \begin{bmatrix} 16 & 4 & 1 \\ 9 & 3 & 1 \\ 4 & 2 & 1 \end{bmatrix} = \begin{bmatrix} 1 & 2 & 3 \\ 4 & 5 & 6 \\ 7 & 8 & 0 \end{bmatrix}$$

解　调用 lyap() 函数可以立即得到原方程的数值解。

```
>> A=[8,1,6; 3,5,7; 4,9,2]; B=[16,4,1; 9,3,1; 4,2,1]; %输入已知矩阵
   C=-[1,2,3; 4,5,6; 7,8,0]; X=lyap(A,B,C)
   norm(A*X+X*B+C) %求数值解并检验
```

该方程的数值解如下所示：

$$X = \begin{bmatrix} 0.0749 & 0.0899 & -0.4329 \\ 0.0081 & 0.4814 & -0.216 \\ 0.0196 & 0.1826 & 1.1579 \end{bmatrix}$$

经检验该解的误差为 7.5409×10^{-15}，精度较高。

如果使用 lyapsym() 求取 Sylvester 方程的解析解，则需要给出下面命令：

```
>> x=lyapsym(A,B,C), norm(A*x+x*B+C)
```

则可以得出解析解如下：

$$x = \begin{bmatrix} 1349214/18020305 & 648107/7208122 & -15602701/36040610 \\ 290907/36040610 & 3470291/7208122 & -3892997/18020305 \\ 70557/3604061 & 1316519/7208122 & 8346439/7208122 \end{bmatrix}$$

代入原方程可得误差为零。

例 3-11　Sylvester 方程解析解求解函数也可以直接求解 Lyapunov 方程，例如，例 3-9 方程的解析解可以由下面的语句直接求取，代入原方程可以得出的误差为零。

```
>> A=[1 2 3;4 5 6; 7 8 0]; C=-[10,5,4; 5,6,7; 4,7,9]; %输入已知矩阵
   X=lyapsym(sym(A),C), norm(A*X+X*A'+C)  %求 Lyapunov 方程的解析解并验证
```

得出的解析解为

$$X = \begin{bmatrix} -71/18 & 35/9 & 7/18 \\ 35/9 & -25/9 & 2/9 \\ 7/18 & 2/9 & -1/9 \end{bmatrix}$$

6. Riccati 方程求解

下面的方程称为 Riccati 代数方程：

$$A^{\mathrm{T}}X + XA - XBX + C = 0 \tag{3-1-17}$$

其中，A, B, C 为给定矩阵，且 B 为非负定对称矩阵，C 为对称矩阵，则可以通过 MATLAB

的 `are()` 函数得出 Riccati 方程的解：$X=\mathrm{are}(A,B,C)$，且 X 为对称矩阵。离散系统的 Riccati 方程可以用 `dare()` 函数直接求解。

例 3-12 考虑式（3-1-17）中给出的 Riccati 方程，其中

$$A = \begin{bmatrix} -2 & 1 & -3 \\ -1 & 0 & -2 \\ 0 & -1 & -2 \end{bmatrix}, \quad B = \begin{bmatrix} 2 & 2 & -2 \\ -1 & 5 & -2 \\ -1 & 1 & 2 \end{bmatrix}, \quad C = \begin{bmatrix} 5 & -4 & 4 \\ 1 & 0 & 4 \\ 1 & -1 & 5 \end{bmatrix}$$

试求出该方程的数值解，并验证解的正确性。

解 可以用下面的语句直接求解该方程：

```
>> A=[-2,1,-3; -1,0,-2; 0,-1,-2]; B=[2,2,-2; -1 5 -2; -1 1 2];
   C=[5 -4 4; 1 0 4; 1 -1 5]; X=are(A,B,C)
   norm(A'*X+X*A-X*B*X+C) % 求解并检验
```

得到的解如下：

$$X = \begin{bmatrix} 0.9874 & -0.7983 & 0.4189 \\ 0.5774 & -0.1308 & 0.5775 \\ -0.2840 & -0.0730 & 0.6924 \end{bmatrix}$$

代入原方程可以得出误差为 1.4370×10^{-14}，故得出的解满足原方程。

3.2 常微分方程问题的 MATLAB 求解

微分方程问题是动态系统仿真的核心，由强大的 MATLAB 语言可以对一阶微分方程组求取数值解，其他类型的微分方程可以通过合适的算法变换成可解的一阶微分方程组进行求解，本节还将介绍某些微分方程的解析求解方法。

3.2.1 一阶常微分方程组的数值解法

假设一阶常微分方程组为

$$\dot{x}_i = f_i(t,\boldsymbol{x}), \ i=1,2,\cdots,n \tag{3-2-1}$$

其中，$\boldsymbol{x}$ 为状态变量 x_i 构成的向量，即 $\boldsymbol{x}=[x_1,x_2,\cdots,x_n]^{\mathrm{T}}$，常称为系统的状态向量，$n$ 称为系统的阶次，而 $f_i(\cdot)$ 为任意非线性函数，t 为时间变量。这样就可以采用数值方法，在初值 $\boldsymbol{x}(t_0)$ 下来求解常微分方程组了。

求解常微分方程组的数值方法是多种多样的，如常用的 Euler 法、Runge–Kutta 方法、Adams 线性多步法、Gear 法等。为解决刚性（stiff）问题又有若干专用的刚性问题求解算法，另外，如需要求解隐式常微分方程组和含有代数约束的微分代数方程组时，则需要对方程进行相应的变换，方能进行求解。本节中将给出这些特殊问题的求解方法。

MATLAB 中给出了若干求解一阶常微分方程组的函数，如 `ode23()`（二阶三级 Runge–Kutta 算法）、`ode45()`（四阶五级 Runge–Kutta 算法）、`ode15s()`（变阶次刚性方程求解算法）等，适用于不同的微分方程形式，其调用格式都是一致的：

$$[t,x]=\mathrm{ode45}(方程函数名,\mathrm{tspan},x_0,选项,附加参数)$$

其中，t 为仿真结果的自变量构成的向量，一般采用变步长算法，返回的 $\boldsymbol{x}$ 是一个矩阵，其列

数为 n，即微分方程的阶次，行数等于 t 的行数，每一行对应于相应时间点处的状态变量向量的转置。"方程函数名"为用 MATLAB 编写的固定格式的 M-函数，描述一阶微分方程组，tspan 为数值解时的初始和终止时间等信息，x_0 为初始状态变量，"选项"为求解微分方程的一些控制参数，还可以将一些"附加参数"在求解函数和方程描述函数之间传递，下面将通过例子介绍微分方程求解过程。

例 3-13　考虑下面给出的著名的 Rössler 化学反应方程组，且 $x_1(0) = x_2(0) = x_3(0) = 0$。

$$\begin{cases} \dot{x}_1(t) = -x_2(t) - x_3(t) \\ \dot{x}_2(t) = x_1(t) + ax_2(t) \\ \dot{x}_3(t) = b + [x_1(t) - c]x_3(t) \end{cases}$$

选定 $a = b = 0.2, c = 5.7$，由于该方程是非线性微分方程，没有解析解，所以只能通过数值解的方法来研究该方程。求解微分方程的数值解，通常需要以下几个步骤。

1) 将微分方程变换成标准型。本例的方程已经是标准型。

2) 将微分方程标准型用 MATLAB 表示出来。一般可以由 M-函数和匿名函数两种方式描述微分方程。对本例中的微分方程，可以写出 M-函数来描述它。

```
function dx=rosslereq(t,x) %虽然不显含时间,还是应该写出占位
a=0.2; b=0.2; c=5.7;       %已知常数
dx=[-x(2)-x(3); x(1)+a*x(2); b+(x(1)-c)*x(3)];
```

对这样简单的微分方程，还可以用下面的匿名函数来表示。

```
>> a=0.2; b=0.2; c=5.7;   %匿名函数将直接读取工作空间中的变量
   f=@(t,x)[-x(2)-x(3); x(1)+a*x(2); b+(x(1)-c)*x(3)];
```

3) 微分方程的求解。将状态变量初值输入计算机，就可以由下面的语句直接求解微分方程了，得出的状态变量时间响应曲线和相空间曲线如图 3-1 所示。

```
>> x0=[0; 0; 0]; [t,y]=ode45(@rosslereq,[0,100],x0); %求解微分方程
   plot(t,y)                           %绘制各个状态变量的时间响应曲线
   figure; plot3(y(:,1),y(:,2),y(:,3)), grid      %绘制相空间图形
```

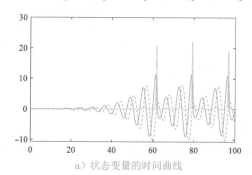 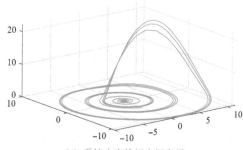

a) 状态变量的时间曲线　　　　　　　　　　b) 系统响应的相空间表示

图 3-1　Rössler 方程的数值解表示

如果采用匿名函数描述微分方程，则可将求解语句修改成

```
>> [t,y]=ode45(f,[0,30],x0);   %直接引用匿名函数变量即可
```

4) 结果检验。这是一个非常重要又经常被忽略的步骤。MATLAB 采用的是变步长的数值算法，在计算过程中使用相对误差检测来控制实际步长的选取。实际求解控制选项可以由

opt=odeset 设置，而相对误差检测量可以通过 RelTol 来指定。MATLAB 默认的 RelTol 值为 10^{-3}，相当于千分之一的误差，所以在实际应用中应该设置更小的误差限，看看能不能得出一致的结果。如果结果一致则一般可以接受结果，否则应该尝试更小的误差限。在本例题中，可以给出下面的检测命令来重新求解原始问题。从求解的结果看，得出的结果更光滑。

```
>> opt=odeset; opt.RelTol=1e-6;
   [t,y]=ode45(f,[0,100],x0,opt); plot(t,y)
```

现在演示附加参数的使用方法，假设 a,b,c 这三个参数需要用外部命令给出，可以按下面的格式写出一个新的 M-函数来描述微分方程组：

```
function dx=rosslereq1(t,x,a,b,c)
dx=[-x(2)-x(3); x(1)+a*x(2); b+(x(1)-c)*x(3)];
```

这样就可以用下面的命令直接求解微分方程了，得出的结果与前面的一致。

```
>> a=0.2; b=0.2; c=5.7;
   [t,y]=ode45(@rossler1,[0,100],x0,opt,a,b,c);
```

在许多领域中，经常遇到一类特殊的常微分方程，其中一些解变化缓慢，另一些变化快，且相差较悬殊，这类方程常称为刚性（stiff）微分方程。刚性问题一般不适合由 ode45() 这类函数求解，而应该采用 MATLAB 求解函数 ode15s()，该函数调用格式与 ode45() 一致。

3.2.2 常微分方程的转换

MATLAB 下提供的微分方程数值解函数只能处理一阶微分方程组形式给出的微分方程，所以在求解之前需要先将给定的微分方程变换成一阶微分方程组，而微分方程组的变换中需要选择一组状态变量，由于状态变量的选择是任意的，所以一阶微分方程组的变换也不是唯一的。这里将介绍微分方程组变换的一般方法。

首先考虑单个高阶微分方程的处理方法，假设微分方程可以写成

$$y^{(n)}(t) = f(t, y(t), \dot{y}(t), \ddot{y}(t), \cdots, y^{(n-1)}(t)) \tag{3-2-2}$$

比较简单的状态变量选择方法是令 $x_1(t) = y(t), x_2(t) = \dot{y}(t), \cdots, x_n(t) = y^{(n-1)}(t)$，这样显然有 $\dot{x}_1(t) = x_2(t), \dot{x}_2(t) = x_3(t), \cdots, \dot{x}_{n-1}(t) = x_n(t)$。另外，可以得出 $\dot{x}_n(t) = y^{(n)}(t)$，结合式（3-2-2），可以写出该微分方程的一阶微分方程组为

$$\begin{cases} \dot{x}_i(t) = x_{i+1}(t) \\ \dot{x}_n(t) = f(t, x_1(t), x_2(t), \cdots, x_n(t)) \end{cases} \tag{3-2-3}$$

其中，$i = 1, 2, \cdots, n-1$，这样原微分方程就可以用 MATLAB 提供的常微分方程求解函数 ode45()、ode15s() 等直接求解了。

例3-14 已知 $y(0) = -0.2, \dot{y}(0) = -0.7$，试求 van der Pol 方程 $\ddot{y}(t) + 2(y^2(t) - 1)\dot{y}(t) + y(t) = 0$。由于该方程形式不是 MATLAB 直接可解的一阶显式微分方程组，需要对该方程进行变换，得出未知函数 $y(t)$ 最高阶导数 $\ddot{y}(t)$ 的显式表达式。

$$\ddot{y}(t) = -2(y^2(t) - 1)\dot{y}(t) - y(t)$$

选择状态变量 $x_1(t) = y(t), x_2(t) = \dot{y}(t)$, 则原方程可变换成

$$\begin{cases} \dot{x}_1(t) = x_2(t) \\ \dot{x}_2(t) = -2(x_1^2(t) - 1)x_2(t) - x_1(t) \end{cases}$$

且 $x_1(0) = -0.2, x_2(0) = -0.7$。可以看出,变换后的模型就是期望的一阶显式微分方程组模型。

可以写出如下的匿名函数描述变换后的一阶显式微分方程, 然后调用 ode45() 函数求解微分方程, 则可以得出微分方程的解, 如图 3-2 所示。

```
>> f=@(t,x)[x(2); -2*(x(1)^2-1)*x(2)-x(1)];  % 匿名函数描述微分方程
   x0=[-0.2; -0.7]; tn=20; ff=odeset; ff.RelTol=1e-10;
   [t,y]=ode45(f,[0,tn],x0,ff);              % 求解微分方程
   plot(t,y), figure, plot(y(:,1),y(:,2))    % 绘制时域响应曲线
```

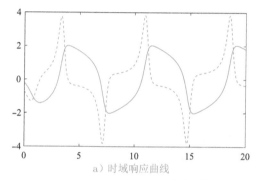
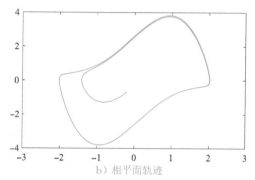

　　　　　a) 时域响应曲线　　　　　　　　　　　　　　b) 相平面轨迹

图 3-2　不同 μ 值下 van der Pol 方程解的时域响应曲线

再考虑高阶微分方程组的变换方法,假设已知高阶微分方程组为

$$\begin{cases} x^{(m)} = f(t, x, \dot{x}, \cdots, x^{(m-1)}, y, \cdots, y^{(n-1)}) \\ y^{(n)} = g(t, x, \dot{x}, \cdots, x^{(m-1)}, y, \cdots, y^{(n-1)}) \end{cases} \tag{3-2-4}$$

选择状态变量 $x_1(t) = x(t)$, $x_2(t) = \dot{x}(t)$, $\cdots$, $x_m(t) = x^{(m-1)}(t)$, $x_{m+1}(t) = y(t)$, $x_{m+2}(t) = \dot{y}(t), \cdots, x_{m+n}(t) = y^{(n-1)}(t)$, 则可以写出一阶显式微分方程组模型为

$$\begin{cases} \dot{x}_i(t) = x_{i+1}(t), \ i = 1, 2, \cdots, n-1 \\ \dot{x}_n(t) = f(t, x_1(t), x_2(t), \cdots, x_{n+m}(t)) \\ \dot{x}_i(t) = x_{i+1}(t), \ i = n+1, n+2, \cdots, n+m-1 \\ \dot{y}_{n+m}(t) = g(t, x_1(t), x_2(t), \cdots, x_{n+m}(t)) \end{cases} \tag{3-2-5}$$

最终使用 MATLAB 中提供的函数求解这些高阶微分方程组。

例 3-15　已知 Apollo 卫星的运动轨迹 (x, y) 满足下面的方程:

$$\begin{cases} \ddot{x}(t) = 2\dot{y}(t) + x(t) - \mu^*(x(t) + \mu)/r_1^3(t) - \mu(x(t) - \mu^*)/r_2^3(t) \\ \dot{y}(t) = -2\dot{x}(t) + y(t) - \mu^* y(t)/r_1^3(t) - \mu y(t)/r_2^3(t) \end{cases}$$

其中, $\mu = 1/82.45, \mu^* = 1 - \mu$, 且

$$r_1(t) = \sqrt{(x(t) + \mu)^2 + y^2(t)}, \ r_2(t) = \sqrt{(x(t) - \mu^*)^2 + y^2(t)}$$

已知初值为 $x(0) = 1.2, \dot{x}(0) = 0, y(0) = 0, \dot{y}(0) = -1.04935751$, 则可以引入状态变量

$x_1(t) = x(t), x_2(t) = \dot{x}(t), x_3(t) = y(t), x_4(t) = \dot{y}(t)$，这样，原始微分方程模型可以写成如下的标准型。

$$\begin{cases} \dot{x}_1(t) = x_2(t) \\ \dot{x}_2(t) = 2x_4(t) + x_1(t) - \mu^*(x_1(t) + \mu)/r_1^3(t) - \mu(x_1(t) - \mu^*)/r_2^3(t) \\ \dot{x}_3(t) = x_4(t) \\ \dot{x}_4(t) = -2x_2(t) + x_3(t) - \mu^* x_3(t)/r_1^3(t) - \mu x_3(t)/r_2^3(t) \end{cases}$$

其中

$$r_1(t) = \sqrt{(x_1(t) + \mu)^2 + x_3^2(t)}, \ r_2(t) = \sqrt{(x_1(t) - \mu^*)^2 + x_3^2(t)}$$

由于计算 $\dot{\boldsymbol{x}}(t)$ 的表达式中有中间变量 $r_1(t)$ 和 $r_2(t)$，不大适合由匿名函数直接描述，所以可以编写下面的 MATLAB 函数描述微分方程。

```
function dx=apolloeq(t,x)
mu=1/82.45; mu1=1-mu; r1=sqrt((x(1)+mu)^2+x(3)^2);
r2=sqrt((x(1)-mu1)^2+x(3)^2);
dx=[x(2);
    2*x(4)+x(1)-mu1*(x(1)+mu)/r1^3-mu*(x(1)-mu1)/r2^3;
    x(4);
    -2*x(2)+x(3)-mu1*x(3)/r1^3-mu*x(3)/r2^3];
```

调用 ode45() 函数可以求出该方程的数值解。得出的轨迹如图 3-3 所示。注意，这里的 ff 控制参数是必要的，如果采用 MATLAB 默认的控制参数，得出的方程解是错误的。

```
>> x0=[1.2;0;0;-1.04935751]; ff=odeset; ff.RelTol=1e-10;
   [t,y]=ode45(@apolloeq,[0,20],x0,ff); % 求解微分方程
   plot(y(:,1),y(:,3)) % 绘制解的相平面图
```

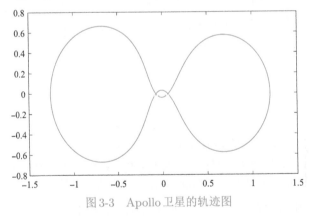

图 3-3 Apollo 卫星的轨迹图

3.2.3 线性常微分方程的解析求解

由微分方程理论可知，常系数线性微分方程是存在解析解的，变系数的线性微分方程的可解性取决于其特征方程的可解性，一般是不可解析求解的，非线性的微分方程是不存在解析解的。MATLAB 提供了 dsolve() 函数，可以用于线性常系数微分方程的解析解求解。求解微分方程时，首先应该用 syms 命令声明符号变量，以区别于 MATLAB 的常规数值变量，然后就可以用 dsolve(表达式) 命令直接求解微分方程。下面通过例子来演示该函数

的使用方法。

例 3-16　假设已知常系数线性微分方程

$$\frac{\mathrm{d}^4 y(t)}{\mathrm{d}t^4} + 10\frac{\mathrm{d}^3 y(t)}{\mathrm{d}t^3} + 35\frac{\mathrm{d}^2 y(t)}{\mathrm{d}t^2} + 50\frac{\mathrm{d}y(t)}{\mathrm{d}t} + 24y(t) = \mathrm{e}^{-6t}\cos 5t + 7\mathrm{e}^{-8t} + 9$$

可以采用下面的 MATLAB 语句求解该微分方程：

```
>> syms t y(t);              % 声明符号变量与函数
   Y=dsolve(diff(y,4)+10*diff(y,3)+35*diff(y,2)+50*diff(y)+24*y==...
            cos(5*t)*exp(-6*t)+7*exp(-8*t)+9);
   pretty(simplify(Y))       % 以更好看的形式显示解析解结果
```

上面的语句得出结果的可读性不好，这里采用由 LATEX 变换后的结果。

$$y(t) = \frac{49}{101065}\mathrm{e}^{-6t}\sin 5t + \frac{1}{120}\mathrm{e}^{-8t} - \frac{103}{202130}\mathrm{e}^{-6t}\cos 5t + \frac{3}{8} + C_1\mathrm{e}^{-3t} + C_2\mathrm{e}^{-2t} + C_3\mathrm{e}^{-t} + C_4\mathrm{e}^{-4t}$$

其中，C_i 为待定系数，应该由方程的初值或边值等求出，dsolve() 函数可以直接求出带有初值或边值的微分方程解。例如，已知方程的初值边值条件为 $y(0)=5$，$\dot{y}(0)=0$，$\ddot{y}(0)=0$，$y^{(3)}(0)=0$，为更好地描述初值条件，则可以引入若干中间信号，如 $y_1(t)=\dot{y}(t)$ 等，这样，可以由下面的语句求出方程的解：

```
>> syms t y(t)
   y1=diff(y); y2=diff(y1); y3=diff(y2);
   Y=dsolve(diff(y,4)+10*y3+35*y2+50*y1+24*y==...
            cos(5*t)*exp(-6*t)+7*exp(-8*t)+9,...
            y(0)==5,y1(0)==0,y2(0)==0,y3(0)==0);
```

得出解析解为

$$y(t) = \frac{3}{8} + \frac{49\mathrm{e}^{-6t}}{101065}\sin 5t + \frac{\mathrm{e}^{-8t}}{120} - \frac{103\mathrm{e}^{-6t}}{202130}\cos 5t + \frac{6543}{340}\mathrm{e}^{-3t} - \frac{3491}{123}\mathrm{e}^{-2t} + \frac{1121}{60}\mathrm{e}^{-t} - \frac{1715}{348}\mathrm{e}^{-4t}$$

3.3 最优化问题的 MATLAB 求解

最优化方法在系统仿真与控制系统计算机辅助设计中占有很重要的地位，求解最优化问题的数值算法有很多，MATLAB 中提供了各种最优化问题求解函数，可以求解无约束最优化问题、有约束最优化问题及线性规划、二次型规划问题等，还实现了基于最小二乘算法的曲线拟合方法。

3.3.1 无约束最优化问题求解

无约束最优化问题的一般描述为

$$\min_{\boldsymbol{x}} F(\boldsymbol{x}) \tag{3-3-1}$$

其中，$\boldsymbol{x} = [x_1, x_2, \cdots, x_n]^{\mathrm{T}}$，该数学表示的含义为求取一个 $\boldsymbol{x}$ 向量，使得标量最优化目标函数 $F(\boldsymbol{x})$ 的值为最小，故这样的问题又称为最小化问题。其实，最小化是最优化问题的通用描述，它不失普遍性。如果要求解最大化问题，那么只需给目标函数 $F(\boldsymbol{x})$ 乘一个负号就能立即将原始问题转换成最小化问题。

MATLAB 提供了基于单纯形算法[51]求解无约束最优化的函数 fminsearch()，该函

数的调用格式为

$$[x,f_{\mathrm{opt}},\mathrm{key},c]=\mathrm{fminsearch}(\mathrm{Fun},x_0,\mathrm{OPT},附加参数)$$

其中，Fun 为要求解问题的数学描述，它可以是一个MATLAB函数，也可以是一个函数句柄；x_0 为自变量的起始搜索点，需要用户自己去选择；OPT 为最优化工具箱的选项设定；x 为返回的解；而 f_{opt} 是目标函数在 x 点处的值；返回的 key 表示函数返回的条件，正整数表示已经求解出方程的解，而 0 或负整数表示未搜索到方程的解；返回的 c 为解的附加信息，该变量为一个结构体变量，其 iterations 成员变量表示迭代的次数，而其中的成员funcCount 是目标函数的调用次数。MATLAB 的最优化工具箱中提供的 fminunc() 函数与 fminsearch() 的功能和调用格式很相似，有时求解无约束最优化问题可以选择该函数。

例 3-17 考虑例 2-20 中给出的二元函数。由二元函数可以绘制曲面，如何得出该曲面的谷底呢？这就是一个最优化问题。原始函数有两个自变量 x、y，而标准的最优化函数只能求解单一自变量的形式，所以应该采用变量替换，令 $x_1=x$，$x_2=y$，这样，二元函数可以改写成 $f(x)=(x_1^2-2x_1)\mathrm{e}^{-x_1^2-x_2^2-x_1x_2}$。可以用匿名函数描述目标函数，则可以调用 fminsearch() 函数直接求解最优化问题，得出的结果为 $x_1=0.6111$，$x_2=-0.3055$，该点即曲面的谷底，其函数值为 $f_1=-0.6414$。

```
>> f=@(x)(x(1)^2-2*x(1))*exp(-x(1)^2-x(2)^2-x(1)*x(2));
   x0=rand(2,1); [x,f1]=fminsearch(f,x0) %或调用fminunc()函数
```

3.3.2 有约束最优化问题求解

有约束非线性最优化问题的一般描述为

$$\min_{x\ \mathrm{s.t.}\ G(x)\leqslant 0} F(x) \tag{3-3-2}$$

其中，$x=[x_1,x_2,\cdots,x_n]^{\mathrm{T}}$，该数学表示的含义为求取一组 x 向量，使得函数 $F(x)$ 最小化，且满足约束条件 $G(x)\leqslant 0$。这里约束条件可以是很复杂的，它既可以是等式约束，也可以是不等式约束等。满足所有约束的问题称为容许问题（feasible problem）。约束条件还可以进一步细化为线性等式约束 $A_{\mathrm{eq}}x=B_{\mathrm{eq}}$，线性不等式约束 $Ax\leqslant B$，x 变量的上界向量 x_{M} 和下界向量 x_{m} 使得 $x_{\mathrm{m}}\leqslant x\leqslant x_{\mathrm{M}}$，还允许一般非线性函数的等式和不等式约束。

MATLAB 最优化工具箱中提供了一个 fmincon() 函数，专门用于求解各种约束下的最优化问题。该函数的调用格式为

$$[x,f_{\mathrm{opt}},\mathrm{key},c]=\mathrm{fmincon}(\mathrm{Fun},x_0,A,B,A_{\mathrm{eq}},B_{\mathrm{eq}},x_{\mathrm{m}},x_{\mathrm{M}},\mathrm{CFun},\mathrm{OPT},附加参数)$$

其中，Fun 为给目标函数写的 M-函数；x_0 为初始搜索点。各个矩阵约束如果不存在，则应改用空矩阵来占位；CFun 为给非线性约束函数写的 M-函数；OPT 为控制选项。最优化运算完成后，结果将在变量 x 中返回，最优化的目标函数将在 f_{opt} 变量中返回，选项有时是很重要的。另外，如果发现最优化过程找不到可行解，则在求解结束后将给出提示：No feasible solution found。

有约束最优化还有几种特殊的形式，如线性规划、二次型规划问题，可以使用最优化工具箱中的 linprog() 和 quadprog() 函数直接求解[47]。此外，整数规划、0-1 规划等问题可

以由专门的工具求解。下面通过例子演示一般非线性规划问题的最优化求解。

例 3-18　**考虑下面的最优化问题**

$$\min_{\boldsymbol{x}} \quad 0.6224x_1x_2x_3x_4 + 1.7781x_2x_3^2 + 3.1661x_1^2x_4 + 19.84x_1^2x_3$$

$$\text{s.t.} \begin{cases} 0.0193x_3 - x_1 \leqslant 0 \\ 0.00954x_3 - x_2 \leqslant 0 \\ 750 \times 1728 - \pi x_3^2 x_4 - 4\pi x_3^3/3 \leqslant 0 \\ x_4 - 240 \leqslant 0 \\ 0.0625 \leqslant x_1, x_2 \leqslant 6.1875, 10 \leqslant x_3, x_4 \leqslant 200 \end{cases}$$

目标函数有两种表示方法,其一是用匿名函数表示,其二是用 M-函数表示。对这里给出的简单目标函数,可以用如下所示的匿名函数表示:

```
>> f=@(x)0.6224*x(1)*x(2)*x(3)*x(4)+1.7781*x(2)*x(3)^2+...
        3.1661*x(1)^2*x(4)+19.84*x(1)^2*x(3);
```

由于约束条件需要返回两个变量——等式约束 c 和不等式约束 ceq,所以不能采用匿名函数,只能采用 M-函数表示(注意,在此例子中没有等式约束,所以返回空矩阵)。

```
function [c,ceq]=c3mcon(x)
ceq=[];
c=[0.0193*x(3)-x(1);
   0.00954*x(3)-x(2);
   750*1728-pi*x(3)^2*x(4)-4*pi*x(3)^3/3;
   x(4)-240];
```

这样题中给出的有约束非线性最优化问题可以由下面的语句直接求出:

```
>> xm=[0.0625,0.0625,10,10]; xM=[6.1875,6.1875,200,200];
   A=[]; B=[]; Aeq=[]; Beq=[]; x0=(xm+xM)/2;
   ff=optimset; ff.TolX=1e-10; ff.TolFun=1e-20;
   x=fmincon(f,x0,A,B,Aeq,Beq,xm,xM,@c3mcon,ff)
```

则得出最优解为 $x_1 = 0.7782$, $x_2 = 0.3846$, $x_3 = 40.3196$, $x_4 = 200.0000$,目标函数为 3482.0。

有时,在调用最优化函数时,若不能搜索出最优解,还可能给出类似下面的提示:

```
Maximum number of function evaluations exceeded;
    increase options.MaxFunEvals
```

表明搜索未得到最优值,这时需要改进搜索初值,或修改控制参数 OPT,再进行寻优,以得出期望的最优值。

综上所述,最优化问题可以通过下面的步骤直接求解。

1)将最优化问题写成标准的形式。

2)用匿名函数或 M-函数描述目标函数和约束函数。

3)调用 fminunc()、fmincon() 等求解函数求解原问题。

4)检验得出的解,如随机变换求解的初值,观察是否能得到更好的解。

5)传统最优化算法的最大问题是无法确保得出全局最优解,所以可以考虑调用 MATLAB 下的进化算法,如遗传算法和粒子群算法,求解原问题。

例 3-19 试找出下面非线性规划问题的全局最优解。

$$\min_{\boldsymbol{q},w,k \text{ s.t.}} \quad k$$
$$\begin{cases} q_3+9.625q_1w+16q_2w+16w^2+12-4q_1-q_2-78w=0 \\ 16q_1w+44-19q_1-8q_2-q_3-24w=0 \\ 2.25-0.25k\leqslant q_1\leqslant 2.25+0.25k \\ 1.5-0.5k\leqslant q_2\leqslant 1.5+0.5k \\ 1.5-1.5k\leqslant q_3\leqslant 1.5+1.5k \end{cases}$$

从给出的最优化问题看,这里要求解的决策变量为 $\boldsymbol{q}$、w 和 k,而标准最优化方法只能求解向量型决策变量,所以应该做变量替换,把需要求解的决策变量由决策变量向量表示出来。对本例来说,可以引入 $x_1=q_1,x_2=q_2,x_3=q_3,x_4=w,x_5=k$,另外,需要将一些不等式进一步处理,可以将原始问题手工改写成

$$\min_{\boldsymbol{x} \text{ s.t.}} \quad x_5$$
$$\begin{cases} x_3+9.625x_1x_4+16x_2x_4+16x_4^2+12-4x_1-x_2-78x_4=0 \\ 16x_1x_4+44-19x_1-8x_2-x_3-24x_4=0 \\ -0.25x_5-x_1\leqslant -2.25 \\ x_1-0.25x_5\leqslant 2.25 \\ -0.5x_5-x_2\leqslant -1.5 \\ x_2-0.5x_5\leqslant 1.5 \\ -1.5x_5-x_3\leqslant -1.5 \\ x_3-1.5x_5\leqslant 1.5 \end{cases}$$

从手工变换后的结果看,原始问题有两个非线性等式约束,没有不等式约束,所以可以由下面语句描述原问题的非线性约束条件。

```
function [c,ce]=c3mnls(x)
c=[];          %非线性约束条件,其中,不等式约束为空矩阵
ce=[x(3)+9.625*x(1)*x(4)+16*x(2)*x(4)+16*x(4)^2+12-4*x(1)-x(2)-78*x(4);
    16*x(1)*x(4)+44-19*x(1)-8*x(2)-x(3)-24*x(4)];
```

原模型的线性约束可以写成线性不等式的矩阵形式 $\boldsymbol{Ax}\leqslant \boldsymbol{b}$,其中

$$\boldsymbol{A}=\begin{bmatrix} -1 & 0 & 0 & 0 & -0.25 \\ 1 & 0 & 0 & 0 & -0.25 \\ 0 & -1 & 0 & 0 & -0.5 \\ 0 & 1 & 0 & 0 & -0.5 \\ 0 & 0 & -1 & 0 & -1.5 \\ 0 & 0 & 1 & 0 & -1.5 \end{bmatrix}, \quad \boldsymbol{b}=\begin{bmatrix} -2.25 \\ 2.25 \\ -1.5 \\ 1.5 \\ -1.5 \\ 1.5 \end{bmatrix}$$

该问题没有线性等式约束,也没有决策变量的下界与上界约束,所以可以将这些约束条件用空矩阵表示,或直接采用结构体描述最优化问题,可以不用考虑这些约束的设置。为方便起见,这里采用结构体形式描述原始问题。可以看出,这里的目标函数值为 x_5。采用 fmincon() 函数求解,很容易得出局部最优解 $x_5=1.1448$。如果多调用几次下面的函数,则可能得出该问题的全局最优解为 $\boldsymbol{x}=[2.4544,1.9088,2.7263,1.3510,0.8175]^{\mathrm{T}}$,目标函数为 0.8175。

```
>> f=@(x)x(5); xm=[]; xM=[];
   A=[-1,0,0,0,-0.25; 1,0,0,0,-0.25; 0,-1,0,0,-0.5; 0,1,0,0,-0.5;
      0,0,-1,0,-1.5; 0,0,1,0,-1.5];
   B=[-2.25; 2.25; -1.5; 1.5; -1.5; 1.5]; Aeq=[]; Beq=[];
   x0=2*rand(5,1); [x,f0]=fmincon(f,x0,A,B,Aeq,Beq,xm,xM,@c3mnls)
```

3.3.3 最优曲线拟合方法

假设有一组数据 x_i, y_i, $i = 1, 2, \cdots, N$，且已知这组数据满足某一函数原型 $\hat{y}(x) = f(\boldsymbol{a}, x)$，其中，$\boldsymbol{a}$ 为待定系数向量，则最小二乘曲线拟合的目标就是求出这一组待定系数的值，使得目标函数

$$J = \min_{\boldsymbol{a}} \sum_{i=1}^{N} [y_i - \hat{y}(x_i)]^2 = \min_{\boldsymbol{a}} \sum_{i=1}^{N} [y_i - f(\boldsymbol{a}, x_i)]^2 \tag{3-3-3}$$

为最小。在 MATLAB 的最优化工具箱中提供了 lsqcurvefit() 函数，可以解决最小二乘曲线拟合的问题，该函数的调用格式为

$$[\boldsymbol{a}, J_{\mathrm{m}}] = \text{lsqcurvefit}(\text{Fun}, \boldsymbol{a}_0, \boldsymbol{x}, \boldsymbol{y}, \boldsymbol{x}_{\mathrm{m}}, \boldsymbol{x}_{\mathrm{M}}, \text{opt}, 附加参数)$$

其中，$\boldsymbol{a}_0$ 为最优化的初值；$\boldsymbol{x}$、$\boldsymbol{y}$ 为原始输入输出数据向量；Fun 为原型函数的 MATLAB 表示，可以用 inline() 函数和匿名函数描述，也可以用 M-函数表示，该函数还允许指定待定向量的最小值 $\boldsymbol{x}_{\mathrm{m}}$ 和 $\boldsymbol{x}_{\mathrm{M}}$，也可以设置搜索控制参数 opt。调用该函数将返回待定系数向量 $\boldsymbol{a}$，以及在此待定系数下的目标函数的值 J_{m}。

例 3-20 假设在实验中测出一组数据，且已知其可能满足的函数，则可以通过最小二乘拟合的方法拟合出函数的待定系数。这里可以通过函数

$$y(x) = \frac{1}{\sqrt{2\pi}\sigma} \mathrm{e}^{-(x-\mu)^2/(2\sigma^2)}, \ \mu = 0.5, \ \sigma = 1.5$$

产生"实验数据"，再用曲线的最小二乘拟合方法来拟合原函数，看看是不是可以将 μ、σ 值精确地拟合出来。下面的 MATLAB 命令将人为生成实验数据。

```
>> mu=0.5; sigma=1.5; x0=-2+4*rand(20,1);
   y0=1/sqrt(2*pi)/sigma*exp(-(x0-mu).^2/sigma^2/2);
```

令 $a_1 = \mu$, $a_2 = \sigma$，则可以写出原型函数为

$$y(\boldsymbol{a}, x) = \frac{1}{\sqrt{2\pi}a_2} \mathrm{e}^{-(x-a_1)^2/(2a_2^2)}$$

该函数可以用匿名函数直接表示为

```
>> f=@(a,x)exp(-(x-a(1)).^2/2/a(2)^2)/(sqrt(2*pi)*a(2));
```

其中，a(1) 和 a(2) 为待定参数。由上面生成的数据可以给出下面的曲线拟合命令，从而精确地拟合出待定系数向量 $\boldsymbol{a} = [0.5, 1.5]$，与已知的值完全一致。

```
>> a=lsqcurvefit(f,[1,1],x0,y0)
```

3.4 Laplace 与 z 变换问题求解

Laplace 变换可以将时域函数 $f(t)$ 变换成复域函数 $F(s)$，而 Laplace 反变换可以将复域函数变换回时域。z 变换可以将采样函数 $f(k)$ 变换成 z 域函数 $F(z)$，其反变换则从 z 域变换回采样函数。这两种变换分别是连续和离散控制系统的理论基础。

利用 MATLAB 的符号运算工具箱，Laplace 变换、z 变换及其反变换可以很容易地求取出来，掌握这样的工具可以免除复杂问题的手工推导，既节省时间也能避免底层的低级错误。利用符号运算工具箱进行积分变换的步骤如下。

1)在积分变换之前,需要声明有关变量为"符号变量",这可以通过 syms 命令来实现。

2)可以调用 laplace() 或 ztrans() 函数对给定的时域函数进行 Laplace 变换或 z 变换,也可以利用 ilaplace() 或 iztrans() 对给定的复域表达式进行 Laplace 或 z 反变换。

3)有时得出的结果不是最简形式,所以需要调用 simplify() 函数对之进行化简。可以使用 pretty() 函数以更美观的形式显示结果。

例 3-21　假设给定一个时域函数 $f(t) = 1 - (1 + at)\mathrm{e}^{-at}$,下面通过计算机工具直接求取这个函数的 Laplace 变换,得出 $F = a^2/[s(s+a)^2]$。

```
>> syms a t                       %声明所需的变量为符号变量
   f=1-(1+a*t)*exp(-a*t);          %表示时域函数公式
   F=laplace(f), F=simplify(F)     %直接求取函数的 Laplace 变换,并化简
```

利用 ilaplace() 对上述结果进行 Laplace 反变换,则可以还原成原来的时域函数,可以采用下面的命令来完成这样的反变换:

```
>> f1=ilaplace(F)  %进行反变换即可得出反变换结果
```

例 3-22　已知 Laplace 变换式为 $Y(s) = \dfrac{\omega_{\mathrm{n}}^2}{s(s^2 + 2\zeta\omega_{\mathrm{n}}s + \omega_{\mathrm{n}}^2)}$,其 Laplace 反变换可以用下面的语句直接得出:

```
>> syms s zeta wn; Y=wn^2/s/(s^2+2*zeta*wn*s+wn^2); y=ilaplace(Y)
```

得出的结果为

$$y(t) = 1 - \mathrm{e}^{-\omega_{\mathrm{n}}\zeta t}\left(\cosh\sqrt{\zeta^2-1}\,\omega_{\mathrm{n}}t + \frac{\zeta}{\sqrt{\zeta^2-1}}\sinh\sqrt{\zeta^2-1}\,\omega_{\mathrm{n}}t\right)$$

记 $\omega_{\mathrm{d}} = \sqrt{\zeta^2-1}\,\omega_{\mathrm{n}}$,则上述表达式可以简写成

$$y(t) = 1 - \mathrm{e}^{-\omega_{\mathrm{n}}\zeta t}\left(\cosh\omega_{\mathrm{d}}t + \frac{\zeta}{\sqrt{\zeta^2-1}}\sinh\omega_{\mathrm{d}}t\right)$$

注意,该式适用于 $\zeta \neq 1$ 的情形;若 $\zeta = 1$,则数值上取 $\zeta = 1 + \epsilon$ 即可得出精确的结果。

例 3-23　求解 $f(kT) = akT - 2 + (akT + 2)\mathrm{e}^{-akT}$ 函数的 z 变换可用下面的语句完成:

```
>> syms a T k                             %声明符号变量
   f=a*k*T-2+(a*k*T+2)*exp(-a*k*T); F=ztrans(f) %定义离散函数并进行变换
```

该结果的数学表示如下:

$$\mathscr{Z}[f(kT)] = \frac{aTz}{(z-1)^2} - 2\frac{z}{z-1} + \frac{aTz\mathrm{e}^{-aT}}{(z-\mathrm{e}^{-aT})^2} + 2z\mathrm{e}^{aT}\left(\frac{z}{\mathrm{e}^{-aT}} - 1\right)^{-1}$$

例 3-24　一般介绍 z 变换的书中不介绍 $q/(z^{-1}-p)^m$ 函数的 z 反变换,而该函数是求取离散系统解析解的基础。这里对不同的 m 值进行反变换,并总结出一般规律。根据要求,可以用符号运算工具箱求出 $m = 1, 2, \cdots, 8$ 的 z 反变换。

```
>> syms p q z
   for i=1:8, F=simplify(iztrans(q/(1/z-p)^i)), end
```

对不同的 i 值,可以得出变换结果为

$$F_1 = -\frac{q}{p^{n+1}}, \quad F_2 = \frac{q(1+n)}{p^{n+2}}, \quad F_3 = -\frac{q(2+3n+n^2)}{2p^{n+3}}, \quad F_4 = \frac{q(3+n)(2+n)(1+n)}{6p^4}$$

$$F_5 = -\frac{q\left(p^{-1}\right)^n (4+n)(3+n)(2+n)(1+n)}{24p^{n+5}}, \quad F_6 = \frac{q(5+n)(4+n)(3+n)(2+n)(1+n)}{120p^{n+6}}$$

$$F_7 = -\frac{q(6+n)(5+n)(4+n)(3+n)(2+n)(1+n)}{720p^{n+7}}$$

$$F_8 = \frac{q(7+n)(6+n)(5+n)(4+n)(3+n)(2+n)(1+n)}{5040p^{n+8}}$$

总结上述结果的规律，可以写出一般的 z 反变换结果。

$$\mathscr{Z}^{-1}\left\{\frac{q}{(z^{-1}-p)^m}\right\} = \frac{(-1)^m q}{(m-1)!\, p^{n+m}}(n+1)(n+2)\cdots(n+m-1) \tag{3-4-1}$$

3.5 习　题

1 已知 n 阶矩阵的数学表达式如下所示，试求出其行列式。

$$\begin{vmatrix} n & -1 & 0 & 0 & \cdots & 0 & 0 \\ n-1 & x & -1 & 0 & \cdots & 0 & 0 \\ n-2 & 0 & x & -1 & \cdots & 0 & 0 \\ \vdots & \vdots & \vdots & & \vdots & & \vdots \\ 2 & 0 & 0 & 0 & \cdots & x & -1 \\ 1 & 0 & 0 & 0 & \cdots & 0 & x \end{vmatrix}$$

2 对下面给出的各个矩阵求取各种参数，如矩阵的行列式、迹、秩、特征多项式、范数等，试分别求出它们的解析解。

$$\boldsymbol{A} = \begin{bmatrix} 7.5 & 3.5 & 0 & 0 \\ 8 & 33 & 4.1 & 0 \\ 0 & 9 & 103 & -1.5 \\ 0 & 0 & 3.7 & 19.3 \end{bmatrix}, \quad \boldsymbol{B} = \begin{bmatrix} 5 & 7 & 6 & 5 \\ 7 & 10 & 8 & 7 \\ 6 & 8 & 10 & 9 \\ 5 & 7 & 9 & 10 \end{bmatrix}$$

3 试验证 100 阶以下的偶数阶魔方矩阵都是奇异矩阵。

4 试选择有限的 n（如 $n=50$），验证下面矩阵的特征多项式为 $s^n - a_1 a_2 \cdots a_n$。

$$\boldsymbol{A} = \begin{bmatrix} 0 & a_1 & 0 & \cdots & 0 \\ 0 & 0 & a_2 & \cdots & 0 \\ \vdots & \vdots & \vdots & & \vdots \\ 0 & 0 & 0 & \cdots & a_{n-1} \\ a_n & 0 & 0 & \cdots & 0 \end{bmatrix}$$

5 求出下面给出的矩阵的秩和 Moore–Penrose 广义逆矩阵，并验证它们是否满足 Moore–Penrose 逆矩阵的条件。

$$\boldsymbol{A} = \begin{bmatrix} 2 & 2 & 3 & 1 \\ 2 & 2 & 3 & 1 \\ 4 & 4 & 6 & 2 \\ 1 & 1 & 1 & 1 \\ -1 & -1 & -1 & 3 \end{bmatrix}, \quad \boldsymbol{B} = \begin{bmatrix} 4 & 1 & 2 & 0 \\ 1 & 1 & 5 & 15 \\ 3 & 1 & 3 & 5 \end{bmatrix}$$

6 给定下面特殊矩阵 $\boldsymbol{A}$，试利用符号运算工具箱求出其逆矩阵、特征值，并求出状态转移矩阵 $\mathrm{e}^{\boldsymbol{A}t}$ 的解析解。

$$\boldsymbol{A} = \begin{bmatrix} -424 & -534 & -348 & 104 & -87 \\ -204 & -257 & -170 & 48 & -42 \\ 480 & 607 & 394 & -118 & 99 \\ -641 & -807 & -531 & 153 & -132 \\ 618 & 776 & 512 & -149 & 125 \end{bmatrix}$$

7 求解下面的 Lyapunov 方程,并检验所得解的精度。

$$\begin{bmatrix} 1 & 2 & 3 \\ 4 & 5 & 6 \\ 7 & 8 & 0 \end{bmatrix} \boldsymbol{X} + \boldsymbol{X} \begin{bmatrix} 2 & 3 & 6 \\ 3 & 5 & 2 \\ 3 & 2 & 2 \end{bmatrix} = \begin{bmatrix} 1 & 3 & 2 \\ 3 & 4 & 1 \\ 5 & 2 & 1 \end{bmatrix}$$

8 某 Riccati 方程数学表达式为 $\boldsymbol{PA} + \boldsymbol{A}^{\mathrm{T}}\boldsymbol{P} - \boldsymbol{PBR}^{-1}\boldsymbol{B}^{\mathrm{T}}\boldsymbol{P} + \boldsymbol{Q} = \boldsymbol{0}$,且已知

$$\boldsymbol{A} = \begin{bmatrix} -27 & 6 & -3 & 9 \\ 2 & -6 & -2 & -6 \\ -5 & 0 & -5 & -2 \\ 10 & 3 & 4 & -11 \end{bmatrix}, \boldsymbol{B} = \begin{bmatrix} 0 & 3 \\ 16 & 4 \\ -7 & 4 \\ 9 & 6 \end{bmatrix}, \boldsymbol{Q} = \begin{bmatrix} 6 & 5 & 3 & 4 \\ 5 & 6 & 3 & 4 \\ 3 & 3 & 6 & 2 \\ 4 & 4 & 2 & 6 \end{bmatrix}, \boldsymbol{R} = \begin{bmatrix} 4 & 1 \\ 1 & 5 \end{bmatrix}$$

试求解该方程,得到 $\boldsymbol{P}$ 矩阵,并检验得到的解的精度。

9 下面为著名的 Rössler 化学反应方程组

$$\begin{cases} \dot{x}(t) = -y(t) - z(t) \\ \dot{y}(t) = x(t) + ay(t) \\ \dot{z}(t) = b + [x(t) - c]z(t) \end{cases}$$

选定 $a = b = 0.2$, $c = 5.7$,且 $x(0) = y(0) = z(0) = 0$,绘制仿真结果的三维相轨迹,并得出其在 x-y 平面上的投影。

10 试求解下面的线性刚性微分方程[52]:

$$\dot{\boldsymbol{y}}(t) = \begin{bmatrix} -2a & a & & & & \\ 1 & -2 & 1 & & & \\ 0 & 1 & -2 & 1 & & \\ & & \ddots & \ddots & \ddots & \\ & & & 1 & -2 & 1 \\ & & & & b & -2b \end{bmatrix} \boldsymbol{y}(t) + \begin{bmatrix} 0 \\ 0 \\ 0 \\ \vdots \\ 0 \\ b \end{bmatrix}$$

其中,$a = 900$, $b = 1000$。如果初值 $\boldsymbol{y}(0)$ 为零向量,系数矩阵的阶次 $n = 9$,求解区间 $t \in (0, 120)$,试求解刚性微分方程。

11 试用解析解和数值解的方法求解下面的微分方程组。

$$\begin{cases} \ddot{x}(t) = -2x(t) - 3\dot{x}(t) + \mathrm{e}^{-5t}, & x(0) = 1, \dot{x}(0) = 2 \\ \ddot{y}(t) = 2x(t) - 3y(t) - 4\dot{x}(t) - 4\dot{y}(t) - \sin t, & y(0) = 3, \dot{y}(0) = 4 \end{cases}$$

12 请给出求解下面微分方程的 MATLAB 命令

$$y^{(3)} + ty\ddot{y} + t^2\dot{y}y^2 = \mathrm{e}^{-ty}, \ y(0) = 2, \ \dot{y}(0) = \ddot{y}(0) = 0$$

并绘制出 $y(t)$ 曲线,试问该方程存在解析解吗?

13 绘制出 Rössler 方程解在两两平面上的投影。

14 求解下面的最优化问题:

1) $\min\limits_{\boldsymbol{x} \ \mathrm{s.t.} \begin{cases} 4x_1^2 + x_2^2 \leqslant 4 \\ x_1, x_2 \geqslant 0 \end{cases}} \left(x_1^2 - 2x_1 + x_2 \right)$ 2) $\max\limits_{\boldsymbol{x} \ \mathrm{s.t.} \ x_1 + x_2 + 5 = 0} \left[-(x_1 - 1)^2 - (x_2 - 1)^2 \right]$

15 考虑下面二元最优化问题。可以用图解方法验证所得出的解,应该怎样验证结果呢?

$$\max\limits_{\boldsymbol{x} \ \mathrm{s.t.} \begin{cases} 9 \geqslant x_1^2 + x_2^2 \\ x_1 + x_2 \leqslant 1 \end{cases}} \left(-x_1^2 - x_2 \right)$$

16 试求解下面的最优化问题:

$$\max_{x,y} \quad x+y$$
$$\text{s.t.} \begin{cases} y \leqslant 2x^4 - 8x^3 + 8x^2 + 2 \\ y \leqslant 4x^4 - 32x^3 + 88x^2 - 96x + 36 \\ 0 \leqslant x \leqslant 3, \ 0 \leqslant y \leqslant 4 \end{cases}$$

17 试求解下面的非线性规划问题[53]:

$$\min \quad 37.293239x_1 + 0.8356891x_1x_5 + 5.3578547x_3^2 - 40792.141$$
$$\boldsymbol{x} \text{ s.t.} \begin{cases} -0.0022053x_3x_5 + 0.0056858x_2x_5 + 0.0006262x_1x_4 - 6.665593 \leqslant 0 \\ 0.0022053x_3x_5 - 0.0056858x_2x_5 - 0.0006262x_1x_4 - 85.334407 \leqslant 0 \\ 0.0071317x_2x_5 + 0.0021813x_3^2 + 0.0029955x_1x_2 - 29.48751 \leqslant 0 \\ -0.0071317x_2x_5 - 0.0021813x_3^2 - 0.0029955x_1x_2 + 9.48751 \leqslant 0 \\ 0.0047026x_3x_5 + 0.0019085x_3x_4 + 0.0012547x_1x_3 - 15.699039 \leqslant 0 \\ -0.0047026x_3x_5 - 0.0019085x_3x_4 - 0.0012547x_1x_3 + 10.699039 \leqslant 0 \\ 78 \leqslant x_1 \leqslant 102, \ 33 \leqslant x_2 \leqslant 45, \ 27 \leqslant x_3, x_4, x_5 \leqslant 45 \end{cases}$$

18 有一组实测数据见表3-1。假设已知该数据可能满足的原型函数为 $y(x) = ax + bx^2 e^{-cx} + d$, 试求出满足表中数据的最小二乘解 a, b, c, d 的值。

表3-1　实测数据

x_i	0.1	0.2	0.3	0.4	0.5	0.6	0.7	0.8	0.9	1
y_i	2.3201	2.6470	2.9707	3.2885	3.6008	3.9090	4.2147	4.5191	4.8232	5.1275

19 某日气温的实测值见表3-2。试用各种方法进行平滑插值,并得出3次、4次插值多项式,并用曲线绘制的方法观察拟合效果。如果想获得很好的拟合效果,至少应该用多少阶多项式去拟合?

表3-2　某日气温实测值

时间	1	2	3	4	5	6	7	8	9	10	11	12
温度	14	14	14	14	15	16	18	20	22	23	25	28
时间	13	14	15	16	17	18	19	20	21	22	23	24
温度	31	32	31	29	27	25	24	22	20	18	17	16

20 神经网络是拟合曲线的一种有效方法,虽然本书未介绍神经网络理论,但可以试用MAT-LAB神经网络工具箱中的现成程序nntool,由给出的程序界面对上述的数据进行曲线拟合,并与多项式拟合的结果进行比较。

21 对下列的函数 $f(t)$ 进行 Laplace 变换。

1) $f_a(t) = \sin \alpha t / t$　2) $f_b(t) = t^5 \sin \alpha t$　3) $f_c(t) = t^8 \cos \alpha t$　4) $f_d(t) = t^6 e^{\alpha t}$

5) $f_e(t) = 5e^{-at} + t^4 e^{-at} + 8e^{-2t}$　6) $f_f(t) = e^{\beta t} \sin(\alpha t + \theta)$　7) $f_g(t) = e^{-12t} + 6e^{9t}$

22 对上面的结果作 Laplace 反变换,看是否能还原给定的函数。

23 对下面的 Laplace 变换式求出相应的 z 变换,并对结果进行检验:

1) $G(s) = \dfrac{b}{s^2(s+a)}$　2) $G(s) = \dfrac{b}{s^2(s+a)^2} \dfrac{1-e^{-2s}}{s}$

第4章 控制系统模型与转换

由于目前大部分控制系统分析与设计的算法都需要假设系统的模型已知,所以说,控制系统的数学模型是系统分析和设计的基础。获得数学模型有两种方法:其一是从已知的物理规律出发,用数学推导的方式建立起系统的数学模型,另外一种方法是由实验数据拟合系统的数学模型,其中前一种方法称为系统的物理建模方法,后一种方法称为系统辨识。在实际应用中,二者各有其优势和适用场合。

一般控制理论教学和研究中经常将控制系统分为连续系统和离散系统,描述线性连续系统常用的描述方式是传递函数(矩阵)和状态方程,相应地离散系统可以用离散传递函数和离散状态方程表示。传递函数和状态方程之间、连续系统和离散系统之间还可以进行相互转换。本章第4.1节将介绍连续线性系统的数学模型及其MATLAB表示。第4.2节将介绍离散线性系统的数学模型及其MATLAB表示,为下一步的系统分析和设计做好准备。第4.3节将介绍由框图给出的更复杂系统模型的化简。第4.4节将介绍各种模型的相互转换。第4.5节将介绍传递函数模型降阶方法。第4.6节将介绍系统的模型辨识及其在MATLAB下的实现。时变和非线性系统的分析与仿真将在第6章中介绍。

4.1 连续线性系统的数学模型

连续线性系统一般可以用传递函数表示,也可以用状态方程表示,它们适用的场合不同,前者是经典控制的常用模型,后者是"现代控制理论"的基础,但它们应该是描述同样系统的不同描述方式。除了这两种描述方法之外,还常用零极点形式来表示连续线性系统模型。本节中将介绍这些数学模型,并侧重介绍这些模型在MATLAB环境下的表示方法,最后还将介绍多变量系统的表示方法。

4.1.1 线性系统的传递函数模型

线性常系数微分方程是描述线性连续系统最传统的方法,其基本表达式为

$$\frac{\mathrm{d}^n y(t)}{\mathrm{d}t^n} + a_1 \frac{\mathrm{d}^{n-1} y(t)}{\mathrm{d}t^{n-1}} + \cdots + a_{n-1} \frac{\mathrm{d}y(t)}{\mathrm{d}t} + a_n y(t)$$
$$= b_1 \frac{\mathrm{d}^m u(t)}{\mathrm{d}t^m} + b_2 \frac{\mathrm{d}^{m-1} u(t)}{\mathrm{d}t^{m-1}} + \cdots + b_m \frac{\mathrm{d}u(t)}{\mathrm{d}t} + b_{m+1} u(t) \tag{4-1-1}$$

其中,$u(t)$ 和 $y(t)$ 分别称为系统的输入和输出信号,它们均是时间 t 的函数;n 又称为系统的阶次。

由于很久以前并没有微分方程的实用求解工具，所以利用法国数学家 Pierre-Simon Laplace 引入的积分变换（又称为 Laplace 变换），可以对微分方程进行变换。假设 $y(t)$ 信号的 Laplace 变换式为 $Y(s)$，并假设该信号及其各阶导数的初始值均为 0。将 Laplace 变换的重要性质 $\mathscr{L}[\mathrm{d}^k y(t)/\mathrm{d}t^k] = s^k Y(s)$ 代入式（4-1-1）中给出的微分方程，则可以巧妙地将微分方程映射成多项式方程。将输出信号和输入信号 Laplace 变换的比值定义为增益信号，该比值又称为系统的传递函数。从变换后得出的多项式方程可以立即得出单变量连续线性定常系统的传递函数为

$$G(s) = \frac{Y(s)}{U(s)} = \frac{b_1 s^m + b_2 s^{m-1} + \cdots + b_m s + b_{m+1}}{s^n + a_1 s^{n-1} + a_2 s^{n-2} + \cdots + a_{n-1} s + a_n} \tag{4-1-2}$$

其中，b_i, $i = 1, \cdots, m+1$ 与 a_i, $i = 1, \cdots, n$ 为常数。系统的分母多项式又称为系统的特征多项式。对物理可实现系统来说，一定要满足 $m \leqslant n$，这种情况下又称系统为正则（proper）。若 $m < n$，则称系统为严格正则。$n - m$ 又称为系统的相对阶次。由于 $G(s)$ 定义为 $Y(s)/U(s)$，是系统输出信号对输入信号的比值，所以可以认为传递函数是系统在复域意义下的放大倍数。

可见，Laplace 变换的引入使得控制系统的研究变得很简单。直到今天，系统传递函数的描述仍是控制理论中线性系统模型的一个主要描述方法。

从式（4-1-2）中可以看出，传递函数可以表示成两个多项式的比值，在 MATLAB 语言中，多项式可以用向量表示。依照 MATLAB 惯例，将多项式的系数按 s 的降幂次序排列可以得到一个数值向量，用这个向量就可以表示多项式。分别表示完分子和分母多项式后，再利用控制系统工具箱的 **tf()** 函数就可以用一个变量表示传递函数模型。

> num=$[b_1, b_2, \cdots, b_m, b_{m+1}]$;   den=$[1, a_1, a_2, \cdots, a_{n-1}, a_n]$;
>
> G=tf(num,den);   % 先按 s 降幂顺序输入多项式系数，然后建立传递函数模型

其中，前两个语句用于描述系统的分子和分母多项式 num 和 den，后一个语句直接生成变量 G，在 MATLAB 工作空间中描述系统的传递函数模型。

MATLAB 还支持一种特殊的传递函数的输入格式，在该输入格式下，先用 s=tf('s') 定义传递函数的算子，然后用数学表达式形式直接输入系统的传递函数或传递函数矩阵模型，下面将通过例子演示这两种输入方式。

例 4-1 考虑下面给出的传递函数模型：

$$G(s) = \frac{s^3 + 7s^2 + 24s + 24}{s^4 + 10s^3 + 35s^2 + 50s + 24}$$

用下面的语句描述分子、分母的系数向量，就可以轻易输入这个模型：

```
>> num=[1 7 24 24]; den=[1 10 35 50 24]; %分子多项式和分母多项式
   G=tf(num,den);                         %这样就能获得系统的数学模型 G
```

如果采用第二种输入方法，则

```
>> s=tf('s'); G=(s^3+7*s^2+24*s+24)/(s^4+10*s^3+35*s^2+50*s+24);
```

从这个例子可以看出，可以用两种非常直观的命令将一个传递函数模型在 MATLAB 中表示出来，有了模型，则可以容易地在 MATLAB 环境下对系统进行分析与设计。

上面模型用第一种方法很容易输入，方法很直观，但如果分子或分母多项式给出的不是完全展开的形式，而是若干个因式的乘积，则事先需要将其变换为完全展开的形式，两个多项式的乘积在 MATLAB 下可以借用卷积求取函数 conv() 得出，其调用格式很直观 $p=\text{conv}(p_1,p_2)$，其中，$\boldsymbol{p}_1$ 和 $\boldsymbol{p}_2$ 为两个多项式，调用这个函数后就能返回乘积多项式 $\boldsymbol{p}$。如果有 3 个多项式的乘积，就需要嵌套适用此函数，即

$$p=\text{conv}(p_1,\text{conv}(p_2,p_3)) \quad \text{或} \quad p=\text{conv}(\text{conv}(p_1,p_2),p_3)$$

请注意在调用时括号的匹配。如果采用后一种输入方法，则可以直接用乘号将各个因子乘起来，从而算法更直观。由第 2 章的例子，当然也可以用自编函数 convs() 输入若干个因式的连乘，但总的来说不是很方便，所以建议采用算子式的输入方法。

例4-2　理解了前面叙述的多项式乘积的求取方法，就不难将下面给出的传递函数模型：

$$G(s) = \frac{8(s^3+2)}{s^2(s+5)^2(s^2+5s+4)(s^2+5)}$$

可以使用下面的语句输入传递函数模型：

```
>> num=8*[1,0 0 2];
   den=conv([1 0 0],conv([1,5],conv([1,5],conv([1 5 4],[1 0 5]))));
   G=tf(num,den)   %语句没有分号结尾,故将显示系统传递函数
```

输入模型后，将存储其展开的传递函数模型

$$G(s) = \frac{8s^3+16}{s^8+15s^7+84s^6+240s^5+495s^4+825s^3+500s^2}$$

用算子方法可以更直观地输入系统模型。

```
>> s=tf('s'); G=8*(s^3+2)/(s^2*(s+5)^2*(s^2+5*s+4)*(s^2+5));
```

例4-3　再考虑一个带有多项式混合运算的例子，假设某模型为

$$G(s) = \frac{s^3+5s^2+3s+4}{s^3(s+2)[(s+5)^2+8]}$$

可以看出，分母多项式内部含有 $(s+5)^2+8$ 项，如果从底层展开分母多项式比较麻烦，所以建议使用算子的方式输入系统的传递函数模型

```
>> s=tf('s'); G=(s^3+5*s^2+3*s+4)/(s^3*(s+2)*((s+5)^2+8));
```

上述语句可以直接得出系统的传递函数模型

$$G(s) = \frac{s^3+5s^2+3s+4}{s^6+12s^5+53s^4+66s^3}$$

可见，对含有复杂运算的传递函数模型来说，用算子的方式输入模型更方便。在后面的问题中，本书将针对具体情况采用不同方式输入传递函数模型。

除了分子和分母多项式外，MATLAB 的 **tf** 对象还允许携带其他信息（或属性），其全部属性可以由 get(tf) 命令列出，具体的成员变量如表 4-1 所示。

例4-4　若想将系统的时间延迟常数设置为 $\tau=2.1$，则可以用下面的命令赋值：

```
>> G.ioDelay=2.1
```

由前面的例子可以看出，在 MATLAB 语言环境中表示一个传递函数模型是很容易的。如果有了传递函数模型 G，则提取系统的分子和分母多项式可以由 **tfdata**() 函数来实现，即 $\boldsymbol{n}=[0,0,1,5,3,4]$，$\boldsymbol{d}=[1,12,53,66,0,0]$。

表4-1 传递函数对象的成员变量

成员变量	数据结构	成员变量说明
num、den	单元数组	系统的分子分母系数,可以直接描述多变量系统。在新版本中,这两个成员变量名仍然可以使用,也可以使用新的成员变量名 Numerator 和 Denominator
Variable	字符串	系统的域变量,可选择为's','p' 表示连续系统,'z','z^-1','q' 表示离散系统
Ts	双精度	采样周期,连续系统的采样周期为0,TimeUnit 表示延迟的单位
ioDelay	双精度	系统的延迟,此外还有 InputDelay、OutputDelay 等描述延迟的成员变量
InputName	字符串	输入变量的名称,此外相关的还有 InputGroup(分组)、InputUnit(单位)、OutputGroup、OutputUnit、OutputName 等成员变量
Name	字符串	系统的名称。此外,还有面向对象编程中重要的 UserData 变量

```
>> [n,d]=tfdata(G,'v')  %其中'v'表示想获得数值
```

更简单地,提取分子和分母多项式还可以通过下面语句实现。

```
>> num=G.num{1}; den=G.den{1}; %可以直接提取分子和分母多项式
```

这里{1}实际上为{1,1},表示第1路输入和第1路输出之间的传递函数,该方法直接适合于多变量系统的描述。

4.1.2 线性系统的状态方程模型

状态方程是描述控制系统的另一种重要的方式。和传递函数不同,状态方程可以描述更广的一类系统模型,包括非线性模型。假设有 p 个输入信号 $u_i(t),(i=1,\cdots,p)$ 与 q 个输出信号 $y_i(t),(i=1,\cdots,q)$,且有 n 个状态,构成状态变量向量 $\boldsymbol{x}=[x_1,x_2,\cdots,x_n]^{\mathrm{T}}$,则此动态系统的状态方程可以一般地表示为

$$\begin{cases} \dot{x}_i = f_i(x_1,x_2,\cdots,x_n,u_1,\cdots,u_p), & i=1,\cdots,n \\ y_i = g_i(x_1,x_2,\cdots,x_n,u_1,\cdots,u_p), & i=1,\cdots,q \end{cases} \tag{4-1-3}$$

其中,$f_i(\cdot)$ 和 $g_i(\cdot)$ 可以为任意的线性或非线性函数。对线性系统来说,其状态方程可以更简单地描述为

$$\begin{cases} \dot{\boldsymbol{x}}(t) = \boldsymbol{A}(t)\boldsymbol{x}(t) + \boldsymbol{B}(t)\boldsymbol{u}(t) \\ \boldsymbol{y}(t) = \boldsymbol{C}(t)\boldsymbol{x}(t) + \boldsymbol{D}(t)\boldsymbol{u}(t) \end{cases} \tag{4-1-4}$$

其中,$\boldsymbol{u}=[u_1,\cdots,u_p]^{\mathrm{T}}$ 与 $\boldsymbol{y}=[y_1,\cdots,y_q]^{\mathrm{T}}$ 分别为输入和输出向量;矩阵 $\boldsymbol{A}(t),\boldsymbol{B}(t),\boldsymbol{C}(t)$ 和 $\boldsymbol{D}(t)$ 为维数相容的矩阵。这里维数相容是指在方程里相应的项是可乘的。准确地说,$\boldsymbol{A}$ 矩阵是 $n \times n$ 方阵,$\boldsymbol{B}$ 为 $n \times p$ 矩阵,$\boldsymbol{C}$ 为 $q \times n$ 矩阵,$\boldsymbol{D}$ 为 $q \times p$ 矩阵。如果这四个矩阵均与时间无关,则该系统又称为线性时不变系统,该系统的状态方程可以写成

$$\begin{cases} \dot{\boldsymbol{x}}(t) = \boldsymbol{A}\boldsymbol{x}(t) + \boldsymbol{B}\boldsymbol{u}(t) \\ \boldsymbol{y}(t) = \boldsymbol{C}\boldsymbol{x}(t) + \boldsymbol{D}\boldsymbol{u}(t) \end{cases} \tag{4-1-5}$$

在MATLAB下表示系统的状态方程模型是相当直观的,只需要将各个系数矩阵按照常规矩阵的方式输入工作空间中即可,这样系统的状态方程模型可以用下面的语句直接建立起来 $G=\mathrm{ss}(\boldsymbol{A},\boldsymbol{B},\boldsymbol{C},\boldsymbol{D})$。

如果在构造状态方程对象时给出的维数不相容,则用 ss() 对象时将给出明确的错误信息,中断程序运行。

例 4-5　多变量系统的状态方程模型可以用前面介绍的方法直接输入，无须再进行特殊的处理。考虑下面给出的状态空间表达式[54]：

$$\begin{cases} \dot{x}_1 = x_2 + u_1 \\ \dot{x}_2 = x_3 + 2u_1 - u_2 \\ \dot{x}_3 = -6x_1 - 11x_2 - 6x_3 + 2u_2 \\ y_1 = x_1 - x_2 \\ y_2 = 2x_1 + x_2 - x_3 \end{cases}$$

对照式（4-1-5），可以立即得出状态方程的 $\boldsymbol{A}, \boldsymbol{B}, \boldsymbol{C}, \boldsymbol{D}$ 矩阵为

$$\boldsymbol{A} = \begin{bmatrix} 0 & 1 & 0 \\ 0 & 0 & 1 \\ -6 & -11 & -6 \end{bmatrix}, \boldsymbol{B} = \begin{bmatrix} 1 & 0 \\ 2 & -1 \\ 0 & 2 \end{bmatrix}, \boldsymbol{C} = \begin{bmatrix} 1 & -1 & 0 \\ 2 & 1 & -1 \end{bmatrix}, \boldsymbol{D} = \begin{bmatrix} 0 & 0 \\ 0 & 0 \end{bmatrix}$$

所以，这个双输入、双输出系统的状态方程模型可以用下面的语句直接输入

```
>> A=[0,1,0; 0 0 1; -6 -11 -6];
   B=[1 0; 2 -1; 0 2]; C=[1 -1 0; 2 1 -1]; D=zeros(2); G=ss(A,B,C,D)
```

因为 $\boldsymbol{D}$ 是零矩阵，所以最后一个语句还可以直接写成 $G=\mathrm{ss}(A,B,C,0)$。

获取状态方程对象参数可以使用 ssdata() 函数，也可以直接使用诸如 G.a 的命令去提取，这时无须使用单元数组的格式获得其参数。

带有时间延迟的状态方程模型可以表示为

$$\begin{cases} \dot{\boldsymbol{x}}(t) = \boldsymbol{A}\boldsymbol{x}(t) + \boldsymbol{B}\boldsymbol{u}(t-\tau) \\ \boldsymbol{y}(t) = \boldsymbol{C}\boldsymbol{x}(t) + \boldsymbol{D}\boldsymbol{u}(t-\tau) \end{cases} \tag{4-1-6}$$

输入该模型时，只需用 $G=\mathrm{ss}(A,B,C,D,\texttt{'ioDelay'},\tau)$ 语句即可。延迟常数还可以由

$$G.\mathrm{ioDelay}=\tau, \quad 或 \quad \mathrm{set}(G,\texttt{'ioDelay'},\tau)$$

等命令直接输入。类似地，如果想输入 InputDelay 或 OutputDelay 延迟信息，也可以用 set() 函数或直接赋值的形式输入。

4.1.3　带有内部延迟的状态方程模型

虽然前面介绍的状态方程模型含有输入和输出延迟等信息，但以后在描述状态方程模型互连时仍有很多系统无法描述，所以可以考虑采用 MATLAB 下提出的内部延迟状态方程模型来描述。

带有内部延迟的状态方程模型如图 4-1 所示。整个系统的输入和输出信号分别表示为 $\boldsymbol{v}(t) = \boldsymbol{u}(t-\tau_\mathrm{i}), \boldsymbol{y}(t) = \boldsymbol{z}(t-\tau_\mathrm{o})$，而 $\boldsymbol{v}(t)$、$\boldsymbol{z}(t)$ 是系统的内部信号。这样带有内部延迟的状态方程模型可以表示为

$$\begin{cases} \boldsymbol{E}\dot{\boldsymbol{x}}(t) = \boldsymbol{A}\boldsymbol{x}(t) + \boldsymbol{B}_1\boldsymbol{v}(t) + \boldsymbol{w}(t-\boldsymbol{\tau}) \\ \boldsymbol{z}(t) = \boldsymbol{C}_1\boldsymbol{x}(t) + \boldsymbol{D}_{11}\boldsymbol{v}(t) + \boldsymbol{D}_{12}\boldsymbol{w}(t-\boldsymbol{\tau}) \\ \boldsymbol{\xi}(t) = \boldsymbol{C}_2\boldsymbol{x}(t) + \boldsymbol{D}_{21}\boldsymbol{v}(t) + \boldsymbol{D}_{22}\boldsymbol{w}(t-\boldsymbol{\tau}) \end{cases} \tag{4-1-7}$$

且 $\boldsymbol{w}_j(t) = \boldsymbol{\xi}_j(t-\tau_j), j = 1, 2, \cdots, k$，这里向量 $\boldsymbol{\tau} = [\tau_1, \tau_2, \cdots, \tau_k]$ 称为系统的内部延迟。可以使用 MATLAB 函数 getdelaymodel() 提取模型的各个矩阵。

$$[A, B_1, B_2, C_1, C_2, D_{11}, D_{12}, D_{21}, D_{22}, E, \tau] = \mathrm{getdelaymodel}(G, \texttt{'mat'})$$

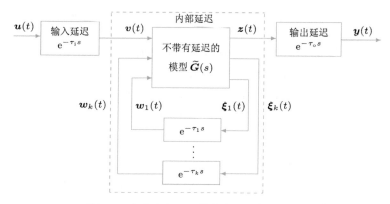

图 4-1 含有内部延迟的状态方程模型示意图

含有内部延迟的状态方程模型在描述复杂延迟模块的互连中很有意义, 而在实际建模时一般情况下不建议直接输入内部延迟状态方程模块。后面将介绍内部延迟的使用方法。

4.1.4 线性系统的零极点模型

式 (4-1-2) 中给出了连续线性系统的传递函数表示, 如果对传递函数的分子和分母分别进行因式分解, 则可以得出

$$G(s) = K \frac{(s-z_1)(s-z_2)\cdots(s-z_m)}{(s-p_1)(s-p_2)\cdots(s-p_n)} \qquad (4\text{-}1\text{-}8)$$

其中, K 称为系统的增益, $z_i, i = 1, \cdots, m$ 称为系统的零点, 而 $p_i, i = 1, \cdots, n$ 称为系统的极点。对实系数的传递函数模型来说, 系统的零极点或者为实数, 或者以共轭复数的形式出现。系统的传递函数模型给出以后, 可以立即得出系统的零极点模型。

在 MATLAB 下表示零极点模型的方法很简单, 可以采用下面的语句格式来将系统的零极点作为列向量输入 MATLAB 工作空间中, 然后调用 zpk() 函数就可以输入这个零极点模型。

$z=[z_1;z_2;\cdots;z_m];$ $p=[p_1;p_2;\cdots;p_n];$ G=zpk(z,p,K);

其中, 前面两个语句分别输入系统的零点和极点列向量 (如果输入行向量也可以自动地转换成所需的列向量), 后面的语句可以由这些信息和系统增益构造出系统的零极点模型对象 G。

系统 G 的零极点位置可以直接调用 MATLAB 控制系统工具箱中的 pzmap(G) 函数在图形上表示出来, 这样可以直接通过零极点的位置更直观地了解系统的性能。

例 4-6 考虑下面给出的零极点模型:

$$G(s) = \frac{(s+1.5)(s+2+2\mathrm{j})(s+2-2\mathrm{j})}{(s+4)(s+3)(s+2)(s+1)}$$

可以通过下面的 MATLAB 语句输入这个系统模型, 得出其零极点模型。

```
>> P=[-1;-2;-3;-4]; Z=[-1.5; -2+2i; -2-2i]; G=zpk(Z,P,1)
```

4.1.5 多变量系统的传递函数矩阵模型

多变量系统的状态方程模型可以由 ss() 函数直接输入 MATLAB 环境中,前面已经给了例子加以介绍(例4-5)。另外,多变量系统的输出信号可以由下式表示出来:

$$
\begin{cases}
y_1(s) = g_{11}(s)u_1(s) + g_{12}(s)u_2(s) + \cdots + g_{1p}(s)u_p(s) \\
y_2(s) = g_{21}(s)u_1(s) + g_{22}(s)u_2(s) + \cdots + g_{2p}(s)u_p(s) \\
\quad\vdots \\
y_q(s) = g_{q1}(s)u_1(s) + g_{q2}(s)u_2(s) + \cdots + g_{qp}(s)u_p(s)
\end{cases}
\tag{4-1-9}
$$

其中,$g_{ij}(s)$ 是第 i 路输出信号对第 j 路输入信号之间的传递函数。这样,多变量系统方程可以定义出传递函数矩阵 $\boldsymbol{G}(s)$,一般可以写成

$$
\boldsymbol{G}(s) = \begin{bmatrix}
g_{11}(s) & g_{12}(s) & \cdots & g_{1p}(s) \\
g_{21}(s) & g_{22}(s) & \cdots & g_{2p}(s) \\
\vdots & \vdots & & \vdots \\
g_{q1}(s) & g_{q2}(s) & \cdots & g_{qp}(s)
\end{bmatrix}
\tag{4-1-10}
$$

传递函数矩阵是单变量系统传递函数的概念在多变量系统中的直接扩展。

例4-7 考虑一个带有时间延迟的多变量传递函数矩阵[55]

$$
\boldsymbol{G}(s) = \begin{bmatrix}
\dfrac{0.1134}{1.78s^2 + 4.48s + 1}e^{-0.72s} & \dfrac{0.924}{2.07s + 1} \\
\dfrac{0.3378}{0.361s^2 + 1.09s + 1}e^{-0.3s} & \dfrac{-0.318}{2.93s + 1}e^{-1.29s}
\end{bmatrix}
$$

对这样的多变量系统,只需先输入各个子传递函数矩阵,再按照常规矩阵的方式输入整个传递函数矩阵。具体的 MATLAB 命令如下:

```
>> g11=tf(0.1134,[1.78 4.48 1],'ioDelay',0.72);
   g12=tf(0.924,[2.07 1]);
   g21=tf(0.3378,[0.361 1.09 1],'ioDelay',0.3);
   g22=tf(-0.318,[2.93 1],'ioDelay',1.29);
   G=[g11, g12; g21, g22]; %这和矩阵定义一样,这样可以输入传递函数矩阵
```

这样的传递函数矩阵还可以由下面的方法输入,即输入各个不带延迟的子传递函数,构造传递函数矩阵,再重新赋值其 ioDelay 属性。

```
>> g11=tf(0.1134,[1.78 4.48 1]); g12=tf(0.924,[2.07 1]);
   g21=tf(0.3378,[0.361 1.09 1]); g22=tf(-0.318,[2.93 1]);
   G=[g11, g12; g21, g22];          %仿照普通矩阵建立传递函数矩阵
   G.ioDelay=[0.72 0; 0.3, 1.29]; %再设置时间延迟矩阵
```

其中的子传递函数 $g_{21}(s)$ 可以用 G(2,1) 这样的语句直接提取出来。

4.2 离散系统模型

一般的单变量离散系统可以由差分方程来表示

$$
\begin{aligned}
&y(kT) + a_1 y[(k-1)T] + \cdots + a_{n-1}y[(k-n-1)T] + a_n y[(k-n)T] \\
&\quad = b_1 u[(k-n-m)T] + b_2 u[(k-b-m+1)T] + \cdots + b_{m+1}u[(k-n)T]
\end{aligned}
\tag{4-2-1}
$$

其中,T 为离散系统的采样周期。

4.2.1 离散传递函数模型

类似于 Laplace 变换在微分方程中的作用，引入 z 变换，就可以由差分方程模型推导出系统的离散传递函数模型

$$H(z) = \frac{b_1 z^m + b_2 z^{m-1} + \cdots + b_m z + b_{m+1}}{z^n + a_1 z^{n-1} + \cdots + a_{n-1} z + a_n} \qquad (4\text{-}2\text{-}2)$$

在 MATLAB 语言中，输入离散系统的传递函数模型和连续系统传递函数模型一样简单，只需分别按要求输入系统的分子和分母多项式，就可以利用 `tf()` 函数将其输入 MATLAB 环境。和连续传递函数不同的是，同时还需要输入系统的采样周期 T，具体语句如下。

$$\text{num}=[b_1, b_2, \cdots, b_m, b_{m+1}]; \quad \text{den}=[1, a_1, a_2, \cdots, a_{n-1}, a_n];$$
$$H=\text{tf(num,den,'Ts',}T);$$

其中，T 应该输入为实际的采样周期数值；H 为离散系统传递函数模型。此外，仿照连续系统传递函数的算子输入方法，定义算子 $z=\text{tf('z',}T)$，则可以用数学表达式形式输入系统的离散传递函数模型。

例 4-8 假设离散系统的传递函数模型由下式给出：

$$H(z) = \frac{0.3124z^3 - 0.5743z^2 + 0.3879z - 0.0889}{z^4 - 3.233z^3 + 3.9869z^2 - 2.2209z + 0.4723}$$

且已知系统的采样周期为 $T = 0.1\,\text{s}$，则可以用下面的语句将其输入 MATLAB 工作空间。

```
>> num=[0.3124 -0.5743 0.3879 -0.0889];
   den=[1 -3.233 3.9869 -2.2209 0.4723];
   H=tf(num,den,'Ts',0.1)    %输入并显示系统的传递函数模型
```

该模型还可以采用算子方式直接输入。

```
>> z=tf('z',0.1);
   H=(0.3124*z^3-0.5743*z^2+0.3879*z-0.0889)/...
     (z^4-3.233*z^3+3.9869*z^2-2.2209*z+0.4723);
```

离散系统的时间延迟模型和连续系统不同，一般可以写成

$$H(z) = \frac{b_1 z^m + b_2 z^{m-1} + \cdots + b_m z + b_{m+1}}{z^n + a_1 z^{n-1} + \cdots + a_{n-1} z + a_n} z^{-d} \qquad (4\text{-}2\text{-}3)$$

这就要求实际延迟时间是采样周期 T 的整数倍，亦即时间延迟常数为 dT。若要输入这样的传递函数模型，只需将传递函数的 `ioDelay` 设置成 d 即可。

类似于连续系统的零极点模型，离散系统的零极点模型也可以用同样的方法输入，亦即先输入系统的零点和极点，再使用 `zpk()` 函数就可以输入该模型，注意输入离散系统模型时还应该同时输入采样周期。离散系统的零极点位置同样可以由 `pzmap()` 函数直接绘制出来，该函数的调用格式与连续系统是完全一致的。

例 4-9 已知离散系统的零极点模型为

$$H(z) = \frac{(z - 0.4893)(z - 0.6745 + 0.3558\text{j})(z - 0.6745 - 0.3558\text{j})}{(z - 0.858 + 0.189\text{j})(z - 0.858 - 0.189\text{j})(z - 0.758 + 0.192\text{j})(z - 0.758 - 0.192\text{j})}$$

其采样周期为 $T = 0.1\,\text{s}$，可以用下面的语句输入该系统的数学模型。

```
>> z=[0.6745+0.3558i; 0.6745-0.3558i; 0.4893];
   p=[0.858+0.189i; 0.858-0.189i; 0.758+0.192i; 0.758-0.192i];
   H=zpk(z,p,1,'Ts',0.1)
```

得出的模型为

$$H(z) = \frac{(z - 0.4893)(z^2 - 1.349z + 0.5815)}{(z^2 - 1.716z + 0.7719)(z^2 - 1.516z + 0.6114)}$$

4.2.2 离散状态方程模型

离散系统状态方程模型可以表示为

$$\begin{cases} \boldsymbol{x}[(k+1)T] = \boldsymbol{F}\boldsymbol{x}(kT) + \boldsymbol{G}\boldsymbol{u}(kT) \\ \boldsymbol{y}(kT) = \boldsymbol{C}\boldsymbol{x}(kT) + \boldsymbol{D}\boldsymbol{u}(kT) \end{cases} \tag{4-2-4}$$

可以看出,该模型的输入应该与连续系统状态方程一样,只需输入 $\boldsymbol{F}$, $\boldsymbol{G}$, $\boldsymbol{C}$ 和 $\boldsymbol{D}$ 矩阵,就可以用 $H=\mathrm{ss}(\boldsymbol{F},\boldsymbol{G},\boldsymbol{C},\boldsymbol{D},\mathrm{'Ts'},T)$ 函数将其输入 MATLAB 的工作空间了。

带有时间延迟的离散系统状态方程模型为

$$\begin{cases} \boldsymbol{x}[(k+1)T] = \boldsymbol{F}\boldsymbol{x}(kT) + \boldsymbol{G}\boldsymbol{u}[(k-m)T] \\ \boldsymbol{y}(kT) = \boldsymbol{C}\boldsymbol{x}(kT) + \boldsymbol{D}\boldsymbol{u}[(k-m)T] \end{cases} \tag{4-2-5}$$

其中,mT 为时间延迟常数,这样的系统可以用下面的语句直接输入 MATLAB 环境中。

$$H=\mathrm{ss}(\boldsymbol{F},\boldsymbol{G},\boldsymbol{C},\boldsymbol{D},\mathrm{'Ts'},T,\mathrm{'ioDelay'},m);$$

4.3 框图描述系统的化简

前面介绍了传递函数、状态方程及零极点模型的输入,但控制系统的模型输入并不总是这样简单,一般的控制系统均需要由若干个子模型进行互连,才能构造出来。所以在这节中将介绍子模块的互连及总系统模型的获取。这里将首先介绍三类典型的连接结构:串联、并联和反馈连接,并介绍模块输入、输出从一个节点移动到另一个节点所必需的等效变换,最后将介绍复杂系统的等效变换和化简。

4.3.1 控制系统的典型连接结构

两个模块 $G_1(s)$ 和 $G_2(s)$ 的串联连接如图 4-2a 所示,在这样的结构下,输入信号 $u(t)$ 经过第一个模块 $G_1(s)$,而模块 $G_1(s)$ 的输出信号输入第二个模块 $G_2(s)$,该模块的输出 $y(t)$ 是整个系统的输出。在串联连接下,整个系统的传递函数为 $G(s) = G_2(s)G_1(s)$。对单变量系统来说,这两个模块 $G_1(s)$ 和 $G_2(s)$ 是可以互换的,亦即 $G_1G_2 = G_2G_1$,对多变量系统来说,一般不具备这样的关系。

若两个模块 $G_1(s)$ 和 $G_2(s)$ 分别由状态方程 $(\boldsymbol{A}_1, \boldsymbol{B}_1, \boldsymbol{C}_1, \boldsymbol{D}_1)$、$(\boldsymbol{A}_2, \boldsymbol{B}_2, \boldsymbol{C}_2, \boldsymbol{D}_2)$ 给出,则串联总系统的数学模型可以由下式求出。

$$\begin{cases} \begin{bmatrix} \dot{\boldsymbol{x}}_1 \\ \dot{\boldsymbol{x}}_2 \end{bmatrix} = \begin{bmatrix} \boldsymbol{A}_1 & \boldsymbol{0} \\ \boldsymbol{B}_2\boldsymbol{C}_1 & \boldsymbol{A}_2 \end{bmatrix} \begin{bmatrix} \boldsymbol{x}_1 \\ \boldsymbol{x}_2 \end{bmatrix} + \begin{bmatrix} \boldsymbol{B}_1 \\ \boldsymbol{B}_2\boldsymbol{D}_1 \end{bmatrix} \boldsymbol{u} \\ \boldsymbol{y} = \begin{bmatrix} \boldsymbol{D}_2\boldsymbol{C}_1, & \boldsymbol{C}_2 \end{bmatrix} \begin{bmatrix} \boldsymbol{x}_1 \\ \boldsymbol{x}_2 \end{bmatrix} + \boldsymbol{D}_2\boldsymbol{D}_1\boldsymbol{u} \end{cases} \tag{4-3-1}$$

在 MATLAB 下, 若已知两个子系统模型 G_1 和 G_2, 则串联结构总的系统模型可以统一由 $G=G_2 * G_1$ 求出。

两个模块 $G_1(s)$ 和 $G_2(s)$ 的典型并联连接结构如图 4-2b 所示, 其中这两个模块在共同的输入信号 $u(t)$ 激励下, 产生两个输出信号, 而系统总的输出信号 $y(t)$ 是这两个输出信号的和。并联系统的传递函数总模型为 $G(s) = G_1(s) + G_2(s)$。

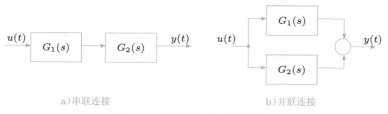

a) 串联连接　　　　　　　　　　b) 并联连接

图 4-2　系统的串联、并联结构

若两个模块 $G_1(s)$ 和 $G_2(s)$ 分别由状态方程 $(\boldsymbol{A}_1, \boldsymbol{B}_1, \boldsymbol{C}_1, \boldsymbol{D}_1)$ 和 $(\boldsymbol{A}_2, \boldsymbol{B}_2, \boldsymbol{C}_2, \boldsymbol{D}_2)$ 给出, 则并联总系统的数学模型可以由下式求出

$$
\begin{cases}
\begin{bmatrix} \dot{\boldsymbol{x}}_1 \\ \dot{\boldsymbol{x}}_2 \end{bmatrix} = \begin{bmatrix} \boldsymbol{A}_1 & \boldsymbol{0} \\ \boldsymbol{0} & \boldsymbol{A}_2 \end{bmatrix} \begin{bmatrix} \boldsymbol{x}_1 \\ \boldsymbol{x}_2 \end{bmatrix} + \begin{bmatrix} \boldsymbol{B}_1 \\ \boldsymbol{B}_2 \end{bmatrix} \boldsymbol{u} \\
\boldsymbol{y} = \begin{bmatrix} \boldsymbol{C}_1, \boldsymbol{C}_2 \end{bmatrix} \begin{bmatrix} \boldsymbol{x}_1 \\ \boldsymbol{x}_2 \end{bmatrix} + (\boldsymbol{D}_1 + \boldsymbol{D}_2) \boldsymbol{u}
\end{cases}
\tag{4-3-2}
$$

在 MATLAB 下, 若已知两个子系统模型 G_1 和 G_2, 则并联结构总的系统模型可以统一由 $G=G_1 + G_2$ 命令求出。

两个模块 $G_1(s)$ 和 $G_2(s)$ 的正、负反馈连接结构分别如图 4-3a、b 所示, 系统总模型为

$$
\text{正反馈:}\ G(s) = \frac{G_1(s)}{1 - G_1(s)G_2(s)}, \quad \text{负反馈:}\ G(s) = \frac{G_1(s)}{1 + G_1(s)G_2(s)}
\tag{4-3-3}
$$

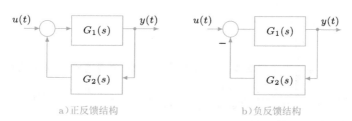

a) 正反馈结构　　　　　　　　　　b) 负反馈结构

图 4-3　系统的反馈连接结构

若给出多变量模型 $\boldsymbol{G}_1(s)$、$\boldsymbol{G}_2(s)$, 则可以由下面两种方法计算负反馈的闭环模型[56]。

$$
\boldsymbol{G}(s) = \big(\boldsymbol{I} + \boldsymbol{G}_1(s)\boldsymbol{G}_2(s)\big)^{-1} \boldsymbol{G}_1(s) = \boldsymbol{G}_1(s) \big(\boldsymbol{I} + \boldsymbol{G}_2(s)\boldsymbol{G}_1(s)\big)^{-1}
\tag{4-3-4}
$$

用户可以先判断 $\boldsymbol{G}_1(s)\boldsymbol{G}_2(s)$ 与 $\boldsymbol{G}_2(s)\boldsymbol{G}_1(s)$ 矩阵哪一个维数小一些, 依照该矩阵计算闭环模型。如果两个模块均为方阵, 则用哪个式子都可以计算闭环模型。

若两个模块 $G_1(s)$ 和 $G_2(s)$ 分别由状态方程 $(\boldsymbol{A}_1, \boldsymbol{B}_1, \boldsymbol{C}_1, \boldsymbol{D}_1)$、$(\boldsymbol{A}_2, \boldsymbol{B}_2, \boldsymbol{C}_2, \boldsymbol{D}_2)$ 给出,

则反馈系统的数学模型可以由下式求出：

$$\begin{cases} \begin{bmatrix} \dot{x}_1 \\ \dot{x}_2 \end{bmatrix} = \begin{bmatrix} A_1 - B_1 Z D_2 C_1 & -B_1 Z C_2 \\ B_2 Z C_1 & A_2 - B_2 D_1 Z C_2 \end{bmatrix} \begin{bmatrix} x_1 \\ x_2 \end{bmatrix} + \begin{bmatrix} B_1 Z \\ B_2 D_1 Z \end{bmatrix} u \\ \\ y = \begin{bmatrix} ZC_1, & -D_1 Z C_2 \end{bmatrix} \begin{bmatrix} x_1 \\ x_2 \end{bmatrix} + (D_1 Z) u \end{cases} \tag{4-3-5}$$

其中，$Z = (I + D_1 D_2)^{-1}$。若 $D_1 = D_2 = 0$，则 $Z = I$，上述公式可以简化成

$$\begin{cases} \begin{bmatrix} \dot{x}_1 \\ \dot{x}_2 \end{bmatrix} = \begin{bmatrix} A_1 & -B_1 C_2 \\ B_2 C_1 & A_2 \end{bmatrix} \begin{bmatrix} x_1 \\ x_2 \end{bmatrix} + \begin{bmatrix} B_1 \\ 0 \end{bmatrix} u \\ \\ y = \begin{bmatrix} C_1, & 0 \end{bmatrix} \begin{bmatrix} x_1 \\ x_2 \end{bmatrix} \end{cases} \tag{4-3-6}$$

在MATLAB环境中直接能使用 $G = G_1/(1 + G_1 * G_2)$ 这样的语句求取多变量总系统的模型，但这样得出的模型阶次可能高于实际的阶次，需要用 minreal() 函数求取得出模型的最小实现形式。更简单地，可以使用MATLAB控制系统工具箱中提供的 feedback() 函数求取该模型，该函数的调用格式如下。

```
G=feedback(G₁,G₂);                               % 负反馈连接
G=feedback(G₁,G₂,1); 或 G=feedback(G₁,-G₂);       % 正反馈连接
```

MATLAB提供的 feedback() 函数只能用于 G_1 和 G_2 为LTI数据结构描述的模型。通过适当的扩展，作者编写了如下的能够处理符号运算的 feedbacksym() 函数，在符号运算的框架下推导反馈系统的变换模型。该函数可以用于处理LTI模型，但LTI模型的反馈处理还是建议使用 feedback() 函数。注意，该函数可以直接处理多变量系统闭环模型。

```
function H=feedbacksym(G1,G2,key)
if nargin==2; key=-1; end
G01=G1*G2; G02=G2*G1; [n1,m1]=size(G01); [n2,m2]=size(G02);
if n1~=m1 || n2~=m2, error('Model sizes are incompatible'), end
if n1<n2, H=inv(eye(n1)-key*G1*G2)*G1;
else, H=G1*inv(eye(n1)-key*G2*G1); end
if isa(H,'sym'), H=simplify(H); else, H=minreal(H); end
```

例4-10 考虑如图4-4所示的典型反馈控制系统框图，假设各个子传递函数模型为

$$G(s) = \frac{s^3 + 7s^2 + 24s + 24}{s^4 + 10s^3 + 35s^2 + 50s + 24}, \; G_c(s) = \frac{10s + 6}{s}, \; H(s) = 1$$

则可以通过下面的语句将总模型用MATLAB求出：

```
>> G=tf([1 7 24 24],[1 10 35 50 24]); Gc=tf([10 6],[1 0]); H=1;
   GG=feedback(G*Gc,H) % 求取并显示负反馈系统的传递函数模型
```

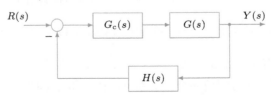

图4-4　典型反馈控制系统框图

得出的闭环系统模型为

$$G(s) = \frac{10s^4 + 76s^3 + 282s^2 + 384s + 144}{s^5 + 20s^4 + 111s^3 + 332s^2 + 408s + 144}$$

例4-11　如果前面例子中的各个模块未知,仍可以考虑利用符号运算的方式推导闭环模型。利用前面编写的feedbacksym()函数,可以获得模型正确的简化形式$GG_c/(GG_cH+1)$。

```
>> syms Gc G H                      %声明这些模块为符号变量
   disp(feedbacksym(G*Gc,H)) %获得总系统模型
```

例4-12　考虑图4-4中给出的反馈系统,假设受控对象模型为双入双出的状态方程模型。

$$\boldsymbol{A} = \begin{bmatrix} 0 & 1 & 0 \\ 0 & 0 & 1 \\ -6 & -11 & -6 \end{bmatrix}, \boldsymbol{B} = \begin{bmatrix} 1 & 0 \\ 2 & -1 \\ 0 & 2 \end{bmatrix}, \boldsymbol{C} = \begin{bmatrix} 1 & -1 & 0 \\ 2 & 1 & -1 \end{bmatrix}, \boldsymbol{D} = \begin{bmatrix} 0 & 0 \\ 0 & 0 \end{bmatrix}$$

控制器为传递函数对角矩阵,其子传递函数为$g_{11}(s) = (6s+2)/s, g_{22}(s) = (3s+5)/s$,反馈环节为单位矩阵。这样用MATLAB的串联、反馈语句仍然能直接求出总模型。

```
>> A=[0,1,0; 0 0 1; -6 -11 -6]; B=[1 0; 2 -1; 0 2];
   C=[1 -1 0; 2 1 -1]; D=zeros(2); G=ss(A,B,C,D); %受控对象
   s=tf('s'); Gc=[(6*s+2)/s,0; 0 (3*s+5)/s];      %控制器
   H=eye(2); GG=feedback(G*Gc,H)      %求取并显示总的系统模型
```

得出的闭环系统模型为

$$\begin{cases} \dot{\boldsymbol{z}}(t) = \begin{bmatrix} -6 & 7 & 0 & 1 & 0 \\ -6 & 15 & -2 & 2 & -2.5 \\ -18 & -17 & 0 & 0 & 5 \\ -2 & 2 & 0 & 0 & 0 \\ -4 & -2 & 2 & 0 & 0 \end{bmatrix} \boldsymbol{z}(t) + \begin{bmatrix} 6 & 0 \\ 12 & -3 \\ 0 & 6 \\ 2 & 0 \\ 0 & 2 \end{bmatrix} \boldsymbol{u}(t) \\ \boldsymbol{y}(t) = \begin{bmatrix} 1 & -1 & 0 & 0 & 0 \\ 2 & 1 & -1 & 0 & 0 \end{bmatrix} \boldsymbol{z}(t) \end{cases}$$

可见,这些连接函数完全适合于多变量系统的连接处理,且这些环节可以为不同的控制系统对象,这就给系统模型处理提供了很大的方便。

值得指出的是,在叙述上述连接时一直在使用连续系统作为例子,但上述的方法应该同样适用于离散系统的模型连接。

4.3.2 纯时间延迟环节的处理

若两个模块$G_1(s)$和$G_2(s)$含有时间延迟,则两个模块串联后,总的系统模型就可以将两个模块的延迟加起来,由MATLAB下的乘法运算则可用来求出总系统的模型。如果两个模块不是串联连接,则含有延迟的模型在处理上比较麻烦。

例4-13　先考虑一个简单的例子。假设在图4-3b的模型中,已知传递函数为$G_2(s) = 1$, $G_1(s) = \mathrm{e}^{-s}/(s+2)$,闭环系统的传递函数是什么?由式(4-3-3)不难得出

$$G(s) = \frac{G_1(s)}{1 + G_2(s)G_1(s)} = \frac{\mathrm{e}^{-s}}{s + 2 + \mathrm{e}^{-s}}$$

可以看出,这样的模型分母上含有超越函数e^{-s},不能用传递函数的标准形式表示,只能借助于带有内部延迟的状态方程模型,得出系统的闭环模型。在MATLAB下只需给出如下命令:

```
>> s=tf('s'); G1=exp(-s)/(s+1); G=feedback(G1,1)
```

如果写出数学形式,则带有内部延迟的状态方程模型为

$$\begin{cases} \dot{x}(t) = -2x(t) + w(t) \\ z(t) = x(t) \\ \xi(t) = -x(t) + v(t) \end{cases} \tag{4-3-7}$$

其中, $w(t) = \xi(t-1)$,且 $u(t) = v(t)$, $y(t) = z(t)$ 。

MATLAB下还可以利用Padé近似技术对带有延迟的模型进行无延迟的近似处理。Padé近似是将一般无理函数用有理函数(分子、分母多项式比值,即传递函数)的形式近似。MATLAB提供了 pade() 函数求取近似模型。该函数的调用格式为 G_1=pade(τ, n), G_1=pade(G, n)。其中,变元 τ 为延迟时间常数,而 G 可以是带有内部延迟的LTI对象。

例4-14 假设系统的传递函数为

$$G(s) = \frac{1 + \dfrac{3e^{-s}}{s+1}}{s+2}$$

则可以由下面的语句获得Padé近似模型,并得出其传递函数形式。原始模型与Padé近似模型的阶跃响应曲线如图4-5所示。可见,除了极小区域内原始模型与二阶Padé近似模型能看出区别外,其余区域均能很好地逼近原始模型,而三阶Padé近似模型可以很好地逼近原系统。可以看出,对复杂延迟系统而言,Padé近似不失为一种有效的模型近似方法。

```
>> s=tf('s'); G=(1+3*exp(-s)/(s+1))/(s+2);
   G1=tf(pade(G,2)), G2=tf(pade(G,3))
   step(G,G1,'--',G2,':') % 用不同线型绘制阶跃响应
```

得出二阶、三阶无延迟Padé近似模型为

$$G_1(s) = \frac{s^3 + 10s^2 - 1.2\times10^{-14}s + 48}{s^4 + 9s^3 + 32s^2 + 48s + 24}$$

$$G_2(s) = \frac{s^4 + 10s^3 + 108s^2 + 2.98\times10^{-13}s + 480}{s^5 + 15s^4 + 98s^3 + 324s^2 + 480s + 240}$$

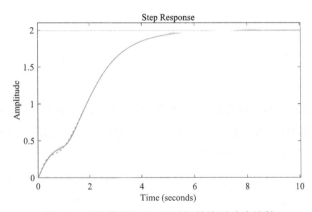

图4-5 原始模型与Padé近似的阶跃响应比较

4.3.3 节点移动时的等效变换

在复杂结构图化简中,经常需要将某个支路的输入端从一个节点移动到另一个节点上,例如在图4-6中给出的框图中,比较难处理的地方是 $G_2(s)$ 、 $G_3(s)$ 和 $H_2(s)$ 构成的回路,应

该将 $H_2(s)$ 模块的输入端从 A 点等效移动到系统的输出端 $Y(s)$，这就需要对各种节点的移动导出等效的变换方法。

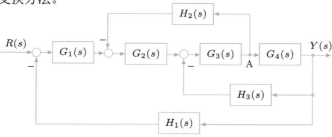

图 4-6　控制系统的框图

图 4-7 中定义了两种常用的节点移动方式：节点前向移动和后向移动。在图 4-7a 中，若想将 $G_2(s)$ 支路的起始点从 A 点移动到 B 点，则需要将新的 $G_2(s)$ 支路乘以 $G_1(s)$ 模型，这样的移动称为节点的前向移动；而图 4-7b 中，若想将 $G_2(s)$ 支路的起始点从 B 点移动到 A 点，则需要将新的 $G_2(s)$ 支路除以 $G_1(s)$ 模型，这样的移动称为节点的后向移动。如果用 MATLAB 表示，则前向移动后新的支路模型变成了 G_2*G_1，而后向移动后该支路变成了 G_2/G_1，或 $G_2*inv(G_1)$。

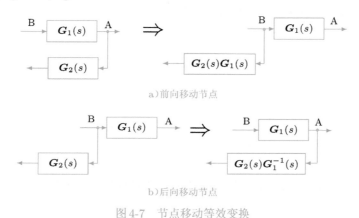

a）前向移动节点

b）后向移动节点

图 4-7　节点移动等效变换

4.3.4　复杂系统模型的简化

利用前面给出的等效变换方法不难对更复杂的系统进行化简，本节中将通过例子来演示这样的化简。

例 4-15　假设系统的框图模型如图 4-6 所示，为方便对其处理，应该将 $H_2(s)$ 模块的输入端从 A 点等效移动到系统的输出端 $Y(s)$，如图 4-8 所示。

得到了该化简框图后，可以清晰地看出：最内层的闭环是以 $G_3(s)$、$G_4(s)$ 的串联为前向通路，以 $H_3(s)$ 为反馈通路构成的负反馈结构，利用前面介绍的知识可以马上得出这个子模型，该子模型与 $G_2(s)$ 串联又构成了第二层回路的前向通路，它与变换后的 $H_2(s)/G_4(s)$ 通路构成负反馈结构，结果再与 $G_1(s)$ 串联，与 $H_1(s)$ 构成负反馈结构。通过这样的逐层变换就可以容易地求出总的系统模型。上面的分析可以用下面的 MATLAB 语句实现，从而得出总的系统模型。

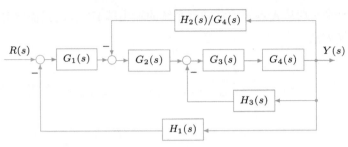

图 4-8　变换后的框图

```
>> syms G1 G2 G3 G4 H1 H2 H3       %定义各个子模块为符号变量
   c1=feedbacksym(G4*G3,H3);        %最内层闭环模型
   c2=feedbacksym(c1*G2,H2/G4);     %第二层闭环模型
   G=feedbacksym(c2*G1,H1);         %总系统模型
```

可以得出闭环模型为

$$\frac{G_2G_4G_3G_1}{1+G_4G_3H_3+G_3G_2H_2+G_2G_4G_3G_1H_1}$$

例 4-16　考虑如图 4-9 所示的电机拖动系统模型,该系统有双输入,给定输入 $r(t)$ 和负载输入 $M(t)$,利用 MATLAB 符号运算工具箱可以推导出系统的传递函数矩阵。

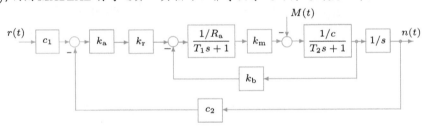

图 4-9　双输入系统框图

先考虑输入 $r(t)$ 输入信号,则可以用最简单的方式得出传递函数模型。

```
>> syms Ka Kr c1 c2 c Ra T1 T2 Km Kb s %申明符号变量
   Ga=feedbacksym(1/Ra/(T1*s+1)*Km*1/c/(T2*s+1),Kb);
   G1=c1*feedbacksym(Ka*Kr*Ga/s,c2); G1=collect(G1,s)
```

$M(t)$ 为输入信号时,对原系统结构稍微改动一下,可以得出如图 4-10 所示的新结构,故用下面的语句能直接计算出传递函数模型。

```
>> G2=feedbacksym(1/c/(T2*s+1)/s, Km/Ra/(T1*s+1)*(Kb*s+c2*Ka*Kr));
   G2=collect(simplify(G2),s)
```

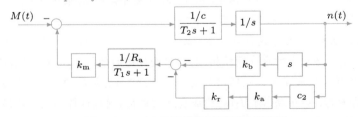

图 4-10　$M(t)$ 单独激励时等效系统框图

综上所述，可以用MATLAB语言推导出系统的传递函数矩阵为

$$\boldsymbol{G}^{\mathrm{T}}(s) = \begin{bmatrix} \dfrac{c_1 k_{\mathrm{m}} k_{\mathrm{a}} k_{\mathrm{r}}}{R_{\mathrm{a}} c T_1 T_2 s^3 + (R_{\mathrm{a}} c T_1 + R_{\mathrm{a}} c T_2) s^2 + (k_{\mathrm{m}} k_{\mathrm{b}} + R_{\mathrm{a}} c) s + k_{\mathrm{a}} k_{\mathrm{r}} k_{\mathrm{m}} c_2} \\ \dfrac{(T_1 s + 1) R_{\mathrm{a}}}{c R_{\mathrm{a}} T_2 T_1 s^3 + (c R_{\mathrm{a}} T_1 + c R_{\mathrm{a}} T_2) s^2 + (k_{\mathrm{b}} k_{\mathrm{m}} + c R_{\mathrm{a}}) s + k_{\mathrm{m}} n c_2 k_{\mathrm{a}} k_{\mathrm{r}}} \end{bmatrix}$$

4.3.5 基于连接矩阵的结构图化简方法

当某个框图含有较多交叉回路时，用前面介绍的方法进行结构图化简可能会很麻烦并容易出错，通常采用信号流图的方法描述并化简系统。传统解决信号流图化简问题的方法是Mason增益公式，但面对复杂回路问题时，Mason增益公式方法很麻烦并很容易出错。陈怀琛教授提出了基于连接矩阵的化简方法[57]，简单有效，尤其适合符号运算。这里首先介绍系统框图的信号流图描述，然后介绍基于连接矩阵的结构图化简方法。

例4-17 重新考虑例4-15中给出的系统框图。在该例中，若想较好地求解原始问题，必须先将其中一个分支的起始点后移。如果交叉的回路过多，这样的移动也是很麻烦并容易出错的。现在对原始框图进行处理，可以用如图4-11所示的信号流图重新描述原系统。在信号流图中，引入了5个信号节点，一个输入节点。

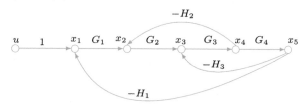

图4-11 系统的信号流图表示

观察每个信号节点，不难直接写出下面左面的式子。而由左边的式子可以直接写出右面的矩阵形式。该矩阵形式就是后面需要的系统化简的基础。

$$\begin{cases} x_1 = u - H_1 x_5 \\ x_2 = G_1 x_1 - H_2 x_4 \\ x_3 = G_2 x_2 - H_3 x_5 \Rightarrow \\ x_4 = G_3 x_3 \\ x_5 = G_4 x_4 \end{cases} \begin{bmatrix} x_1 \\ x_2 \\ x_3 \\ x_4 \\ x_5 \end{bmatrix} = \begin{bmatrix} 0 & 0 & 0 & 0 & -H_1 \\ G_1 & 0 & 0 & -H_2 & 0 \\ 0 & G_2 & 0 & 0 & -H_3 \\ 0 & 0 & G_3 & 0 & 0 \\ 0 & 0 & 0 & G_4 & 0 \end{bmatrix} \begin{bmatrix} x_1 \\ x_2 \\ x_3 \\ x_4 \\ x_5 \end{bmatrix} + \begin{bmatrix} 1 \\ 0 \\ 0 \\ 0 \\ 0 \end{bmatrix} u$$

从上面的建模方法可见，系统模型的矩阵形式可以写成

$$\boldsymbol{X} = \boldsymbol{QX} + \boldsymbol{PU} \tag{4-3-8}$$

其中，$\boldsymbol{Q}$ 称为连接矩阵。可以立即得出系统各个信号 x_i 对输入的传递函数表示

$$\boldsymbol{X} = (\boldsymbol{I} - \boldsymbol{Q})^{-1} \boldsymbol{PU} \tag{4-3-9}$$

由 $\boldsymbol{X} = \boldsymbol{GU}$ 可以直接写出，系统的传递函数矩阵为 $\boldsymbol{G} = (\boldsymbol{I} - \boldsymbol{Q})^{-1} \boldsymbol{P}$。

例4-18 重新考虑前面的例子。下面语句可以直接输入连接矩阵 $\boldsymbol{Q}$ 和输入矩阵 $\boldsymbol{P}$，并由前面的方法直接计算出各个节点的信号对输入信号的传递函数。

```
>> syms G1 G2 G3 G4 H1 H2 H3   %定义各个子模块为符号变量
   Q=[0 0 0 0 -H1; G1 0 0 -H2 0; 0 G2 0 0 -H3; 0 0 G3 0 0; 0 0 0 G4 0];
   P=[1 0 0 0 0]'; inv(eye(5)-Q)*P
```

上述语句可以得出的传递函数矩阵为

$$
\begin{bmatrix} X_1/U \\ X_2/U \\ X_3/U \\ X_4/U \\ X_5/U \end{bmatrix} = \begin{bmatrix} (H_3G_3G_4+1+G_3G_2H_2)/(G_4G_3H_3+G_4G_3G_2G_1H_1+1+G_3G_2H_2) \\ G_1(G_4G_3H_3+1)/(G_4G_3H_3+G_4G_3G_2G_1H_1+1+G_3G_2H_2) \\ G_2G_1/(G_4G_3H_3+G_4G_3G_2G_1H_1+1+G_3G_2H_2) \\ G_3G_2G_1/(G_4G_3H_3+G_4G_3G_2G_1H_1+1+G_3G_2H_2) \\ G_4G_3G_2G_1/(G_4G_3H_3+G_4G_3G_2G_1H_1+1+G_3G_2H_2) \end{bmatrix}
$$

由于本例的输出信号是 x_5，所以对比上面传递函数矩阵可以发现，传递函数矩阵的 X_5/U 表达式与例 4-15 得出的结果完全一致。

例 4-19　再考虑例 4-16 中研究的多变量系统。在原例中，若想求出从第 2 输入到输出信号的模型是件很麻烦的事，首先需要重新绘制原系统变换后的图形，然后才能对系统进行化简。如果采用连接矩阵的方法则无须进行这样的事先处理。根据原系统模型，可以直接绘制出如图 4-12 所示的信号流图。

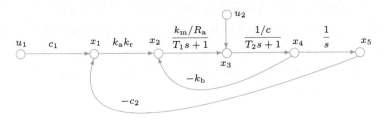

图 4-12　多变量系统的信号流图表示

由给出的信号流图可以直接写出各个信号节点处的节点方程，该方程的矩阵形式可以直接写出，如下式右侧的矩阵方程：

$$
\begin{cases} x_1 = c_1 u_1 - c_2 x_5 \\ x_2 = k_a k_r x_1 - k_b x_4 \\ x_3 = \dfrac{k_m/R_a}{T_1 s+1} x_2 + u_2 \\ x_4 = \dfrac{1/c}{T_2 s+1} x_3 \\ x_5 = \dfrac{1}{s} x_4 \end{cases} \Rightarrow \begin{bmatrix} x_1 \\ x_2 \\ x_3 \\ x_4 \\ x_5 \end{bmatrix} = \begin{bmatrix} 0 & 0 & 0 & 0 & -c_2 \\ k_a k_r & 0 & 0 & -k_b & 0 \\ 0 & \dfrac{k_m/R_a}{T_1 s+1} & 0 & 0 & 0 \\ 0 & 0 & \dfrac{1/c}{T_2 s+1} & 0 & 0 \\ 0 & 0 & 0 & \dfrac{1}{s} & 0 \end{bmatrix} \begin{bmatrix} x_1 \\ x_2 \\ x_3 \\ x_4 \\ x_5 \end{bmatrix} + \begin{bmatrix} c_1 & 0 \\ 0 & 0 \\ 0 & 1 \\ 0 & 0 \\ 0 & 0 \end{bmatrix} \begin{bmatrix} u_1 \\ u_2 \end{bmatrix}
$$

这样，下面的语句就可以直接化简原多变量系统框图模型了。因为 x_5 为输出节点，所以下面语句可以直接计算出输出信号到两路输入信号的传递函数模型。

```
>> syms Ka Kr c1 c2 c Ra T1 T2 Km Kb s      %申明符号变量
   Q=[0 0 0 0 -c2; Ka*Kr 0 0 -Kb 0; 0 Km/Ra/(T1*s+1) 0 0 0
      0 0 1/c/(T2*s+1) 0 0; 0 0 0 1/s 0];
   P=[c1 0; 0 0; 0 1; 0 0; 0 0]; W=inv(eye(5)-Q)*P; G=W(5,:)
```

可见这样得出的结果和例 4-16 的结果完全一致。

4.4　系统模型的相互转换

前面介绍了线性控制系统的各种表示方法，本节将介绍基于 MATLAB 的系统模型转换方法，如连续与离散系统之间的相互转换，并将介绍状态方程转换成传递函数模型的方法，以及转换成状态方程模型的各种实现方法。

4.4.1　连续模型和离散模型的相互转换

假设连续系统的状态方程模型由式（4-1-3）给出，则可以写出系统的解析解为

$$\boldsymbol{x}(t) = \mathrm{e}^{\boldsymbol{A}(t-t_0)}\boldsymbol{x}(t_0) + \int_{t_0}^{t} \mathrm{e}^{\boldsymbol{A}(t-\tau)}\boldsymbol{B}\boldsymbol{u}(\tau)\mathrm{d}\tau \tag{4-4-1}$$

选择采样周期为 T，对之进行离散化，可以选择 $t_0 = kT$，$t = (k+1)T$，可得

$$\boldsymbol{x}[(k+1)T] = \mathrm{e}^{\boldsymbol{A}T}\boldsymbol{x}(kT) + \int_{kT}^{(k+1)T} \mathrm{e}^{\boldsymbol{A}[(k+1)T-\tau]}\boldsymbol{B}\boldsymbol{u}(\tau)\mathrm{d}\tau \tag{4-4-2}$$

考虑对输入信号采用零阶保持器，亦即在同一采样周期内输入信号的值保持不变。假设在采样周期内输入信号为固定的值 $\boldsymbol{u}(kT)$，故上式可以化简为

$$\boldsymbol{x}[(k+1)T] = \mathrm{e}^{\boldsymbol{A}T}\boldsymbol{x}(kT) + \left(\int_{0}^{T} \mathrm{e}^{\boldsymbol{A}\tau}\mathrm{d}\tau\right)\boldsymbol{B}\boldsymbol{u}(kT) \tag{4-4-3}$$

对照式（4-4-3）与式（4-2-4），可以发现，使用零阶保持器后连续系统离散化可以直接获得离散状态方程模型，离散后系统的参数可以由下式求出：

$$\boldsymbol{F} = \mathrm{e}^{\boldsymbol{A}T}, \quad \boldsymbol{G} = \int_{0}^{T} \mathrm{e}^{\boldsymbol{A}\tau}\mathrm{d}\tau\boldsymbol{B} \tag{4-4-4}$$

且二者的 $\boldsymbol{C}$ 与 $\boldsymbol{D}$ 矩阵完全一致。

如果连续系统由传递函数给出，如式（4-1-2），则可以选择 $s = 2(z-1)/[T(z+1)]$，代入连续系统的传递函数模型，则可以将连续系统传递函数变换成 z 的函数，经过处理就可以直接得到离散系统的传递函数模型，这样的变换又称为双线性变换或 Tustin 变换，这是一种常用的离散化方法。

如果已知连续系统的数学模型 G，不论它是传递函数模型还是状态方程模型，都可以通过 MATLAB 控制系统工具箱中的 c2d() 函数将其离散化。该函数不但能处理一般线性模型，还可以求解带有时间延迟的系统离散化问题。此外，该函数允许使用不同的算法对连续模型进行离散化处理，如采用一阶保持器进行处理等。

例 4-20　考虑例 4-5 中给出的多变量状态方程模型，假设采样周期 $T = 0.1\mathrm{s}$，则可以用下面的命令将模型输入 MATLAB 工作空间，并得出离散化的状态方程模型。

```
>> A=[0,1,0; 0 0 1; -6 -11 -6]; B=[1 0; 2 -1; 0 2];
   C=[1 -1 0; 2 1 -1]; D=zeros(2); G=ss(A,B,C,D); %输入模型
   T=0.1; Gd=c2d(G,T)    %连续状态方程模型的离散化
```

这样可以得出离散化的状态方程模型为

$$\begin{cases} \boldsymbol{x}_{k+1} = \begin{bmatrix} 0.9991 & 0.0984 & 0.0041 \\ -0.0246 & 0.9541 & 0.0738 \\ -0.4429 & -0.8366 & 0.5112 \end{bmatrix}\boldsymbol{x}_k + \begin{bmatrix} 0.1099 & -0.0047 \\ 0.1959 & -0.0902 \\ -0.1164 & 0.1936 \end{bmatrix}\boldsymbol{u}_k \\ \boldsymbol{y}_k = \begin{bmatrix} 1 & -1 & 0 \\ 2 & 1 & -1 \end{bmatrix}\boldsymbol{x}_k \end{cases}$$

例 4-21　假设连续系统的数学模型为 $G(s) = \mathrm{e}^{-0.5s}/(s+1)^3$，选择采样周期为 $T = 0.1\mathrm{s}$，则可以用下面的语句输入该系统的传递函数。

```
>> G=tf(1,[1 3 3 1],'ioDelay',0.5);
```

下面的语句可以用不同的转换方法对原模型进行离散化。

```
>> G1=c2d(G,0.1,'zoh'), G2=c2d(G,0.1,'foh'), G3=c2d(G,0.1,'tustin')
```

用三种方法得出的离散化模型分别为

$$G_1 = \frac{0.0001547z^2 + 0.000574z + 0.0001331}{z^3 - 2.715z^2 + 2.456z - 0.7408}z^{-5}$$

$$G_2 = \frac{3.925\times10^{-5}z^3 + 0.0004067z^2 + 0.000383z + 3.278\times10^{-5}}{z^3 - 2.715z^2 + 2.456z - 0.7408}z^{-5}$$

$$G_3 = \frac{0.000108z^3 + 0.0003239z^2 + 0.0003239z + 0.000108}{z^3 - 2.714z^2 + 2.456z - 0.7406}z^{-5}$$

当然，只从显示的数值结果无法判断各种离散化模型的好坏，在第5章中将通过仿真方法对某个模型的离散化结果进行比较，具体参见例5-17。

在一些特殊应用中，有时需要由已知的离散系统模型变换出连续系统模型，假设离散系统由状态方程（4-2-4）给出，则对式（4-4-4）进行反变换，可以得出转换公式[41]

$$\boldsymbol{A} = \frac{1}{T}\ln\boldsymbol{F}, \; \boldsymbol{B} = (\boldsymbol{F} - \boldsymbol{I})^{-1}\boldsymbol{A}\boldsymbol{G} \tag{4-4-5}$$

如果离散系统由传递函数模型给出，将 $z = (1 + sT/2)/(1 - sT/2)$ 代入离散传递函数模型，就可以获得相应的连续系统传递函数模型，这样的变换称为Tustin反变换。事实上，Tustin变换就是 e^{sT} 环节的Padé的一阶近似。

在MATLAB环境中，可以利用其控制系统工具箱中提供的d2c()函数进行变换，即可以得出相应的连续系统模型，该函数同样适用于带有时间延迟的系统，也允许用不同的方法进行连续化运算。

例4-22　考虑例4-20中获得的离散系统状态方程模型，可以采用d2c()函数对其反变换，就能得出连续状态方程模型。注意：在c2d()函数调用时，无须给出采样周期的值，因为该信息已经包含于离散系统的数学模型中了。

```
>> A=[0,1,0; 0 0 1; -6 -11 -6]; B=[1 0; 2 -1; 0 2];
   C=[1 -1 0; 2 1 -1]; D=zeros(2); G=ss(A,B,C,D);
   T=0.1; Gd=c2d(G,T); G1=d2c(Gd) %离散状态方程连续化,注意调用函数时不用T
```

可以看出，这样的连续化过程基本上能还原原来的连续系统模型。虽然在计算中可以引入微小的误差，但由于其幅值极小，可以忽略不计。

4.4.2 系统传递函数的获取

假设连续线性系统的状态方程模型为

$$\begin{cases} \dot{\boldsymbol{x}}(t) = \boldsymbol{A}\boldsymbol{x}(t) + \boldsymbol{B}\boldsymbol{u}(t) \\ \boldsymbol{y}(t) = \boldsymbol{C}\boldsymbol{x}(t) + \boldsymbol{D}\boldsymbol{u}(t) \end{cases} \tag{4-4-6}$$

对该方程两端同时做Laplace变换，则可以得出

$$\begin{cases} s\boldsymbol{I}\boldsymbol{X}(s) = \boldsymbol{A}\boldsymbol{X}(s) + \boldsymbol{B}\boldsymbol{U}(s) \\ \boldsymbol{Y}(s) = \boldsymbol{C}\boldsymbol{X}(s) + \boldsymbol{D}\boldsymbol{U}(s) \end{cases} \tag{4-4-7}$$

其中，$\boldsymbol{I}$ 为单位矩阵，其阶次与矩阵 $\boldsymbol{A}$ 相同。这样从第一个式子可以得出

$$\boldsymbol{X}(s) = (s\boldsymbol{I} - \boldsymbol{A})^{-1}\boldsymbol{B}U(s) \tag{4-4-8}$$

将其代入式（4-4-6），可以得出 $\boldsymbol{Y}(s) = \boldsymbol{G}(s)U(s)$，其中

$$\boldsymbol{G}(s) = \boldsymbol{C}(s\boldsymbol{I} - \boldsymbol{A})^{-1}\boldsymbol{B} + \boldsymbol{D} \tag{4-4-9}$$

可以看出，这种变换的难点是求取 $(s\boldsymbol{I} - \boldsymbol{A})$ 矩阵的逆矩阵。已经有各种可靠的算法来完成这样的任务，其中，Leverrier–Fadeev 算法就是一种能保证较高精度的可靠算法，可以基于该算法更新 MATLAB 的 poly() 函数，获得更高精度的解[47]。

如果已知系统的零极点模型，则分别展开其分子和分母中由因式形式表达的多项式，再将分子乘以增益，就可以立即求出系统的传递函数模型。

其实，在 MATLAB 下转换出传递函数模型不必如此烦琐，只需用 G_1=tf(G) 就可以从给定的系统模型 G 直接取出等效的传递函数模型 G_1，该函数还直接适用于离散系统、多变量系统以及带有时间延迟系统的转换，使用方便。

例 4-23 若系统的状态方程模型中的矩阵如下：

$$\boldsymbol{A} = \begin{bmatrix} 0 & 1 & 0 & 0 \\ 0 & 0 & -1 & 0 \\ 0 & 0 & 0 & 1 \\ 0 & 0 & 5 & 0 \end{bmatrix}, \ \boldsymbol{B} = \begin{bmatrix} 0 \\ 1 \\ 0 \\ -2 \end{bmatrix}, \ \boldsymbol{C} = \begin{bmatrix} 1 & 0 & 0 & 0 \end{bmatrix}$$

则可以由下面的 MATLAB 语句得出系统的传递函数模型：

```
>> A=[0,1,0,0; 0,0,-1,0; 0,0,0,1; 0,0,5,0];
   B=[0;1;0;-2]; C=[1,0,0,0]; D=0; G=ss(A,B,C,D); G1=tf(G)
```

得出的传递函数模型为

$$G_1(s) = \frac{s^2 + 6.928 \times 10^{-14}s - 3}{s^4 - 5s^2}$$

由于该结果使用了 MATLAB 自带的 poly() 函数，所以在结果上有点误差，若用参考文献 [58] 中给出的 poly() 函数取代 MATLAB 的函数，则将得出精确的结果。

4.4.3 控制系统的状态方程实现

由传递函数到状态方程的转换又称为系统的状态方程实现。在不同的状态变量选择下，可以得到不同的状态方程实现。所以说，传递函数到状态方程的转换是不唯一的。

控制系统工具箱中提供了状态方程的实现函数，如果系统模型由 G 给出，则系统的默认状态方程实现可以由 ss(G) 命令立即得出，该函数直接适用于多变量系统的实现，也可以直接对带有时间延迟系统的模型和离散系统模型进行转换。所以，若没有特殊的要求，就可以用该函数进行直接的状态方程实现。

例 4-24 重新考虑例 4-7 中给出的带有时间延迟的传递函数矩阵模型，可以用下面的语句首先输入该传递函数矩阵模型，然后可以用 ss() 函数获得该系统的状态方程实现，如下所示：

```
>> g11=tf(0.1134,[1.78 4.48 1],'ioDelay',0.72);
   g12=tf(0.924,[2.07 1]);
```

```
g21=tf(0.3378,[0.361 1.09 1],'ioDelay',0.3);
g22=tf(-0.318,[2.93 1],'ioDelay',1.29);
G=[g11, g12; g21, g22]; %输入系统的传递函数矩阵模型
G1=ss(G)                 %用此语句就可以默认地获得系统的状态方程模型
```

这样可以得出如下的状态方程：

$$\begin{cases} \dot{\boldsymbol{x}}(t) = \begin{bmatrix} -2.5169 & -0.2809 & 0 & 0 & 0 & 0 \\ 2 & 0 & 0 & 0 & 0 & 0 \\ 0 & 0 & -3.0194 & -0.6925 & 0 & 0 \\ 0 & 0 & 4 & 0 & 0 & 0 \\ 0 & 0 & 0 & 0 & -0.4831 & 0 \\ 0 & 0 & 0 & 0 & 0 & -0.3413 \end{bmatrix} \boldsymbol{x}(t) + \begin{bmatrix} 0.25 & 0 \\ 0 & 0 \\ 0.25 & 0 \\ 0 & 0 \\ 0 & 1 \\ 0 & 0.25 \end{bmatrix} \begin{bmatrix} u_1(t-0.3) \\ u_2(t) \end{bmatrix} \\ \boldsymbol{z}(t) = \begin{bmatrix} 0 & 0.1274 & 0 & 0 & 0.4464 & 0 \\ 0 & 0 & 0 & 0.9357 & 0 & -0.4341 \end{bmatrix} \boldsymbol{x}(t), \quad \boldsymbol{y}(t) = \begin{bmatrix} z_1(t-0.42) \\ z_2(t-1.29) \end{bmatrix} \end{cases}$$

注意，在该状态方程模型中时间延迟的表示方法。

有了系统的状态方程模型 G_1，用前面介绍的 tf() 函数可以变换回系统的传递函数模型

```
>> G2=tf(G1) % 由状态方程变换回传递函数模型
```

显示多变量的传递函数矩阵是通过子传递函数实现的，即

$$g_{11} = \frac{0.06371\mathrm{e}^{-0.72s}}{s^2+2.517s+0.5618}, \quad g_{21} = \frac{0.9357\mathrm{e}^{-0.3s}}{s^2+3.019s+2.77}$$

$$g_{12} = \frac{0.4464}{s+0.4831}, \quad g_{22} = \frac{-0.1085\mathrm{e}^{-1.29s}}{s+0.3413}$$

用数学式子表示，则变换出的传递函数矩阵模型和原传递函数矩阵完全一致。

如果已知系统的传递函数模型

$$G(s) = \frac{b_0 s^n + b_1 s^{n-1} + \cdots + b_{n-1}s + b_n}{s^n + a_1 s^{n-1} + \cdots + a_{n-1}s + a_n} \tag{4-4-10}$$

单变量系统有两种常用的实现形式：可控性标准型实现与可观测性标准型实现。系统的可控性标准型状态方程为

$$\begin{cases} \dot{\boldsymbol{x}}(t) = \begin{bmatrix} 0 & 1 & 0 & \cdots & 0 \\ 0 & 0 & 1 & \cdots & 0 \\ \vdots & \vdots & \vdots & & \vdots \\ 0 & 0 & 0 & \cdots & 1 \\ -a_n & -a_{n-1} & -a_{n-2} & \cdots & -a_1 \end{bmatrix} \boldsymbol{x}(t) + \begin{bmatrix} 0 \\ 0 \\ \vdots \\ 0 \\ 1 \end{bmatrix} u(t) \\ y(t) = [b_n - b_0 a_n, b_{n-1} - b_0 a_{n-1}, \cdots, b_1 - b_0 a_1] \boldsymbol{x}(t) + b_0 u(t) \end{cases} \tag{4-4-11}$$

可观测性标准型实现为

$$\begin{cases} \dot{\boldsymbol{x}}(t) = \begin{bmatrix} 0 & 0 & 0 & \cdots & 0 & -a_n \\ 1 & 0 & 0 & \cdots & 0 & -a_{n-1} \\ 0 & 1 & 0 & \cdots & 0 & -a_{n-2} \\ \vdots & \vdots & \vdots & & \vdots & \vdots \\ 0 & 0 & 0 & \cdots & 1 & -a_1 \end{bmatrix} \boldsymbol{x}(t) + \begin{bmatrix} b_n - b_0 a_n \\ b_{n-1} - b_0 a_{n-1} \\ b_{n-2} - b_0 a_{n-2} \\ \vdots \\ b_1 - b_0 a_1 \end{bmatrix} u(t) \\ y(t) = [0, \ 0, \ 0, \ \cdots, \ 1] \boldsymbol{x}(t) + b_0 u(t) \end{cases} \tag{4-4-12}$$

从上述的结果可以发现,系统的可控性标准型与可观测性标准型是对偶的,即如果系统的可控性标准型为 $(\boldsymbol{A}_c, \boldsymbol{B}_c, \boldsymbol{C}_c)$,则其可观测性标准型为 $(\boldsymbol{A}_c^{\mathrm{T}}, \boldsymbol{C}_c^{\mathrm{T}}, \boldsymbol{B}_c^{\mathrm{T}})$。

用 MATLAB 语句编写下面的函数,可以直接获得标准型。该函数还可以处理离散模型和带有时间延迟的系统模型。

```
function Gs=sscanform(G,type)
switch type
    case 'ctrl'                        %可控性标准型
        G=tf(G); Gs=[]; G.num{1}=G.num{1}/G.den{1}(1); %传递函数归一化
        G.den{1}=G.den{1}/G.den{1}(1);
        d=G.num{1}(1); G1=G; G1.ioDelay=0; G1=G1-d;
        num=G1.num{1}; den=G1.den{1};
        n=length(G.den{1})-1;        %获得系统的阶次
        A=[zeros(n-1,1) eye(n-1); -den(end:-1:2)];
        B=[zeros(n-1,1);1]; C=num(end:-1:2); D=d;
        Gs=ss(A,B,C,D,'Ts',G.Ts,'ioDelay',G.ioDelay);
    case 'obsv'                        %可观测性标准型
        Gc=sscanform(G,'ctrl'); %利用对偶关系
        Gs=ss(Gc.a',Gc.c',Gc.b',Gc.d','Ts',G.Ts,'ioDelay',G.ioDelay);
    otherwise
        error('Only options ''ctrl'' and ''obsv'' are applicable.')
end
```

例 4-25 考虑下面给出的连续传递函数模型:
$$G(s) = \frac{2.2s^4 + 23s^3 + 84s^2 + 134s + 76.8}{s^4 + 10s^3 + 35s^2 + 50s + 24}\mathrm{e}^{-1.5s}$$

可以采用下面的命令立即得出可观测性标准型模型:

```
>> G=tf([2.2 23 84 134 76.8],[1 10 35 50 24],'ioDelay',1.5);
   G=sscanform(G,'obsv')
```

得出的可观测标准型为
$$\begin{cases} \dot{\boldsymbol{x}}(t) = \begin{bmatrix} 0 & 0 & 0 & -24 \\ 1 & 0 & 0 & -50 \\ 0 & 1 & 0 & -35 \\ 0 & 0 & 1 & -10 \end{bmatrix}\boldsymbol{x}(t) + \begin{bmatrix} 24 \\ 24 \\ 7 \\ 1 \end{bmatrix}u(t-1.5) \\ y(t) = \begin{bmatrix} 0 & 0 & 0 & 1 \end{bmatrix}\boldsymbol{x}(t) + 2.2u(t-1.5) \end{cases}$$

多变量系统也有各种各样的标准型实现,如 Luenberger 标准型等,该标准型及相关的算法将在第 5.1.3 节中介绍。

4.4.4 状态方程的最小实现

例 4-26 在介绍系统的最小实现之前,先考虑传递函数
$$G(s) = \frac{5s^3 + 30s^2 + 55s + 30}{s^4 + 10s^3 + 35s^2 + 50s + 24}$$

如果不对之进行任何变换,则不能发现该模型可能有哪些特点。现在对该模型进行转换,直接得到零极点模型

```
>> G=tf([5 30 55 30],[1 10 35 50 24]); zpk(G)
```

得出的零极点模型为

$$G = \frac{5(s+3)(s+2)(s+1)}{(s+4)(s+3)(s+2)(s+1)}$$

从零极点模型可以发现，系统在 $s = -1, -2, -3$ 处有相同的零极点，在数学上它们直接就可以对消，以达到对原始模型的化简。经过这样的化简，就可以得出一个一阶模型 $G_r(s) = 5/(s+4)$，该系统和原始的系统完全相同。

上面介绍的完全对消相同零极点后的系统模型又称为最小实现（minimum realization）模型。对单变量系统来说，可以将其转换成零极点形式，对消掉共同的零点和极点，就可以对原始系统进行化简，获得系统的最小实现模型。若系统模型为多变量模型，则很难通过这样的方法获得最小实现模型，这时可以借助于控制系统工具箱中提供的 minreal() 函数来获得系统的最小实现模型。

例 4-27　假设系统的状态方程模型的矩阵为

$$\boldsymbol{A} = \begin{bmatrix} -6 & -1.5 & 2 & 4 & 9.5 \\ -6 & -2.5 & 2 & 5 & 12.5 \\ -5 & 0.25 & -0.5 & 3.5 & 9.75 \\ -1 & 0.5 & 0 & -1 & 1.5 \\ -2 & -1 & 1 & 2 & 3 \end{bmatrix}, \boldsymbol{B} = \begin{bmatrix} 6 & 4 \\ 5 & 5 \\ 3 & 4 \\ 0 & 2 \\ 3 & 1 \end{bmatrix}, \boldsymbol{C} = \begin{bmatrix} 2 & 0.75 & -0.5 & -1.5 & -2.75 \\ 0 & -1.25 & 1.5 & 1.5 & 2.25 \end{bmatrix}$$

这样可以输入系统的状态方程模型，并得出其最小实现模型。

```
>> A=[-6,-1.5,2,4,9.5; -6,-2.5,2,5,12.5; -5,0.25,-0.5,3.5,9.75;
   -1, 0.5, 0, -1, 1.5;  -2, -1, 1, 2, 3]; %输入 A 矩阵
   B=[6,4; 5,5; 3,4; 0,2; 3,1]; D=zeros(2);
   C=[2,0.75,-0.5,-1.5,-2.75; 0,-1.25,1.5,1.5,2.25];
   G=ss(A,B,C,D); G1=minreal(G)          % 求取系统的最小实现模型
```

在最小实现模型求取的过程中，消去了两个状态变量，使得原始的状态方程模型化简成一个 3 阶状态方程模型。

$$\begin{cases} \dot{\boldsymbol{z}}(t) = \begin{bmatrix} -2.1685 & -1.9667 & 0.1868 \\ 0.1554 & -0.1811 & -0.2789 \\ 0.1403 & 1.6135 & -1.6504 \end{bmatrix} \boldsymbol{z}(t) + \begin{bmatrix} -7.9073 & -5.5002 \\ 3.2279 & 2.5063 \\ 2.4609 & 5.0465 \end{bmatrix} \boldsymbol{u}(t) \\ \boldsymbol{y}(t) = \begin{bmatrix} -0.8326 & -0.1501 & -0.0403 \\ -0.3842 & 0.2764 & 0.4348 \end{bmatrix} \boldsymbol{z}(t) \end{cases}$$

这样可以得出关于状态变量 $\boldsymbol{z}(t)$ 的状态方程模型，该模型即原来的 5 阶多变量系统的最小实现模型，应该指出的是，经过最小实现变换，就失去了原来状态变量的物理意义。

4.5 线性系统的模型降阶

前面介绍了系统模型的最小实现问题及其 MATLAB 语言求解，用最小实现方法可以对消掉位于相同位置的系统零极点，得到对原始模型的精确简化。如果一个高阶模型不能被最小实现方法降低阶次，有没有什么办法对其进行某种程度的近似，以获得一个低阶的近似模型呢？这是模型降阶技术需要解决的问题。

控制系统的模型降阶问题首先是在 1966 年由 Edward J. Davison 提出的[59]，经过几十

年的发展，出现了各种各样的降阶算法及应用领域。本节将介绍几种有代表性的模型降阶算法及其 MATLAB 实现，并通过例子演示这些方法的效果。

4.5.1 Padé 降阶算法与 Routh 降阶算法

假设系统的原始模型由式（4-1-2）给出，模型降阶所要解决的问题是获得如下所示的传递函数模型：

$$G_{r/k}(s) = \frac{\beta_1 s^r + \beta_2 s^{r-1} + \cdots + \beta_{r+1}}{\alpha_1 s^k + \alpha_2 s^{k-1} + \cdots + \alpha_k s + \alpha_{k+1}} \tag{4-5-1}$$

其中，$k < n$。为简单起见，仍需假设 $\alpha_{k+1} = 1$。

假设原始模型 $G(s)$ 的 Maclaurin 级数可以写成

$$G(s) = c_0 + c_1 s + c_2 s^2 + \cdots \tag{4-5-2}$$

其中，c_i 为系统的时间矩量，可以由递推式子求出[60]

$$c_0 = b_{k+1}, \quad \text{且} \quad c_i = b_{k+1-i} - \sum_{j=0}^{i-1} c_j a_{n+1-i+j}, \quad i = 1, 2, \cdots \tag{4-5-3}$$

若系统 $G(s)$ 由状态方程给出，还可以用下面的式子求出 Maclaurin 级数的系数：

$$c_i = \frac{1}{i!} \left. \frac{\mathrm{d}^i G(s)}{\mathrm{d} s^i} \right|_{s=0} = -\boldsymbol{C} \boldsymbol{A}^{-(i+1)} \boldsymbol{B}, \quad i = 0, 1, \cdots \tag{4-5-4}$$

作者编写了 $c=\text{timmomt}(G,k)$ 函数，可以用来求取系统 G 的前 k 个时间矩量，这些矩量由向量 $\boldsymbol{c}$ 返回，该函数清单如下：

```
function M=timmomt(G,k)
G=ss(G); C=G.c; B=G.b; iA=inv(G.a); iA1=iA; M=zeros(1,k);
for i=1:k, M(i)=-C*iA1*B; iA1=iA*iA1; end
```

若想让降阶模型保留原始模型的前 $r + k + 1$ 个时间矩量 c_i, $i = 0, \cdots, r + k$，将式（4-5-2）代入式（4-5-1），并比较 s 的相同幂次项的系数，则可以列写出下面的等式[61]：

$$\begin{cases} \beta_{r+1} = c_0 \\ \beta_r = c_1 + \alpha_k c_0 \\ \quad \vdots \\ \beta_1 = c_r + \alpha_k c_{r-1} + \cdots + \alpha_{k-r+1} c_0 \\ 0 = c_{r+1} + \alpha_k c_r + \cdots + \alpha_{k-r} c_0 \\ 0 = c_{r+2} + \alpha_k c_{r+1} + \cdots + \alpha_{k-r-1} c_0 \\ \quad \vdots \\ 0 = c_{k+r} + \alpha_k c_{k+r-1} + \cdots + \alpha_2 c_{r+1} + \alpha_1 c_r \end{cases} \tag{4-5-5}$$

由式（4-5-5）中的后 k 项可以建立起下面的关系式：

$$\begin{bmatrix} c_r & c_{r-1} & \cdots & \cdot \\ c_{r+1} & c_r & \cdots & \cdot \\ \vdots & \vdots & & \vdots \\ c_{k+r-1} & c_{k+r-2} & \cdots & c_r \end{bmatrix} \begin{bmatrix} \alpha_k \\ \alpha_{k-1} \\ \vdots \\ \alpha_1 \end{bmatrix} = - \begin{bmatrix} c_{r+1} \\ c_{r+2} \\ \vdots \\ c_{k+r} \end{bmatrix} \tag{4-5-6}$$

可见，若 c_i 已知，则可以通过线性代数方程求解的方法立即解出降阶模型的分母多项式系

数 α_i。再由式（4-5-5）中的前 $r+1$ 个式子可以列写出求解降阶模型分子多项式系数 β_i 的表达式为

$$
\begin{bmatrix} \beta_{r+1} \\ \beta_r \\ \vdots \\ \beta_1 \end{bmatrix} = \begin{bmatrix} c_0 & 0 & \cdots & 0 \\ c_1 & c_0 & \cdots & 0 \\ \vdots & \vdots & & \vdots \\ c_r & c_{r-1} & \cdots & c_0 \end{bmatrix} \begin{bmatrix} 1 \\ \alpha_k \\ \vdots \\ \alpha_{k-r+1} \end{bmatrix} \tag{4-5-7}
$$

上述算法可以用 MATLAB 语言很容易地编写出求解函数 pademod()，该函数用来直接求解 Padé 降阶模型的问题，内容如下：

```
function G_r=pademod(G_Sys,r,k)
c=timmomt(G_Sys,r+k+1); G_r=pade_app(c,r,k);
```

其中，G_Sys 和 G_r 分别为原始模型和降阶模型；r,k 分别为期望降阶模型的分子和分母阶次。该函数还调用了对系统时间矩量做 Padé 近似的函数 pade_app()，其清单如下：

```
function Gr=pade_app(c,r,k)
w=-c(r+2:r+k+1)'; vv=[c(r+1:-1:1)'; zeros(k-1-r,1)];
W=rot90(hankel(c(r+k:-1:r+1),vv)); V=rot90(hankel(c(r:-1:1)));
x=[1 (W\w)']; dred=x(k+1:-1:1)/x(k+1);
y=[c(1) x(2:r+1)*V'+c(2:r+1)]; nred=y(r+1:-1:1)/x(k+1);
Gr=tf(nred,dred);
```

其中，c 为给定的时间矩量；G_r 为得出的 Padé 近似模型。

例4-28 考虑下面的传递函数模型：

$$
G(s) = \frac{s^3 + 7s^2 + 11s + 5}{s^4 + 7s^3 + 21s^2 + 37s + 30}
$$

由下面的语句可以立即得出一个二阶降阶模型：

```
>> G=tf([1,7,11,5],[1,7,21,37,30]);
   Gr=pademod(G,1,2)       %这样可以得出降阶模型
   step(G,'-',Gr,'--'), figure, bode(G,'-',Gr,'--')   %模型比较
```

系统的 Padé 降阶模型为

$$
G_r(s) = \frac{0.8544s + 0.6957}{s^2 + 1.091s + 4.174}
$$

降阶模型与原始模型的阶跃响应和 Bode 图比较在图 4-13 中给出。可见，这样得出的降阶模型可以保持原模型的部分特色。第 5 章将详细介绍系统的阶跃响应和 Bode 图等概念。

从上面的例子可以看出，给定一个原始模型，可以很容易得到降阶模型，该模型在时域和频域下都能很好地近似原来的四阶模型。下面将给出此算法的一个反例。

例4-29 假设原始模型为

$$
G(s) = \frac{0.067s^5 + 0.6s^4 + 1.5s^3 + 2.016s^2 + 1.55s + 0.6}{0.067s^6 + 0.7s^5 + 3s^4 + 6.67s^3 + 7.93s^2 + 4.63s + 1}
$$

用下面的语句可以输入 $G(s)$，并得出其零极点模型。

```
>> num=[0.067,0.6,1.5,2.016,1.66,0.6];
   den=[0.067 0.7 3 6.67 7.93 4.63 1]; G=tf(num,den); zpk(G)
```

其零极点模型为

$$
G(s) = \frac{(s+5.92)(s+1.221)(s+0.897)(s^2+0.9171s+1.381)}{(s+2.805)(s+1.856)(s+1.025)(s+0.501)(s^2+4.261s+5.582)}
$$

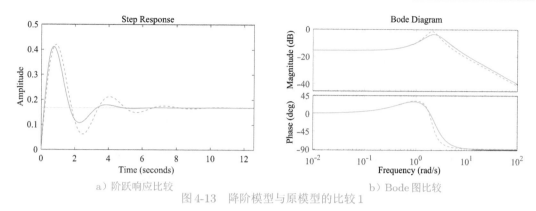

a）阶跃响应比较　　　　　　　　　　　b）Bode 图比较

图 4-13　降阶模型与原模型的比较 1

显然，该模型是稳定的。利用前面给出的 Padé 降阶算法，可以由下面的语句得出三阶降阶模型，并得出零极点模型：

```
>> Gr=pademod(G,1,3); zpk(Gr)
```

可以得出降阶模型为
$$G_r(s) = \frac{-0.6328(s + 0.7695)}{(s - 2.598)(s^2 + 1.108s + 0.3123)}$$

可见降阶模型是不稳定的，这意味着 Padé 降阶算法并不能保持原系统的稳定性，故有时该算法失效。

由于 Padé 降阶算法有时并不能保持原降阶模型的稳定性，所以 Hutton 提出了基于稳定性考虑的降阶算法[62]，即利用 Routh 因子的近似方法，该方法总能得出渐近稳定的降阶模型。限于篇幅，本书不给出具体算法。

作者编写了基于 Routh 算法降阶的函数 routhmod()，其内容如下：

```
function G_r=routhmod(G_Sys,nr)
num=G_Sys.num{1}; den=G_Sys.den{1}; n0=length(den); n1=length(num);
a1=den(end:-1:1); b1=[num(end:-1:1) zeros(1,n0-n1-1)];
for k=1:n0-1
    k1=k+2; alpha(k)=a1(k)/a1(k+1); beta(k)=b1(k)/a1(k+1);
    for i=k1:2:n0-1
        a1(i)=a1(i)-alpha(k)*a1(i+1); b1(i)=b1(i)-beta(k)*a1(i+1);
end, end
nn=[]; dd=[1]; nn1=beta(1); dd1=[alpha(1),1]; nred=nn1; dred=dd1;
for i=2:nr
    nred=[alpha(i)*nn1, beta(i)]; dred=[alpha(i)*dd1, 0];
    n0=length(dd); n1=length(dred); nred=nred+[zeros(1,n1-n0),nn];
    dred=dred+[zeros(1,n1-n0),dd];
    nn=nn1; dd=dd1; nn1=nred; dd1=dred;
end, G_r=tf(nred(nr:-1:1),dred(end:-1:1));
```

其中，**G_Sys** 与 **G_r** 为原始模型与降阶模型；而 **nr** 为指定的降阶阶次。注意，用 Routh 算法得出的降阶模型分子阶次总是比分母阶次少 1。

例 4-30　考虑例 4-29 给出的原始传递函数模型，可以由下面的 Routh 算法函数直接获得稳定的三阶降阶模型：

```
>> num=[0.067,0.6,1.5,2.016,1.66,0.6];
   den=[0.067 0.7 3 6.67 7.93 4.63 1]; G=tf(num,den);
   Gr=zpk(routhmod(G,3))        % 获得降阶模型,并导出其零极点格式
   step(G,'-',Gr,'--'), figure, bode(G,'-',Gr,'--')  % 模型比较
```

可以得出系统降阶模型如下:

$$G_r(s) = \frac{0.37792(s^2 + 0.9472s + 0.3423)}{(s + 0.4658)(s^2 + 1.15s + 0.463)}$$

其阶跃响应和 Bode 图比较等如图 4-14 所示。可见,Routh 降阶模型的效果不是很理想。

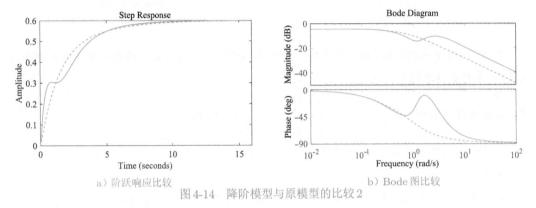

a) 阶跃响应比较　　　　　　　　　　　　b) Bode 图比较

图 4-14　降阶模型与原模型的比较 2

尽管 Routh 算法可以保持降阶模型的稳定性,但一般认为时域、频域拟合效果是不令人满意的,所以还可以采用主导模态算法[63]、脉冲能量近似方法[64] 等。

4.5.2 时间延迟模型的 Padé 近似

类似于 Padé 模型降阶算法,Padé 近似技术还可以用于带有时间延迟模型的降阶研究,假设已知纯时间延迟项 $e^{-\tau s}$ 的 k 阶传递函数模型为

$$P_{k,\tau}(s) = \frac{1 - \tau s/2 + p_2(\tau s)^2 - p_3(\tau s)^3 + \cdots + (-1)^{n+1}p_n(\tau s)^k}{1 + \tau s/2 + p_2(\tau s)^2 + p_3(\tau s)^3 + \cdots + p_n(\tau s)^k} \qquad (4\text{-}5\text{-}8)$$

MATLAB 控制系统工具箱提供了一个 **pade()** 函数,可以求取纯时间延迟的 Padé 近似,该函数的调用格式为 $[n, d]$=pade(τ, k),其中,τ 为延迟时间常数,k 为近似的阶次,得出的 n 和 d 为有理近似的分子和分母多项式系数向量。在这样的近似方法中,分子与分母是同阶次多项式。

现在考虑分子的阶次可以独立选择的情况。对纯时间延迟项可以立即用 Maclaurin 级数近似为

$$e^{-\tau s} = 1 - \frac{1}{1!}\tau s + \frac{1}{2!}\tau^2 s^2 - \frac{1}{3!}\tau^3 s^3 + \cdots \qquad (4\text{-}5\text{-}9)$$

该式类似于式(4-5-2)中的时间矩量表达式,故可以用同样的 Padé 算法得出纯时间延迟的有理近似。作者编写的 MATLAB 函数 **paderm()** 可以直接求取任意选择分子、分母阶次的 Padé 近似系数。该函数的内容为

```
function [n,d]=paderm(tau,r,k)
c(1)=1; for i=2:r+k+1, c(i)=-c(i-1)*tau/(i-1); end
Gr=pade_app(c,r,k); n=Gr.num{1}(k-r+1:end); d=Gr.den{1};
```

其中,分子阶次 r 和分母阶次 k 可以任意选定,分子和分母系数向量由 $\boldsymbol{n}$ 和 $\boldsymbol{d}$ 可以直接返回。

　　例 4-31　考虑纯时间延迟模型 $G(s) = \mathrm{e}^{-s}$,可以用下面的语句得出 Padé 近似模型为

```
>> tau=1; [n1,d1]=pade(tau,3); G1=tf(n1,d1)
   [n2,d2]=paderm(tau,1,3); G2=tf(n2,d2)
```

用这两种方法可以得出不同的近似模型为

$$G_1(s) = \frac{-s^3 + 12s^2 - 60s + 120}{s^3 + 12s^2 + 60s + 120}, \quad G_2(s) = \frac{-6s + 24}{s^3 + 6s^2 + 18s + 24}$$

　　例 4-32　考虑带有时间延迟的原始传递函数模型 $G(s) = (3s+1)\mathrm{e}^{-2s}/(s+1)^3$,对纯时间延迟进行 Maclaurin 幂级数展开,则可以得出整个传递函数的时间矩量,从而得出其 Padé 近似。

```
>> cd=[1]; tau=2; for i=1:5, cd(i+1)=-tau*cd(i)/i; end;
   G=tf([3,1],[1,3,3,1]); c=timmomt(G,5); G.ioDelay=2;
   c_hat=conv(c,cd); Gr=zpk(pade_app(c_hat,1,3))
   step(G,'-',Gr,'--')
```

可以得出系统的降阶模型如下:

$$G(s) = \frac{0.20122(s + 0.04545)}{(s + 0.04546)(s^2 + 0.4027s + 0.2012)}$$

其阶跃响应的比较在图 4-15 中给出。

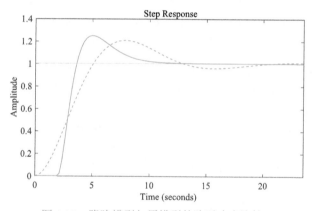

图 4-15　降阶模型与原模型的阶跃响应比较 1

4.5.3　带有时间延迟系统的次最优降阶算法

1. 降阶模型的降阶效果

　　对降阶效果可能有各种各样的定义和指标,但最直观的是按图 4-16 中给出的形式定义出降阶误差信号 $e(t)$。根据该误差信号,可以定义出一些指标,如 $J_{\mathrm{ISE}} = \displaystyle\int_0^\infty e^2(t)\mathrm{d}t$,将其定义为目标函数,对其最小化,得出最优降阶模型。

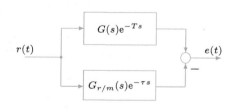

图 4-16　模型降阶误差信号

　　假设带有时间延迟的原始模型为

$$G(s)\mathrm{e}^{-Ts} = \frac{b_1 s^{n-1} + \cdots + b_{n-1}s + b_n}{s^n + a_1 s^{n-1} + \cdots + a_{n-1}s + a_n}\mathrm{e}^{-Ts} \tag{4-5-10}$$

则降阶模型可以写成

$$G_{r/k}(s)\mathrm{e}^{-\tau s} = \frac{\beta_1 s^r + \cdots + \beta_r s + \beta_{r+1}}{s^k + \alpha_1 s^{k-1} + \cdots + \alpha_{k-1} s + \alpha_k}\mathrm{e}^{-\tau s} \qquad (4\text{-}5\text{-}11)$$

降阶误差信号的 Laplace 变换表达式为

$$E(s) = \left[G(s)\mathrm{e}^{-Ts} - G_{r/m}(s)\mathrm{e}^{-\tau s} \right] R(s) \qquad (4\text{-}5\text{-}12)$$

其中，$R(s)$ 为输入信号 $r(t)$ 的 Laplace 变换式。

2. 次最优模型降阶算法

利用最优化算法进行模型降阶的思路是很直观的。由前面定义的误差信号 $e(t)$，可以将 J_{ISE} 性能指标选作目标函数，通过参数最优化的方式寻优，找出降阶模型。对目标函数还可以进一步处理，例如，对误差信号进行加权，引入新的误差信号 $h(t) = w(t)e(t)$，则可以定义出新的 ISE 指标。

$$\sigma_{\mathrm{h}}^2 = \int_0^\infty h^2(t)\mathrm{d}t = \int_0^\infty w^2(t)e^2(t)\mathrm{d}t \qquad (4\text{-}5\text{-}13)$$

若 $H(s)$ 为稳定的有理函数，则目标函数的值可以由 Åström 递推算法[65] 或 Lyapunov 方程求解。如果降阶模型或原始模型中含有时间延迟项，则用 Åström 算法不能直接求解，需要对延迟项采用 Padé 近似。因为对延迟系统是采用近似的最优化来求解的，所以这里称之为次最优降阶算法[66]。如果不含有延迟项，则称为最优降阶算法。

定义待定参数向量 $\boldsymbol{\theta} = [\alpha_1, \cdots, \alpha_m, \beta_1, \cdots, \beta_{r+1}, \tau]$，则对一类给定输入信号可以定义出降阶模型的误差信号 $\widehat{e}(t, \boldsymbol{\theta})$，其中误差信号被显式地写成 $\boldsymbol{\theta}$ 的函数，这样可以定义出一个次最优降阶的目标函数为

$$J = \min_{\boldsymbol{\theta}} \left[\int_0^\infty w^2(t)\widehat{e}^2(t, \boldsymbol{\theta})\mathrm{d}t \right] \qquad (4\text{-}5\text{-}14)$$

作者编写了 MATLAB 函数 opt_app()，可以用于求解带有时间延迟系统的次最优降阶模型，该函数的内容如下：

```
function G_r=opt_app(G_Sys,r,k,key,G0)
GS=tf(G_Sys); num=GS.num{1}; den=GS.den{1};
Td=totaldelay(GS); GS.ioDelay=0; GS.InputDelay=0;GS.OutputDelay=0;
if nargin<5
   n0=[1,1]; for i=1:k-2, n0=conv(n0,[1,1]); end
   G0=tf(n0,conv([1,1],n0));
end
beta=G0.num{1}(k+1-r:k+1); alph=G0.den{1}; Tau=1.5*Td;
x=[beta(1:r),alph(2:k+1)]; if abs(Tau)<1e-5, Tau=0.5; end
dc=dcgain(GS); if key==1, x=[x,Tau]; end
y=opt_fun(x,GS,key,r,k,dc);
x=fminsearch(@opt_fun,x,[],GS,key,r,k,dc);
alph=[1,x(r+1:r+k)]; beta=x(1:r+1); if key==0, Td=0; end
beta(r+1)=alph(end)*dc; if key==1, Tau=x(end)+Td; else, Tau=0; end
G_r=tf(beta,alph,'ioDelay',Tau);
```

其中，**G_Sys** 和 **G_r** 为原始模型和降阶模型；r、k 为降阶模型的分子分母阶次；**key** 表明在降阶模型中是否需要延迟项；**G0** 为最优化初值，可以忽略。该函数中调用的 **opt_fun()** 函数用于描述目标函数，其清单如下：

```
function y=opt_fun(x,G,key,r,k,dc)
ff0=1e10; a=[1,x(r+1:r+k)]; b=x(1:r+1); b(end)=a(end)*dc; g=tf(b,a);
if key==1, tau=x(end);
    if tau<=0, tau=eps; end, [n,d]=pade(tau,3); gP=tf(n,d);
else, gP=1; end
G_e=G-g*gP; G_e.num{1}=[0,G_e.num{1}(1:end-1)];
[y,ierr]=geth2(G_e); if ierr==1, y=10*ff0; else, ff0=y; end
% 子函数 geth2
function [v,ierr]=geth2(G)
G=tf(G); num=G.num{1}; den=G.den{1}; ierr=0; v=0; n=length(den);
if abs(num(1))>eps
    disp('System not strictly proper');
    ierr=1; return
else, a1=den; b1=num(2:length(num)); end
for k=1:n-1
    if (a1(k+1)<=eps), ierr=1; return
    else
       aa=a1(k)/a1(k+1); bb=b1(k)/a1(k+1); v=v+bb*bb/aa; k1=k+2;
       for i=k1:2:n-1
          a1(i)=a1(i)-aa*a1(i+1); b1(i)=b1(i)-bb*a1(i+1);
end, end, end
v=sqrt(0.5*v);
```

例 4-33　已知原始系统的传递函数模型[67]

$$G(s) = \frac{1 + 8.8818s + 29.9339s^2 + 67.087s^3 + 80.3787s^4 + 68.6131s^5}{1 + 7.6194s + 21.7611s^2 + 28.4472s^3 + 16.5609s^4 + 3.5338s^5 + 0.0462s^6}$$

用下面的语句可以得出该模型的最优降阶模型：

```
>> num=[68.6131,80.3787,67.087,29.9339,8.8818,1];
   den=[0.0462,3.5338,16.5609,28.4472,21.7611,7.6194,1]; G=tf(num,den);
   Gr=zpk(opt_app(G,2,3,0)), Gr1=routhmod(G,3);
   c=timmomt(G,6); Gr2=pade_app(c,2,3)
   step(G,'-',Gr,':',Gr1,'--',5), figure, bode(G,'-',Gr,':',Gr1,'--')
```

则可以得出各个降阶模型如下：

$$G_r(s) = \frac{1524s^2 + 532.1s + 378.1}{s^3 + 78.72s^2 + 294.8s + 378.1}, \ G_{r1}(s) = \frac{1.342s^2 + 0.4104s + 0.0462}{s^3 + 0.9642s^2 + 0.352s + 0.0462}$$

$$G_{r2}(s) = \frac{-0.7939s^2 - 0.2821s - 0.03071}{s^3 - 0.5312s^2 - 0.2433s - 0.03071}$$

可见 Padé 降阶模型是不稳定的，最优降阶模型、Routh 近似模型与原模型的阶跃响应和 Bode 图比较分别由图 4-17 给出。可见，最优降阶模型曲线和原模型几乎重合，远远优于 Routh 降阶模型。

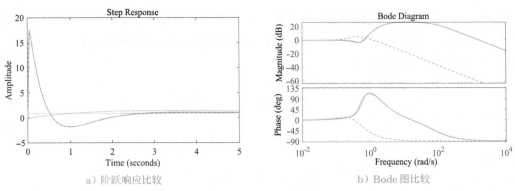

a）阶跃响应比较　　　　　　　　　　　b）Bode图比较

图4-17　降阶模型与原模型的比较3

例4-34　考虑系统模型[68]

$$G(s) = \frac{432}{(5s+1)(2s+1)(0.7s+1)(s+1)(0.4s+1)}$$

由下面的MATLAB语句则可以得出带有延迟的次最优降阶模型：

```
>> den=conv(conv(conv(conv([5 1],[2,1]),[0.7,1]),[1,1]),[0.4,1]);
   G=tf(432,den); Gr=zpk(opt_app(G,0,2,1)), step(G,'-',Gr,'--')
```

可以得出带有延迟的最优降阶模型如下：

$$G_r(s) = \frac{31.4907}{(s+0.3283)(s+0.222)} e^{-1.5s}$$

降阶模型和原模型的阶跃响应比较在图4-18中给出，可见，降阶模型很接近原始模型。

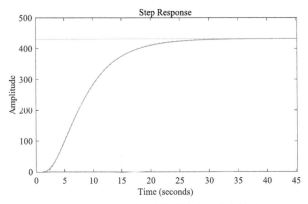

图4-18　降阶模型与原模型的阶跃响应比较2

4.6　线性系统的模型辨识

前面介绍的方法均是假定线性系统的数学模型已知而展开介绍的，这些数学模型往往可以通过已知规律推导得出。但在实际应用中并不是所有的受控对象都可以推导出数学模型的，很多受控对象甚至连系统的结构都是未知的，所以需要从实测的系统输入输出数据或其他数据，用数值的手段重构其数学模型，这样的方法称为系统辨识。

4.6.1 由频域响应数据辨识连续模型

要对连续线性系统进行辨识，首先需要已知系统的频域响应数据。由频率响应数据来辨识系统模型的想法起源于 Levy 的复数曲线拟合方法[69]，对下面给定的离散频率采样点 $\{\omega_i\}, i = 1, 2, \cdots, N$，假定已经测试出系统的复数型频率响应数据的列向量 $\boldsymbol{H}$，信号处理工具箱中提供了 invfreqs() 函数，可以拟合连续系统的数学模型，[num,den]=invfreqs $(\boldsymbol{H}, w, n_{\mathrm{n}}, n_{\mathrm{d}})$，其中，$n_{\mathrm{n}}$ 和 n_{d} 分别为期望的系统分子分母的阶次。通过该函数可以辨识出连续系统的传递函数分子和分母多项式 num 和 den。

例 4-35 已知传递函数模型 $G(s) = (s^3 + 7s^2 + 24s + 24)/(s^4 + 10s^3 + 35s^2 + 50s + 24)$，则选择频率向量 w，即可计算出频域响应数据。由该数据进行辨识，选择辨识模型的阶次为 4，则可以直接辨识出连续系统的数学模型。

```
>> w=logspace(-2,2); H=freqs([1 7 24 24],[1 10 35 50 24],w);
   [B,A]=invfreqs(H,w,3,4); G2=tf(B,A) %准确辨识结果
```

不过，值得指出的是，该函数对原始数据可能过于敏感。如果对原始频域响应数据做截断，例如，保留小数点后 4 位数据，再进行辨识，则会因数据奇异导致辨识失败。

```
>> H=0.0001*fix(10000*H);
   [B,A]=invfreqs(H,w,3,4); G2=tf(B,A) %准确辨识结果
```

这时，辨识出的模型是不稳定的。

$$G_2(s) = \frac{0.9847s^3 + 48.31s^2 + 586s - 92.72}{s^4 + 50.9s^3 + 764.8s^2 + 543.1s - 85.2}$$

4.6.2 离散系统的模型辨识

如第 4.2.1 节中叙述的那样，离散系统传递函数可以写成

$$G(z) = \frac{b_1 + b_2 z^{-1} + \cdots + b_{m-1} z^{2-m} + b_m z^{1-m}}{1 + a_1 z^{-1} + \cdots + a_{n-1} z^{1-n} + a_n z^{-n}} z^{-d} \tag{4-6-1}$$

它对应的差分方程为

$$
\begin{aligned}
y(t) + a_1 y(t-1) &+ a_2 y(t-2) + \cdots + a_n y(t-n) \\
&= b_1 u(t-d) + b_2 u(t-d-1) + \cdots + b_m u(t-d-m+1) + \varepsilon(t)
\end{aligned} \tag{4-6-2}
$$

其中，$\varepsilon(t)$ 为辨识的残差信号。这里，为方便起见，输出信号不再记作 $y(kT)$ 的形式，而简记为 $y(t)$，这样可以用 $y(t-1)$ 表示输出信号 $y(t)$ 在前一个采样周期处的函数值，这种模型又称为自回归遍历（Auto-Regressive eXogenous，ARX）模型。假设已经测出了一组输入信号 $\boldsymbol{u}$ 和一组输出信号 $\boldsymbol{y}$

$$\boldsymbol{u} = \begin{bmatrix} u(1) \\ u(2) \\ \vdots \\ u(M) \end{bmatrix}, \quad \boldsymbol{y} = \begin{bmatrix} y(1) \\ y(2) \\ \vdots \\ y(M) \end{bmatrix} \tag{4-6-3}$$

则由式（4-6-2）可以立即写出

$$y(1) = -a_1 y(0) - \cdots - a_n y(1-n) + b_1 u(1-d) + \cdots + b_m u(m-d) + \varepsilon(1)$$
$$y(2) = -a_1 y(1) - \cdots - a_n y(2-n) + b_1 u(2-d) + \cdots + b_m u(1+m-d) + \varepsilon(2)$$
$$\vdots \qquad \qquad \vdots \qquad \qquad \vdots \qquad \qquad \vdots$$
$$y(M) = -a_1 y(M-1) - \cdots - a_n y(M-n) + b_1 u(M-d) + \cdots + b_m u(M-d-m+1) + \varepsilon(M)$$

其中，$y(t)$ 和 $u(t)$ 当 $t \leqslant 0$ 时的值均假设为零。上述方程可以写成矩阵形式

$$\boldsymbol{y} = \boldsymbol{\Phi}\boldsymbol{\theta} + \boldsymbol{\varepsilon} \qquad (4\text{-}6\text{-}4)$$

其中

$$\boldsymbol{\Phi} = \begin{bmatrix} y(0) & \cdots & y(1-n) & u(1-d) & \cdots & u(m-d) \\ y(1) & \cdots & y(2-n) & u(2-d) & \cdots & u(1+m-d) \\ \vdots & & \vdots & \vdots & & \vdots \\ y(M-1) & \cdots & y(M-n) & u(M-d) & \cdots & u(M+1-m-d) \end{bmatrix} \qquad (4\text{-}6\text{-}5)$$

$$\boldsymbol{\theta}^{\mathrm{T}} = [-a_1, -a_2, \cdots, -a_n, b_1, \cdots, b_m], \quad \boldsymbol{\varepsilon}^{\mathrm{T}} = [\varepsilon(1), \cdots, \varepsilon(M)] \qquad (4\text{-}6\text{-}6)$$

为使得残差的平方和最小，即 $\min\limits_{\boldsymbol{\theta}} \sum\limits_{i=1}^{M} \varepsilon^2(i)$，则可以得出待定参数 $\boldsymbol{\theta}$ 最优估计值为

$$\boldsymbol{\theta} = [\boldsymbol{\Phi}^{\mathrm{T}}\boldsymbol{\Phi}]^{-1}\boldsymbol{\Phi}^{\mathrm{T}}\boldsymbol{y} \qquad (4\text{-}6\text{-}7)$$

该方法最小化残差的平方和，故这样的方法又称为最小二乘法。

MATLAB 的系统辨识工具箱中提供了各种各样的系统辨识函数，其中，ARX 模型的辨识可以由 arx() 函数加以实现。如果已知输入信号的列向量 $\boldsymbol{u}$，输出信号的列向量 $\boldsymbol{y}$，并选定了系统的分子多项式阶次 $m-1$，分母多项式阶次 n 及系统的纯滞后 d，则可以通过下面的命令辨识出系统的数学模型：$T = \mathrm{arx}([y, u], [m, n, d])$，可以直接用来辨识式（4-6-2）中数学模型的参数，所得的 T 为一个结构体。辨识模型可以由 $G = \mathrm{tf}(T)$ 命令直接提取。这里将通过例子来介绍离散系统的辨识问题求解方法。

例 4-36　假设已知系统的实测输入与输出数据如表 4-2 所示，且已知系统分子和分母阶次分别为 3 和 4，则可以根据这些数据辨识出系统的传递函数模型。首先将系统的输入输出数据输入 MATLAB 的工作空间，然后可以直接调用 arx() 函数辨识出系统的参数

```
>> u=[0.4398,0.3400,0.3142,0.3651,0.3932,0.5915,0.1197,0.0381,...
      0.4586,0.8699,0.9342,0.2644,0.1603,0.8729,0.2379,0.6458,...
      0.9669,0.6649,0.8704,0.0099,0.1370,0.8188,0.4302,0.8903,...
      0.7349,0.6873,0.3461,0.1660,0.1556,0.1911,0.4225,0.8560,...
      0.4902,0.8159,0.4608,0.4574,0.4507,0.4122,0.9016,0.0056,...
      0.2974,0.0492,0.6932,0.6501,0.9830,0.5527,0.4001,0.1988]';
   y=[0,      0.1374,0.2978,0.4886,0.7238,0.9934,1.3430,1.5759,...
      1.7425,1.9793,2.3299,2.7339,2.9650,3.1091,3.4020,3.5085,...
      3.6735,3.9214,4.0990,4.3271,4.2963,4.2053,4.2444,4.1705,...
      4.2082,4.2302,4.2561,4.1900,4.0395,3.8353,3.5940,3.3884,...
```

表4-2　已知系统的输入输出数据

t	$u(t)$	$y(t)$	t	$u(t)$	$y(t)$	t	$u(t)$	$y(t)$
0	0.4398	0	1.6	0.9669	3.673	3.2	0.4902	3.321
0.1	0.34	0.1374	1.7	0.6649	3.921	3.3	0.8159	3.207
0.2	0.3142	0.2978	1.8	0.8704	4.099	3.4	0.4608	3.222
0.3	0.3651	0.4886	1.9	0.009927	4.327	3.5	0.4574	3.197
0.4	0.3932	0.7238	2	0.137	4.296	3.6	0.4507	3.195
0.5	0.5915	0.9934	2.1	0.8188	4.205	3.7	0.4122	3.207
0.6	0.1197	1.343	2.2	0.4302	4.244	3.8	0.9016	3.217
0.7	0.03813	1.576	2.3	0.8903	4.171	3.9	0.005584	3.379
0.8	0.4586	1.743	2.4	0.7349	4.208	4	0.2974	3.315
0.9	0.8699	1.979	2.5	0.6873	4.23	4.1	0.04916	3.279
1	0.9342	2.33	2.6	0.3461	4.256	4.2	0.6932	3.135
1.1	0.2644	2.734	2.7	0.166	4.19	4.3	0.6501	3.134
1.2	0.1603	2.965	2.8	0.1556	4.039	4.4	0.983	3.146
1.3	0.8729	3.109	2.9	0.1911	3.835	4.5	0.5527	3.288
1.4	0.2379	3.402	3	0.4225	3.594	4.6	0.4001	3.367
1.5	0.6458	3.508	3.1	0.856	3.388	4.7	0.1988	3.413

```
        3.3211,3.2067,3.2221,3.1971,3.1945,3.2071,3.2172,3.3789,...
        3.3148,3.2787,3.1353,3.1341,3.1458,3.2882,3.3669,3.4131]';
    t1=arx([y,u],[4,4,1]), H=tf(t1) %这样就可以得出分子分母均为四阶的传递函数
```

由这些语句可以得出辨识模型为

$$G\left(z^{-1}\right)=\frac{0.3126z^{-1}-0.5812z^{-2}+0.3958z^{-3}-0.09179z^{-4}}{1-3.255z^{-1}+4.042z^{-2}-2.268z^{-3}+0.486z^{-4}}$$

亦即

$$H(z)=\frac{0.3126z^3-0.5812z^2+0.3958z-0.09179}{z^4-3.255z^3+4.042z^2-2.268z+0.486}$$

事实上，上述的数据是由例4-8直接生成的，经过比较可以发现，二者还是很相近的。另外，用系统响应数据是不能辨识出系统的采样周期的，故上述系统采样周期为1的信息是不确切的。系统采样周期需要用表4-2中给出的时间信息来确定。比较正规的辨识方法是，用iddata()函数处理辨识用数据，再用tf()函数提取系统的传递函数模型。

```
>> U=iddata(y,u,0.1);                  %0.1为采样周期
   T=arx(U,[4,4,1]);                   % 系统辨识
   G=tf(T);                            %将辨识结果转换成离散传递函数模型
   t=0:0.1:0.1*(length(u)-1); lsim(G,u,t); %绘制辨识模型的输出信号
   hold on; plot(t,y,'o'), hold off        %叠印上原输出信号
```

直接用tf()函数转换出来的传递函数模型。用实测输入信号去激励辨识出的模型，则时域响应可以由lsim()函数直接绘制出，如图4-19所示，可见这样得出的输出数据和实测数据完全重合，说明辨识模型是精确的。

4.6.3　辨识模型的阶次选择

从前面介绍的辨识函数可以看出，若给出了系统的阶次，则可以得出系统的辨识模型。但如何较好地选择一个合适的模型阶次呢？AIC准则（Akaike's information criterion）是

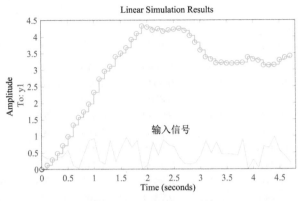

图 4-19　辨识结果比较

一种实用的判定模型阶次的准则，其定义为[70,71]

$$\mathrm{AIC} = \lg\left\{\det\left[\frac{1}{M}\sum_{i=1}^{M}\boldsymbol{\varepsilon}(i,\boldsymbol{\theta})\boldsymbol{\varepsilon}^{\mathrm{T}}(i,\boldsymbol{\theta})\right]\right\} + \frac{k}{M} \tag{4-6-8}$$

其中，M 为实测数据的组数；$\boldsymbol{\theta}$ 为待辨识的参数向量；k 为需要辨识的参数个数。可以用 MATLAB 函数 $v=\mathrm{aic}(H)$ 来计算辨识模型 H 的 AIC 准则的值 v，其中，H 是由 arx() 函数直接得出的 idpoly 对象。若计算出的 AIC 值较小，例如小于 -20，则该误差可能对应于损失函数的 10^{-10} 级别，则这时 n, m, d 可以看成是系统合适的阶次。

例 4-37　再考虑例 4-36 中的系统辨识问题。由表 4-2 中给出的实际数据可见，在输入信号作用下，输出在第 3 步就可以得出非零的值，所以延迟的值 d 不应该超过 2。这样只需探讨 $d=0,1,2$ 几种情况，而在每一种情况下，可以用循环语句尝试不同的阶次组合，得出 AIC 值，如表 4-3 所示。

```
>> U=iddata(y,u,0.1);                        %0.1为采样周期
   for n=1:7, for m=1:7                       %尝试不同的阶次组合
       T=arx(U,[n,m,0]); TAic0(n,m)=aic(T);   %三种不同延迟
       T=arx(U,[n,m,1]); TAic1(n,m)=aic(T);
       T=arx(U,[n,m,2]); TAic2(n,m)=aic(T);
   end, end
```

表中，将 AIC 值低于 -20 的组合全部用阴影表示。对三种 d 的组合，可见 $(4,5,0),(4,4,1)$ 和 $(4,3,2)$ 均是合适的阶次选择，它们分别对应的模型为

$$H_{4,5,0}\left(z^{-1}\right) = \frac{-0.0002032 + 0.3126z^{-1} - 0.5788z^{-2} + 0.3926z^{-3} - 0.0907z^{-4}}{1 - 3.247z^{-1} + 4.021z^{-2} - 2.249z^{-3} + 0.4801z^{-4}}$$

$$H_{4,4,1}\left(z^{-1}\right) = \frac{0.3126z^{-1} - 0.5812z^{-2} + 0.3958z^{-3} - 0.09179z^{-4}}{1 - 3.255z^{-1} + 4.042z^{-2} - 2.268z^{-3} + 0.486z^{-4}}$$

$$H_{4,3,2}\left(z^{-1}\right) = \frac{6z^{-2} - 0.5999z^{-3} - 0.1196z^{-4}}{1 - z^{-1} + 0.25z^{-2} + 0.25z^{-3} - 0.125z^{-4}}$$

若选择 $(5,5,0)$ 阶次组合，则可以得出如下的辨识模型：

$$H_{5,5,0}\left(z^{-1}\right) = \frac{-0.0002411 + 0.3126z^{-1} - 0.5524z^{-2} + 0.3613z^{-3} - 0.07863z^{-4}}{1 - 3.162z^{-1} + 3.803z^{-2} - 2.055z^{-3} + 0.4184z^{-4} + 0.002522z^{-5}}$$

表4-3 不同阶次组合下的 AIC 准则值

n	$m=1$	2	3	4	5	6	7
			延迟步数为 $d=0$				
1	1.3487	1.3738	-0.23458	-0.63291	-1.0077	-1.5346	-2.61
2	1.2382	1.1949	-2.0995	-2.3513	-4.9058	-5.2429	-7.4246
3	1.0427	1.0427	-2.8743	-3.4523	-5.4678	-5.6186	-7.7328
4	1.0223	1.0345	-7.8505	-10.504	-20.729	-20.942	-20.946
5	1.0079	1.0287	-10.025	-13.396	-20.941	-20.982	-21.002
6	1.0293	1.0575	-13.658	-18.931	-20.944	-21.002	-21.125
7	0.98503	1.0261	-16.607	-20.701	-20.976	-20.996	-21.088
			延迟步数为 $d=1$				
1	1.484	-0.25541	-0.66303	-1.0494	-1.57	-2.6414	-3.4085
2	1.346	-2.1263	-2.3685	-4.9326	-5.2359	-7.4658	-7.6678
3	1.0658	-2.8886	-3.4758	-5.4795	-5.6407	-7.7744	-7.9316
4	1.0329	-7.8839	-10.53	-20.733	-20.973	-20.984	-20.9737
5	1.0043	-10.034	-13.406	-20.971	-21.002	-21.037	-21.0356
6	1.023	-13.694	-18.965	-20.982	-21.037	-21.148	-21.1105
7	0.9909	-16.6423	-20.7387	-21.0160	-21.0324	-21.1105	-21.1115
			延迟步数为 $d=2$				
1	-0.29215	-0.70464	-1.0849	-1.6057	-2.6827	-3.415	-3.5863
2	-2.1672	-2.4101	-4.9737	-5.2763	-7.477	-7.7083	-10.2034
3	-2.929	-3.5109	-5.5163	-5.6663	-7.8124	-7.9722	-10.5894
4	-7.9075	-10.57	-20.775	-21.013	-21.026	-21.015	-20.9850
5	-10.07	-13.438	-21.011	-21.036	-21.079	-21.077	-21.0617
6	-13.71	-18.991	-21.023	-21.078	-21.184	-21.149	-21.1646
7	-16.6792	-20.7794	-21.0574	-21.0736	-21.1488	-21.1444	-21.1393

从得出的结果看,分母上相当于加了一个很小的 z^{-5} 项,其他项的参数与 $H_{4,5,0}\left(z^{-1}\right)$ 的分母差不多,所以在实际辨识中没有必要选择一个高的阶次。事实上,$H_{5,5,0}\left(z^{-1}\right)$ 的 AIC 值和 $H_{4,5,0}\left(z^{-1}\right)$ 相比没有显著改善,所以应该采用一个较低的阶次组合。

4.6.4 离散系统辨识信号的生成

从前面给出的例子可以看出,辨识信号产生的方式是:先产生一组 48 个输入信号,用该信号激励原始的传递函数模型,则可以得出输出信号。利用这些信号进行辨识,就可以辨识出系统的离散传递函数模型。然而,这样辨识的结果有一定的偏差。

伪随机二进制序列(pseudo-random binary sequence, PRBS)信号是用于线性系统辨识的很重要的一类信号,该信号可以通过系统辨识工具箱的 `idinput()` 函数直接生成。在本节中,将通过例子演示 PRBS 信号的生成及其在系统辨识中的应用。

例4-38 若想生成一组 31 个点的数据,则可以通过如下的命令直接产生:

```
>> u=idinput(31,'PRBS'); t=[0:.1:3]'; %产生 PRBS 序列,并定义时间向量
   stairs(u), set(gca,'XLim',[0,31],'YLim',[-1.1 1.1])   %PRBS 曲线表示
```

得出的输入信号如图 4-20 所示。

利用这样的输入信号就可以按照例 4-8 中的方法生成输出信号,利用这样的输入、输出数据

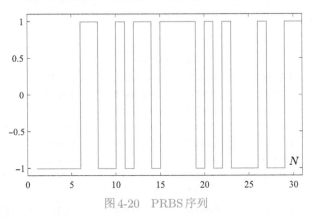

图 4-20 PRBS 序列

就可以直接辨识出系统的离散传递函数模型。

```
>> num=[0.3124 -0.5743 0.3879 -0.0889]; %定义系统的离散传递函数模型
   den=[1 -3.233 3.9869 -2.2209 0.4723]; G=tf(num,den,'Ts',0.1);
   y=lsim(G,u,t);                        %由离散系统模型计算系统的输出信号
   T1=arx([y,u],[4 4 1])                 %辨识系统模型,注意看后面说明
```

这样得出的辨识模型为

$$G(z) = \frac{0.3124z^3 - 0.5744z^2 + 0.3879z - 0.08891}{z^4 - 3.233z^3 + 3.987z^2 - 2.221z + 0.4723}$$

可以看出,这样得出的系统传递函数模型与原始系统的模型完全一致。从这个例子可以看出,虽然采用的输入、输出组数比例 4-36 中少,但辨识的精度却大大高于该例中的结果,这就是选择了这样的 PRBS 作为辨识输入信号的缘故。

注意,这里为了公平比较起见,arx() 函数调用前将产生的 y 数据也同样进行了截断,只取 4 位小数,并未直接应用仿真数据。如果直接使用仿真得出的数据进行辨识,则损失函数的值将为 10^{-30} 级。

4.6.5 连续系统的模型辨识

前面介绍过利用频域响应数据的连续系统辨识方法,不过该算法对数据过于敏感,数据稍有误差就会导致错误的结果。另外,频域响应数据需要特殊的仪器才能获取,与时域响应数据相比,频域响应数据的获取更加苛刻,所以本节探讨基于时域响应数据的连续系统辨识方法。

这里主要考虑采用间接的方法,首先由前面介绍的辨识方法,辨识出离散传递函数模型,然后用离散模型的连续化的方法再转化成连续系统传递函数模型。

例 4-39 假设系统的传递函数模型为

$$G(s) = \frac{s^3 + 7s^2 + 24s + 24}{s^4 + 10s^3 + 35s^2 + 50s + 24}$$

并假设系统的采样周期为 $T = 0.1\,\mathrm{s}$。用正弦信号激励该系统模型,则可以用下面的语句计算出系统的输入与输出信号:

```
>> G=tf([1 7 24 24],[1 10 35 50 24]);   %原始系统模型
   t=[0:.1:3]'; u=sin(t);               %生成正弦输入信号
```

```
y=lsim(G,u,t); U=arx([y u],[4 4 1]);  %计算系统输出信号并辨识
G1=tf(U); G1.Ts=0.1; G2=d2c(G1)        %获得连续化模型
```

不过，使用上述语句直接获得的连续模型为

$$G(s) = \frac{0.04082s^3 - 0.05282s^2 + 23.85s + 15.77}{s^4 + 10s^3 + 35s^2 + 50s + 24}$$

显然，该辨识模型是错误的，因为输入信号的频率过于单一，应该采用频率信息丰富的信号激励系统，得出系统的输入、输出信号。利用前面介绍的 PRBS 信号作为系统的输入信号，则可以由下面语句直接辨识系统模型，得出的结果与期望的模型完全一致。从这个例子可以看出，PRBS 信号在线性系统辨识中还是很有作用的。

```
>> t=[0:.1:3]'; u=idinput(31,'prbs');    %生成 PRBS 信号
   y=lsim(G,u,t); U=arx([y u],[4 4 1]);  %计算系统输出信号并辨识
   G3=tf(U); G3.Ts=0.1; G4=d2c(G3)       %获得连续化模型
```

4.6.6　多变量离散系统的辨识

系统辨识工具箱函数 arx() 可以用于多变量系统的辨识，在辨识工具箱中，p 路输入、q 路输出的多变量系统的数学模型可以由差分方程描述

$$\boldsymbol{A}(z^{-1})\boldsymbol{y}(t) = \boldsymbol{B}(z^{-1})\boldsymbol{u}(t - \boldsymbol{d}) + \boldsymbol{\varepsilon}(t) \tag{4-6-9}$$

其中，$\boldsymbol{d}$ 为各个延迟构成的矩阵，$\boldsymbol{A}(z^{-1})$ 和 $\boldsymbol{B}(z^{-1})$ 均为 $p \times q$ 多项式矩阵，且

$$\boldsymbol{A}(z^{-1}) = \boldsymbol{I}_{p \times q} + \boldsymbol{A}_1 z^{-1} + \cdots + \boldsymbol{A}_{n_a} z^{-n_a} \tag{4-6-10}$$

$$\boldsymbol{B}(z^{-1}) = \boldsymbol{I}_{p \times q} + \boldsymbol{B}_1 z^{-1} + \cdots + \boldsymbol{B}_{n_b} z^{-n_b} \tag{4-6-11}$$

使用 arx() 函数可以直接辨识出系统的 $\boldsymbol{A}_i$ 和 $\boldsymbol{B}_i$ 矩阵，最终可以通过 tf() 函数来提取系统的传递函数矩阵。

例 4-40　假设系统的传递函数矩阵为

$$\boldsymbol{G}(z) = \begin{bmatrix} \dfrac{0.5234z - 0.1235}{z^2 + 0.8864z + 0.4352} & \dfrac{3z + 0.69}{z^2 + 1.084z + 0.3974} \\ \dfrac{1.2z - 0.54}{z^2 + 1.764z + 0.9804} & \dfrac{3.4z - 1.469}{z^2 + 0.24z + 0.2848} \end{bmatrix}$$

对两个输入分别使用 PRBS 信号，则可以得出系统的响应数据为

```
>> u1=idinput(31,'PRBS'); t=0:.1:3; %生成 PRBS 激励信号
   u2=u1(end:-1:1);                 %u2 为 u1 的逆序序列，仍为 PRBS
   g11=tf([0.5234, -0.1235],[1, 0.8864, 0.4352],'Ts',0.1);
   g12=tf([3, 0.69],[1, 1.084, 0.3974],'Ts',0.1);
   g21=tf([1.2, -0.54],[1, 1.764, 0.9804],'Ts',0.1);
   g22=tf([3.4, 1.469],[1, 0.24, 0.2848],'Ts',0.1);
   G=[g11, g12; g21, g22]; y=lsim(G,[u1 u2],t); %计算仿真系统的输出数据
   na=4*ones(2); nb=na; nc=ones(2); %这里的 4 是试凑得出的，它能使得残差很小
   U=iddata(y,[u1,u2],0.1); T=arx(U,[na nb nc])
```

辨识出来的结果是系统的多变量差分方程，需要对其进行转换，变换成所需要的传递函数矩阵，这里以第一输入对第一输出为例，介绍子传递函数 $g_{11}(z)$ 的提取方法。

```
>> H=tf(T); h11=zpk(H(1,1)) % 提取第一子传递函数
```

直接辨识出来的模型为

$$h_{11}(s) = \cfrac{0.5234z^{-1}(1-0.236z^{-1})(1+1.084z^{-1}+0.3974z^{-2})}{\cfrac{(1+1.764z^{-1}+0.9804z^{-2})(1+0.24z^{-1}+0.2848z^{-2})}{(1+1.084z^{-1}+0.3974z^{-2})(1+1.764z^{-1}+0.9804z^{-2})}}{(1+0.8864z^{-1}+0.4352z^{-2})(1+0.24z^{-1}+0.2848z^{-2})}$$

从得出的传递函数看是一个高阶传递函数,但很明显,很多分子、分母都可以直接对消。由命令 g_{11}=minreal(h_{11}) 可以得出还原原始系统的子传递函数模型。用类似的方法还可以提取出其他的子传递函数,从而辨识出整个系统的传递函数矩阵。

由于状态方程的不唯一性,单从系统的实测输入输出信号直接辨识状态方程是很不实际的方法,因为这时冗余的参数太多,所以不建议对系统的状态方程模型进行直接辨识。最好先辨识出传递函数模型,再进行适当的转换,获得系统的状态方程模型。

4.7 习　题

1 请将下面的传递函数模型输入MATLAB环境。

　1)$G(s)=\dfrac{s^3+4s+2}{s^3(s^2+2)[(s^2+1)^3+2s+5]}$　2)$H(z)=\dfrac{z^2+0.568}{(z-1)(z^2-0.2z+0.99)},T=0.1\,\mathrm{s}$

2 请将下面的零极点模型输入MATLAB环境。

　1)$G(s)=\dfrac{8(s+1-\mathrm{j})(s+1+\mathrm{j})}{s^2(s+5)(s+6)(s^2+1)}$　2)$H(z^{-1})=\dfrac{(z^{-1}+3.2)(z^{-1}+2.6)}{z^{-5}(z^{-1}-8.2)},T=0.05\,\mathrm{s}$

3 请用MATLAB语言求出上面系统的零极点,并绘制出它们的位置。

4 假设描述系统的常微分方程为 $y^{(3)}(t)+13\ddot{y}(t)+4\dot{y}(t)+5y(t)=2u(t)$。试选择一组状态变量,并将此方程在MATLAB工作空间中表示出来。如果想得到系统的传递函数和零极点模型,将如何求取?得出的结果又是怎样的?由微分方程模型能否直接写出系统的传递函数模型?

5 假设线性系统由下面的常微分方程给出:

$$\begin{cases} \dot{x}_1(t)=-x_1(t)+x_2(t) \\ \dot{x}_2(t)=-x_2(t)-3x_3(t)+u_1(t) \\ \dot{x}_3(t)=-x_1(t)-5x_2(t)-3x_3(t)+u_2(t) \\ y=-x_2(t)+u_1(t)-5u_2(t) \end{cases}$$

其中有两个输入信号 $u_1(t)$ 与 $u_2(t)$,请在MATLAB工作空间中表示这个双输入系统模型,并由得出的状态方程模型求出等效的传递函数模型,观察其传递函数的形式。

6 已知某系统的差分方程模型如下,且 $T=0.1\,\mathrm{s}$,试将其输入MATLAB工作空间。

$$y(k+2)+y(k+1)+0.16y(k)=u(k+1)+2u(k)$$

7 假设系统由下面的传递函数矩阵给出,试将其输入MATLAB工作空间。

$$\boldsymbol{G}(s)=\begin{bmatrix} \dfrac{-0.252}{(1+3.3s)^3(1+1800s)} & \dfrac{0.43}{(1+12s)(1+1800s)} \\ \dfrac{-0.0435}{(1+25.3s)^3(1+360s)} & \dfrac{0.097}{(1+12s)(1+360s)} \end{bmatrix}$$

8　假设某单位负反馈系统中

$$G(s) = \frac{s+1}{Js^2 + 2s + 5}, \; G_c(s) = \frac{K_p s + K_i}{s}$$

试用 MATLAB 推导出闭环系统的传递函数模型。

9　假设多变量反馈系统中受控对象 $G(s)$ 由习题 7 给出，且控制器模型为 $K_p = [-10, 77.5; 0, 50]$，求出单位负反馈下闭环系统的传递函数矩阵模型，并得出相应的状态方程模型。试在 s-平面上标出闭环系统的零极点位置。

10　假设系统的受控对象模型和控制器模型分别为

$$G(s) = \frac{12}{s(s+1)^3} e^{-2s}, \; G_c(s) = \frac{0.2s + 0.3}{s}$$

并假设系统是单位负反馈，用数学方法或用 MATLAB 语言能否精确求出闭环系统的传递函数模型？如果不能求出，能否得出较好的近似模型？

11　求出下面状态方程模型的等效传递函数模型，并求出此模型的零极点。

$$A = \begin{bmatrix} 1 & 2 & 3 \\ 4 & 5 & 6 \\ 7 & 8 & 0 \end{bmatrix}, \; B = \begin{bmatrix} 4 \\ 3 \\ 2 \end{bmatrix}, \; C = [1, 2, 3]$$

12　从下面给出的典型反馈控制系统结构子模型中，求出总系统的状态方程与传递函数模型，并得出各个模型的零极点模型表示。

1) $G(s) = \dfrac{211.87s + 317.64}{(s+20)(s+94.34)(s+0.1684)}, G_c(s) = \dfrac{169.6s + 400}{s(s+4)}, H(s) = \dfrac{1}{0.01s + 1}$

2) $G(z^{-1}) = \dfrac{35786.7z^{-1} + 108444}{(z^{-1}+4)(z^{-1}+20)(z^{-1}+74.04)}, G_c(z^{-1}) = \dfrac{1}{z^{-1} - 1}, H(z^{-1}) = \dfrac{1}{0.5z^{-1} - 1}$

13　假设系统的对象模型为 $G(s) = 10/(s+1)^3$，并定义一个 PID 控制器

$$G_{PID}(s) = 0.48 \left(1 + \frac{1}{1.814s} + \frac{0.4353s}{1 + 0.04353s} \right)$$

这个控制器与对象模型进行串联连接。假定整个闭环系统是由单位负反馈构成的，试求出闭环系统的传递函数模型，并求出该模型的各种状态方程的标准型实现。请写出闭环系统的零极点模型表示。

14　若已知受控对象 $G(s)$ 与控制器 $G_c(s)$ 的传递函数如下，试得出单位负反馈结构下的闭环模型。

$$G(s) = \frac{1 + \dfrac{3e^{-2s}}{s^2 + 4s + 2}}{s^2 + 3s + 2}, \; G_c(s) = 1.53 + \frac{0.396}{s} + 0.248s$$

15　双输入双输出系统的状态方程表示为

$$A = \begin{bmatrix} 2.25 & -5 & -1.25 & -0.5 \\ 2.25 & -4.25 & -1.25 & -0.25 \\ 0.25 & -0.5 & -1.25 & -1 \\ 1.25 & -1.75 & -0.25 & -0.75 \end{bmatrix}, \; B = \begin{bmatrix} 4 & 6 \\ 2 & 4 \\ 2 & 2 \\ 0 & 2 \end{bmatrix}, \; C = \begin{bmatrix} 0 & 0 & 0 & 1 \\ 0 & 2 & 0 & 2 \end{bmatrix}$$

试将该模型输入 MATLAB 空间，并得出该模型相应的传递函数矩阵。若选择采样周期为 $T = 0.1$ s，求出离散化后的状态方程模型和传递函数矩阵模型。对该模型进行连续化变换，测试一下能否变换回原来的模型。

16 假设多变量系统和控制器如下:

$$\boldsymbol{G}(s)=\begin{bmatrix}-\dfrac{0.252}{(1+3.3s)^3(1+1800s)} & \dfrac{0.43}{(1+12s)(1+1800s)} \\ -\dfrac{0.0435}{(1+25.3s)^3(1+360s)} & \dfrac{0.097}{(1+12s)(1+360s)}\end{bmatrix}, \ \boldsymbol{G}_c(s)=\begin{bmatrix}-10 & 77.5 \\ 0 & 50\end{bmatrix}$$

试求出单位负反馈下闭环系统的传递函数矩阵模型,并得出相应的状态方程模型。

17 考虑下面给出的多变量受控对象模型与前置解耦控制器模型。

$$\boldsymbol{G}(s)=\begin{bmatrix}-\dfrac{0.2\mathrm{e}^{-s}}{7s+1} & \dfrac{1.3\mathrm{e}^{-0.3s}}{7s+1} \\ -\dfrac{2.8\mathrm{e}^{-1.8s}}{9.5s+1} & \dfrac{4.3\mathrm{e}^{-0.35s}}{9.2s+1}\end{bmatrix}, \ \boldsymbol{Q}(s)=\begin{bmatrix}1 & 6.5 \\ \dfrac{2.8(9.2s+1)\mathrm{e}^{-1.45s}}{4.3(9.5s+1)} & \mathrm{e}^{-0.7s}\end{bmatrix}$$

如果为其设计的多变量PID控制器模型为[72]

$$\boldsymbol{G}_c(s)=\begin{bmatrix}0.2612+\dfrac{0.1339}{s}-1.8748s & -0.0767-\dfrac{0.0322}{s}+0.7804s \\ 0.1540+\dfrac{0.0872}{s}-1.1404s & -0.0072-\dfrac{0.0050}{s}+0.1264s\end{bmatrix}$$

且系统为单位负反馈结构,试求出输入到输出信号之间的总LTI模型。

18 考虑典型闭环的2×2多变量系统。如果开环传递函数为$\boldsymbol{G}(s)$,反馈模型为$\boldsymbol{I}$,试证明闭环模型可以由下面两种情况计算:

$$\big(\boldsymbol{I}+\boldsymbol{G}(s)\big)^{-1}\boldsymbol{G}(s)\equiv\boldsymbol{G}(s)\big(\boldsymbol{I}+\boldsymbol{G}(s)\big)^{-1}$$

试用下面的开环传递函数矩阵$\boldsymbol{G}(s)$检验上面的结论。

$$\boldsymbol{G}(s)=\begin{bmatrix}\dfrac{1}{s+1} & \dfrac{1}{s+2} \\ \dfrac{1}{s+3} & \dfrac{1}{s+4}\end{bmatrix}$$

19 已知系统的框图如图4-21所示,试推导出从输入信号$r(t)$到输出信号$y(t)$的总系统模型。

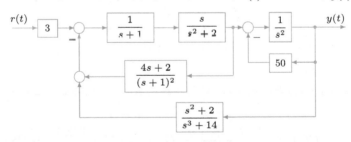

图4-21 习题19系统结构图

20 已知系统的框图如图4-22所示,试推导出从输入信号$r(t)$到输出信号$y(t)$的总系统模型。

21 某双闭环直流电机控制系统如图4-23所示,请按照结构图化简的方式求出系统的总模型,并得出相应的状态方程模型。如果先将各个子传递函数转换成状态方程模型,再进行上述化简,得出系统的状态方程模型与上述的结果一致吗?

22 已知传递函数模型

$$G(s)=\dfrac{(s+1)^2(s^2+2s+400)}{(s+5)^2(s^2+3s+100)(s^2+3s+2500)}$$

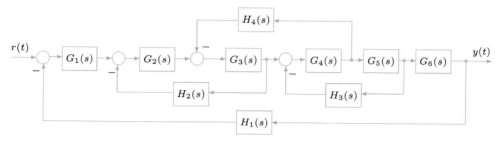

图 4-22 习题 20 系统结构图

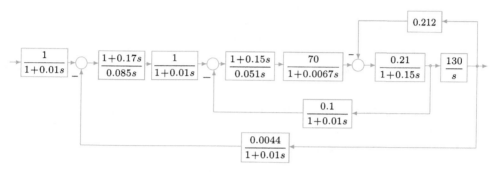

图 4-23 习题 21 直流电机拖动系统的结构图

在不同采样周期 $T = 0.01, 0.1$ 和 $T = 1\text{s}$ 下对其进行离散化,比较原系统的阶跃响应与各离散系统的阶跃响应曲线。提示:后面将介绍,如果已知系统模型为 G,则用 $\text{step}(G)$ 即可绘制出其阶跃响应曲线。

23 由下面的控制系统传递函数模型写出状态方程实现的可控标准型和可观测标准型。

$$G(s) = \frac{0.2(s+2)}{s(s+0.5)(s+0.8)(s+3) + 0.2(s+2)}$$

24 假定系统的状态方程模型由下面给出,请检验是否这些模型是最小实现,如果不是最小实现,则从传递函数的角度解释为什么该模型不是最小实现。

1) $A = \begin{bmatrix} -9 & -26 & -24 & 0 \\ 1 & 0 & 0 & 0 \\ 0 & 1 & 0 & 0 \\ 0 & 1 & 1 & -1 \end{bmatrix}$, $B = \begin{bmatrix} 1 \\ 0 \\ 0 \\ 0 \end{bmatrix}$, $C = [0, 1, 1, 2]$

2) $G(s) = \dfrac{2s^2 + 18s + 16}{s^4 + 10s^3 + 35s^2 + 50s + 24}$

25 已知下列各个高阶系统传递函数模型,试求出能较好近似该模型性能的降阶模型。

1) $G(s) = \dfrac{10 + 3s + 13s^2 + 3s^2}{1 + s + 2s^2 + 1.5s^3 + 0.5s^4}$

2) $G(s) = \dfrac{10s^3 - 60s^2 + 110s + 60}{s^4 + 17s^2 + 82s^2 + 130s + 100}$

3) $G(s) = \dfrac{1 + 0.4s}{1 + 2.283s + 1.875s^2 + 0.7803s^3 + 0.125s^4 + 0.0083s^5}$

26 已知某受控对象模型为

$$G(s) = \frac{1}{(s+1)(0.2s+1)(0.04s+1)(0.008s+1)}$$

试用一阶带有时间延迟的模型 $G_{\text{r}}(s) = k\mathrm{e}^{-Ls}/(Ts+1)$ 去逼近它。

27 已知一个离散时间系统的输入输出数据在表4-4中给出,用最小二乘法辨识出系统的脉冲传递函数模型。

表4-4 系统输入输出数据

i	u_i	y_i	i	u_i	y_i	i	u_i	y_i
1	0.9103	0	9	0.9910	54.5252	17	0.6316	62.1589
2	0.7622	18.4984	10	0.3653	65.9972	18	0.8847	63.0000
3	0.2625	31.4285	11	0.2470	62.9181	19	0.2727	68.6356
4	0.0475	32.3228	12	0.9826	57.5592	20	0.4364	60.8267
5	0.7361	28.5690	13	0.7227	67.6080	21	0.7665	57.1745
6	0.3282	39.1704	14	0.7534	70.7397	22	0.4777	60.5321
7	0.6326	39.8825	15	0.6515	73.7718	23	0.2378	57.3803
8	0.7564	46.4963	16	0.0727	74.0165	24	0.2749	49.6011

28 已知某连续系统的阶跃响应数据由表4-5给出,且已知系统为二阶系统,其阶跃响应的曲线原型为 $y(t) = x_1 + x_2 \mathrm{e}^{-x_4 t} + x_3 \mathrm{e}^{-x_5 t}$,试用第3章中介绍的曲线最小二乘拟合算法拟合出 x_i 参数,从而拟合出系统的传递函数模型。

表4-5 系统的阶跃响应数据

t	$y(t)$	t	$y(t)$	t	$y(t)$	t	$y(t)$	t	$y(t)$	t	$y(t)$
0	0	1.6	0.2822	3.2	0.3024	4.8	0.3145	6.4	0.3218	8	0.3263
0.1	0.08324	1.7	0.2839	3.3	0.3034	4.9	0.315	6.5	0.3222	8.1	0.3265
0.2	0.1404	1.8	0.2855	3.4	0.3043	5	0.3156	6.6	0.3225	8.2	0.3267
0.3	0.1798	1.9	0.287	3.5	0.3051	5.1	0.3161	6.7	0.3228	8.3	0.3269
0.4	0.2072	2	0.2885	3.6	0.306	5.2	0.3166	6.8	0.3231	8.4	0.3271
0.5	0.2265	2.1	0.2899	3.7	0.3068	5.3	0.3172	6.9	0.3235	8.5	0.3273
0.6	0.2402	2.2	0.2912	3.8	0.3076	5.4	0.3176	7	0.3238	8.6	0.3275
0.7	0.2501	2.3	0.2925	3.9	0.3084	5.5	0.3181	7.1	0.324	8.7	0.3277
0.8	0.2574	2.4	0.2937	4	0.3092	5.6	0.3186	7.2	0.3243	8.8	0.3278
0.9	0.2629	2.5	0.2949	4.1	0.3099	5.7	0.319	7.3	0.3246	8.9	0.328
1	0.2673	2.6	0.2961	4.2	0.3106	5.8	0.3195	7.4	0.3249	9	0.3282
1.1	0.2708	2.7	0.2973	4.3	0.3113	5.9	0.3199	7.5	0.3251	9.1	0.3283
1.2	0.2737	2.8	0.2983	4.4	0.312	6	0.3203	7.6	0.3254	9.2	0.3285
1.3	0.2762	2.9	0.2994	4.5	0.3126	6.1	0.3207	7.7	0.3256	9.3	0.3286
1.4	0.2784	3	0.3004	4.6	0.3133	6.2	0.3211	7.8	0.3258	9.4	0.3288
1.5	0.2804	3.1	0.3014	4.7	0.3139	6.3	0.3214	7.9	0.3261	9.5	0.3289

第5章 线性控制系统的计算机辅助分析

如果建立起了系统的数学模型,就可以对系统的性质进行分析了。对线性系统来说,最重要的性质是其稳定性,此外状态方程模型的可控性和可观测性都是比较重要的指标,本章第5.1节将对这些性质及相关内容介绍定性分析方法,并对第4章介绍的状态方程实现方法进行扩充,介绍系统的可控性、可观测性阶梯标准型及多变量系统的Leunberger标准型。第5.2和5.3两节介绍线性系统的时域分析方法,首先介绍基于传递函数部分分式展开的解析解分析方法,再介绍基于状态方程系统的自治化方法及解析解法,最后介绍各种常见输入,如阶跃响应、脉冲响应及任意给定输入下的系统时域响应分析的数值解法。第5.4节将介绍系统的根轨迹分析方法,并介绍其关键的临界增益的求取方法与稳定性分析方法等。第5.5节将介绍系统的频域分析方法,对单变量系统来说将介绍用MATLAB语言如何绘制系统的Bode图、Nyquist图及Nichols图等,介绍稳定性分析的间接方法,并进行幅值相位裕量的分析,对多变量将介绍逆Nyquist阵列的分析方法。通过本章的介绍,读者将能对已知的线性系统模型进行比较全面的分析,为后面介绍的控制系统设计打下较好的基础。

5.1 线性系统定性分析

在系统特性研究中,系统的稳定性是最重要的指标,如果系统稳定,则可以进一步分析系统的其他性能,如果系统不稳定,系统则不能直接应用,必须引入控制器使之稳定。本节首先介绍系统稳定性的判定方法,然后介绍可控性和可观测性等系统性质的分析,并介绍其他的各种标准型实现。

5.1.1 线性系统稳定性分析

考虑连续线性系统的状态方程模型

$$\begin{cases} \dot{\boldsymbol{x}}(t) = \boldsymbol{A}\boldsymbol{x}(t) + \boldsymbol{B}\boldsymbol{u}(t) \\ \boldsymbol{y}(t) = \boldsymbol{C}\boldsymbol{x}(t) + \boldsymbol{D}\boldsymbol{u}(t) \end{cases} \tag{5-1-1}$$

在某有界信号 $\boldsymbol{u}(t)$ 的激励下,其状态变量的解析解可以表示成

$$\boldsymbol{x}(t) = \mathrm{e}^{\boldsymbol{A}(t-t_0)}\boldsymbol{x}(t_0) + \int_{t_0}^{t} \mathrm{e}^{\boldsymbol{A}(t-\tau)}\boldsymbol{B}\boldsymbol{u}(\tau)\mathrm{d}\tau \tag{5-1-2}$$

可见,若想使得系统的状态变量 $\boldsymbol{x}(t)$ 有界,则要求系统的状态转移矩阵 $\mathrm{e}^{\boldsymbol{A}t}$ 有界,亦即

A 矩阵的所有特征根的实部均为负数。因此可以得出结论:连续系统稳定的前提条件是系统状态方程中 A 矩阵的特征根均有负实部。由控制理论可知,系统 A 的特征根和系统的极点是完全一致的,所以若能获得系统的极点,也可以立即判定系统的稳定性。

在控制理论发展初期,由于没有直接可用的计算机软件能求取高阶多项式的根,所以无法由求根的方法直接判定系统的稳定性,故出现了各种各样的间接方法。例如,在控制理论中著名的 Routh 判据[5]、Hurwitz 判据[6] 和判定一般非线性系统的 Lyapunov 判据等。对线性系统来说,既然现在有了类似 MATLAB 这样的语言,直接获得系统特征根是轻而易举的事,所以,判定连续线性系统稳定性就没有必要再使用间接方法了。

在 MATLAB 控制系统工具箱中,求取一个 LTI 系统特征根只需用 `eig(G)` 函数即可,不论系统的模型 G 是传递函数、状态方程还是零极点模型,也不论系统的是连续或离散的。这就使得系统的稳定性判定变得十分容易。当然,对连续系统而言,若含有内部延迟,这样的方法是不能求出全部零极点的。另外,前章介绍的 `pzmap(G)` 函数能用图形的方式绘制出系统所有特征根在 s-复平面上的位置,所以判定连续系统是否稳定只需看一下系统所有极点在 s-复平面上是否均位于虚轴左侧即可。

再考虑离散状态方程模型

$$\begin{cases} \boldsymbol{x}[(k+1)T] = \boldsymbol{F}\boldsymbol{x}(kT) + \boldsymbol{G}\boldsymbol{u}(kT) \\ \boldsymbol{y}(kT) = \boldsymbol{C}\boldsymbol{x}(kT) + \boldsymbol{D}\boldsymbol{u}(kT) \end{cases} \tag{5-1-3}$$

其状态变量的解析解为

$$\boldsymbol{x}(kT) = \boldsymbol{F}^k\boldsymbol{x}(0) + \sum_{i=0}^{k-1} \boldsymbol{F}^{k-i-1}\boldsymbol{G}\boldsymbol{u}(iT) \tag{5-1-4}$$

可见,若使得系统的状态变量 $\boldsymbol{x}(kT)$ 有界,则要求系统的指数矩阵 $\boldsymbol{F}^k$ 有界,亦即 $\boldsymbol{F}$ 矩阵的所有特征根的模均小于1。因此可以得出结论:离散系统稳定的前提条件是系统状态方程中 $\boldsymbol{F}$ 矩阵所有的特征根的模均小于1,或系统所有的特征根均位于单位圆内,这就是离散系统稳定性的判定条件。`abs(eig(G))` 命令可以求出离散系统所有特征根的模。如果有大于1的模,则系统不稳定。

在 MATLAB 这样的工具出现之前,由于很难求出该矩阵的特征根,所以出现了判定离散系统稳定的 Jury 判据,其构造比连续系统判定的 Routh 表更复杂。同样,有了 MATLAB 这样强有力的计算工具,可以用直接方法求出系统的特征根,观察其位置是否位于单位圆内就可用直接判定离散系统的稳定性,同样还能用 `pzmap(G)` 命令在复平面上绘制系统所有的零极点位置,用图示的方法也可以立即判定离散系统的稳定性,故而没有必要再用复杂的间接方法去判定稳定性了。

更简单地,可以用 `key=isstable(G)` 来直接判定,其中 G 是任意形式的 LTI 模型,如果返回的 `key` 为1,则系统稳定,否则不稳定。

例5-1 假设有高阶开环系统的传递函数

$$G(s) = \frac{10s^4 + 50s^3 + 100s^2 + 100s + 40}{s^7 + 21s^6 + 184s^5 + 870s^4 + 2384s^3 + 3664s^2 + 2496s}$$

则可以通过下面的 MATLAB 语句输入系统的开环模型,再判定系统的稳定性。

```
>> num=[10 50 100 100 40];
   den=[1,21 184 870 2384 3664 2496 0]; G=tf(num,den);
   G1=feedback(G,1); eig(G1) %方法一:极点显示
   pzmap(G1)                  %方法二:零极点分布方法
   isstable(G1)               %方法三:直接问答方法
```

这里采用了三种方法判定系统的稳定性,这样得出的系统极点为 -6.9223, -3.6502 ± 2.3020j, -2.0633 ± 1.7923j, -2.6349, -0.0158。可见所有系统的特征根均有负实部,所以系统是稳定的。闭环系统零极点如图 5-1a 所示。isstable() 函数返回的值也是 1,所以,三种方法得出的结论是一致的。

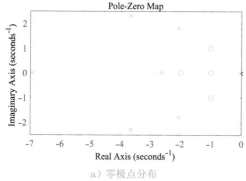
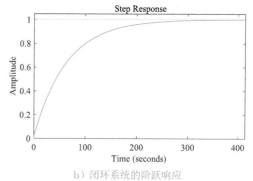

a) 零极点分布　　　　　　　　　　　　b) 闭环系统的阶跃响应

图 5-1　闭环系统的稳定性分析

其实,虽然所有闭环极点均位于左半 s-平面,但它们离虚轴的远近有很大差异。可以看出,位于 -0.0158 处的极点比其他极点离虚轴近得多,所以,该极点是系统的主导极点。由此可以断定,整个高阶系统的阶跃响应接近于一阶系统的响应(即指数曲线)。由下面语句也可以绘制闭环系统的阶跃响应曲线,如图 5-1b 所示。可见,闭环系统的阶跃响应确实接近于一阶系统。这样的结论在 Routh 判据等间接方法下是不能得出的。

```
>> step(G1)  %绘制闭环系统的阶跃响应
```

由于传统观念的影响,很多控制理论教科书认为直接求取高阶系统特征根是件困难的事[54]。其实,从科学计算现有的发展水平看,直接求取高阶系统特征根远比建立 Routh 表或 Jury 表容易得多,况且 Routh 表、Jury 表本身也是工具。同样是借助工具,当然应该使用更直观、有效的方法进行稳定性分析,而没有必要再从最底层分析系统的稳定性。此外,如果使用 Routh 表这样的工具,绝大多数的使用者都不知道为什么 Routh 表第一列是否变号与系统稳定性之间的必然联系。所以,这样间接方法的使用者往往知其然,不知其所以然。而使用直接判定方法时,由于系统特征根分布与稳定性之间的关系是明确的,所以稳定性的直接判定是知其然,也知其所以然。

例 5-2　假设离散系统的受控对象传递函数为

$$G(z) = \frac{6z^2 - 0.6z - 0.12}{z^4 - z^3 + 0.25z^2 + 0.25z - 0.125}$$

且已知控制器模型为 $G_c(z) = 0.3(z-0.6)/(z+0.8)$,试分析单位负反馈下闭环系统的稳定性。

先输入系统的模型并得出闭环系统模型,然后同样使用三种方法判定系统的稳定性。

```
>> den=[1 -1 0.25 0.25 -0.125];
   num=[6 -0.6 -0.12]; G=tf(num,den,'Ts',0.1);
   z=tf('z','Ts',0.1); Gc=0.3*(z-0.6)/(z+0.8); G1=feedback(G*Gc,1);
   pzmap(G1), eig(G1), abs(ans), isstable(G1) % 尝试三种方法
```

这样得出离散闭环系统的极点为 $-0.1954 \pm 1.1479j, 0.5536, 0.0186 \pm 0.3227j$,前两个极点的模均大于 1,如图 5-2 所示,均位于单位圆外,所以可以判定该闭环系统是不稳定的。

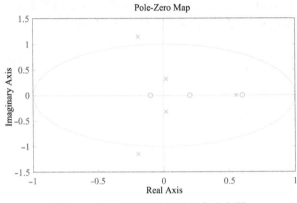

图 5-2　闭环离散系统的零极点分布图

如果不采用直接方法,而采用像 Routh 和 Jury 这样的间接判据,则除了系统稳定与否这一判定结论之外,不能得到任何其他的信息。但若采用了直接判定的方法,除了能获得稳定性的信息外,还可以立即看出零极点分布,从而对系统的性能有一个更好的了解。例如,对连续系统来说,如果存在距离虚轴特别近的复极点,则可能会使得系统有很强的振荡,对离散系统来说,如果复极点距单位圆较近,也可能得出较强的振荡,这样的稳定性判定用间接判据是不可能得出的。从这个方面可以看出直接方法和间接方法相比存在的优越性。

5.1.2　线性系统的线性相似变换

前面已经介绍过,由于可以选择不同的状态变量,故系统的状态方程实现将不同,这里将研究这些状态方程之间的关系。

假设存在一个非奇异矩阵 $\boldsymbol{T}$,且定义了一个新的状态变量向量 $\boldsymbol{z}$,使得 $\boldsymbol{z} = \boldsymbol{T}^{-1}\boldsymbol{x}$,则关于新状态变量 $\boldsymbol{z}$ 的状态方程模型可以写成

$$\begin{cases} \dot{\boldsymbol{z}}(t) = \boldsymbol{A}_{\mathrm{t}}\boldsymbol{z}(t) + \boldsymbol{B}_{\mathrm{t}}\boldsymbol{u}(t) \\ \boldsymbol{y}(t) = \boldsymbol{C}_{\mathrm{t}}\boldsymbol{z}(t) + \boldsymbol{D}_{\mathrm{t}}\boldsymbol{u}(t) \end{cases} \quad \text{且} \boldsymbol{z}(0) = \boldsymbol{T}^{-1}\boldsymbol{x}(0) \tag{5-1-5}$$

其中

$$\boldsymbol{A}_{\mathrm{t}} = \boldsymbol{T}^{-1}\boldsymbol{A}\boldsymbol{T}, \ \boldsymbol{B}_{\mathrm{t}} = \boldsymbol{T}^{-1}\boldsymbol{B}, \ \boldsymbol{C}_{\mathrm{t}} = \boldsymbol{C}\boldsymbol{T}, \ \boldsymbol{D}_{\mathrm{t}} = \boldsymbol{D} \tag{5-1-6}$$

在矩阵 $\boldsymbol{T}$ 下的状态变换称为相似性变换,而 $\boldsymbol{T}$ 又称为变换矩阵。

控制系统工具箱中提供了 ss2ss() 来完成状态方程模型的相似性变换,该函数的调用格式为 G_1=ss2ss(G,T),其中,G 为原始的状态方程模型,$\boldsymbol{T}$ 为变换矩阵,在 $\boldsymbol{T}$ 下的变换

结果由 G_1 变量返回。注意，在本函数调用中输入和输出的变量都是状态方程对象，而不可以是其他对象。

例 5-3 在实际应用中，变换矩阵 $\boldsymbol{T}$ 可以任意选择，只要它为非奇异矩阵即可。假设已知系统的状态方程模型为

$$\begin{cases} \dot{\boldsymbol{x}}(t) = \begin{bmatrix} 0 & 1 & 0 & 0 \\ 0 & 0 & 1 & 0 \\ 0 & 0 & 0 & 1 \\ -24 & -50 & -35 & -10 \end{bmatrix} \boldsymbol{x}(t) + \begin{bmatrix} 0 \\ 0 \\ 0 \\ 1 \end{bmatrix} u(t) \\ y(t) = [\, 24, \ 7, \ 1, \ 0 \,] \boldsymbol{x}(t) \end{cases}$$

若选择一个反对角矩阵，使得反对角线上的元素均为 1，而其余元素都为 0，则在这一变换矩阵下新的状态方程模型可以由下面的 MATLAB 语句得出：

```
>> A=[0 1 0 0; 0 0 1 0; 0 0 0 1; -24 -50 -35 -10];
   G1=ss(A,[0;0;0;1],[24 24 7 1],0); %系统状态方程模型
   T=fliplr(eye(4)); G2=ss2ss(G1,T)  %系统的线性相似变换结果
```

这样得出系统的新状态方程模型为

$$\begin{cases} \dot{\boldsymbol{z}}(t) = \begin{bmatrix} -10 & -35 & -50 & -24 \\ 1 & 0 & 0 & 0 \\ 0 & 1 & 0 & 0 \\ 0 & 0 & 1 & 0 \end{bmatrix} \boldsymbol{z}(t) + \begin{bmatrix} 1 \\ 0 \\ 0 \\ 0 \end{bmatrix} u(t) \\ y(t) = [1, \ 7, \ 24, \ 24] \boldsymbol{z}(t) \end{cases}$$

事实上，这样得出的状态方程模型即为类似于很多教科书[73]中定义的可控标准型，下面还要更一般性地叙述这种形式。

5.1.3 线性系统的可控性分析

线性系统的可控性和可观测性是基于状态方程的控制理论的基础，可控性和可观测性的概念是 Kalman 于 1960 年提出的[15]，这些性质为系统的状态反馈设计、观测器的设计等提供了有力依据。假设系统由状态方程 $(\boldsymbol{A}, \boldsymbol{B}, \boldsymbol{C}, \boldsymbol{D})$ 给出，对任意的初始时刻 t_0，如果状态空间中任一状态 $x_i(t)$ 可以从初始状态 $x_i(t_0)$ 处，由有界的输入信号 $\boldsymbol{u}(t)$ 驱动，在有限时间 t_n 内能够到达任意预先指定的状态 $x_i(t_n)$，则称此状态是可控的。如果系统中所有的状态都是可控的，则称该系统为完全可控的系统。

通俗来说，系统的可控性就是指系统内部的状态是否可以由外部输出信号控制的性质，对线性时不变系统来说，如果系统某个状态可控，则可以由外部信号任意控制。

1. 线性系统的可控性判定

可以构造起一个可控性判定矩阵

$$\boldsymbol{T}_{\mathrm{c}} = \begin{bmatrix} \boldsymbol{B}, \boldsymbol{A}\boldsymbol{B}, \boldsymbol{A}^2\boldsymbol{B}, \cdots, \boldsymbol{A}^{n-1}\boldsymbol{B} \end{bmatrix} \tag{5-1-7}$$

若矩阵 $\boldsymbol{T}_{\mathrm{c}}$ 是满秩矩阵，则系统称为完全可控的。如果该矩阵不是满秩矩阵，则它的秩为系统的可控状态的个数。在 MATLAB 下求一个矩阵的秩是再容易不过的事，如果已知矩阵为 $\boldsymbol{T}$，则用 MATLAB 提供的可靠算法用 `rank(`$\boldsymbol{T}$`)` 即可求出矩阵的秩。再将得出的秩和系统状

态变量的个数相比较,就可以判定系统的可控性。

构造系统的可控性判定矩阵用 MATLAB 也很容易,用 T_c=ctrb(A, B) 函数就可以立即建立起可控性判定矩阵 T_c。其实用最底层的 MATLAB 命令也可以直接建立可控性判定矩阵。下面将通过例子来演示系统可控性判定矩阵建立和系统可控性判定的问题。

例5-4 给定系统状态方程模型

$$x[(k+1)T] = \begin{bmatrix} -2.2 & -0.7 & 1.5 & -1 \\ 0.2 & -6.3 & 6 & -1.5 \\ 0.6 & -0.9 & -2 & -0.5 \\ 1.4 & -0.1 & -1 & -3.5 \end{bmatrix} x(kT) + \begin{bmatrix} 6 & 9 \\ 4 & 6 \\ 4 & 4 \\ 8 & 4 \end{bmatrix} u(kT)$$

可以通过下面的 MATLAB 语句将系统的 A 和 B 矩阵输入 MATLAB 的工作空间,这样就可以用下面的语句直接判定系统的可控性。

```
>> A=[-2.2,-0.7,1.5,-1; 0.2,-6.3,6,-1.5;
    0.6,-0.9,-2,-0.5; 1.4,-0.1,-1,-3.5];
  B=[6,9; 4,6; 4,4; 8,4]; Tc=ctrb(A,B) %输入A、B矩阵并得出判定矩阵
  Tc1=[B,A*B, A^2*B,A^3*B]; %或用直接方法建立可控性判定矩阵
  rank(Tc)                  %判定系统的可控性,因为秩为3,所以系统不可控
```

可以得出可控性判定矩阵为

$$T_c = \begin{bmatrix} 6 & 9 & -18 & -22 & 54 & 52 & -162 & -118 \\ 4 & 6 & -12 & -18 & 36 & 58 & -108 & -202 \\ 4 & 4 & -12 & -10 & 36 & 26 & -108 & -74 \\ 8 & 4 & -24 & -6 & 72 & 2 & -216 & 34 \end{bmatrix}$$

该长方形矩阵手工求秩很烦琐,而用 MATLAB 可以轻而易举地求出其秩为3,表明该矩阵是非满秩矩阵,所以原系统是不可控的。

系统完全可控的另一种判定方式是,系统的可控 Gram 矩阵为非奇异矩阵。系统的可控 Gram 矩阵由下式定义:

$$L_c = \int_0^\infty e^{-At} BB^T e^{-A^T t} dt \tag{5-1-8}$$

当然,看起来求解系统的可控 Gram 矩阵也并非简单的事。可以证明,系统的可控 Gram 矩阵为对称矩阵,是下面的 Lyapunov 方程的解:

$$AL_c + L_c A^T = -BB^T \tag{5-1-9}$$

在 MATLAB 环境中用 L_c=lyap$(A, B*B')$ 命令就能直接求出 Lyapunov 方程的解,如果调用该函数不能求出方程的解,则该系统不完全可控。控制系统的可控 Gram 矩阵还可以由 G_c=gram$(G,'c')$ 直接求出来。离散系统的 Gram 矩阵是离散 Lyapunov 方程的解,但在 MATLAB 程序调用中没有区别。

例5-5 考虑下面的离散系统模型:

$$G(z) = \frac{0.3124z^3 - 0.5743z^2 + 0.3879z - 0.0889}{z^4 - 3.233z^3 + 3.9869z^2 - 2.2209z + 0.4723}$$

且已知系统的采样周期为 $T = 0.1\,\mathrm{s}$,则可以用下面的语句将其输入 MATLAB 工作空间,并通过函数调用直接求出系统的可控 Gram 矩阵。

```
>> num=[0.3124 -0.5743 0.3879 -0.0889];
   den=[1 -3.233 3.9869 -2.2209 0.4723];
   G=tf(num,den,'Ts',0.1);   % 输入系统的离散传递函数模型
   Lc=gram(ss(G),'c')         % 先获得状态方程模型,再求可控 Gram 矩阵
```

系统的可控 Gram 矩阵为

$$L_c = \begin{bmatrix} 3729.4281 & 7331.5292 & 6960.3434 & 3187.7043 \\ 7331.5292 & 14917.7123 & 14663.0584 & 6960.3434 \\ 6960.3434 & 14663.0584 & 14917.7123 & 7331.5292 \\ 3187.7043 & 6960.3434 & 7331.5292 & 3729.4281 \end{bmatrix}$$

2. Luenberger 标准型

多变量系统的一种重要的可控标准型实现是 Luenberger 标准型,其具体实现方法是,构造可控性判定矩阵,并按照下面的顺序构成一个矩阵 S [74]:

$$S = \begin{bmatrix} b_1, Ab_1, \cdots, A^{\sigma_1-1}b_1, b_2, \cdots, A^{\sigma_2-1}b_2, \cdots, A^{\sigma_p-1}b_p \end{bmatrix} \tag{5-1-10}$$

其中,σ_i 是能保证前面各列线性无关的最大指数值,亦即最大可控性指数,取该矩阵的前 n 列就可以构成一个 $n \times n$ 的方阵 L。如果这样构成的满秩矩阵不足 n 列,亦即多变量系统不是完全可控,则可以在后面补足能够使得 L 为满秩方阵的列,可以通过添补随机数的方式构造该矩阵。该矩阵求逆,则可以按照如下的方式提取出相关各行:

$$L^{-1} = \begin{bmatrix} l_1^T \\ \vdots \\ l_{\sigma_1}^T \\ \vdots \\ l_{\sigma_1+\sigma_2}^T \\ \vdots \end{bmatrix} \begin{matrix} \\ \\ \leftarrow \text{提取此行} \\ \\ \leftarrow \text{提取此行} \\ \end{matrix} \tag{5-1-11}$$

则可以依照下面的方法构造出变换矩阵逆阵 T^{-1}:

$$T^{-1} = \begin{bmatrix} l_{\sigma_1}^T \\ \vdots \\ l_{\sigma_1}^T A^{\sigma_1-1} \\ \vdots \\ l_{\sigma_1+\sigma_2}^T A^{\sigma_2-1} \\ \vdots \end{bmatrix} \tag{5-1-12}$$

通过变换矩阵 T 对原系统进行相似变换,即可以得出 Luenberger 标准型。前面介绍的方法很适合用 MATLAB 语言直接实现,根据算法,可以编写出如下的函数来生成变换矩阵 T,调用格式为 $T=\texttt{luenberger}(A, B)$。

```
function T=luenberger(A,B)
n=size(A,1); p=size(B,2); S=[]; sigmas=[]; k=1;
for i=1:p
    for j=0:n-1, S=[S,A^j*B(:,i)];
        if rank(S)==k, k=k+1;
        else, sigmas(i)=j-1; S=S(:,1:end-1); break; end
```

```
      end
      if k>n, break; end
   end
   k=k-1; %如果不是完全可控,则用随机数补足满秩矩阵
   if k<n
      while rank(S)~=n, S(:,k+1:n)=rand(n,n-k); end
   end
   L=inv(S); iT=[];
   for i=1:p
      for j=0:sigmas(i), iT=[iT; L(i+sum(sigmas(1:i)),:)*A^j]; end
   end
   if k<n, iT(k+1:n,:)=L(k+1:end,:); end    %不可控时补足满秩矩阵
   T=inv(iT);                               %构造变换矩阵
```

例 5-6   考虑下面给出的状态方程模型

$$\dot{\boldsymbol{x}}(t) = \begin{bmatrix} 2 & 0 & 0 & 0 \\ 0 & 3 & 0 & 0 \\ 0 & 0 & 4 & 1 \\ 0 & 0 & 0 & 4 \end{bmatrix} \boldsymbol{x}(t) + \begin{bmatrix} 2 & 0 \\ 4 & 0 \\ 1 & 0 \\ 0 & 1 \end{bmatrix} \boldsymbol{u}(t)$$

用前面编写的 luenberger() 函数可以建立起 Luenberger 标准型变换矩阵,最终获得系统的 Leunberger 标准型。

```
>> A=[2 0 0 0; 0 3 0 0; 0 0 4 1; 0 0 0 4]; B=[2,0; 4,0; 1,0; 0,1];
   T=luenberger(A,B)              % 获得 Luenberger 变换矩阵
   A1=inv(T)*A*T, B1=inv(T)*B     % 对系统进行变换,即可得出此标准型
```

则变换矩阵和变换后状态方程分别为

$$\boldsymbol{T} = \begin{bmatrix} 24 & -14 & 2 & -1 \\ 32 & -24 & 4 & -4 \\ 6 & -5 & 1 & -1.5 \\ 0 & 0 & 0 & 1 \end{bmatrix}, \ \dot{\boldsymbol{z}}(t) = \begin{bmatrix} 0 & 1 & 0 & 0 \\ 0 & 0 & 1 & 0 \\ 24 & -26 & 9 & 1 \\ \hline 0 & 0 & 0 & 4 \end{bmatrix} \boldsymbol{z}(t) + \begin{bmatrix} 0 & 0 \\ 0 & 0.5 \\ 1 & 4 \\ 0 & 1 \end{bmatrix} \boldsymbol{u}(t)$$

3. 可控性阶梯分解

对于不完全可控的系统,还可以对之进行可控性阶梯分解,即构造一个状态变换矩阵 $\boldsymbol{T}$,就可以将系统的状态方程 $(\boldsymbol{A}, \boldsymbol{B}, \boldsymbol{C}, \boldsymbol{D})$ 变换成如下形式:

$$\boldsymbol{A}_{\mathrm{c}} = \begin{bmatrix} \widehat{\boldsymbol{A}}_{\bar{\mathrm{c}}} & \boldsymbol{0} \\ \widehat{\boldsymbol{A}}_{21} & \widehat{\boldsymbol{A}}_{\mathrm{c}} \end{bmatrix}, \ \boldsymbol{B}_{\mathrm{c}} = \begin{bmatrix} \boldsymbol{0} \\ \widehat{\boldsymbol{B}}_{\mathrm{c}} \end{bmatrix}, \ \boldsymbol{C}_{\mathrm{c}} = \begin{bmatrix} \widehat{\boldsymbol{C}}_{\bar{\mathrm{c}}}, \widehat{\boldsymbol{C}}_{\mathrm{c}} \end{bmatrix} \tag{5-1-13}$$

该形式称为系统的可控阶梯分解形式,这样就可以将系统的可控子空间 $(\widehat{\boldsymbol{A}}_{\mathrm{c}}, \widehat{\boldsymbol{B}}_{\mathrm{c}}, \widehat{\boldsymbol{C}}_{\mathrm{c}})$ 与不可控子空间 $(\widehat{\boldsymbol{A}}_{\bar{\mathrm{c}}}, \boldsymbol{0}, \widehat{\boldsymbol{C}}_{\bar{\mathrm{c}}})$ 直接分离出来。构造这样的变换矩阵不是简单的事,好在可以借用 MATLAB 中的现成函数对状态方程模型进行这样的阶梯分解:

$$[A_{\mathrm{c}}, B_{\mathrm{c}}, C_{\mathrm{c}}, T_{\mathrm{c}}] = \mathrm{ctrbf}(A, B, C)$$

该函数可以自动生成相似变换矩阵 $\boldsymbol{T}_{\mathrm{c}}$,将原系统模型直接变换成可控性阶梯分解模型。如果原来系统的状态方程模型是完全可控的,则此分解不必进行。

例 5-7   考虑例 5-4 中给出的不完全可控的系统模型,可以通过下面的语句对其进行分解,

得出可控性阶梯分解形式。

```
>> A=[-2.2,-0.7,1.5,-1; 0.2,-6.3,6,-1.5;
      0.6,-0.9,-2,-0.5; 1.4,-0.1,-1,-3.5];
   B=[6,9; 4,6; 4,4; 8,4]; C=[1 2 3 4];
   [Ac,Bc,Cc,Tc]=ctrbf(A,B,C) % 获得系统的可控阶梯形式
```

这样得出的阶梯系统和变换矩阵为

$$
\boldsymbol{x}[(k+1)T] = \begin{bmatrix} -4 & 0 & 0 & 0 \\ -4.638 & -3.823 & -0.5145 & -0.127 \\ -3.637 & 0.1827 & -3.492 & -0.1215 \\ -4.114 & -1.888 & 1.275 & -2.685 \end{bmatrix} \boldsymbol{x}(kT) + \begin{bmatrix} 0 & 0 \\ 0 & 0 \\ 2.754 & -2.575 \\ -11.15 & -11.93 \end{bmatrix} \boldsymbol{u}(kT)
$$

$$
\boldsymbol{T}_{\mathrm{c}} = \begin{bmatrix} -0.0915 & -0.3202 & 0.9148 & -0.2287 \\ 0.5883 & -0.7814 & -0.202 & 0.0505 \\ -0.4676 & -0.3117 & 0.0505 & 0.8256 \\ -0.6534 & -0.4356 & -0.3461 & -0.5134 \end{bmatrix}
$$

5.1.4　线性系统的可观测性分析

假设系统由状态方程 $(\boldsymbol{A}, \boldsymbol{B}, \boldsymbol{C}, \boldsymbol{D})$ 给出, 对任意的初始时刻 t_0, 如果状态空间中任一状态 $x_i(t)$ 在任意有限时刻 t_{n} 的状态 $x_i(t_{\mathrm{n}})$ 可以由输出信号在这一时间区间内 $t \in [t_0, t_{\mathrm{n}}]$ 的值精确地确定出来, 则称此状态是可观测的。如果系统中所有的状态都是可观测的, 则称该系统为完全可观测的系统。

类似于系统的可控性, 系统的可观测性就是指系统内部的状态是不是可以由系统输出信号重建起来的性质, 对线性时不变系统来说, 如果系统某个状态可观测, 则可以由输入输出信号重建出来。

从定义判定系统的可观测性是很烦琐的, 可以构造起一个可观测性判定矩阵

$$
\boldsymbol{T}_{\mathrm{o}} = \begin{bmatrix} \boldsymbol{C} \\ \boldsymbol{CA} \\ \boldsymbol{CA}^2 \\ \vdots \\ \boldsymbol{CA}^{n-1} \end{bmatrix} \tag{5-1-14}
$$

由控制理论可知, 系统的可观测性问题和系统的可控性问题是对偶关系, 若想研究系统 $(\boldsymbol{A}, \boldsymbol{C})$ 的可观测性问题, 可以将其转换成研究 $(\boldsymbol{A}^{\mathrm{T}}, \boldsymbol{C}^{\mathrm{T}})$ 系统的可控性问题, 故前面所述的可控性分析的全部方法均可以扩展到系统的可观测性研究中。

当然, 可观测性分析也有自己的相应函数, 如对应于可控性的 ctrb() 和 ctrbf(), 控制系统工具箱还提供了 obsv() 和 obsvf(), 对应 gram(G,'c') 有 gram(G,'o') 等, 也可以利用这些函数直接进行可观测性分析与变换。

5.1.5　Kalman规范分解

从上面的叙述可以看出, 通过可控性阶梯分解则可以将可控子空间和不可控子空间分离出来, 同样, 进行可观测性阶梯分解则可以将可观测子空间和不可观测子空间分离出来, 这样就可能组合出 4 种子空间。如果先对系统进行可控性阶梯分解, 再对结果进行可观测性

阶梯分解，则可以得出下面的规范形式：

$$\begin{cases} \dot{\boldsymbol{z}}(t) = \begin{bmatrix} \widehat{\boldsymbol{A}}_{\bar{c},\bar{o}} & \widehat{\boldsymbol{A}}_{1,2} & \boldsymbol{0} & \boldsymbol{0} \\ \boldsymbol{0} & \widehat{\boldsymbol{A}}_{\bar{c},o} & \boldsymbol{0} & \boldsymbol{0} \\ \widehat{\boldsymbol{A}}_{3,1} & \widehat{\boldsymbol{A}}_{3,2} & \widehat{\boldsymbol{A}}_{c,\bar{o}} & \widehat{\boldsymbol{A}}_{3,4} \\ \boldsymbol{0} & \widehat{\boldsymbol{A}}_{4,2} & \boldsymbol{0} & \widehat{\boldsymbol{A}}_{c,o} \end{bmatrix} \boldsymbol{z}(t) + \begin{bmatrix} \boldsymbol{0} \\ \boldsymbol{0} \\ \widehat{\boldsymbol{B}}_{c,\bar{o}} \\ \widehat{\boldsymbol{B}}_{c,o} \end{bmatrix} \boldsymbol{u}(t) \\ \boldsymbol{y}(t) = \begin{bmatrix} \boldsymbol{0} & \widehat{\boldsymbol{C}}_{\bar{c},o} & \boldsymbol{0} & \widehat{\boldsymbol{C}}_{c,o} \end{bmatrix} \boldsymbol{z}(t) \end{cases} \tag{5-1-15}$$

其中，子空间 $(\widehat{\boldsymbol{A}}_{\bar{c},\bar{o}}, \boldsymbol{0}, \boldsymbol{0})$ 为既不可控又不可观测的子空间；$(\widehat{\boldsymbol{A}}_{\bar{c},o}, \boldsymbol{0}, \widehat{\boldsymbol{C}}_{c,\bar{o}})$ 为可控但不可观测的子空间；$(\widehat{\boldsymbol{A}}_{c,o}, \widehat{\boldsymbol{B}}_{c,\bar{o}}, \boldsymbol{0})$ 和 $(\widehat{\boldsymbol{A}}_{c,o}, \widehat{\boldsymbol{B}}_{c,o}, \widehat{\boldsymbol{C}}_{c,o})$ 分别为不可控但可观测的子空间和既可控又可观测的子空间。这样的分解又称为Kalman分解。在实际系统分析中，人们更关心的是既可控又可观测的子空间，该子空间事实上就是前面提及的最小实现模型。

5.2 线性系统时域响应解析解法

前面介绍过，线性系统的数学基础是线性微分方程和线性差分方程，它们在某些条件下是存在解析解的，这里将介绍两种线性系统的解析解方法，即基于状态方程的解析解方法和基于传递函数的解析方法，并将以典型二阶系统为例，引入后面将使用的一些概念，如阻尼比、超调量等。

5.2.1 基于状态方程的解析解方法

对于一般的输入信号来说，直接由式（5-1-2）求取系统的解析解并非很容易的事，因为其中积分项不是很好处理。如果能对状态方程进行某种变换，消去输入信号，则该方程的解析解就容易求解了。这里将对一类典型输入信号介绍状态增广的方法，将其变换为不含有输入信号的状态方程，从而直接求解原来状态方程的解析解[75]。

先考虑单位阶跃信号 $u(t) = 1(t)$，若假设有另外一个状态变量 $x_{n+1}(t) = u(t)$，则其导数为 $\dot{x}_{n+1}(t) = 0$，这样系统的状态方程可以改写为

$$\begin{bmatrix} \dot{\boldsymbol{x}}(t) \\ \dot{x}_{n+1}(t) \end{bmatrix} = \begin{bmatrix} \boldsymbol{A} & \boldsymbol{B} \\ \boldsymbol{0} & \boldsymbol{0} \end{bmatrix} \begin{bmatrix} \boldsymbol{x}(t) \\ x_{n+1}(t) \end{bmatrix} \tag{5-2-1}$$

可见，这样就把原始的状态方程转换成直接可以求解的自治系统方程了

$$\begin{cases} \dot{\widetilde{\boldsymbol{x}}}(t) = \widetilde{\boldsymbol{A}}\widetilde{\boldsymbol{x}}(t) \\ \widetilde{\boldsymbol{y}}(t) = \widetilde{\boldsymbol{C}}\widetilde{\boldsymbol{x}}(t) \end{cases} \tag{5-2-2}$$

其中，$\widetilde{\boldsymbol{x}}(t) = [\boldsymbol{x}^{\mathrm{T}}(t), x_{n+1}(t)]^{\mathrm{T}}$，其解析解比较容易求出

$$\widetilde{\boldsymbol{x}}(t) = \mathrm{e}^{\widetilde{\boldsymbol{A}}t}\widetilde{\boldsymbol{x}}(0) \tag{5-2-3}$$

对可以实现这样变换的输入信号进行扩展，则可以定义出一类典型输入信号为

$$u(t) = \sum_{i=0}^{\mathcal{K}} c_i t^i + \mathrm{e}^{d_1 t}\Big[d_2 \cos(d_4 t) + d_3 \sin(d_4 t) \Big] \tag{5-2-4}$$

引入附加状态变量 $x_{n+1} = \mathrm{e}^{d_1 t} \cos(d_4 t)$, $x_{n+2} = \mathrm{e}^{d_1 t} \sin(d_4 t)$, $x_{n+3}, \cdots, x_{n+\mathcal{K}+3}$, 通过推导, 则可以得出式 (5-2-2) 中给出的系统增广状态方程模型, 其中

$$\widetilde{\boldsymbol{A}} = \begin{bmatrix} \boldsymbol{A} & d_2\boldsymbol{B} & d_3\boldsymbol{B} & \boldsymbol{B} & \boldsymbol{0} & \cdots & \boldsymbol{0} \\ \boldsymbol{0} & \begin{matrix} d_1 & -d_4 \\ d_4 & d_1 \end{matrix} & & \boldsymbol{0} & & \\ & & \begin{matrix} 0 & 1 & \cdots & 0 \\ 0 & 0 & \cdots & 0 \\ \vdots & \vdots & & \vdots \\ 0 & 0 & \cdots & 0 \end{matrix} \\ \boldsymbol{0} & \boldsymbol{0} & & & \end{bmatrix}, \quad \widetilde{\boldsymbol{x}}(t) = \begin{bmatrix} \boldsymbol{x}(t) \\ \hline x_{n+1}(t) \\ x_{n+2}(t) \\ \hline x_{n+3}(t) \\ x_{n+4}(t) \\ \vdots \\ x_{n+m+3}(t) \end{bmatrix}, \quad \widetilde{\boldsymbol{x}}(0) = \begin{bmatrix} \boldsymbol{x}(0) \\ \hline 1 \\ 0 \\ \hline c_0 \\ c_1 \\ \vdots \\ c_m m! \end{bmatrix} \quad (5\text{-}2\text{-}5)$$

且

$$\widetilde{\boldsymbol{C}} = \begin{bmatrix} \boldsymbol{C} & | & d_2\boldsymbol{D} & d_3\boldsymbol{D} & | & \boldsymbol{D} & 0 & \cdots & 0 \end{bmatrix} \quad (5\text{-}2\text{-}6)$$

这样系统的状态方程模型的解析解为

$$\widetilde{\boldsymbol{x}}(t) = \mathrm{e}^{\widetilde{\boldsymbol{A}}t} \widetilde{\boldsymbol{x}}(0) \quad (5\text{-}2\text{-}7)$$

作者用 MATLAB 语言编写了一个函数 ss_augment(), 可以用来求取系统的增广状态方程模型, 该函数的清单如下:

```
function [Ga,Xa]=ss_augment(G,cc,dd,X)
G=ss(G); Aa=G.a; Ca=G.c; Xa=X; Ba=G.b; D=G.d;
if (~isempty(dd) && sum(abs(dd))>1e-5)
   if (abs(dd(4))>1e-5)
     Aa=[Aa dd(2)*Ba, dd(3)*Ba; ...
         zeros(2,length(Aa)), [dd(1),-dd(4); dd(4),dd(1)]];
     Ca=[Ca dd(2)*D dd(3)*D]; Xa=[Xa; 1; 0]; Ba=[Ba; 0; 0];
   else, Aa=[Aa dd(2)*B; zeros(1,length(Aa)) dd(1)];
     Ca=[Ca dd(2)*D]; Xa=[Xa; 1]; Ba=[B;0];
   end
end
if (~isempty(cc) && sum(abs(cc))>1e-5), M=length(cc);
   Aa=[Aa Ba zeros(length(Aa),M-1); zeros(M-1,length(Aa)+1) ...
       eye(M-1); zeros(1,length(Aa)+M)];
   Ca=[Ca D zeros(1,M-1)]; Xa=[Xa; cc(1)]; ii=1;
   for i=2:M, ii=ii*i; Xa(length(Aa)+i)=cc(i)*ii;
end, end
Ga=ss(Aa,zeros(size(Ca')),Ca,D);
```

其中, cc= $[c_0, c_1, \cdots, c_{\mathcal{K}}]$, 且 dd= $[d_1, d_2, d_3, d_4]$。构造出系统的增广状态方程模型后, 则可以用 MATLAB 符号运算工具箱中的 expm() 函数求取各个状态变量的解析解。

例 5-8　**系统的状态方程模型为**

$$\boldsymbol{A} = \begin{bmatrix} -5 & 2 & 0 & 0 \\ 0 & -4 & 0 & 0 \\ -3 & 2 & -4 & -1 \\ -3 & 2 & 0 & -4 \end{bmatrix}, \quad \boldsymbol{B} = \begin{bmatrix} 1 \\ 2 \\ 3 \\ 4 \end{bmatrix}, \quad \boldsymbol{C} = \begin{bmatrix} 1,1,1,1 \end{bmatrix}$$

其中状态变量初值为 $\boldsymbol{x}^{\mathrm{T}}(0)=[1,2,0,1]$。假设系统的输入信号为 $u(t)=2+2\mathrm{e}^{-4t}\sin(3t)$，则可以用 ss_augment() 函数得出系统的增广状态方程模型

```
>> cc=[2]; dd=[-4,0,2,3]; A=[-5,2,0,0; 0,-4,0,0; -3,2,-4,-1; -3,2,0,-4];
   x0=[1;2;0;1]; B=[1; 2; 3; 4]; C=[1 1 1]; D=0; G=ss(A,B,C,D);
   [Ga,xx0]=ss_augment(G,cc,dd,x0); Ga.a, xx0'
```

增广状态矩阵和初值向量分别为

$$\widetilde{\boldsymbol{A}}=\begin{bmatrix} -5 & 2 & 0 & 0 & 0 & 2 & 1 \\ 0 & -4 & 0 & 0 & 0 & 4 & 2 \\ -3 & 2 & -4 & -1 & 0 & 6 & 3 \\ -3 & 2 & 0 & -4 & 0 & 8 & 4 \\ 0 & 0 & 0 & 0 & -4 & -3 & 0 \\ 0 & 0 & 0 & 0 & 3 & -4 & 0 \\ 0 & 0 & 0 & 0 & 0 & 0 & 0 \end{bmatrix}, \quad \widetilde{\boldsymbol{x}}(0)=\begin{bmatrix} 1 \\ 2 \\ 0 \\ 1 \\ 1 \\ 0 \\ 2 \end{bmatrix}$$

得出了系统的增广状态方程模型，则可以用下面的语句直接获得生成信号的解析解

```
>> syms t; y=Ga.c*expm(Ga.a*t)*xx0 % 求解系统的解析解
```

其解析解的数学形式可以写成

$$y(t)=-36\mathrm{e}^{-5t}+\frac{9385}{216}\mathrm{e}^{-4t}-\frac{191}{6}t\mathrm{e}^{-4t}+\frac{14}{3}t^2\mathrm{e}^{-4t}+\frac{37}{8}-\frac{218}{27}\mathrm{e}^{-4t}\cos 3t+\frac{4}{9}\mathrm{e}^{-4t}\sin 3t$$

5.2.2 连续状态方程的直接积分求解方法

由微分方程理论可知，若已知系统的状态方程模型 $(\boldsymbol{A},\boldsymbol{B},\boldsymbol{C},\boldsymbol{D})$，则其解析解可以表示成

$$\boldsymbol{x}(t)=\mathrm{e}^{\boldsymbol{A}(t-t_0)}\boldsymbol{x}(t_0)+\int_{t_0}^{t}\mathrm{e}^{\boldsymbol{A}(t-\tau)}\boldsymbol{B}u(\tau)\mathrm{d}\tau \tag{5-2-8}$$

同样的问题还可以利用矩阵积分的直接方法来求解，得出原系统的解析解。

例 5-9 重新考虑例5-8中的系统模型。利用式（5-2-8）可以由下面语句直接求解系统的时域响应解析解。

```
>> syms t tau; u=2+2*exp(-4*tau)*sin(3*tau);
   A=[-5,2,0,0; 0,-4,0,0; -3,2,-4,-1; -3,2,0,-4];
   B=[1; 2; 3; 4]; C=[1 1 1]; D-0; x0=[1;2;0;1];
   y=C*(expm(A*t)*x0+int(expm(A*(t-tau))*B*u,tau,0,t));
   y=simplify(y)
```

可以得出系统响应的解析解与前面得出的完全一致。

5.2.3 基于部分分式展开方法求解

1.连续系统的解析解法

假设系统的传递函数由下式给出：

$$G(s)=\frac{b_1s^m+b_2s^{m-1}+\cdots+b_ms+b_{m+1}}{s^n+a_1s^{n-1}+a_2s^{n-2}+\cdots+a_{n-1}s+a_n} \tag{5-2-9}$$

且已知系统输入信号的Laplace变换 $U(s)$，则可以容易地求出系统输出信号的Laplace变换 $Y(s)=G(s)U(s)$。假设系统输出的Laplace式子的分母多项式的根 p_i 都是不重复的，则可以将系统的输出Laplace变换写成

$$Y(s)=\frac{r_1}{s-p_1}+\frac{r_2}{s-p_2}+\cdots+\frac{r_m}{s-p_m} \tag{5-2-10}$$

这里 r_i 和 p_i 可以为实数或复数,对输出信号 $Y(s)$ 进行 Laplace 反变换,则可以得出系统输出 $y(t)$ 的解析解

$$y(t) = \mathscr{L}^{-1}[Y(s)] = r_1 e^{p_1 t} + r_2 e^{p_2 t} + \cdots + r_m e^{p_m t} \tag{5-2-11}$$

如果其中的第 j 个根为 m 重根 p_j,则可以将该部分展开为

$$\frac{r_j}{s-p_j} + \frac{r_{j+1}}{(s-p_j)^2} + \cdots + \frac{r_{j+m-1}}{(s-p_j)^m} \tag{5-2-12}$$

这些展开项的 Laplace 的反变换可以写成

$$\begin{aligned} &r_j e^{p_j t} + \frac{1}{1!} r_{j+1} t e^{p_j t} + \cdots + \frac{r_{j+m-1} t^{m-1} e^{p_j t}}{(m-1)!} \\ &= \left[r_j + \frac{1}{1!} r_{j+1} t + \cdots + \frac{1}{(m-1)!} r_{j+m-1} t^{m-1} \right] e^{p_j t} \end{aligned} \tag{5-2-13}$$

在 MATLAB 环境中,可以用 residue() 函数直接将部分分式展开,该函数可以求出含有重特征根的问题。该函数的调用格式为 $[r,p,K]=$residue(num,den),其中,num 和 den 描述 $Y(s)$ 的分子和分母多项式,这样就可以计算出 r 和 p 为 r_i 和 p_i 构成的向量,K 为展开余项,由这些结果可以写出系统的解析解。不过,对有重根的系统而言,residue() 函数可能导致比较大的误差,所以,应该考虑基于 Laplace 变换的方法,略去中间过程,直接得出系统响应的解析解。

例 5-10 考虑系统的传递函数模型

$$G(s) = \frac{s^3 + 7s^2 + 24s + 24}{s^4 + 10s^3 + 35s^2 + 50s + 24}$$

系统的输入信号为单位阶跃信号,则其 Laplace 变换为 $1/s$,这样,可以由下面的语句直接求取系统阶跃响应的解析解:

```
>> syms s; G=(s^3+7*s^2+24*s+24)/(s^4+10*s^3+35*s^2+50*s+24)
   y=ilaplace(G*1/s) %或更简单地写成y=ilaplace(G/s)
```

得出的解析解为 $y(t) = 2e^{-3t} - e^{-2t} - e^{-t} - e^{-4t} + 1$。当然,如果不记得阶跃信号的 Laplace 变换表达式,则可以由 laplace(heaviside(t)) 或 laplace(sym(1)) 命令求出。

例 5-11 前面考虑的例子只含有实数极点,residue() 函数当然也适用于含有复数极点的情形。例如,考虑传递函数模型

$$G(s) = \frac{s+3}{s^4 + 2s^3 + 11s^2 + 18s + 18}$$

可以由下面的 MATLAB 语句得出系统的阶跃响应解析解

```
>> syms s; G=(s+3)/(s^4+2*s^3+11*s^2+18*s+18);
   y=ilaplace(G/s)
```

由上面的命令直接得出系统响应的解析解为

$$y(t) = \frac{1}{255} \cos 3t - \frac{13}{255} \sin 3t - \frac{29}{170} e^{-t} \left(\cos t + \frac{3}{29} \sin t \right) + \frac{1}{6}$$

2. 离散系统的解析解法

类似于前面连续系统的介绍,离散系统的时域响应解析解可以通过 z 变换与 z 反变换直接求解。下面通过例子演示离散系统时域响应的解析求解方法。

例 5-12 假设一个系统的离散传递函数为

$$G(z) = \frac{(z-1/2)}{(z-1/3)(z-1/4)(z+1/5)}$$

并假设系统的输入为阶跃信号, 其 z 变换为 $z/(z-1)$, 这样就可以用下面的语句将系统的输出在 MATLAB 环境中计算出来:

```
>> syms z;
   G=(z-1/2)/(z-1/3)/(z-1/4)/(z+1/5); y=iztrans(G*z/(z-1))
```

得出阶跃响应的解析解为

$$y(n) = \frac{45}{8}\left(\frac{1}{3}\right)^n - \frac{80}{9}\left(\frac{1}{4}\right)^n \frac{175}{72}\left(\frac{1}{5}\right)^n + \frac{5}{6}$$

如果 $Y(z)$ 分母多项式有 m 重根, 则求解起来稍微有些麻烦, 下面将通过例子演示求解与结果的进一步化简方法。

例 5-13 假设系统的离散传递函数为

$$G(z) = \frac{5z-2}{(z-1/2)^3(z-1/3)}$$

其阶跃响应的解析解可以通过下面的命令求出

```
>> syms z; G=(5*z-2)/(z-1/2)^3/(z-1/3); y=iztrans(G*z/(z-1))
```

得出的结果为

```
36 - 108*(1/3)^n - 96*(1/2)^n*(n - 1) - 24*(1/2)^n*nchoosek(n - 1, 2)
```

结果中其他项比较好理解, 但 nchoosek(n-1,2) 是什么? 如果把函数名断句成 n choose k (n 中取 k) 就好理解了, 这个就是阶乘 C_{n-1}^2。该项可以进一步化简为 $(n-1)(n-2)/2$。所以对结果做变量替换, 再合并 $(1/2)^2$ 的同类项。

```
>> syms n; y=subs(y,nchoosek(n-1,2),(n-1)*(n-2)/2);
   y=simplify(collect(y,(1/2)^n))
```

则可以得出阶跃响应的解析解为

$$y(n) = 36 - (96 - 12(n-1)(n-2) - 96n)\left(\frac{1}{2}\right)^n - 108\left(\frac{1}{3}\right)^n$$

不过, 遗憾的是, $(1/2)^n$ 的系数显然不是最简形式。对其系数单独化简, 可以得出下面的最简结果。

$$y(n) = 36 + (12n^2 + 60n - 72)\left(\frac{1}{2}\right)^n - 108\left(\frac{1}{3}\right)^n$$

3. 时间延迟系统的解析解法

考虑带有时间延迟的连续系统模型 $G(s)\mathrm{e}^{-Ls}$ 和离散系统传递函数 $H(z)z^{-k}$, 不方便直接对这样的式子进行部分分式展开, 所以在使用前述的展开时可不考虑时间延迟因素, 这样就可以得出不带有时间延迟的系统输出解析解, 假设分别为 $y(t)$ 或 $y(n)$, 这时根据 Laplace 变换和 z 变换的性质, 分别用 $t-L$ 或 $n-k$ 代替得出解析解中的 t 或 n, 得出的就是时间延迟系统的解析解。

例 5-14 考虑例 5-11 中的模型, 如果该模型带有 5s 的时间延迟

$$G(s) = \frac{s+3}{s^4 + 2s^3 + 11s^2 + 18s + 18}\mathrm{e}^{-5s}$$

可以暂不考虑时间延迟,得出阶跃响应,然后将 t 替换为 $t-5$,不过这样得出的结果应该再乘以 Heaviside$(t-5)$,比较麻烦。更直接的方法是对带有延迟的模型做 Laplace 反变换,得出的结果如图 5-3 所示。

```
>> syms s t; G=(s+3)/(s^4+2*s^3+11*s^2+18*s+18)*exp(-5*s);
   y(t)=collect(ilaplace(G/s),heaviside(t-5)), fplot(y,[0,30])
```

得出的阶跃响应解析解数学表达式如下:

$$y(t) = \left[\frac{1}{255}\cos(3t-15) - \frac{13}{255}\sin(3t-15) - \frac{29}{170}e^{-t+5}\left(\cos(t-5) + \frac{3}{29}\sin(t-5)\right) + \frac{1}{6}\right] \times 1(t-5)$$

其中 $1(t-5)$ 为 Heaviside 函数。

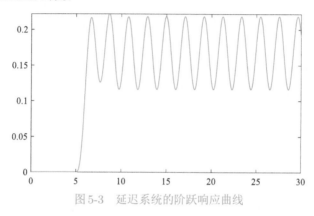

图 5-3 延迟系统的阶跃响应曲线

例 5-15 考虑下面的带有时间延迟的系统模型:

$$G(z)z^{-5} = \frac{5z-2}{(z-1/2)^3(z-1/3)}z^{-5}$$

可以看出,其中的 $G(z)$ 和例 5-13 中的完全一致,该例中已经得出了不带有时间延迟部分的阶跃响应解析解 $\hat{y}(n) = -108(1/3)^n + (1/2)^n(-12n^2 - 60n + 72) + 36$。对带有时间延迟的系统来说,用 $n-5$ 取代其中的 n,得出的结果就是整个系统的阶跃响应解析解了。

$$y(n) = \{-108(1/3)^{n-5} + (1/2)^{n-5}[-12(n-5)^2 - 60(n-5) + 72] + 36\} \times 1(n-5)$$
$$= \{-108(1/3)^{n-5} + (1/2)^{n-5}(-12n^2 + 60n + 72) + 36\} \times 1(n-5)$$

5.2.4 二阶系统的阶跃响应及阶跃响应指标

假设系统的开环模型为 $G_o(s) = \omega_n^2/s(s+2\zeta\omega_n)$,并假设由单位负反馈构造出整个闭环控制系统模型,则定义 ζ 为系统的阻尼比,ω_n 为系统的自然振荡频率,这时闭环系统模型可以写成

$$G(s) = \frac{\omega_n^2}{s^2 + 2\zeta\omega_n s + \omega_n^2} \tag{5-2-14}$$

根据线性系统解析解的理论,不难推导出这样二阶系统的阶跃响应 $y(t)$ 的解析解的一般形式为

$$y(t) = 1 - e^{-\omega_n\zeta t}\left(\cosh\omega_d t + \frac{\zeta}{\sqrt{\zeta^2-1}}\sinh\omega_d t\right) \tag{5-2-15}$$

其中,$\omega_d = \sqrt{\zeta^2-1}\omega_n$,且 $\zeta \neq 1$。具体证明过程可以参见例 3-22。若 $\zeta = 1$,则可以取 $\zeta = 1 + \epsilon$,代入式(5-2-15)直接计算。

选取 $\omega_n = 1\,\mathrm{rad/s}$,而选择不同的阻尼比 ζ,则可以由下面的命令立即得出系统在不同阻尼比下的阶跃响应曲线,如图5-4a所示。

```
>> wn=1; yy=[]; t=0:.1:12; zet=[0:0.1:0.9, 1+eps,2,3,5];
   for z=zet, wd=sqrt(z^2-1)*wn;
       y=1-wn*exp(-z*wn*t).*[cosh(wd*t)/wn+z*sinh(wd*t)/wd]; yy=[yy; y];
   end
   plot(t,yy)  %绘制不同阻尼比的系统阶跃响应
```

从得出的曲线可看出,若 ζ 的值比较小,则系统的阶跃响应将表现出较强的振荡,若 $\zeta \geqslant 1$ 则将消除振荡,但随着 ζ 的增大,系统的响应速度也较慢。在实际工业控制应用中,通常选择二阶系统的阻尼比为 $\zeta = 0.707$,这样既使得系统响应能有较小的振荡,又能保证有较快的响应速度。

为获得较好的显示效果,提取 $\zeta \leqslant 1$ 时的响应数据,就可以绘制出三维图形表示,其中, ζ 为 y 轴, x 轴选择为时间轴,如图5-4b所示。

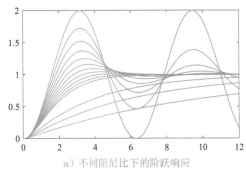
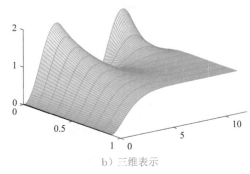

a) 不同阻尼比下的阶跃响应   b) 三维表示

图5-4 不同阻尼比下系统的阶跃响应分析

```
>> i=find(zet<=1);               %找出阻尼比不超过1的行
   zet1=zet(i); yy1=yy(i,:);     %提取相关的数据
   surf(t,zet1,yy1)             %用网格线的方式绘制系统阶跃响应的三维图
   set(gca,'YDir','reverse')     %y轴方向设置成与默认相反的方向
```

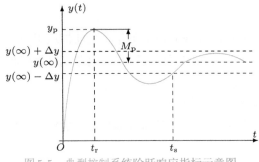

图5-5 典型控制系统阶跃响应指标示意图

线性系统典型的阶跃响应曲线示意图由图5-5给出,其中,人们感兴趣的一些阶跃响应指标包括以下几个。

1) 稳态值 $y(\infty)$:稳态值即系统在时间很大时的系统输出极限值,对不稳定系统来说稳态值趋于无穷大。对稳定的线性连续系统模型来说,应用Laplace变换中终值的性质定理,可以容易地得出系统阶跃响应的稳态值为

$$y(\infty) = \lim_{s \to 0} sG(s)\frac{1}{s} = G(0) = \frac{b_m}{a_n} \tag{5-2-16}$$

对传递函数模型来说,系统的稳态值即为分子、分母常数项的比值。如果已知系统的数学模型 G,则系统的阶跃响应稳态值可以由 $\text{dcgain}(G)$ 直接得出。

2)超调量 σ:超调量定义为系统的峰值 y_p 与稳态值的差距,通常用下面的公式求出

$$\sigma = \frac{y_\text{p} - y(\infty)}{y(\infty)} \times 100\% \tag{5-2-17}$$

3)上升时间 t_r:上升时间一般定义为系统阶跃响应从稳态值的 10%～90% 的这段时间。

4)调节时间 t_s:调节时间一般指系统的阶跃响应进入稳态值附近的一个带中,例如,2% 或 5% 的带,以后不再出来时所需的时间。

对一个好的设计系统来说,一般应该具有稳态误差小或没有稳态误差、超调量小或没有超调量、上升时间短、调节时间短等性能。所以这些性能指标在系统设计中应当是经常使用的。

5.3　线性系统的数字仿真分析

前面介绍了线性系统的解析解方法,并解释了可以求解的条件。严格说来,4 阶以上的系统需要求解 4 阶以上的多项式方程,所以根据 Abel 定理,这类方程没有一般的解析解,从而使得高阶微分方程也没有解析解。应用前面介绍的解析解和数值解的结合可以求出系统时域响应的高精度解析表达式。

在实际应用中,并不是所有的时候都希望得出系统的解析解,有时得到系统时域响应的曲线就足够了,而不一定非得得出输出信号的解析表达式,在这样的情况下可以借助于微分方程数值解的技术求取系统响应的数值解,并用曲线表示结果。

本节首先介绍阶跃响应、脉冲响应的数值解求法及响应曲线绘制方法,再介绍一般输入下系统时域响应数值解及曲线绘制等内容,最后将介绍多变量系统的时域分析方法。

5.3.1　线性系统的时域响应

线性系统的阶跃响应可以通过 step() 函数直接求取,脉冲响应可以使用 impulse() 函数,而在任意输入下的系统响应可以通过 lsim() 函数,更复杂系统的时域响应分析还可以通过强大的 Simulink 环境来直接求取。

step() 函数有如下多种调用格式:

$[y, t] = \text{step}(G)$,　　% 自动选择时间向量,进行阶跃响应分析

$[y, t] = \text{step}(G, t_\text{n})$,　% 设置系统的终止响应时间 t_n,进行阶跃响应分析

$y = \text{step}(G, t)$,　　　% 用户自己选择时间向量 t,进行阶跃响应分析

这里系统模型 G 可以为任意的线性时不变系统模型,包括传递函数、零极点、状态方程模型、单变量和多变量模型、连续与离散模型、带有时间延迟的模型等。若上述的函数调用时不返回任何参数,则将自动打开图形窗口,将系统的阶跃响应曲线直接在该窗口上显示出来。如果想同时绘制出多个系统的阶跃响应曲线,则可以仿照 plot() 函数给出系统阶跃响应曲线命令,如

$$\text{step}(G_1,\text{'-'},G_2,\text{'-.b'},G_3,\text{':r'})$$

该命令可以用实线绘制系统G_1的阶跃响应曲线，用蓝色点画线绘制G_2的响应，用红色点线绘制出系统G_3的阶跃响应曲线。

例5-16 假设已知带有时间延迟的连续系统模型为

$$G(s) = \frac{8(s+1)(s+2)(s+3)}{(s+3.5)(s+4)(s+5)(s+1+\mathrm{j})(s+1-\mathrm{j})}\mathrm{e}^{-2s}$$

则可以通过下面的命令直接输入系统模型，并绘制出阶跃响应曲线，如图5-6a所示。

```
>> G=zpk([-1;-2;-3],[-1+1i; -1-1i; -3.5; -4; -5],8,'ioDelay',2); %系统模型
   step(G,10); %绘制阶跃响应曲线，终止时间为10
```

在自动绘制的系统阶跃响应曲线上，若单击曲线上某点，则可以显示出该点对应的时间信息和响应的幅值信息，如图5-6b所示。通过这样的方法就可以容易地分析系统阶跃响应的情况。

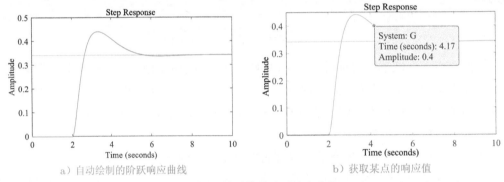

a）自动绘制的阶跃响应曲线   b）获取某点的响应值

图5-6 线性系统的阶跃响应曲线

在控制理论中介绍典型线性系统阶跃响应分析时经常用一些指标来定量描述，如系统的超调量、上升时间、调节时间等，在MATLAB自动绘制的阶跃响应曲线中，如果想得出这些指标，只需单击鼠标右键（以下简称右击），则将得出如图5-7a所示的菜单，选择其中的Characteristics菜单项，从中选择合适的分析内容，即可得出系统的阶跃响应指标，如图5-7b所示。

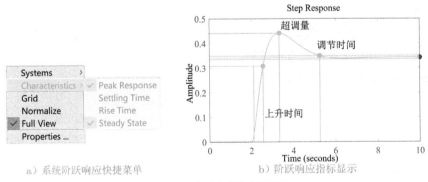

a）系统阶跃响应快捷菜单   b）阶跃响应指标显示

图5-7 阶跃响应指标显示

用前面给出的方法，还可以容易地得出系统阶跃响应的解析解，由于系统的解析解数学形式比较复杂，这里不列出具体结果。

```
>> syms s t
```

```
G0=8*(s+1)*(s+2)*(s+3)/(s+3.5)/(s+4)/(s+5)...
   /(s+1+1i)/(s+1-1i)*exp(-2*s);
y=ilaplace(G0/s) %阶跃响应解析解
```

因为解析解是已知的,所以由下面的语句还可以估算出解析解的误差为 2.4586×10^{-14}。可以看出,该函数的精度是很高的。

```
>> [y0,t0]=step(G);                    %用数值方法求取阶跃响应数据
   y1=subs(y,t,t0); norm(double(y1-y0)) %误差向量的范数
```

例 5-17 第 4 章中曾经介绍了连续系统离散化的方法,这里可以比较一下各种方法在时域响应中的差异。假设连续系统的数学模型为

$$G(s) = \frac{1}{(s+1)^3}e^{-0.5s}$$

选择采样周期为 $T = 0.1\,\mathrm{s}$,则可以用下面的语句输入该系统的传递函数,并用各种方法离散化,再用 step() 函数进行对比分析,得出如图 5-8 所示的阶跃响应曲线,不同离散化算法用不同的线型表示。

```
>> G=tf(1,[1 3 3 1],'ioDelay',0.5);   %输入连续系统数学模型
   G1=c2d(G,0.1,'zoh');               %采用零阶保持器进行离散化
   G2=c2d(G,0.1,'foh');               %采用一阶保持器进行离散化
   G3=c2d(G,0.1,'tustin');            %Tustin变换,可能导致虚系数
   step(G,'-',G1,'--',G2,':',G3,'-.') %用不同线型表示不同模型
```

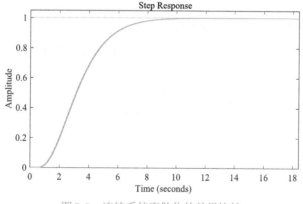

图 5-8 连续系统离散化的效果比较

值得指出的是,step() 函数绘制出的离散系统阶跃响应曲线是以阶梯线的形式表示的,在该曲线上仍然可以使用右击出现的菜单,显示其响应指标。

例 5-18 考虑例 4-7 中给出的双输入、双输出系统,可以用下面语句直接绘制出分别在两路阶跃输入驱动下系统的两个输出信号的阶跃响应曲线,如图 5-9a 所示。

```
>> g11=tf(0.1134,[1.78 4.48 1],'ioDelay',0.72); g12=tf(0.924,[2.07 1]);
   g21=tf(0.3378,[0.361 1.09 1],'ioDelay',0.3);
   g22=tf(-0.318,[2.93 1],'ioDelay',1.29);
   G=[g11, g12; g21, g22]; %这和矩阵定义一样,这样可以输入传递函数矩阵
   step(G)                 %直接绘制多变量系统的阶跃响应曲线
```

　　注意,这时得出的阶跃响应曲线是在两路输入均单独作用下分别得出的。从得出的系统阶跃响应可以看出,在第1路信号输入时,第1路输出信号有响应,而第2路输出信号也有很强的响应。单独看第2路输入信号的作用也是这样,这在多变量系统理论中称为系统的耦合,在多变量系统的设计中是很不好处理的。因为若没有这样的耦合,则可以给两路信号分别设计控制器,但有了耦合,就必须考虑引入某种环节,使得耦合尽可能小,这样的方法在多变量系统理论中又称为解耦。考虑给定的矩阵 $K_p = [0.1134, 0.924; 0.3378, -0.318]$ 对系统进行补偿。这样就可以由下面的语句绘制出 $G(s)K_p$ 系统在补偿下的阶跃响应曲线,如图5-9b所示。

```
>> Kp=[0.1134,0.924; 0.3378,-0.318]; step(G*Kp)
```

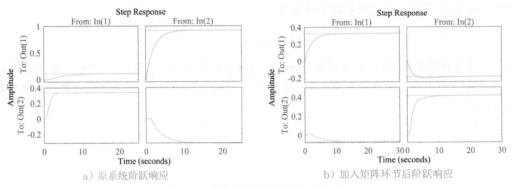

a) 原系统阶跃响应　　　　　　　　　　b) 加入矩阵环节后阶跃响应

图5-9　多变量系统的阶跃响应曲线

　　系统的脉冲响应曲线可以由MATLAB控制系统工具箱中的impulse()函数直接绘制出来,该函数的调用格式与step()函数完全一致。

例5-19　例5-16中系统的脉冲响应可以用下面的语句绘制出来,如图5-10所示。

```
>> G=zpk([-1;-2;-3],[-1+1i; -1-1i; -3.5; -4; -5],8,'ioDelay',2); %系统模型
   impulse(G, 8); %直接绘制系统的脉冲响应曲线,终止时间为8
```

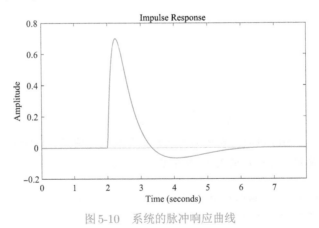

图5-10　系统的脉冲响应曲线

5.3.2　任意输入下系统的响应

　　前面介绍了两种常用的时域响应求取函数,step()函数和impulse()函数,应用这些函数可以很容易地绘制系统的时域响应曲线。如果输入信号由其他数学函数描述,则用这

两个函数就无能为力了,需要借助于 lsim() 函数来绘制系统时域响应曲线。

lsim() 函数的调用格式与 step() 等函数的格式较类似,所不同的是,需要提供有关输入信号的特征,调用的格式为 $\mathrm{lsim}(G, u, t)$,其中,G 为系统模型,u 和 t 将用于描述输入信号,u 中的点对应于各个时间点处的输入信号值,若想研究多变量系统,则 u 应该是矩阵,其各行对应于 t 向量各个时刻的各路输入的值。调用了这个函数,将自动绘制出系统在任意输入下的时域响应曲线。

例 5-20　考虑例 4-7 中给出的双输入、双输出系统,假设第 1 路为 $u_1(t) = 1 - \mathrm{e}^{-t}\sin(3t+1)$,第 2 路为 $u_2(t) = \sin(t)\cos(t+2)$,这样就可以用下面的语句输入系统模型,然后先定义系统的两路输入,然后调用 lsim() 函数,就可以绘制出系统在这两路输入信号下系统时域响应曲线,如图 5-11 所示。

```
>> g11=tf(0.1134,[1.78 4.48 1],'ioDelay',0.72); g12=tf(0.924,[2.07 1]);
   g21=tf(0.3378,[0.361 1.09 1],'ioDelay',0.3);
   g22=tf(-0.318,[2.93 1],'ioDelay',1.29);
   G=[g11, g12; g21, g22]; %输入多变量传递函数矩阵
   t=[0:.1:15]'; u=[1-exp(-t).*sin(3*t+1), sin(t).*cos(t+2)]; %两路输入
   lsim(G,u,t);          %直接分析在给定输入下的系统时域响应
```

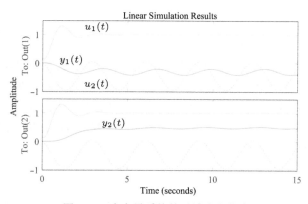

图 5-11　多变量系统的时域响应曲线

这里的时域响应曲线和以前介绍的多变量系统阶跃响应概念是不同的。在这里是指在这两个信号共同作用下系统的时域响应,所以只需绘制两个图形,分别描述两路输出信号即可,两路输入信号也分别在时域响应曲线上绘制出来。

5.4　根轨迹分析

系统的根轨迹分析与设计技术是自动控制理论中一种很重要的方法,根轨迹起源于对系统稳定性的研究,在以前没有很好的求特征根的方法时起到一定的作用,现在根轨迹方法仍然是一种较实用的方法。

根轨迹绘制的基本考虑是:假设单变量系统的开环传递函数为 $G(s)$,且设控制器为增益 K,整个控制系统是由单位负反馈构成的闭环系统,这样就可以求出闭环系统的数学模

型为 $G_c(s) = KG(s)/(1 + KG(s))$，可见，闭环系统的特征根可以由下面的方程求出：

$$1 + KG(s) = 0 \qquad (5\text{-}4\text{-}1)$$

并可以变化为多项式方程求根的问题。对指定的 K 值，由数学软件提供的多项式方程求根方法就可以立即求出闭环系统的特征根，改变 K 的值可能得出另外的一组根。对 K 的不同取值，则可能绘制出每个特征根变化的曲线，这样的曲线称为系统的根轨迹。

MATLAB 中提供了 rlocus() 函数，可以直接用于系统的根轨迹绘制，根轨迹函数的调用方法也是很直观的，用 $rlocus(G)$ 直接就可以绘制出来。该函数可以用于单变量不含有时间延迟的连续系统的根轨迹绘制，也可以用于带有时间延迟的单变量离散系统的根轨迹绘制。

在绘制出的根轨迹上，如果用鼠标单击某个点，将显示出关于这个点的有关信息，包括这点处的增益值，对应的系统特征根的值和可能的闭环系统阻尼比和超调量等。

例 5-21　假设系统的开环传递函数为

$$G(s) = \frac{24040(s + 25)}{s(s^2 + 13.2s + 173.5)(s^2 + 111.8s + 3450)}$$

则可以通过下面的命令输入系统模型，并绘制出系统的根轨迹曲线，如图 5-12a 所示。

```
>> s=tf('s');
   G=24040*(s+25)/(s*(s^2+13.2*s+173.5)*(s^2+111.8*s+3450));
   rlocus(G)    %绘制系统的根轨迹曲线
```

单击根轨迹和虚轴相交的点，则可以显示出该点出的增益值，亦即增益的临界值为 12.4，可以看出，若系统的增益 $K > 12.4$，则闭环系统将不稳定。其实，这里的临界增益下，极点的实部为 -0.138，不是很精确。由于根轨迹函数提供的读图功能只能保留增益的一位小数，并不能精确地获得临界点值。如果想获得精确的临界增益，不妨引入方程求解的方法。例如，可以给出下面的语句，得出临界增益的精确值为 $x = 12.8617$，这时的实部为 -1.8265×10^{-10}，足够接近虚轴。

```
>> a=12.4; f=@(a)max(real(eig(feedback(a*G,1)))); %描述方程
   [x,f0]=fsolve(f,a)
```

如果引入一个控制器，如 $G_c(s) = (0.011s + 1)/(0.07s + 1)$，则可能改变根轨迹的形状，可以用下面的语句绘制新开环系统的根轨迹，如图 5-12b 所示。从根轨迹曲线可以看出，引入控制器后，系统增益的临界值为 10.8。

```
>> Gc=tf([0.011 1],[0.07 1]); rlocus(Gc*G) %新系统的根轨迹曲线
```

例 5-22　系统的根轨迹绘制环境下还重新定义了 grid 命令，该命令将在根轨迹曲线上添加等阻尼和等自然频率线，可以用于不带有零点系统的设计。考虑如下的系统开环模型：

$$G(s) = \frac{10}{s(s + 1)(s + 2)(s + 3)(s + 4)(s^2 + 3s + 4)}$$

通过下面的语句可以输入系统的数学模型，并绘制出系统的根轨迹，如图 5-13a 所示。在该曲线中，对曲线和等阻尼线进行了处理，使得显示效果更好。

```
>> s=tf('s'); G=10/(s*(s+1)*(s+2)*(s+3)*(s+4)*(s^2+3*s+4));
   rlocus(G), grid    %绘制系统的根轨迹曲线,并绘制等阻尼线
```

根据绘制的根轨迹曲线和等阻尼线，单击阻尼比 ζ 在 0.707 附近的点，则可以得出图 5-13a

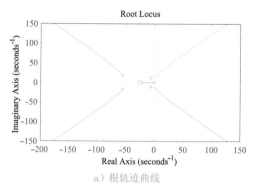
a）根轨迹曲线

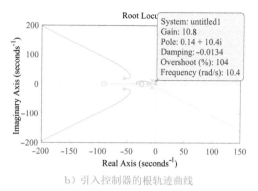
b）引入控制器的根轨迹曲线

图 5-12 控制系统的根轨迹曲线

所示的结果，可以选择 $K = 1.68$，这样用下面的语句就可以绘制出如图 5-13b 所示的系统阶跃响应曲线。可以看出这样设计的系统动态性能比较令人满意。

```
>> K=1.68; step(feedback(G*K,1)) %绘制闭环系统的阶跃响应曲线
```

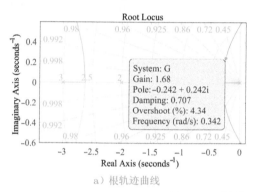
a）根轨迹曲线

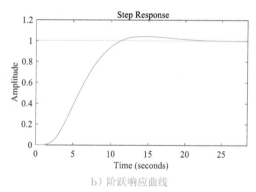
b）阶跃响应曲线

图 5-13 系统根轨迹和闭环阶跃响应

尽管这种方法看似能较好地设计控制器，不过该方法有很大的局限性。其一，受控对象不能含有零点，其二，找到的交点恰巧是系统的主导极点。对这个例子而言，这两个条件均满足，所以可以设计控制器，否则，是不能使用这样的方法设计控制器的。

例 5-23 已知离散系统的零极点模型为

$$G(z) = \frac{(z - 0.4893)(z - 0.6745 + 0.3558j)(z - 0.6745 - 0.3558j)}{(z + 0.8)(z - 0.86 + 0.19j)(z - 0.86 - 0.19j)(z - 0.76 + 0.19j)(z - 0.76 - 0.19j)}$$

其采样周期为 $T = 0.1$s，可以用下面的语句输入该系统的数学模型，并绘制出该离散系统的根轨迹曲线，如图 5-14 所示。

```
>> z=[0.6745+0.3558i; 0.6745-0.3558i; 0.4893];
   p=[0.86+0.19i; 0.86-0.19i; 0.76+0.19i; 0.76-0.19i; -0.8];
   G=zpk(z,p,1,'Ts',0.1); rlocus(G), grid %绘制系统的根轨迹
```

对离散系统而言，临界增益是根轨迹与单位圆交点处的增益。如果有多个交点，则最小的增益为系统的临界增益。对这个具体问题而言，可以得出临界增益为 $K = 1.86$。

例 5-24 假设系统的模型以例 4-14 的形式给出，则可以推导出系统的特征方程为

$$(s + 1)(s + 2) + K(s + 1) + 3Ke^{-s} = 0$$

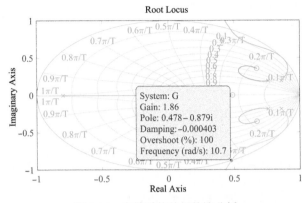

图 5-14　离散系统的根轨迹分析

由于这个方程是超越方程,不是多项式方程,所以没有绘制该系统根轨迹的工具,可以考虑例 4-14 介绍的 Padé 近似方法。可以通过下面的语句输入这个系统模型,绘制三阶 Padé 近似模型的根轨迹曲线,如图 5-15 所示。由该曲线可以得出临界增益为 $K=5.01$。增加 Padé 近似的阶次也可以得出完全一致的临界增益。

```
>> s=tf('s'); G=(1+3*exp(-s)/(s+1))/(s+2); rlocus(pade(G,3))
```

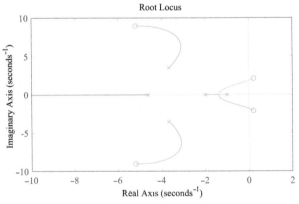

图 5-15　零极点模型的根轨迹分析

如果给定的是状态方程模型,也只需用 rlocus() 函数进行根轨迹绘制。对延迟系统而言,如果不能直接绘制根轨迹,则可以考虑绘制近似的根轨迹,得出比较精确的临界增益。

5.5 线性系统频域分析

系统的频域分析是控制系统分析中一种重要的方法,早在 1932 年,Nyquist[9] 提出了一种频域响应的绘图方法,并提出了可以用于系统稳定性分析的 Nyquist 定理。Bode[10] 提出了另一种频率响应的分析方法,同时可以分析系统的幅值、相位与频率之间的关系,又称为 Bode 图。Nichols[11] 在 Bode 图的基础上又进行了重新定义,构成了 Nichols 图。这些方法曾经是单变量系统频域分析中最重要的几种方法,在系统的分析和设计中起着重要的作用。由于多变量系统的信号之间相互耦合,所以如果想对某对输入输出信号单独设计控制器,不是件容易的事,需要引入解耦。本节将介绍单变量系统的频域分析、基于 Nyquist 定理的稳定性分析、多变量系统的频域分析等,并将介绍频域稳定性裕量的分析。

5.5.1 单变量系统的频域分析

对系统的传递函数模型 $G(s)$ 来说,若用频率 $j\omega$ 取代复变量 s,则可以将 $G(j\omega)$ 看成增益,这个增益是复数量,是 ω 的函数。描述这个复数变量有几种方法,根据表示方法的不同,就可以构造出不同的频域响应曲线。

1)可以将复数分解为实部和虚部,它们分别是频率 ω 的函数,这时

$$G(j\omega) = P(\omega) + jQ(\omega) \tag{5-5-1}$$

用横轴表示 $P(\omega)$,纵轴表示 $Q(\omega)$,则可以将增益 $G(j\omega)$ 在复数平面上表示出来,这样的曲线称为 Nyquist 图,该图是分析系统稳定性和一些性能的有效工具,现在仍然在使用。

在 MATLAB 下提供了 `nyquist()` 函数,可以直接绘制系统的 Nyquist 图。用户可以单击 Nyquist 图上的点,显示该点处增益与频率之间的关系,MATLAB 提供的工具给传统的 Nyquist 图又赋予了新的特色。用重载的 `grid` 命令可以在 Nyquist 图上叠印出等 M 圆。

2)复数量 $G(j\omega)$ 可以分解为幅值和相位的形式,即

$$G(j\omega) = A(\omega)e^{-j\phi(\omega)} \tag{5-5-2}$$

这样,以频率 ω 为横轴,幅值 $A(\omega)$ 为纵轴,则可以构造出幅值和频率之间的关系曲线,又称为幅频特性。若以频率 ω 为横轴,幅值 $\phi(\omega)$ 为纵轴,则可以构造出相位和频率之间的关系曲线,又称为相频特性。在实际系统分析中,常用对数形式表示横轴,其相位常用 rad/s 表示,幅频特性中幅值进行对数变换,即 $M(\omega) = 20\lg[A(\omega)]$,其单位是分贝(dB),相频特性中,相位的单位常取作角度,这时的图形称为系统的 Bode 图。

MATLAB 的控制系统工具箱中提供了 `bode()` 函数,可以直接绘制系统的 Bode 图。和 Nyquist 图不同的是,Bode 图可以同时绘制出系统增益与频率直接的关系。

3)还是采用幅值、相位的描述方法,用横轴表示相位,用纵轴表示单位为 dB 的幅值,就可以绘制出另一种图形,这样的图形称为 Nichols 图。

在 MATLAB 控制系统工具箱中,用 `nichols()` 函数可以绘制出系统的 Nichols 图,这时的 `grid` 函数可以叠印出等幅值曲线和等相位曲线。

对离散系统 $H(z)$ 来说,可以将 $z = e^{j\omega T}$ 代入传递函数模型,就可以得出频率和增益 $\hat{H}(j\omega)$ 之间的关系。MATLAB 中提供的各种频域响应分析函数,如 `nyquist()` 等,同样直接适用于离散的系统模型。

例 5-25 考虑连续线性系统的传递函数模型

$$G(s) = \frac{s+8}{s(s^2 + 0.2s + 4)(s+1)(s+3)}$$

则可以通过下面的命令绘制出系统的 Nyquist 图,并叠印等幅值圆。

```
>> s=tf('s'); G=(s+8)/(s*(s^2+0.2*s+4)*(s+1)*(s+3));
```

```
nyquist(G), grid     % 绘制 Nyquist 图并叠印等幅值圆
ylim([-1.5 1.5])     % 根据需要手动选择纵坐标范围
```

由于系统含有位于 $s = 0$ 处的极点,若 ω 较小时,增益的幅值很大,远离单位圆,所以单位圆附近的 Nyquist 图形看得不是很清楚,应该给出相应的语句对得出的 Nyquist 图进行局部放大,如图 5-16a 所示。

传统的 Nyquist 图不能显示出增益幅值和频率 ω 之间的关系,而用 MATLAB 提供的工具允许用户用单击的方式选择 Nyquist 图上的点,这时将同时显示该点处的频率、增益以及闭环系统超调量等信息,如图 5-16b 所示。这样的工具为 Nyquist 图这一传统的工具赋予了新的功能,将有助于系统的频域分析。

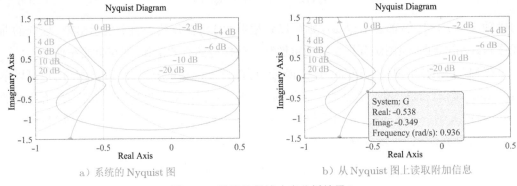

a) 系统的 Nyquist 图 　　　　　　　　b) 从 Nyquist 图上读取附加信息

图 5-16　系统的频域响应分析结果 1

若给出下面的命令:

```
>> bode(G);                    % 绘制系统的 Bode 图
   figure; nichols(G), grid   % 绘制系统的 Nichols 图,并叠印等幅值线
```

则将绘制出系统的 Bode 图和 Nichols 图,如图 5-17 所示。可以看出,这样的函数对系统的频域分析提供了很多的方便。

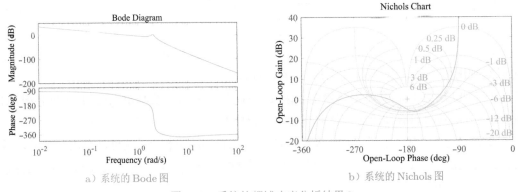

a) 系统的 Bode 图 　　　　　　　　b) 系统的 Nichols 图

图 5-17　系统的频域响应分析结果 2

MATLAB 提供的这些函数都允许用户选择特性分析功能,例如,右击系统的 Bode 图,则弹出快捷菜单,其 Characteristics 菜单项的内容如图 5-18a 所示,从中可以选择稳定性相关的菜单项,则将得出如图 5-18b 所示的 Bode 图。其他的几个函数如 nyquist() 和 nichols() 等,都支持自己的 Characteristics 菜单选择。

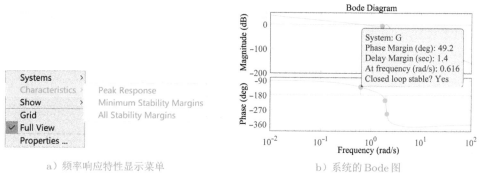

a）频率响应特性显示菜单　　　　　　　　　　b）系统的 Bode 图

图 5-18　系统的频域响应分析结果

例 5-26　**考虑离散线性系统的传递函数模型**

$$G(z) = \frac{0.2(0.3124z^3 - 0.5743z^2 + 0.3879z - 0.0889)}{z^4 - 3.233z^3 + 3.9869z^2 - 2.2209z + 0.4723}$$

且已知系统的采样周期为 $T = 0.1\,\text{s}$，则可以用下面的语句将其输入 MATLAB 工作空间，并将系统的 Nyquist 图、Nichols 图直接绘制出来，如图 5-19 所示。从这个例子可以看出，绘制离散系统的频域响应曲线也是很容易的。

```
>> num=0.2*[0.3124 -0.5743 0.3879 -0.0889];
   den=[1 -3.233 3.9869 -2.2209 0.4723];
   G=tf(num,den,'Ts',0.1);    %系统数学模型的输入
   nyquist(G); grid           %绘制系统的 Nyquist 图
   figure, nichols(G), grid   %绘制系统的 Nichols 图
```

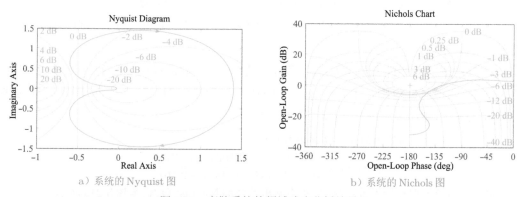

a）系统的 Nyquist 图　　　　　　　　　　b）系统的 Nichols 图

图 5-19　离散系统的频域响应分析结果 3

例 5-27　**考虑带有时间延迟的简单线性系统的传递函数模型** $G(s) = \text{e}^{-2s}/(s+1)$，假设只想获得 $\omega \in [0.1, 10000]$ 区间的频域点，则不能再依赖 nyquist() 函数的默认调用，而需要自己选定频率向量，从而得到一个分支的 Nyquist 图，以便更好地观测时间延迟系统的 Nyquist 图。可以给出如下的 MATLAB 语句：

```
>> G=tf(1,[1 1],'ioDelay',2);   %输入系统的传递函数模型
   w=logspace(-1,4,2000);        %按照对数等分的原则选择 2000 个频率点
   [x,y]=nyquist(G,w); plot(x(:),y(:))   %计算并绘制系统的 Nyquist 曲线
```

这样就可以绘制出系统的 Nyquist 图，如图 5-20 所示。在这样得出的 Nyquist 图中，grid 命令并

不能给出等幅值圆,因为这个图形不是 nyquist() 函数自动绘制的。另外应该注意本图所示的时间延迟系统 Nyquist 图的典型形状。

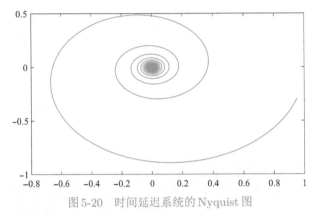

图 5-20　时间延迟系统的 Nyquist 图

5.5.2 利用频率特性分析系统的稳定性

最早应用的频域响应分析方法是利用开环系统的 Nyquist 图来判定闭环系统的稳定性,其稳定性分析的理论基础是 Nyquist 稳定性定理。Nyquist 定理的内容是:如果开环模型含有 m 个不稳定极点,则单变量闭环系统稳定的充要条件是系统的 Nyquist 图逆时针围绕 $(-1, \mathrm{j}0)$ 点 m 周。

Nyquist 定理可以分下面两种情况进一步解释。

1)若系统的开环模型 $G(s)H(s)$ 为稳定的,则当且仅当 $G(s)H(s)$ 的 Nyquist 图不包围 $(-1, \mathrm{j}0)$ 点,闭环系统为稳定的。如果 Nyquist 图顺时针包围 $(-1, \mathrm{j}0)$ 点 p 次,则闭环系统有 p 个不稳定极点。

2)若系统的开环模型 $G(s)H(s)$ 不稳定,且有 p 个不稳定极点,则当且仅当 $G(s)H(s)$ 的 Nyquist 图逆时针包围 $(-1, \mathrm{j}0)$ 点 p 次, 闭环系统为稳定的。若 Nyquist 图逆时针包围 $(-1, \mathrm{j}0)$ 点 q 次,则闭环系统有 $q-p$ 个不稳定极点。

例 5-28　考虑下面给出的连续传递函数模型:
$$G(s) = \frac{2.7778(s^2 + 0.192s + 1.92)}{s(s+1)^2(s^2 + 0.384s + 2.56)}$$

用下面的语句即可输入系统模型,并绘制出系统的 Nyquist 曲线,如图 5-21a 所示。

```
>> s=tf('s'); G=2.7778*(s^2+0.192*s+1.92)/(s*(s+1)^2*(s^2+0.384*s+2.56));
   nyquist(G); axis([-2.5,0,-1.5,1.5]); grid %绘制 Nyquist 图
```

从得出的 Nyquist 图可以看出,尽管该图走向较复杂,但整个 Nyquist 图并不包围 $(-1, \mathrm{j}0)$ 点,且因为开环系统不含有不稳定极点,所以根据 Nyquist 定理可以断定,闭环系统是稳定的。可以由下面的语句绘制出闭环系统的阶跃响应曲线,如图 5-21b 所示。

```
>> step(feedback(G,1))    %闭环系统阶跃响应
```

可以看出,虽然闭环系统是稳定的,但其阶跃响应的振荡是很强的,所以,该系统并不是很令人满意的,对这样的系统需要给其设计一个控制器改善其性能。

从上面给出的例子可以看出,系统的稳定性固然重要,但它不是唯一刻画系统性能的

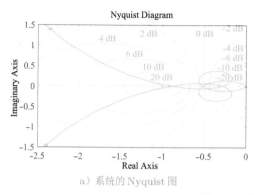

a）系统的 Nyquist 图

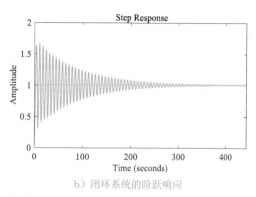

b）闭环系统的阶跃响应

图 5-21　给定系统的分析

准则。因为有的系统即使稳定，但其动态性能表现为很强的振荡，也是没有用途的，另外，如果系统的增益出现变化，如增大很小的值，都可能使该模型的 Nyquist 图发生延伸，最终包围 $(-1, j0)$ 点，导致闭环系统不稳定。基于频域响应裕量的定量分析方法是解决这类问题的一种比较有效的途径。

在图 5-22a、b 中分别给出了在 Nyquist 图和 Nichols 图上幅值裕量与相位裕量的图形表示，在 Bode 图上也应该有相应的解释。

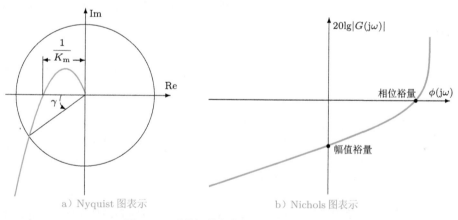

a）Nyquist 图表示　　　　　　　　　b）Nichols 图表示

图 5-22　系统幅值相位裕量的图形表示

若当系统的 Nyquist 图在频率 ω_{cg} 时与负实轴相交，则将该频率下幅值的倒数，即 $G_m = 1/A(\omega_{cg})$，定义为系统的幅值裕量。若假设系统的 Nyquist 图与单位圆在频率 ω_{cp} 处相交，且记该频率下的相位角度为 $\phi(\omega_{cp})$，则系统的相位裕量定义为 $\gamma = \phi(\omega_{cp}) - 180°$。

可以看出，幅值裕量 G_m 的值越大，则对扰动的抑制能力就越强。如果 $G_m < 1$，则闭环系统是不稳定的。同样，相位裕量的值越大，则系统对扰动的抑制能力也越强。如果 $\gamma < 0$，则闭环系统不稳定。下面再考虑几种特殊的情形。

1）如果系统的 Nyquist 图不与负实轴相交，则系统的幅值裕量为无穷大。

2）如果系统的 Nyquist 图与负实轴在 $(-1, j0)$ 与 $(0, j0)$ 两个点之间有若干个交点，则系统的幅值裕量以离 $(-1, j0)$ 最近的点为准。

3）如果系统的 Nyquist 图不与单位圆相交，则系统的相位裕量为无穷大。

4）如果系统的 Nyquist 图在第Ⅲ象限与单位圆有若干个交点，则系统的相位裕量以与离负实轴最近的为准。

MATLAB 控制系统工具箱中提供了 margin() 函数，可以直接用于系统的幅值与相位裕量的求取，该函数的调用格式为：$[G_m, \gamma, \omega_{cg}, \omega_{cp}] = \text{margin}(G)$。在得出的结果中，如果某个裕量为无穷大，则返回 Inf，相应的频率值为 NaN。

例 5-29 考虑例 5-28 中研究的开环对象模型，可以用下面语句输入系统模型，并对系统的频域响应裕量进行分析，得出系统的幅值裕量为 $G_m = 1.105$，频率为 $\omega_g = 0.9621\,\text{rad/s}$，相位裕量为 $\phi_m = 2.0985°$，频率为 $\omega_p = 0.9261\,\text{rad/s}$。

```
>> s=tf('s');
   G=2.7778*(s^2+0.192*s+1.92)/(s*(s+1)^2*(s^2+0.384*s+2.56));
   [gm,pm,wg,wp]=margin(G)    % 计算结果并用下面的语句直接显示结果
```

5.5.3 多变量系统的频域分析

前面的系统分析一般均侧重于单变量系统，随着控制理论的发展和过程控制的实际需要，多变量系统分析与设计成了 20 世纪 70~80 年代控制理论领域的热门研究主题，也出现了各种各样的分析与设计方法。这里将着重探讨多变量频域分析方法及其 MATLAB 语言解决方法。

1.多变量系统频域分析概述

在开始介绍控制系统理论中的多变量系统频域分析方法之前，将先通过例子来演示 MATLAB 控制系统工具箱函数的直接使用与分析的结果。

例 5-30 考虑下面给出的多变量系统模型[55]：

$$G(s) = \begin{bmatrix} \dfrac{0.806s + 0.264}{s^2 + 1.15s + 0.202} & \dfrac{-15s - 1.42}{s^3 + 12.8s^2 + 13.6s + 2.36} \\ \dfrac{1.95s^2 + 2.12s + 0.49}{s^3 + 9.15s^2 + 9.39s + 1.62} & \dfrac{7\,15s^2 + 25.8s + 9.35}{s^4 + 20.8s^3 + 116.4s^2 + 111.6s + 18.8} \end{bmatrix}$$

可以通过下面语句直接输入系统的传递函数矩阵，并用 MATLAB 提供的 nyquist() 函数直接绘制出该多变量系统的 Nyquist 图，如图 5-23 所示。

```
>> g11=tf([0.806 0.264],[1 1.15 0.202]);
   g12=tf([-15 -1.42],[1 12.8 13.6 2.36]);
   g21=tf([1.95 2.12 0.49],[1 9.15 9.39 1.62]);
   g22=tf([7.15 25.8 9.35],[1 20.8 116.4 111.6 18.8]);
   G=[g11, g12; g21, g22]; nyquist(G)   % 绘制 Nyquist 图
```

上述的 nyquist() 等函数事实上不大适用于多变量系统的频域分析，虽然它们可以直接绘制出一种 Nyquist 曲线，但对多变量系统的分析没有太大的帮助。针对多变量系统的频域分析，英国学者 Howard H Rosenbrock[36]、Alistair G J MacFralane[76] 等分别提出了不同的多变量频域分析与设计算法，形成了有重要影响的英国学派，其中以 Rosenbrock 教授为代表的一类利用逆 Nyquist 阵列（inverse Nyquist array，INA）的方法比较有影响。

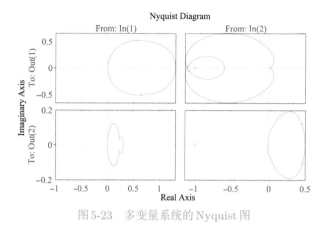

图 5-23　多变量系统的 Nyquist 图

2. 对角优势分析

假设多变量反馈系统的前向通路传递函数矩阵为 $\boldsymbol{Q}(s)$，反馈通路的传递函数矩阵为 $\boldsymbol{H}(s)$，则闭环系统的传递函数矩阵为

$$\boldsymbol{G}(s) = [\boldsymbol{I} + \boldsymbol{Q}(s)\boldsymbol{H}(s)]^{-1}\boldsymbol{Q}(s) \tag{5-5-3}$$

其中，$\boldsymbol{I} + \boldsymbol{Q}(s)\boldsymbol{H}(s)$ 称为系统的回差（return difference）矩阵。因为稳定性分析利用回差矩阵的逆矩阵性质，所以在频域分析中用逆的 Nyquist 分析更方便，由此出现了在多变量频域分析系统中的逆 Nyquist 阵列。

类似于单变量系统，Nyquist 图是研究包围 $(-1, \mathrm{j}0)$ 点的周数来研究稳定性的，对回差矩阵的 INA 来说，可以研究其包围 $(0, \mathrm{j}0)$ 点的情形，

Gershgorin 定理是基于逆 Nyquist 阵列的多变量设计方法的核心。对复数矩阵

$$\boldsymbol{C} = \begin{bmatrix} c_{11} & \cdots & c_{1n} \\ \vdots & & \vdots \\ c_{n1} & \cdots & c_{nn} \end{bmatrix} \tag{5-5-4}$$

来说，矩阵的特征根 λ 满足

$$\mid \lambda - c_{kk} \mid \leqslant \sum_{j \neq k} \mid c_{kj} \mid，且 \mid \lambda - c_{kk} \mid \leqslant \sum_{j \neq k} \mid c_{jk} \mid \tag{5-5-5}$$

换句话说，该矩阵的特征值位于一族以 c_{kk} 为圆心，以不等式右面的表达式为半径的圆构成的并集内，而这些圆又称为 Gershgorin 圆。另外，上面两个不等式表示的关系分别称为列 Gershgorin 圆和行 Gershgorin 圆，Gershgorin 定理的示意图如图 5-24 所示。

假设在某一频率 ω 下，多变量系统前向回路的 INA 表示为

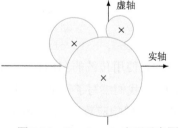

图 5-24　Gershgorin 定理示意图

$$\hat{\boldsymbol{Q}}(\mathrm{j}\omega) = \begin{bmatrix} \hat{q}_{11}(\omega) & \cdots & \hat{q}_{1p}(\omega) \\ \vdots & & \vdots \\ \hat{q}_{q1}(\omega) & \cdots & \hat{q}_{qp}(\omega) \end{bmatrix} \tag{5-5-6}$$

其中，$\hat{q}(\omega)$ 为复数量。对于频率响应的所有数据来说，一系列 Gershgorin 圆的包络线可以构成列（行）Gershgorin 带，若对全部的 ω 来说，各个对角元素的列（行）Gershgorin 带均不包含圆心，则称原系统为列（行）对角占优的。显而易见，对角优势矩阵的特征根不位于原点处，则单位反馈的闭环系统是稳定的。

选定了频率向量 w，并已知系统的多变量系统模型，则可以用 frd() 函数获得系统的频域响应数据 $G_1=\mathrm{frd}(G,w)$，其中返回的 G_1 是一个类，其 ResponseData 成员变量将返回系统的频域响应数据，是以三维数组的形式存储数据的，其 $(:,:,i)$ 值为第 i 个频率点处的频率响应数据，即传递函数矩阵的值。由这些值不难计算出 Gershgorin 圆，可以编写下面的函数来绘制带有 Gershgorin 圆的 Nyquist 曲线：

```
function gershgorin(H,key)
if nargin==1, key=0; end
t=[0:.1:2*pi,2*pi]'; [nr,nc]=size(H); nw=nr/nc; ii=1:nc;
for i=1:nc, circles{i}=[]; end
for k=1:nw   %计算各个频率下的 Nyquist 阵列
    G=H((k-1)*nc+1:k*nc,:);
    if nargin==2 && key==1, G=inv(G); end, H1(:,:,k)=G;
    for j=1:nc, ij=find(ii~=j);
        v=min([sum(abs(G(ij,j))),sum(abs(G(j,ij)))]);
        x0=real(G(j,j)); y0=imag(G(j,j));
        r=sum(abs(v)); %计算 Gershgorin 圆盘的半径
        circles{j}=[circles{j} x0+r*cos(t)+sqrt(-1)*(y0+r*sin(t))];
end, end
hold off; nyquist(tf(zeros(nc)),'w'); hold on;
h=get(gcf,'child'); h0=h(end:-1:2);
for i=ii, for j=ii
    axes(h0((j-1)*nc+i)); NN=H1(i,j,:); NN=NN(:);
    if i==j  %对角元素绘制 Gershgorin 圆
        cc=circles{i}(:); x1=min(real(cc)); x2=max(real(cc));
        y1=min(imag(cc)); y2=max(imag(cc)); plot(NN)
        plot(circles{i}), plot(0,0,'+'), axis([x1,x2,y1,y2])
    else, plot(NN), end     %非对角元素绘制
end, end, hold off
```

如果使用传统的 MFD 工具箱函数，则复杂连接多变量系统的频域响应计算是很麻烦的，所以，我们编写了一个多变量系统的处理函数 $H=\mathrm{mfrd}(G,w)$，直接求取多变量 LTI 对象 G 的频域响应数据，而在调用该函数之前，应该利用前面介绍的方法求出复杂连接系统的 LTI 对象。

```
function H=mfrd(G,w)
H1=frd(G,w); h=H1.ResponseData; H=[];    %提取频域响应数据
for i=1:length(w); H=[H; h(:,:,i)]; end %构造 MFD 工具箱数据
```

例 5-31　考虑例 4-7 中给出的双输入、双输出系统，用下面的语句将绘制出系统的 Nyquist

曲线,如图 5-25a 所示。从给出的曲线看,由于 Gershgorin 带覆盖坐标原点,所以,该系统具有很强的耦合性。

```
>> g11=tf(0.1134,[1.78 4.48 1],'ioDelay',0.72);
   g12=tf(0.924,[2.07 1]);
   g21=tf(0.3378,[0.361 1.09 1],'ioDelay',0.3);
   g22=tf(-0.318,[2.93 1],'ioDelay',1.29); G=[g11,g12; g21,g22];
   w=logspace(0,1); H=mfrd(G,w); gershgorin(H); %绘制 Nyquist 曲线
```

如果补偿矩阵为 $\boldsymbol{K}_{\mathrm{p}} = [0.9133, 2.6537; 0.9702, -0.3257]$,则可以由下面的语句直接绘制补偿后系统的 Nyquist 曲线,如图 5-25b 所示。可见,经过补偿之后,系统的 Gershgorin 带不再覆盖坐标原点,系统得到了很强的对角占优性。

```
>> Kp=[0.9133,2.6537; 0.9702,-0.3257];
   H=mfrd(G*Kp,w); gershgorin(H); %绘制 Nyquist 曲线
```

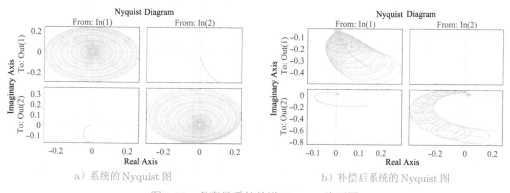

a) 系统的 Nyquist 图　　　　　　　　　　b) 补偿后系统的 Nyquist 图

图 5-25　多变量系统的逆 Nyquist 阵列图

如果能找到一个使得校正后系统对角占优的校正器,就可以认为该系统得到了较好的解耦,这样就可以对每个通道单独设计控制器,而不会对其他的通道有太大的影响。所以,寻找补偿器的方法是很关键的,在参考文献中有各种各样的方法可以直接使用[77]。

5.6 习　题

1 判定下列连续传递函数模型的稳定性。

1) $\dfrac{1}{s^3 + 2s^2 + s + 2}$　　2) $\dfrac{1}{6s^4 + 3s^3 + 2s^2 + s + 1}$　　3) $\dfrac{1}{s^4 + s^3 - 3s^2 - s + 2}$

4) $\dfrac{3s + 1}{s^2(300s^2 + 600s + 50) + 3s + 1}$　　5) $\dfrac{0.2(s + 2)}{s(s + 0.5)(s + 0.8)(s + 3) + 0.2(s + 2)}$

2 判定下面采样系统的稳定性

1) $H(z) = \dfrac{-3z + 2}{z^3 - 0.2z^2 - 0.25z + 0.05}$　　2) $H(z) = \dfrac{3z^2 - 0.39z - 0.09}{z^4 - 1.7z^3 + 1.04z^2 + 0.268z + 0.024}$

3) $H(z) = \dfrac{z^2 + 3z - 0.13}{z^5 + 1.352z^4 + 0.4481z^3 + 0.0153z^2 - 0.01109z - 0.001043}$

4) $H(z^{-1}) = \dfrac{2.12z^{-2} + 11.76z^{-1} + 15.91}{z^{-5} - 7.368z^{-4} - 20.15z^{-3} + 102.4z^{-2} + 80.39z^{-1} - 340}$

3 给出连续系统的状态方程模型,请判定系统的稳定性。

$$1)\dot{\boldsymbol{x}}(t) = \begin{bmatrix} -0.2 & 0.5 & 0 & 0 & 0 \\ 0 & -0.5 & 1.6 & 0 & 0 \\ 0 & 0 & -14.3 & 85.8 & 0 \\ 0 & 0 & 0 & -33.3 & 100 \\ 0 & 0 & 0 & 0 & -10 \end{bmatrix} \boldsymbol{x}(t) + \begin{bmatrix} 0 \\ 0 \\ 0 \\ 0 \\ 30 \end{bmatrix} u(t)$$

$$2)\boldsymbol{x}[(k+1)T] = \begin{bmatrix} 17 & 24.54 & 1 & 8 & 15 \\ 23.54 & 5 & 7 & 14 & 16 \\ 4 & 6 & 13.75 & 20 & 22.5889 \\ 10.8689 & 1.2900 & 19.099 & 21.896 & 3 \\ 11 & 18.089799 & 25 & 2.356 & 9 \end{bmatrix} \boldsymbol{x}(kT) + \begin{bmatrix} 1 \\ 2 \\ 3 \\ 4 \\ 5 \end{bmatrix} u(kT)$$

4 考虑下面给出的多变量系统,试求出该系统的零点和极点,并判定系统的稳定性。

$$\boldsymbol{A} = \begin{bmatrix} -3 & 1 & 2 & 1 \\ 0 & -4 & -2 & -1 \\ 1 & 2 & -1 & 1 \\ -1 & -1 & 1 & -2 \end{bmatrix}, \boldsymbol{B} = \begin{bmatrix} 1 & 0 \\ 0 & 2 \\ 0 & 3 \\ 1 & 1 \end{bmatrix}, \boldsymbol{C} = \begin{bmatrix} 1 & 2 & 2 & -1 \\ 2 & 1 & -1 & 2 \end{bmatrix}$$

注意,多变量系统零点的概念和单变量系统不同,不能由单独求每个子传递函数零点的方式求取,应该由 tzero() 函数得出,另外,pzmap() 函数同样适用于多变量系统。

5 求出下面状态方程模型的最小实现:

$$\boldsymbol{A} = \begin{bmatrix} 0 & -3 & 0 & 0 \\ 1 & -4 & 0 & 0 \\ 0 & 0 & 0 & 0 \\ 0 & 0 & 1 & -2 \end{bmatrix}, \boldsymbol{B} = \begin{bmatrix} 3 & 2 \\ 1 & 2 \\ 1 & 1 \\ 1 & 1 \end{bmatrix}, \boldsymbol{C} = \begin{bmatrix} 0 & 1 & 0 & 0 \\ 0 & 0 & 0 & 1 \end{bmatrix}$$

6 判定下列系统的可控、可观测性,求出它们的可控、可观测及 Leunberger 标准型实现。

$$1)\boldsymbol{A} = \begin{bmatrix} 0 & 1 & 1 & 1 \\ 0 & 0 & 0 & 1 \\ 0 & 1 & 0 & 0 \\ 0 & 0 & 1 & 1 \end{bmatrix}, \boldsymbol{B} = \begin{bmatrix} 1 & 0 \\ 0 & 0 \\ 0 & 1 \\ 1 & 0 \end{bmatrix}, \boldsymbol{C} = \begin{bmatrix} 1 & 0 & 0 & 0 \\ 0 & 1 & 0 & 0 \end{bmatrix}$$

$$2)\boldsymbol{A} = \begin{bmatrix} 0 & 2 & 0 & 0 \\ 0 & 1 & -2 & 0 \\ 0 & 0 & 3 & 1 \\ 1 & 0 & 0 & 0 \end{bmatrix}, \boldsymbol{B} = \begin{bmatrix} 2 & 0 \\ 1 & 2 \\ 0 & 1 \\ 0 & 0 \end{bmatrix}, \boldsymbol{C} = \begin{bmatrix} 0 & 1 & 0 & 0 \\ 0 & 0 & 1 & 0 \end{bmatrix}$$

7 请求出下面自治系统状态方程的解析解,并和数值解得出的曲线比较。

$$\dot{\boldsymbol{x}}(t) = \begin{bmatrix} -5 & 2 & 0 & 0 \\ 0 & -4 & 0 & 0 \\ -3 & 2 & -4 & -1 \\ -3 & 2 & 0 & -4 \end{bmatrix} \boldsymbol{x}(t), \boldsymbol{x}(0) = \begin{bmatrix} 1 \\ 2 \\ 0 \\ 1 \end{bmatrix}$$

8 给出一个 8 阶系统模型

$$G(s) = \frac{18s^7 + 514s^6 + 5982s^5 + 36380s^4 + 122664s^3 + 222088s^2 + 185760s + 40320}{s^8 + 36s^7 + 546s^6 + 4536s^5 + 22449s^4 + 67284s^3 + 118124s^2 + 109584s + 40320}$$

并假定系统具有零初始状态,请求出单位阶跃响应和脉冲响应的解析解。若输入信号变为正弦信号 $u(t) = \sin(3t + 5)$,请求出零初始状态下系统时域响应的解析解,并用图形的方法进行描述,和数值解进行比较。

9 假设 PI 和 PID 控制器的结构分别为

$$G_{\text{PI}}(s) = K_{\text{p}} + \frac{K_{\text{i}}}{s}, \ G_{\text{PID}}(s) = K_{\text{p}} + \frac{K_{\text{i}}}{s} + K_{\text{d}}s$$

请说明为什么 PI 或 PID 控制器可以消除稳定闭环系统的阶跃响应稳态误差, 不稳定系统能用 PI 或 PID 控制器消除稳态误差吗, 为什么?

10 请绘制下面状态方程模型的单位阶跃响应曲线

$$\boldsymbol{A} = \begin{bmatrix} -0.2 & 0.5 & 0 & 0 & 0 \\ 0 & -0.5 & 1.6 & 0 & 0 \\ 0 & 0 & -14.3 & 85.8 & 0 \\ 0 & 0 & 0 & -33.3 & 100 \\ 0 & 0 & 0 & 0 & -10 \end{bmatrix}, \boldsymbol{B} = \begin{bmatrix} 0 \\ 0 \\ 0 \\ 0 \\ 30 \end{bmatrix}, \boldsymbol{C} = [1,0,0,0,0]$$

并绘制出所有状态变量的曲线。选择不同的采样周期 T, 对该系统进行离散化, 绘制出离散系统的阶跃响应曲线。和连续系统进行比较, 并说明超调量、调节时间等性能指标的变化规律。

11 假设已知连续系统传递函数模型为

$$G(s) = \frac{-2s^2 + 3s - 4}{s^3 + 3.2s^2 + 1.61s + 3.03}$$

试选择不同的采样周期 $T = 0.01, 0.1, 1\,\mathrm{s}$ 对其进行离散化, 试对比连续系统及离散化系统的时域响应曲线, 试分析从中得出什么结论?

12 试绘制下列开环系统的根轨迹曲线, 并大致确定使单位负反馈系统稳定的 K 值范围。

1) $G(s) = \dfrac{K(s+6)(s-6)}{s(s+3)(s+4-4\mathrm{j})(s+4-4\mathrm{j})}$　　2) $G(s) = K\dfrac{s^2+2s+2}{s^4+s^3+14s^2+8s}$

3) $G(s) = \dfrac{1}{s(s^2/2600 + s/26 + 1)}$　　4) $G(s) = \dfrac{800(s+1)}{s^2(s+10)(s^2+10s+50)}$

13 绘制下面状态方程系统的根轨迹, 确定使单位负反馈系统稳定的 K 值范围。

$$\boldsymbol{A} = \begin{bmatrix} -1.5 & -13.5 & -13 & 0 \\ 10 & 0 & 0 & 0 \\ 0 & 1 & 0 & 0 \\ 0 & 0 & 1 & 0 \end{bmatrix}, \boldsymbol{B} = \begin{bmatrix} 1 \\ 0 \\ 0 \\ 0 \end{bmatrix}, \boldsymbol{C} = [0,0,0,1]$$

14 假设连续延迟系统的传递函数为 $G(s) = K(s-1)\mathrm{e}^{-2s}/(s+1)^5$, 试求出能使得单位负反馈系统稳定的 K 值范围。提示: rlocus() 函数不能直接用于根轨迹绘制, 试用 Padé 近似得出延迟项的有理近似, 这样就能得出整个开环传递函数的近似, 即可以使用该函数。

15 假设系统的开环模型为

$$G(s) = \frac{K}{s(s+10)(s+20)(s+40)}$$

并假设系统为单位负反馈结构构成, 试用根轨迹找出能使得闭环系统主导极点有大约 $\zeta = 0.707$ 阻尼比的 K 值。

16 已知离散系统的受控对象模型为

$$H(z) = K\frac{1}{(z+0.8)(z-0.8)(z-0.99)(z-0.368)}$$

试绘制其根轨迹, 并得出使得单位负反馈闭环系统稳定的 K 值范围。选择一个能使闭环系统稳定的 K, 绘制闭环系统的阶跃响应曲线, 并求出阶跃响应的超调量、调节时间等指标。

17 若上述系统带有时间延迟, 即 $\widetilde{H}(z) = H(z)z^{-8}$, 试重复上题的分析过程。改变系统的延迟时间常数再进行分析, 得出相应的结论。

18 考虑开环传递函数模型

$$G(s) = \frac{0.3(s+2)(s^2 + 2.1s + 2.23)}{s^2(s^2 + 3s + 4.32)(s+a)}$$

试绘制出该系统关于 a 的根轨迹,求出使得单位负反馈闭环系统稳定的 a 值范围。

19 对下列各个开环模型进行频域分析,绘制出 Bode 图、Nyquist 图及 Nichols 图,并求出系统的幅值裕量和相位裕量,在各个图形上标注出来。假设闭环系统由单位负反馈构造而成,试由频域分析判定闭环系统的稳定性,并用阶跃响应来验证。

1) $G(s) = \dfrac{8(s+1)}{s^2(s+15)(s^2+6s+10)}$ 2) $G(s) = \dfrac{4(s/3+1)}{s(0.02s+1)(0.05s+1)(0.1s+1)}$

3) $\boldsymbol{A} = \begin{bmatrix} 0 & 2 & 1 \\ -3 & -2 & 0 \\ 1 & 3 & 4 \end{bmatrix}$, $\boldsymbol{B} = \begin{bmatrix} 4 \\ 3 \\ 2 \end{bmatrix}$, $\boldsymbol{C} = [1, 2, 3]$

4) $H(z) = 0.45 \dfrac{(z+1.31)(z+0.054)(z-0.957)}{z(z-1)(z-0.368)(z-0.99)}$

5) $G(s) = \dfrac{6(-s+4)}{s^2(0.5s+1)(0.1s+1)}$ 6) $G(s) = \dfrac{10s^3 - 60s^2 + 110s + 60}{s^4 + 17s^2 + 82s^2 + 130s + 100}$

20 假设典型反馈控制系统的各个模型如下

$$G(s) = \frac{2}{s[(s^4 + 5.5s^3 + 21.5s^2 + s + 2) + 20(s+1)]}, \; G_{\mathrm{c}}(s) = K\frac{1 + 0.1s}{1 + s}, \; H(s) = 1$$

并假定 $K = 1$,请绘制出系统的 Bode 图、Nyquist 图与 Nichols 图,请判定这样设计出来的反馈系统是否为较好设计的系统,画出闭环系统的阶跃响应曲线,做出说明,并指出如何修正 K 的值来改进系统的响应。

21 试对下面的时间延迟系统进行频域分析,绘制出系统的各种频域响应曲线及各种裕量,判定单位负反馈下闭环系统的稳定性,用时域响应验证得出的结论。

1) $G(s) = \dfrac{(-2s+1)\mathrm{e}^{-3s}}{s^2(s^2+3s+3)(s+5)(s^2+2s+6)}$

2) $H(z) = \dfrac{z^2 + 0.568}{(z-1)(z^2 - 0.2z + 0.99)} z^{-5}$, $T = 0.05\,\mathrm{s}$

22 假设系统的对象模型为 $G(s) = 1/s^2$,某最优控制器模型为

$$G_{\mathrm{c}}(s) = \frac{5620.82s^3 + 199320.76s^2 + 76856.97s + 7253.94}{s^4 + 77.40s^3 + 2887.90s^2 + 28463.88s + 2817.59}$$

并假设系统由单位负反馈结构构成,请绘制出叠印有等 M 线和等 N 线的 Nyquist 图、Nichols 图,并由之分析闭环系统的动态性能,绘制闭环系统阶跃响应曲线来证实你的推断。

23 假设受控对象模型和由某种方法设计出的控制器分别为

$$G(s) = \frac{100(1+s/2.5)}{s(1+s/0.5)(1+s/50)}, \; G_{\mathrm{c}}(s) = \frac{1000(s+1)(s+2.5)}{(s+0.5)(s+50)}$$

试用频域响应的方法判定闭环系统的性能,并用时域响应检验得出的结论。

24 假设带有时间延迟的系统传递函数矩阵为

$$\boldsymbol{G}(s) = \begin{bmatrix} \dfrac{0.06371}{s^2 + 2.517s + 0.5618}\mathrm{e}^{-0.72s} & \dfrac{0.4464}{s + 0.4831} \\ \dfrac{0.9357}{s^2 + 3.019s + 2.77}\mathrm{e}^{-0.3s} & \dfrac{-0.1085}{s + 0.3413}\mathrm{e}^{-1.29s} \end{bmatrix}$$

试绘制其带有 Gershgorin 带的 Nyquist 阵列, 分析其是否为对角占优的系统, 绘制系统的开环阶跃响应, 该响应是否符合你的结论?

25 考虑下面给出的双输入双输出系统:

$$\boldsymbol{G}(s) = \begin{bmatrix} \dfrac{0.806s + 0.264}{s^2 + 1.15s + 0.202} & \dfrac{-(15s + 1.42)}{s^3 + 12.8s^2 + 13.6s + 2.36} \\ \dfrac{1.95s^2 + 2.12s + 4.90}{s^3 + 9.15s^2 + 9.39s + 1.62} & \dfrac{7.14s^2 + 25.8s + 9.35}{s^4 + 20.8s^3 + 116.4s^2 + 111.6s + 188} \end{bmatrix}$$

绘制出带有 Gershgorin 带的 Nyquist 曲线, 并在该曲线上标出各个频率下的特征值, 验证这些特征值满足 Gershgorin 定理, 并绘制该系统的阶跃响应曲线来演示结果系统是不是较好解耦的系统。

26 在实际的多变量系统频域响应分析中, Gershgorin 带显得很保守, 所以需要减小 Gershgorin 带的半径。在引入反馈 $\boldsymbol{F} = [f_1, \cdots, f_n]$ 后, 还可以使用 Ostrowski 带, 该带的新半径可以定义为 $r_i(s) = \phi_i(s)d_i(s)$, 其中, $d_i(s)$ 为 Gershgorin 带的半径, 缩小因数为

$$\phi_i(s) = \max_{j, j \neq i} \frac{d_j(s)}{f_j + \hat{q}_{jj}(s)}$$

试用 MATLAB 语言修改或扩展 gershgorin.m 程序, 使之能直接绘制 Ostrowski 带, 并用例子中的系统进行对比研究。

第6章 Simulink在系统仿真中的应用

前面各章一直侧重于线性系统的建模与分析,并未涉及非线性系统的分析方法,在现实世界中,所有的系统都是非线性的,其中有的系统非线性特性不是很显著,所以可以忽略其非线性特性,将其简化成线性系统处理,这样用线性系统的理论和分析方法就可以直接进行分析。然而有的系统非线性特性较严重,不能忽略其非线性环节,这种情况下线性系统理论就无能为力了,所以应该建立起非线性系统的建模与分析方法。

MATLAB下提供的Simulink环境是解决非线性系统建模、分析与仿真的理想工具,本章将主要介绍Simulink建模与仿真方法及其在控制系统中的应用。第6.1节简要介绍Simulink的基础知识,并介绍Simulink提供的常用模块组及常用模块,为读者熟悉Simulink模型库,初学Simulink建模打下基础。第6.2节将介绍Simulink的模型建立方法,包括模块绘制、连接与参数修改,系统仿真参数设置,并通过一般非线性系统、一般多变量系统、采样系统、多速率采样系统、时变系统等,介绍控制系统的建模与仿真方法。第6.3节将介绍非线性系统的仿真分析方法,首先介绍各种静态非线性环节的Simulink建模方法,然后介绍非线性系统的描述函数近似分析方法,最后将介绍非线性系统模型的线性化近似方法。第6.4节将介绍Simulink建模的高级技术,将引入子系统、模块封装及模块集编写等建模方法。第6.5节将介绍S-函数的编写格式与方法,掌握了S-函数的编写方法,理论上就可以搭建出任意复杂的系统模型。该节还介绍S-函数模块的封装方法。

6.1 Simulink建模的基础知识

6.1.1 Simulink简介

控制系统仿真研究的一种很常见的需求是,通过观测系统在某些信号驱动下的时域响应,从中得出期望的结论。对简单线性系统来说,可以利用控制系统工具箱中的相应函数对系统进行分析,若研究非线性系统,则可以采用第3章中介绍的微分方程数值解法来求解。

对于更复杂的系统来说,单纯采用上述的方法有时难以完成仿真任务。比如说,若想研究结构复杂的非线性系统,用前面介绍的方法则需要列写出系统的微分方程,这是很复杂的,有时甚至是不可能的。如果有一个基于框图的仿真程序,则解决这样的问题就轻而易举了。Simulink环境就是解决这样问题的理想工具,它提供了各种各样的模块,允许用户用框图的形式搭建起任意复杂的系统,从而对其进行准确的仿真。Simulink是MATLAB的一个组成部分,它提供的模块有一般线性、非线性控制系统所需的模块,也有更高层的模块,例如电气系统模块集中提供的电机模块、Multibody 提供的刚体及关节模块等,这使得用户可以轻易地对感兴趣的系统进行仿真,并得出所需的结果。

　　Simulink 环境是1990 年前后由 MathWorks 公司推出的产品,原名 SimuLAB,1992 年改为 Simulink。其名字有两重含义,仿真(simu)与模型连接(link),表示该环境可以用框图的方式对系统进行仿真。Simulink 提供了各种可用于控制系统仿真的模块,支持一般的控制系统仿真,此外,还提供了各种工程应用中可能使用的模块,如电机系统、机构系统、通信系统等的模块集,直接进行多领域物理建模与仿真研究。

　　单击 MATLAB 命令窗口工具栏中的 █ 图标,自动打开如图6-1 所示的 Simulink 的起始窗口。从该窗口的右下角区域可见,可以单击 Blank Model(空白模型)、Blank Subsystem(空白子系统)、Blank Library(空白模块库)和 Blank Project(空白项目)等按钮处理模型。例如,单击 Blank Model 按钮将打开空白模型窗口,如图6-2 所示。用户可以在窗口的空白区域绘制系统的 Simulink 模型。

图6-1　Simulink 起始窗口

　　在 MATLAB 命令窗口输入 `open_system(simulink)` 命令将打开如图6-3 所示的模型库,模型库中还有下一级的模块组,如连续模块组、离散模块组和输入输出模块组等,用户可以用双击的方式打开下一级的模块组,寻找及使用所需要的模块⊖。

⊖ 为排版方便,这里的和后续的模型库中的图标位置可能进行微调。这里显示的模型库是 MATLAB R2021a 版给出的。不同版本的模型库表示形式略有不同。

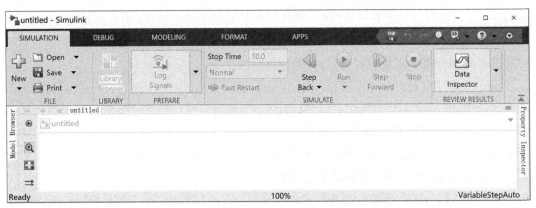

图 6-2　Simulink 的空白模型窗口

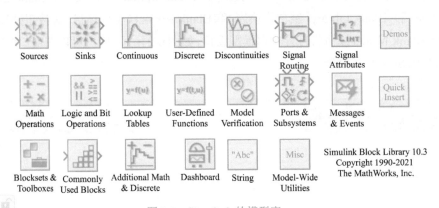

图 6-3　Simulink 的模型库

还可以在空白的模型窗口中单击其工具栏上的⊞Library Browser 图标，打开 Simulink 模块浏览器窗口，其表现形式与图 6-3 是不同的。

6.1.2　Simulink 下常用模块简介

如图 6-3 所示的 Simulink 提供了诸多子模块组，每个子模块组中还包含众多的下一级子模块及模块组，将这些模块相互连接就可以按需要搭建起复杂的系统模型。这里将对常用模块进行简单介绍，使得读者对现有的模型库有一个较好的了解，为下一步掌握 Simulink 建模打下基础。

1. 输入模块组（Sources）

双击 Simulink 模块组中的输入模块组图标，打开如图 6-4 所示的模块组⊖。可见，其中有阶跃输入模块 Step、时钟模块 Clock、信号发生器模块 Signal Generator、文件输入模块 From File、工作空间输入模块 From Workspace、正弦信号输入模块 Sine Wave、斜坡信号模块 Ramp、脉冲信号模块 Pulses Generator、周期信号发生器模块 Repeating Sequence、输入端子模块 In1、连续白噪声信号发生模块 Band-Limited White Noise 等，还有一个新的模块 Signal Builder，允许用户用图形化的方式编辑输入信号，这些信号可以作为系统的输入信号

⊖ 为了排版方便，作者对各个模块组布局进行了手工修改。

源,用来驱动系统。

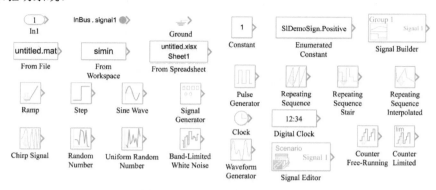

图6-4 Simulink输入源模块组

2. 输出池模块组(Sinks)

双击Simulink主模块组中的输出池模块组Sinks图标,打开如图6-5所示的输出池模块组,允许用户将仿真结果以不同的形式输出出来。输出池中常用的模块有示波器模块Scope和Floating Scope、x-y轨迹示波器XY Graph、数字显示模块Display、存文件模块To File、返回工作空间模块To Workspace,以及输出端子模块Out1。另外,该模块组还提供了一个名为Stop Simulation的模块,允许用户在仿真过程中终止仿真进程。

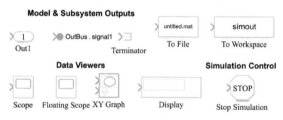

图6-5 Simulink输出池模块组

3. 连续系统模块组(Continuous)

双击Simulink主模块组中的连续系统模块组Continuous图标,打开如图6-6所示的连续系统模块组,其中有传递函数模块Transfer Function、状态方程模块State Space、零极点模块Zero-Pole这3个最常用的线性连续系统模块,时间延迟模块Transport Delay和Variable Transport Delay,以及简单的积分器模块Integrator、微分器模块Derivative和PID控制器模块等,利用这些模块就可以搭建起连续线性系统的Simulink仿真模型。

事实上,这些模块在实际线性系统仿真中有局限性,因为所有的模块都是假设初始条件为零的,但在实际应用中有时要求模块具有非零初始条件,这时可以从Simulink Extras模块组中双击Additional Linear(附加连续线性系统模块组)图标,这样将得出如图6-7所示的模块组,其包含的模块均允许非零初始条件。

4. 离散系统模块组(Discrete)

离散系统模块组包含常用的线性离散模块,如图6-8所示。其中有零阶保持器模块Zero-Order Hold、离散传递函数模块Discrete Transfer Fcn、离散状态方程模块Discrete

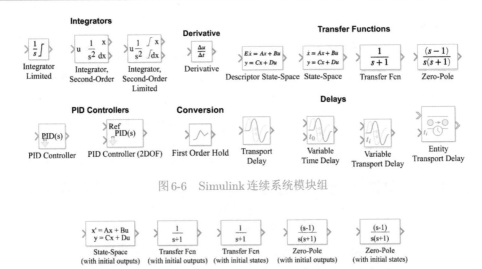

图 6-6　Simulink 连续系统模块组

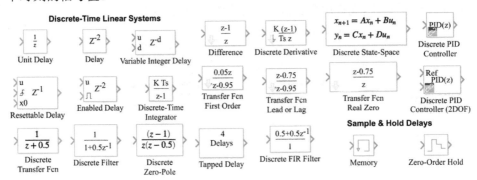

图 6-7　附加连续线性系统模块组

State-Space、离散零极点模块 Discrete Zero-Pole、离散滤波器模块 Discrete Filter、单位时间延迟模块 Unit Delay 和离散积分器模块 Discrete-Time Integrator，而 Memory 模块可以返回上一个时刻的信号值。

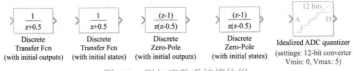

图 6-8　Simulink 离散系统模块组

　　和连续系统模块组类似，这些模块也都是表示零初始条件的模块，对非零初始条件的模块，可以借助于 Simulink Extras 模块组中的 Additional Discrete（附加类似线性系统模块组）中的模块，如图 6-9 所示。

图 6-9　附加离散系统模块组

5. 非线性模块组（Discontinuities）

　　非线性模块组在 Simulink 模块浏览器中又称为不连续模块组 Discontinuities，不过这样的名称不太确切，该模块组内容如图 6-10 所示。该模块组中主要包含常见的分段线性非线性静态模块，如饱和非线性模块 Saturation、死区非线性模块 Dead Zone、继电非线性模块

Relay、变化率限幅器模块 Rate Limiter、量化器模块 Quantizer、磁滞回环模块 Backlash，还可以处理 Coulomb 摩擦。模块组的名称 Discontinuities 不是很确切，因为这里包含的模块有些还是连续的，如饱和非线性模型等，所以本书仍称之为非线性模块组。

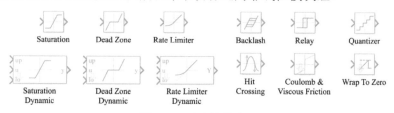

图 6-10　非线性模块组

6. 数学函数模块组（Math Operations）

常用数学函数模块组的内容如图 6-11 所示，包括加法模块 Sum、乘法模块 Product、增益模块 Gain、滚动杆增益模块 Slider Gain、多项式模块 Polynomial、数学函数模块 Math Function、绝对值模块 Abs、符号函数模块 Sign、实数复数转换模块 Complex to Real-Imag、三角函数模块 Trigonometric Function 等，还有代数约束求解模块 Algebraic Constraint。利用这样的模块可以构造出任意复杂的数学运算。

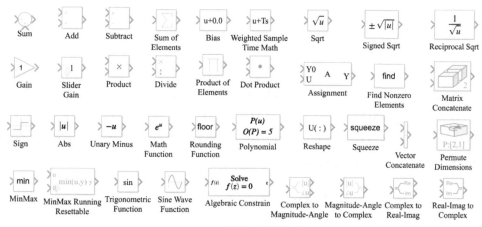

图 6-11　数学函数模块组

7. 查表模块组（Lookup Tables）

查表模块组的内容如图 6-12 所示，其中有一维查表模块 1-D Lookup Table、二维查表模块 2-D Lookup Table、n 维查表模块 n-D Lookup Table，后面将演示任意分段线性的非线性环节均可以由查表模块搭建起来，从而可以容易地对非线性控制系统进行仿真分析。

8. 用户自定义函数模块组（User-defined Functions）

用户自定义函数模块组的内容如图 6-13 所示，其中可以利用 Fcn 模块对 MATLAB 的函数直接求值，还可以使用 Interpreted MATLAB Function 模块对用户自己编写的 MAT-LAB 复杂函数求解，还可以按照特定的格式编写出系统函数，简称 S-函数，用以实现任意复杂度的功能。S-函数是用 MATLAB 或 C 以及其他语言编写的系统函数，用于描述状态方程

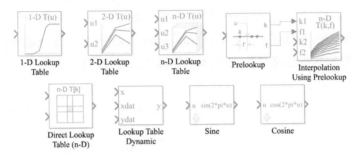

图 6-12　查表模块组

模型。后面将详细介绍 S-函数的编写方法及其应用。

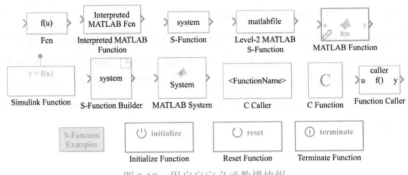

图 6-13　用户自定义函数模块组

9. 信号路由模块组（Signal Routing）

Simulink 的信号路由模块组的内容如图 6-14 所示，其中有将多路信号组成向量型信号的 Mux 模块、将向量型信号分解成若干单路信号的 Demux 模块、选路器模块 Selector、转移模块 Goto 和 From，还支持各种开关模块，如一般开关模块 Switch、多路开关模块 Multiport Switch、手动开关模块 Manual Switch 等。

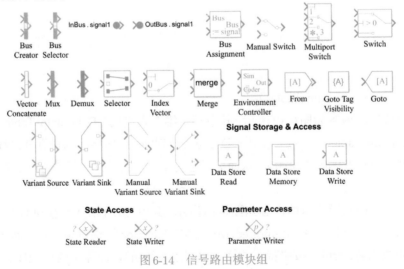

图 6-14　信号路由模块组

10.信号属性模块组(**Signal Attributes**)

信号属性模块组的内容如图6-15所示,其中包括信号类型转换模块 Data Type Conversion,采样周期转换模块 Rate Transition,初始条件设置模块 IC 等。

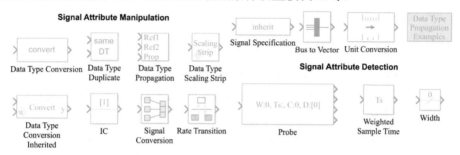

图6-15　信号属性模块组

6.1.3　Simulink下其他工具箱的模块组

除了上述的各个标准模块组之外,随着MATLAB工具箱安装的不同,还有若干工具箱模块组和模块集(blockset)。在这些模块组中,有各种各样的通信仿真模块集 Communications,有各种控制类模块集,如控制系统工具箱 Control System Toolbox、系统辨识模块集 System ID Blockset、模糊逻辑控制模块集 Fuzzy Logic Toolbox、神经网络工具箱模块集 Neural Network Blockset、模型预测控制模块集 MPC Blocks、非线性控制设计模块集 NCD Blockset,有专用的系统模块集,如飞行控制模块集 Aerospace Blockset、多领域物理建模模块集 Simscape、DSP 模块集 DSP Blockset 等。可以利用这些模块进行各种各样的复杂系统分析与仿真。另外,由于这样的模块集都是由相关领域的著名学者开发的,所以其可信度等都很高,仿真结果是可靠的。

6.2　Simulink建模与仿真

6.2.1　Simulink建模方法简介

其实利用Simulink描述框图模型是十分简单和直观的,用户无须输入任何程序,可以用图形化的方法直接建立起系统的模型,并通过Simulink环境中的菜单直接启动系统的仿真过程,并将结果在示波器上显示出来,所以掌握了强大的Simulink工具后,会大大增强用户系统仿真的能力。下面将通过简单的例子来演示Simulink建模的一般步骤,并介绍仿真的方法。

例6-1　考虑图6-16中给出的典型非线性反馈系统框图,其中控制器为PI控制器,其模型为 $G_c(s) = (K_p s + K_i)/s$,且 $K_p = 3, K_i = 2$,饱和非线性中的 $\Delta = 2$,死区非线性的死区宽度为 $\delta = 0.1$。由于系统中含有非线性环节,所以这样的系统不能用第4章中给出的线性系统方法进行精确仿真,而建立起系统的微分方程模型,用第3章中介绍的方法去求解也是件很烦琐的事,如果哪一步出现问题,则仿真结果的可信度就会降低。

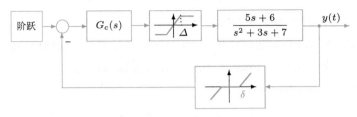

图 6-16　非线性系统

Simulink 是解决这样问题的最有效的方法, 可以用下面的步骤搭建此系统的仿真模型。

1) 打开模型编辑窗口。首先打开一个模型编辑窗口, 这可以通过单击 Simulink 工具栏中的新模型图标或选择 File → New → Model 菜单命令实现。

2) 复制相关模块。将相关模块组中的模块(例如, Sources 组中的 Step 模块、Math 组中的加法器等)拖动到模型窗口中。就可以将图 6-17 所示的一些模块复制到模型编辑窗口中。

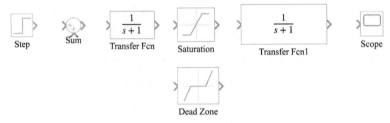

图 6-17　模型编辑窗口(文件名:c6mblk1.slx)

3) 修改模块参数。通过观察发现, 很多模块的参数和要求的不一致, 如受控对象模型、控制器模块、加法器模块等。双击加法器模块 Sum, 将打开如图 6-18a 所示的对话框, 其中的 List of signs 栏目描述加法器各路输入的符号, 例如, | 表示该路没有信号, 所以用 |+- 取代原来的符号, 就可以得出反馈系统中所需的减法器模块了。如果输入信号路数过多, 则不适用圆形的加法器表示方法, 选择 Icon shape 列表框中的 Rectangular, 就可以得出方形的加法器模块。

对传递函数模块也可以做相应的修改, 双击控制器模块图标, 则将打开如图 6-18b 所示的对话框, 用户只需在其分子 Numerator 和分母 Denominator 栏目分别填写系统的分子多项式和分母多项式系数。其方式与一般 MATLAB 下描述多项式是一致的, 亦即将其多项式系数提取出来

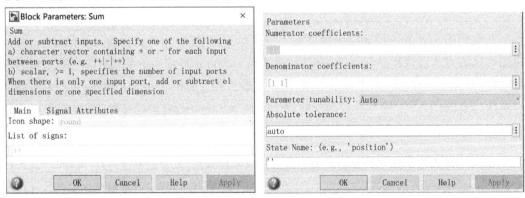

a) 加法器模块　　　　　　　　　　　　b) 传递函数模块

图 6-18　相关模块的参数设置对话框

得出的降幂排列的向量。这样在控制器模块中分子和分母栏目分别填入 [3,2] 和 [1,0]，在受控对象的相应栏目中分别填入 [5,6] 和 [1,3,7]，就可以正确输入这两个模块了。

模型中还需要修改的参数如下：阶跃输入模块将阶跃时刻（Step time）参数从默认的1修改为0；饱和非线性模块的饱和上界（Upper limit）和下界（Lower limit）参数分别设置为2和−2；死区非线性模块的死区起止值（Start of dead zone 和 End of dead zone）分别设置为−0.1和0.1。

4）模块连接。将有关的模块直接连接起来，具体的方法是用鼠标单击某模块的输出端，拖动鼠标到另一模块的输入端处再释放，则可以将这两个模块连接起来。完成模块连接后，就可以得到如图6-19所示的系统模型。

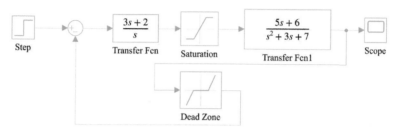

图6-19　模块连接后的系统模型（文件名:c6mblk2.slx）

模块的属性可以调用快捷菜单修改，例如，利用由图6-20a给出的Format菜单修改模块的字体等属性。图6-20b给出的Rotate & Flip菜单可以用来对模块进行旋转与翻转处理。

a）Format 菜单　　　　　　　　　　　　b）Rotate & Flip 菜单

图6-20　模块处理的简单菜单

经过模块翻转处理后的系统模型框图如图6-21所示，可以看出这样得出的系统模型更加美观和直观。应该指出的是，模块的旋转、翻转等处理应该在模块连接前进行。

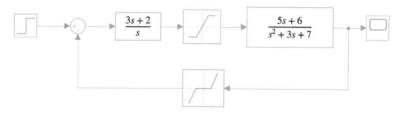

图6-21　系统的仿真模型（文件名:c6mblk3.slx）

5）系统仿真研究。建立了模型后就可以直接对系统进行仿真研究了，例如，单击启动仿真的 ▶ 按钮，则可以启动仿真过程。这样，双击示波器模块就可以显示如图6-22a所示的仿真结果。

6）仿真结果检验。后面将通过例子演示具体的检验方法。

从仿真结果看，跟踪速度较慢。根据PI控制器设计经验，如果能加大 K_i 的值将有望加快系统响应速度，用手动调节的方法将 K_i 设置为10，则可以得出如图6-22b所示的仿真结果。从给

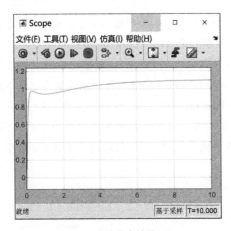 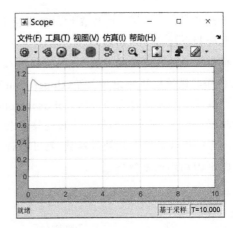

a）直接仿真结果   b）修改控制器后的结果

图 6-22 系统仿真结果的示波器输出

出的例子可以看出,原来看起来很复杂的非线性控制系统仿真问题用 Simulink 轻而易举地解决了,还可以容易地分析系统在不同参数下的仿真结果。

    Simulink 的数学模块组还提供了 Slider Gain(滑杆增益)模块,允许用滚动杆的形式调整增益的值,这使得参数调节更容易,使用了这种模块,则可以得出如图 6-23 所示的仿真模型,双击滑杆模块,则可以得出如图 6-24 所示的对话框,用户可以通过该对话框的滚动杆调整 PI 控制器的比例和积分参数。

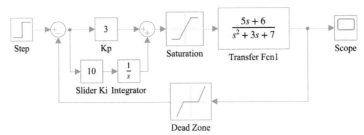

图 6-23 改用滑杆比例环节的仿真模型(文件名:c6mblk4.slx)

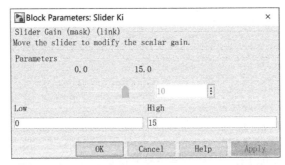

图 6-24 滑块增益设置对话框

6.2.2 仿真算法与控制参数选择

在 Simulink 模型窗口工具栏中选择 MODELING（模型）选项卡，则显示如图 6-25 所示的新工具栏。用户可以通过该选项卡设置仿真参数，如 Stop time（终止仿真时间）等。单击其中的 Model Settings（模型设置，或图标 ⚙）按钮，将打开如图 6-26 所示的对话框，允许用户设置仿真控制参数。

图 6-25　Simulink 窗口的工具栏

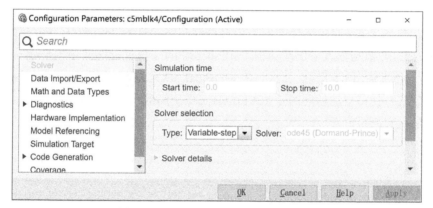

图 6-26　Simulink 仿真控制参数对话框

1）Start time 和 Stop time 栏分别允许用户填写仿真的起始时间和结束时间。

2）Solver options 的 Type 栏有两个选项，允许用户选择定步长和变步长算法。为了能保证仿真的精度，一般情况下建议选择变步长算法。其后面的列表框中列出了各种各样的算法，如 ode45（Domand–Prince）算法、ode15s（stiff/NDF）算法等，用户可以从中选择合适的算法进行仿真分析，离散系统还可以采用定步长算法进行仿真。

3）单击 Solver details（求解器详情）左侧的 ▶ 号，将扩展当前的对话框，如图 6-27 所示。

可以从展开的对话框中设置 Relative tolerance（相对误差限）选项和 Absolute tolerance（绝对误差限）等，控制仿真精度。对不同的算法还将有不同的控制参数，其中相对误差限的默认值设置为 1e-3，亦即千分之一的误差，该值在实际仿真中显得偏大，建议选择 1e-6 和 1e-7。值得指出的是，由于采用的是变步长仿真算法，所以将误差限设置到这样小的值也不会增加太大的运算量。相对误差限最小的允许值为 2.2204×10^{-14}，绝对误差限的最小值可以取 eps，这样，可以得出双精度数据结构下的最精确结果。

4）在仿真时还可以选定最大允许的步长和最小允许的步长，这可以通过填写 Max step size 栏目和 Min step size 的值来实现。如果变步长选择的步长超过这个限制，则将弹出警告

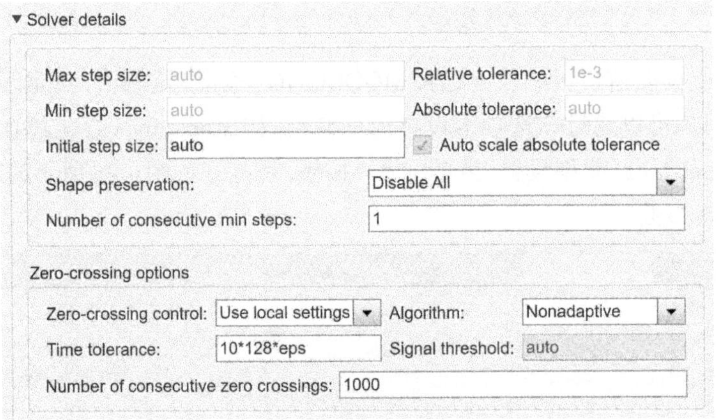

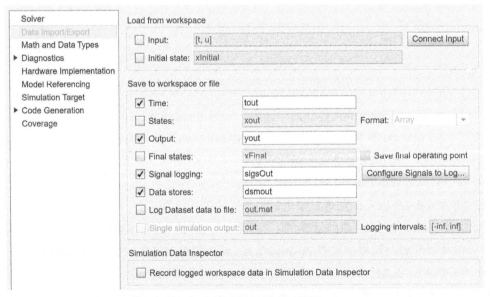

图 6-27　求解器参数设置

对话框。

5）输出格式设置。如果选择图 6-26 中对话框左侧的 Data Import/Export（数据输入输出）标签，则打开数据输入输出对话框，如图 6-28 所示。建议反选其中的 Single simulation output（单一仿真输出）复选框，并将右侧的 Format（格式）列表框从 Dataset（数据集）修改成 Array（数组），使得自动返回的是 MATLAB 工作空间的 tout 和 yout 变量，否则，仿真结果的绘图是很麻烦的[78]。

图 6-28　数据输入输出对话框

6）一些警告信息和警告级别的设置可以通过 Diagnostics 标签下的对话框来实现，具体方法在这里就不赘述了。

设置完仿真控制参数之后，就可以单击工具栏中的 ⊙ 按钮启动仿真过程了。仿真结束后，如果按图 6-28 设置输出格式，则可以使用 `plot(tout,yout)` 命令绘制仿真结果。

除了用 Simulation 菜单启动系统仿真的进程外,还可以调用 sim() 函数来进行仿真分析,该函数的调用格式为

$$[t,x,y]=\text{sim}(\text{模型名},\text{终止仿真时间},\text{options})$$

其中,模型名即对应的 Simulink 文件名的扩展名 .slx 或 .mdl 可以省略。函数调用后,返回的 t 为时间向量,x 为状态矩阵,其各列为各个状态变量,返回变量 y 的各列为各个输出信号,亦即输出端子 Outport 构成的矩阵。

仿真控制参数 options 可以通过 simset() 函数来设置,其调用格式为

$$\text{options}=\text{simset}(\text{参数名}1,\text{参数值}1,\text{参数名}2,\text{参数值}2,\cdots)$$

其中,"参数名"为需要控制的参数名称,用单引号括起;"参数值"为具体数值,用 help simset 命令可以显示出所有的控制参数名。例如,相对误差限为 'RelTol',其默认值为 10^{-3},这个参数在仿真中过大,应该修改成小值,如 10^{-7}。这样就可以使用

$$\text{options}=\text{simset}('\text{RelTol}',1e-7);\ 或\ \text{options}=\text{simset};\ \text{options.RelTol}=1e-7;$$

命令去设置 options 变量的参数,在使用 sim() 函数时使用 options 即可。

6.2.3　Simulink 在控制系统仿真研究中的应用举例

本节将通过一系列控制系统仿真的实例演示 Simulink 仿真工具的应用,首先将介绍一般微分方程的 Simulink 求解方法,然后介绍多变量系统、计算机控制系统、时变系统及多采样速率离散控制系统的计算机仿真研究,其中的每个例子代表一类系统模型,从本节的介绍中用户应该能对 Simulink 在控制系统仿真中的应用有较全面的认识。

例 6-2　非线性微分方程的框图求解。考虑 Lorenz 方程,其数学模型为

$$\begin{cases} \dot{x}_1(t) = -8x_1(t)/3 + x_2(t)x_3(t) \\ \dot{x}_2(t) = -10x_2(t) + 10x_3(t) \\ \dot{x}_3(t) = -x_1(t)x_2(t) + 28x_2(t) - x_3(t) \end{cases}$$

且其初值为 $x_1(0) = x_2(0) = 0$, $x_3(0) = 10^{-3}$。这样的微分方程在 Simulink 下也可以搭建相应的仿真模型,从而进行仿真。仿真这样的微分方程有一个技巧,即对每个微分量应该引入一个积分器,积分器的输出就是该状态变量,那么积分器的输入端就自然是该变量的一阶微分了。用这样的方法,就不难构造如图 6-29 所示的 Simulink 框图,并将 3 个积分器的初值分别设置为 0,0,1e-3。在启动仿真过程之前,还可以设置仿真控制参数,如令仿真终止时间为 30,相对误差限为 1e-7,这时启动仿真过程,则可以在 MATLAB 工作空间中返回两个变量:tout 和 yout,其中,tout 为列向量,表示各个仿真时刻,而 yout 为一个三列的矩阵,分别对应于 3 个状态变量 $x_1(t) \sim x_3(t)$。这样用下面的语句就可以绘制出各个状态变量的时间响应曲线,如图 6-30a 所示。

```
>> plot(tout,yout)    % 系统状态的时间响应曲线
```

设 $x_1(t)$, $x_2(t)$ 和 $x_3(t)$ 分别为 3 个坐标轴,这样就可以由下面的语句绘制出三维的相空间曲线,如图 6-30b 所示。comet3() 函数还可以动态演示出状态空间曲线的走向。

```
>> comet3(yout(:,1),yout(:,2),yout(:,3)), grid  % 系统状态的时间响应曲线
   axis([min(yout(:,1)),max(yout(:,1)),min(yout(:,2)),...
       max(yout(:,2)),min(yout(:,3)),max(yout(:,3))])  % 设置坐标系
```

例 6-3　Simulink 的模块中很多都支持向量化输入,亦即把若干路信号用 Mux 模块组织成

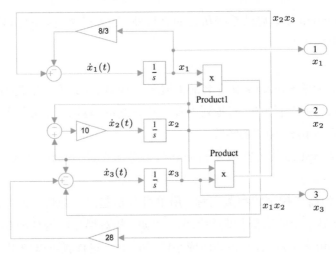

图 6-29　Lorenz 方程的 Simulink 表示 (文件名:`c6mlorz.slx`)

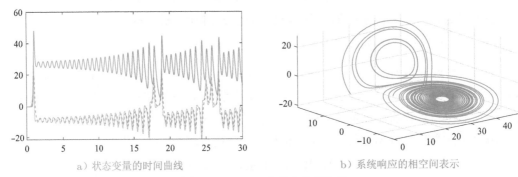

a) 状态变量的时间曲线　　　　　　　b) 系统响应的相空间表示

图 6-30　Lorenz 方程的仿真结果

一路信号,这一路信号的各个分量为原来的各路信号。这样这组信号经过积分器模块后,得出的输出仍然为向量化信号,其各路为原来输入信号各路的积分。这样用图 6-31a 中给出的 Simulink 模块就可以改写原来的模型了。在该模型中还使用 Fcn 模块,用于描述对输入信号的数学运算,这里输入信号为系统的状态向量,而 Fcn 模块中将其输入信号记作 u,如果 u 为向量,则用 $u[i]$ 表示其第 i 路分量。可见,这样的系统模型比图 6-29 中给出的 Simulink 模型简洁得多,且这样建模不易出错,也易于维护。

　　前面的模型使用了 Fcn 模块,该模块可以接收多路输入信号,但只能输出标量信号,所以需要与 Mux 等模块配合,才能建立仿真模型。事实上,如果使用 User-Defined Functions 组中的 MATLAB Function 模块,则可以搭建如图 6-31b 所示的仿真模型。双击 MATLAB Function 模块,则打开该模块的内嵌编辑器,在编辑器中写出该模块的函数内容如下:

```
function y=fun(u)
a=0.2; b=0.2; c=5.7; y=[-u(2)-u(3); u(1)+a*u(2); b+(u(1)-c)*u(3)];
```

　　可以看出,这样的建模方法更简单实用,且不易出错。除了该函数模块之外,还可以使用 Interpreted MATLAB Function 模块来描述非线性函数,不过,该模块需要为其编写一个实体的 MATLAB 函数文件。

　　例 6-4　多变量时间延迟系统的仿真。考虑例 5-18 中介绍的多变量系统阶跃响应仿真问题。

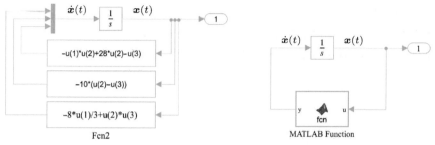

a）改进的仿真框图（文件名：c6mlorv.slx）　　　b）改进的仿真框图（c6mlorv1.slx）

图 6-31　Lorenz 方程的另一种 Simulink 描述

由于含有时间延迟，所以，若建立底层仿真模型，则可以直接搭建出如图 6-32 所示的仿真模型。

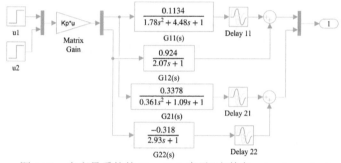

图 6-32　多变量系统的 Simulink 表示（文件名：c6mmimo.slx）

从建立的底层模型看，这种建模方法比较麻烦，不建议使用。考虑 Simulink 下的控制系统工具箱模块集，选择其中的 LTI System 模块描述多变量传递函数矩阵模块，建立如图 6-33a 所示的仿真模型。在运行模型之前，先输入模块的模型与增益。双击增益模块，打开如图 6-33b 所示的对话框。选择其中的 Matrix(K*u)，可以使用矩阵乘法，而不是默认的点乘。可见，这里介绍的建模方法更适合于多变量传递函数矩阵的 Simulink 建模。

```
>> g11=tf(0.1134,[1.78 4.48 1],'ioDelay',0.72); g12=tf(0.924,[2.07 1]);
   g21=tf(0.3378,[0.361 1.09 1],'ioDelay',0.3);
   g22=tf(-0.318,[2.93 1],'ioDelay',1.29);
   G=[g11, g12; g21, g22]; Kp=[0.1134,0.924; 0.3378,-0.318];
```

a）新模型（文件名：c6mmimo2.slx）　　　　b）增益模块对话框

图 6-33　多变量系统更简单的模型

例 6-5　复杂 LTI 系统的建模。例 4-14 中给出的传递函数模型比较复杂。如果考虑底层建模，则可以将其改写成如下两种形式之一：

$$G_1(s) = \frac{1}{s+1}\left(1 + \frac{3\mathrm{e}^{-s}}{s+1}\right), \ \text{或} \ G_2(s) = \left(1 + \frac{3\mathrm{e}^{-s}}{s+1}\right)\frac{1}{s+1}$$

这样,利用改写模型的串并联关系,不难构造出如图6-34所示的两种底层仿真模型。如果不想做这样的手工改写,还可以直接使用 LTI System 模块。该模块在使用前应该给出下面的命令,先定义 LTI 对象 G。可见,这个方法更简洁,适用于任意复杂的 LTI 模型建模。

```
>> s=tf('s'); G=(1+3*exp(-s)/(s+1))/(s+1);
```

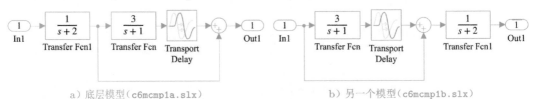

a) 底层模型(c6mcmp1a.slx)   b) 另一个模型(c6mcmp1b.slx)

图6-34　复杂系统的仿真模型

例6-6　计算机控制系统的仿真。考虑经典的计算机控制系统模型,如图6-35所示[79]。其中,控制器模型是离散模型,采样周期为 T,ZOH 为零阶保持器,而受控对象模型为连续模型,假设受控对象和控制器都已经给定,即有

$$G(s) = \frac{a}{s(s+1)}, \; D(z) = \frac{1-e^{-T}}{1-e^{-0.1T}} \frac{z-e^{-0.1T}}{z-e^{-T}}$$

其中,$a = 0.1$,对这样的系统来说,直接写成微分方程形式再进行仿真的方法是不可行的,因为其中既有连续环节,又有离散环节,直接写出系统的微分方程模型极其困难,所以只能借助 Simulink 对其进行仿真研究。

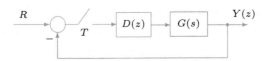

图6-35　计算机控制系统框图

解决这样的系统仿真问题也是 Simulink 的强项,由给出的控制系统框图,可以容易地绘制出系统的 Simulink 仿真框图,如图6-36所示。该模型中使用了几个变量:a、T、z1、p1、K,其中前两个参数需要用户给定,后面3个参数需要由控制器模型计算。在控制器模块中,设置其采样周期为 T,后面的零阶保持器模块采样周期均可以填写为 -1,表示其采样周期继承其输入信号的采样周期,而不必每个模块都将采样周期填写为 T。

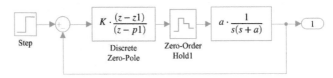

图6-36　计算机控制系统的 Simulink 表示(文件名:c6mcomp.slx)

对某受控对象 $a = 0.1$ 来说,如果选择采样周期为 $T = 0.2\text{s}$,则可以用下面的语句绘制出系统阶跃响应曲线,如图6-37a所示。

```
>> T=0.2; a=0.1; z1=exp(-0.1*T); p1=exp(-T);   %控制器参数
   K=(1-p1)/(1-z1); [t,x,y]=sim('c5mcomp',20); plot(t,y);
```

考虑更大的采样周期 $T = 1\text{s}$,可以用下面的语句绘制出系统的阶跃响应曲线,如图6-37b

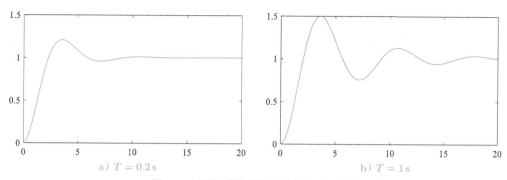

a) $T = 0.2\,$s　　　　　　　　　b) $T = 1\,$s

图6-37　不同采样周期下系统的阶跃响应

所示,可见在采样周期较大时,连续信号和其采样信号相差很大。

```
>> T=1; z1=exp(-0.1*T); p1=exp(-T); K=(1-p1)/(1-z1); %控制器参数
   [t,x,y]=sim('c5mcomp',20); plot(t,y)
```

事实上,利用第4章介绍的连续离散传递函数转换方法,可以在采样周期 T 下获得受控对象的离散传递函数,得出闭环系统的离散零极点模型,最终绘制出系统的阶跃响应曲线。实现上述分析的MATLAB语句如下:

```
>> T=0.2; z1=exp(-0.1*T); p1=exp(-T); K=(1-p1)/(1-z1);
   Dz=zpk(z1,p1,K,'Ts',T);                %控制器零极点模型输入
   G=zpk([],[0;-a],a);  Gz=c2d(G,T);
   G1=zpk(feedback(Gz*Dz,1)), step(GG) %绘制离散系统的阶跃响应曲线
```

闭环系统的离散传递函数为

$$G_1(z) = \frac{0.018187(z + 0.9934)(z - 0.9802)}{(z - 0.9802)(z^2 - 1.801z + 0.8368)}$$

这些语句能够得出和 Simulink 完全一致的结果,且分析格式更简单,但也应该注意到其局限性,因为该方法只能分析线性系统,若含有非线性环节则无能为力,而 Simulink 求解则没有这样的限制。

例6-7　时变系统的仿真。考虑一个控制系统模型,如图6-38所示。其中,控制器参数为 $K_p = 200, K_i = 10$,饱和非线性的宽度为 $\delta = 2$,受控对象为时变模型,由下面的微分方程给出:

$$\ddot{y}(t) + \mathrm{e}^{-0.2t}\dot{y}(t) + \mathrm{e}^{-5t}\sin(2t + 6)y(t) = u(t)$$

要求分析系统的阶跃响应曲线。

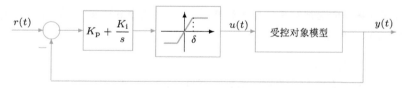

图6-38　时变控制系统框图

由给出的模型可以看出,除了时变模块外,其他模块的建模是很简单、直观的。对时变部分来说,假设 $x_1(t) = y(t), x_2(t) = \dot{y}(t)$,则可以将微分方程变换成下面的一阶微分方程组:

$$\begin{cases} \dot{x}_1(t) = x_2(t) \\ \dot{x}_2(t) = -\mathrm{e}^{-0.2t}x_2(t) - \mathrm{e}^{-5t}\sin(2t + 6)x_1(t) + u(t) \end{cases}$$

仿照例6-2中使用的方法,给每个状态变量设置一个积分器,则可以搭建起如图6-39所示的Simulink仿真框图,其中的时变函数用Simulink中的函数模块直接表示,注意各个函数模块中函数本身的描述方法是用u表示该模块输入信号的,而其输入接时钟模块,生成时变部分的模型,与状态变量用乘法器相乘即可。

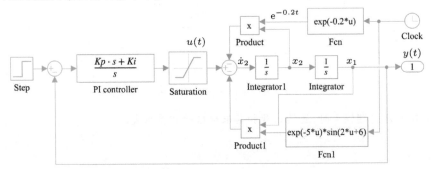

图6-39 时变系统的Simulink表示(文件名:c6mtvar.slx)

建立了仿真模型之后,就可以给出下面的MATLAB命令,对该系统进行仿真,并得出该时变系统的阶跃响应曲线,如图6-40所示。

```
>> opt=simset('RelTol',1e-8);              %设置相对允许误差限
   Kp=200; Ki=10;                          %设定控制器参数
   [t,x,y]=sim('c6mtvar',10,opt); plot(t,y) %仿真并绘图
```

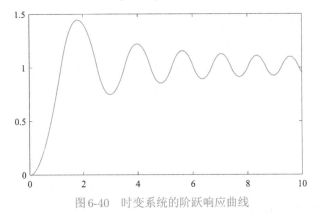

图6-40 时变系统的阶跃响应曲线

事实上,这样建立的受控对象模型比较麻烦,可以考虑令$\boldsymbol{v} = \boldsymbol{x}$,且令$v_3 = t, v_4 = u$,则前面的状态方程可以扩展成

$$\begin{cases} \dot{v}_1(t) = v_2(t) \\ \dot{v}_2(t) = -\mathrm{e}^{-0.2v_3}v_2(t) - \mathrm{e}^{-5v_3}\sin(2v_3+6)v_1(t) + v_4(t) \end{cases}$$

如果用Interpreted MATLAB Function模块代替整个受控对象模型,并编写如下的MAT-LAB函数,则可以建立如图6-41所示的仿真模型。

```
function y=c6mmfun(v)
y=[v(2); -exp(-0.2*v(3))*v(2)-exp(-5*v(3))*sin(2*v(3)+6)*v(1)+v(4)];
```

可以将函数名c5mmfun填入该模块的对话框。另外,由于该模块的输入与输出路数不同,所以,

应该在模块的 Output dimensions 编辑框填写模块的实际输出路数 2。此外, 由于示波器的输出端是向量型信号, 所以将其第一路提取出来, 就得到 $y(t)$ 信号, 直接馈入输出端子。而 Demux 模块的第二路输出信号悬空, 所以, 可以将 Sinks 模块组中的 Terminator 模块连接到该信号上。

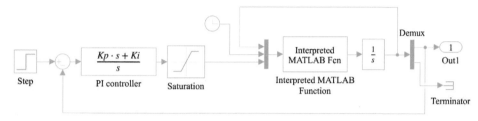

图 6-41　带有更简洁受控对象模块的仿真模型 (文件名:c6mtvar2.slx)

例 6-8　多采样速率系统的仿真。假设在图 6-42 中给出的双环电机控制系统中, 内环为电流环, 采样周期为 $T_1 = 0.001\,\mathrm{s}$, 控制器模型为 $D_1(z) = (0.0967z - 0.0965)/(z - 1)$, 控制器外环的采样周期为 $T_2 = 0.01\,\mathrm{s}$, 控制器模型为 $D_2(z) = (5.2812z - 5.2725)/(z - 1)$。

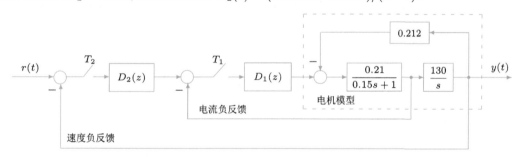

图 6-42　多采样速率控制系统框图

根据给出的控制系统结构, 可以搭建出如图 6-43 所示的 Simulink 仿真框图。因为 T_2 是 T_1 的整数倍, 所以直接采用离散模块即可, 例如, 将 $D_1(z)$ 控制器模块的采样周期设置为 0.01, 将 $D_2(z)$ 模块的采样周期设置为 0.001, 这样就可以对该系统直接进行研究, 用下面语句即可得出系统的阶跃响应数值解, 如图 6-44 所示:

```
>> [t,x,y]=sim('c6mmrate',2);   %启动仿真过程
   plot(t,y)                    %绘制系统的阶跃响应曲线
```

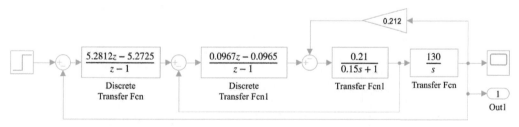

图 6-43　多采样速率系统的 Simulink 仿真模型 (文件名:c6mmrate.slx)

如果两个系统的采样周期不是整数倍关系, 则需要用 Rate Transition 模块进行转换, 所以采用 Simulink 就可以容易地进行多采样速率系统的仿真。

例 6-9　系统的脉冲响应分析。考虑例 6-7 中给出的时变系统模型, 假设系统的输入信号为

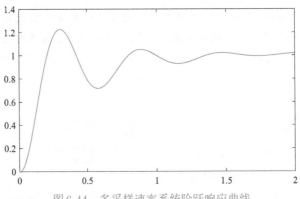

图6-44 多采样速率系统阶跃响应曲线

单位脉冲信号,这里将介绍如何使用Simulink环境求取系统的脉冲响应。

在Simulink内并没有提供单位脉冲信号的模块,所以可以用阶跃模块来近似,如令阶跃时间为a, a的值很小,则将阶跃初始值设置为$1/a$,阶跃终止值为0,即可近似脉冲信号。根据需要,可以得出如图6-45所示的仿真框图。和图6-41中的模型相比,唯一的区别就是输入模块的替换,其余完全一致。

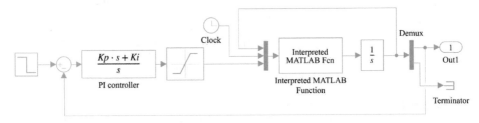

图6-45 时变系统脉冲响应的Simulink表示(文件名:c5mtvara.slx)

从理论上看,若$a \to 0$,则可以得出脉冲输入信号。在实际仿真时还可以取大些的a值,如$a = 0.001$,这样就可以通过下面的语句绘制出系统的脉冲响应曲线,如图6-46所示:

```
>> opt=simset('RelTol',1e-8);              %设置相对允许误差限
   Kp=200; Ki=10; a=0.001;                 %设定控制器参数
   [t,x,y]=sim('c6mtvara',10,opt); plot(t,y)   %仿真并绘图
```

事实上,对此例来说,即使取很大的a值,如$a = 0.1$,仍能得出较精确的脉冲响应近似。

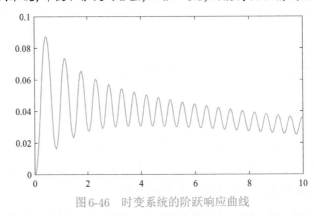

图6-46 时变系统的阶跃响应曲线

在实际应用中,任意的输入信号均可以由 Simulink 搭建起来,周期输入信号还可以用输入模块组中的 Repeating Sequence 模块来实现。有时模块搭建有困难或较烦琐时,还可以用编程的形式实现输入,后面介绍 S-函数时将通过例子讲解。

6.3 非线性系统分析与仿真

在 CSMP、ACSL、MATLAB/Simulink 这类仿真语言及环境出现以前,非线性系统的研究只能局限于对简单的非线性系统的近似研究,如对固定结构的反馈系统来说,非线性环节位于前向通路的线性环节之前,这样的非线性环节可以近似为描述函数,就可以近似分析系统的自激振荡及非线性系统的极限环,但极限环的精确形状不能得出[22]。本节首先介绍各类分段线性的非线性静态环节在 Simulink 下的一般表示方法,说明任意的静态非线性特性均可以由 Simulink 搭建模块,然后介绍系统极限环的精确分析,并介绍非线性特性的描述函数数值求解方法,最后将介绍非线性模型的线性化方法及 Simulink 实现,还将探讨基于仿真的非线性系统稳定性分析方法。

6.3.1 分段线性的非线性环节

图 6-10 给出的非线性模块组可能会引起一些误解,认为 Simulink 中提供的模块很有限。其实利用 Simulink 提供的模块,可以搭建出任意的非线性静态模块。现在分别考虑单值非线性环节和多值非线性环节的搭建方法。

单值非线性静态模块可以由一维查表模块构造出来。考虑如图 6-47a 所示的分段线性非线性静态特性,已知非线性特性转折点的坐标为 (x_1, y_1), (x_2, y_2), $\cdots$, (x_{N-1}, y_{N-1}), (x_N, y_N)。

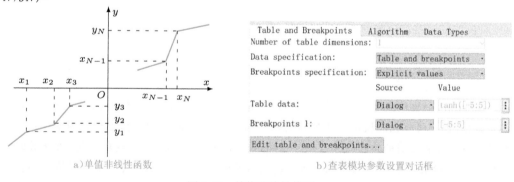

a) 单值非线性函数　　　　　　　　b) 查表模块参数设置对话框

图 6-47　单值非线性模型

如果想用 Simulink 的查表模块表示此非线性模块,则需要在 x_1 点之前任意选择一个 x_0 点,即 $x_0 < x_1$,这样可以根据非线性函数本身求出该点对应的 y_0 值,同样还应该任意选择一个 x_{N+1} 点,使得 $x_{N+1} > x_N$,并根据折线求出 y_{N+1} 的值,这样就可以构造两个向量 **xx** 和 **yy**,使得

$$\mathbf{xx} = [x_0, x_1, x_2, \cdots, x_N, x_{N+1}]; \quad \mathbf{yy} = [y_0, y_1, y_2, \cdots, y_N, y_{N+1}];$$

双击一维查表模块,则可以得出如图 6-47b 所示的查表模块参数对话框,在 x 轴转折点

Breakpoints栏和y轴转折点Table data栏下分别输入向量xx和yy,这样就能够成功地构造出单值非线性模块了。

多值非线性模块的构造就没有这样简单了,下面用简单例子来演示如何对多值非线性静态环节进行Simulink建模,并总结一般的建模方法。

例6-10 由给出的例子可以看出,任何的单值非线性函数均可以采取该方式来建立或近似,但如果非线性中存在回环或多值属性,则简单地采用这样的方法是不能构造的,解决这类问题则需要使用开关模块。

假设想构造一个如图6-48所示的回环模块。可以看出,该特性不是单值的,该模块中输入在增加时走一条折线,减小时走另一条折线。将这个非线性函数分解成如图6-49所示的单值函数,当然这个单值函数是有条件的,它区分输入信号上升还是下降。

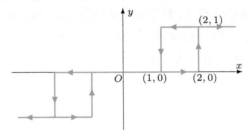

图6-48 给定的回环函数表示

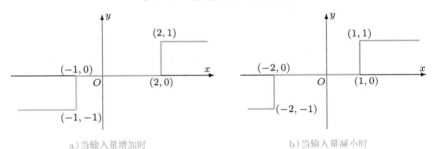

a)当输入量增加时   b)当输入量减小时

图6-49 回环函数分解为单值函数

Simulink的连续模块组中提供了一个Memory(记忆)模块,该模块记忆前一个计算步长上的信号值,所以可以按照图6-50中所示的格式构造一个Simulink模型。在该框图中使用了一个比较符号来比较当前的输入信号与上一步输入信号的大小,其输出是逻辑变量,在上升时输出的值为1,下降时的值为0。由该信号可以控制后面的开关模块,设开关模块的阈值(Threshold)为0.5,则当输入信号为上升时由开关上面的通路计算整个系统的输出,而下降时由下面的通路计算输出。

两个查表模块的输入输出分别为

$$x_1 = [-3, -1, -1 + \epsilon, 2, 2 + \epsilon, 3], \quad y_1 = [-1, -1, 0, 0, 1, 1]$$
$$x_2 = [-3, -2, -2 + \epsilon, 1, 1 + \epsilon, 3], \quad y_2 = [-1, -1, 0, 0, 1, 1]$$

其中,ϵ可以取一个很小的数值,例如,可以取其为MATLAB保留的常数eps。

修改非线性回环函数的结构,使其如图6-51所示,则仍可以利用前面建立的Simulink模型,只需将两个查表函数修改成

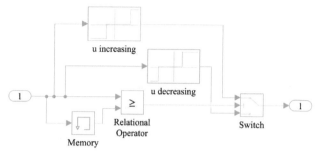

图 6-50 非线性模块的 Simulink 表示（文件名：`c6mloop1.slx`）

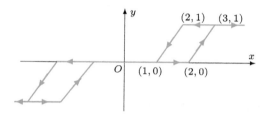

图 6-51 新的回环函数表示

$$\boldsymbol{x}_1 = [-3, -2, -1, 2, 3, 4], \quad \boldsymbol{y}_1 = [-1, -1, 0, 0, 1, 1]$$
$$\boldsymbol{x}_2 = [-3, -2, -1, 1, 2, 3], \quad \boldsymbol{y}_2 = [-1, -1, 0, 0, 1, 1]$$

从而立即就能得出整个系统的 Simulink 仿真框图，如图 6-52a 所示。从前述的分析结果可以看出，任意的非线性静态环节，无论是单值非线性还是多值非线性，均可以使用类似的方法用 Simulink 搭建起模块，直接用于仿真。

例 6-11 要观察正弦信号经过如图 6-51 所示的非线性环节后的歧变波形，可以搭建起如图 6-52b 所示的 Simulink 仿真模型。其中，只需将输入端子替换成正弦信号生成模块即可。

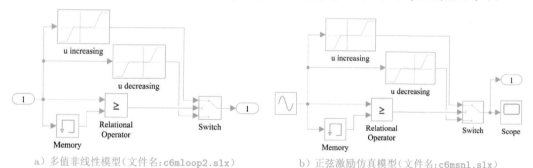

a）多值非线性模型（文件名：`c6mloop2.slx`）   b）正弦激励仿真模型（文件名：`c6msnl.slx`）

图 6-52 多值非线性的 Simulink 仿真模型

给正弦信号模型的幅值分别设置为 2、4 和 8，则可以得出如图 6-53 所示的仿真结果。可以看出，这样的非线性环节对给定信号的歧变还是很严重的，不宜由线性环节近似。

6.3.2 非线性系统的极限环研究

由于其本身的特性，非线性系统在很多时候表现形式和线性系统是不同的。例如，有时非线性系统在没有受到外界作用的情况下，可能会出现一种所谓"自激振荡"的现象，这样

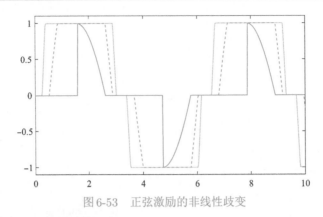

图 6-53 正弦激励的非线性歧变

的振荡是等幅的,有一定的稳定性。

例 6-12 考虑如图 6-54 所示的典型非线性系统模型,其中的非线性环节(见图 6-48)可以用 Simulink 容易地表示出来,如图 6-50 所示。对这样的反馈系统模型,可以借用前面的建模结果,搭建出如图 6-55 所示的 Simulink 仿真模型。在仿真模型中,将积分器模块的初始值设置为 1,该初始条件下系统可以发生自激振荡。

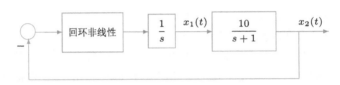

图 6-54 非线性反馈系统的框图表示

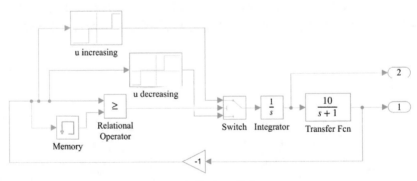

图 6-55 Simulink 仿真模型(文件名:c6mlcyc1.slx)

设置系统仿真的终止时间为 40 s,另外为保证仿真精度,可以将默认的相对误差限 Relative tolerance 设置成 1e-8 或者更小的值。启动仿真过程,则可以用下面的语句绘制出系统的阶跃响应曲线,如图 6-56a 所示:

```
>> [t,x,y]=sim('c6mlcyc1',40); plot(t,y) %仿真并绘制时域响应曲线
```

可见,系统的 $x_1(t)$ 和 $x_2(t)$ 信号在初始振荡结束后表现出等幅振荡现象。利用 MATLAB 语言的绘图功能,还可以用下面的语句立即绘制出系统的相平面图曲线,如图 6-56b 所示:

```
>> plot(y(:,1),y(:,2))                %绘制系统的相平面图
```

可以看出,系统阶跃响应的相平面最终稳定在一个封闭的曲线上,该封闭曲线称为极限环。

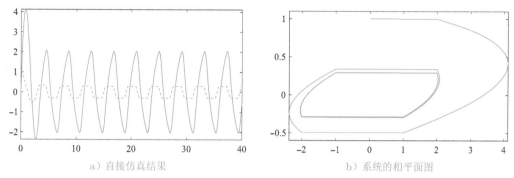

a）直接仿真结果　　　　　　　　　　　b）系统的相平面图

图 6-56　非线性反馈系统的仿真结果

极限环是某些非线性系统响应的一个特点。

6.3.3　非线性环节的描述函数数值求取方法

在控制理论发展初期，由于没有方便实用的计算机软件，所以直接对非线性系统仿真分析是不可能的，于是出现了各种各样的近似分析方法，其中最成功的是描述函数法[22]。描述函数法的基本思想是，假设某非线性环节的输入信号为 $A\sin(\omega t)$，则该环节的输出信号 $x(t)$ 可以展开成 Fourier 级数

$$x(t) = \frac{A_0}{2} + \sum_{i=1}^{\infty} \Big[A_i \cos(i\omega t) + B_i \sin(i\omega t) \Big] \tag{6-3-1}$$

其中

$$A_i = \frac{1}{\pi} \int_0^{2\pi} x(t) \cos(i\omega t) \mathrm{d}(\omega t), \quad i = 0, 1, 2, \cdots \tag{6-3-2}$$

$$B_i = \frac{1}{\pi} \int_0^{2\pi} x(t) \sin(i\omega t) \mathrm{d}(\omega t), \quad i = 1, 2, \cdots \tag{6-3-3}$$

对关于原点对称的非线性特性，有 $A_0 = 0$。只考虑 A_1, B_1 参数，忽略高次谐波，则可以定义出非线性特性的描述函数为对输入信号的增益，即

$$N(A) = \frac{B_1}{A} + \mathrm{j}\frac{A_1}{A} \tag{6-3-4}$$

其中

$$A_1 = \frac{1}{\pi} \int_0^{2\pi} x(t) \cos(\omega t) \mathrm{d}(\omega t), \ B_1 = \frac{1}{\pi} \int_0^{2\pi} x(t) \sin(\omega t) \mathrm{d}(\omega t) \tag{6-3-5}$$

对典型的非线性环节，已经有了确定的推导结果来表示其描述函数[22]，然而对任意给定的非线性模型，就需要依赖数值方法来求解其描述函数的曲线了。对非线性环节来说，若假设正弦输入信号的幅值为 A，就能够通过仿真求出 $x(t)$，从而通过积分求出 A_1 和 B_1，这样就能求出描述函数 $N(A)$ 的值。对不同的 A 值，就可以求出不同的 $N(A)$，可以通过曲线表示出来。下面通过例子来演示非线性环节描述函数求解方法。

例 6-13　仍然考虑图 6-48 中表示的非线性特性，根据式（6-3-5）可以构造出两个 MATLAB 匿名函数来描述 B_1 和 A_1 的被积函数。同时还应该绘制一个 Simulink 模型，如图 6-57 所示，其中正弦环节的幅值和相位分别设置为 A 和 w，用以描述在正弦输入激励下的非线性环节的响应，这样就可以用下面的语句求解出该非线性环节的描述函数的实部和虚部：

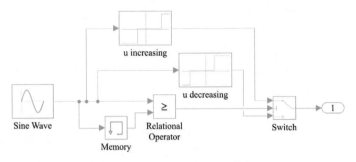

图 6-57   非线性模块的 Simulink 表示（文件名:c6mlcy2.slx）

```
>> A0=[0.1:.1:5]; w=1; A1=[]; B1=[];
   for A=A0  %对每个选择的幅值进行循环计算
       [xx,x1,yy]=sim('c6mlcy2',[0,2*pi*w]); xx=xx/w;
       f1=@(x)interp1(xx,yy,x,'spline').*cos(w*x);
       f2=@(x)interp1(xx,yy,x,'spline').*sin(w*x);
       A1=[A1, integral(f2,0,2*pi)/(A*pi)];
       B1=[B1, integral(f1,0,2*pi)/(A*pi)];
   end
```

参考文献 [22] 中给出了该非线性环节的描述函数为

$$N(A) = \begin{cases} \dfrac{2}{A^2\pi}\left(\sqrt{A^2-4}+\sqrt{A^2-1}\,\right) - \mathrm{j}\dfrac{2}{A^2\pi}, & A > 2 \\ 0, & \text{其他 } A \text{ 值} \end{cases}$$

使用下面的 MATLAB 语句就可以将求出的描述函数的实部和虚部与公式求出的描述函数在同一坐标系下绘制出来,分别如图 6-58a、b 所示。从理论值和数值计算结果可以发现,用数值计算的方法(虚线)和理论值(实线)在 $A > 2$ 时拟合较好。

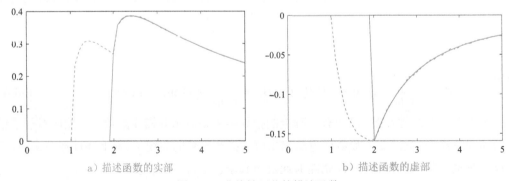

a) 描述函数的实部   b) 描述函数的虚部

图 6-58   非线性环节的描述函数

```
>> ii=find(A0<2); Nq=-2./(A0.^2*pi); Nq(ii)=0;
   Np=2./(A0.^2*pi).*(sqrt(A0.^2-4)+sqrt(A0.^2-1)); Np(ii)=0;
   plot(A0,A1,'--',A0,Np)          %描述函数实部比较
   figure; plot(A0,B1,'--',A0,Nq)  %描述函数虚部比较
```

6.3.4 非线性系统的线性化

与非线性系统相比,线性系统的理论更加成熟,所以也更易于分析与设计。然而,在实际应用中经常存在非线性系统,严格说来,所有的系统都含有不同程度的非线性成分。在这样的情况下,经常需要对非线性系统进行某种线性近似,从而简化系统的分析与设计。系统的线性化是提取线性系统特征的一种有效方法。系统的线性化实际上是在系统的工作点附近的邻域内提取系统的线性特征,从而对系统进行分析设计的一种方法。

考虑下面给出的非线性系统的一般格式:

$$\dot{x}_i(t) = f_i(x_1, x_2, \cdots, x_n, \boldsymbol{u}, t), \quad i = 1, 2, \cdots, n \tag{6-3-6}$$

所谓系统的工作点,就是当系统状态变量导数趋于 0 时的状态变量的值。系统的工作点可以通过求取式(6-3-6)中非线性方程的方法得出

$$f_i(x_1, x_2, \cdots, x_n, \boldsymbol{u}, t) = 0, \quad i = 1, 2, \cdots, n \tag{6-3-7}$$

该方程可以采用数值算法求解,MATLAB 中提供了 Simulink 模型的平衡点求取的实用函数 `trim()`,其调用格式为

$$[\boldsymbol{x}, \boldsymbol{u}, \boldsymbol{y}, x_\mathrm{d}] = \texttt{trim}(模型名, \boldsymbol{x}_0, \boldsymbol{u}_0)$$

其中,"模型名"为 Simulink 模型的文件名;变量 $\boldsymbol{x}_0$、$\boldsymbol{u}_0$ 为数值算法所要求的起始搜索点,是用户应该指定的状态初值和工作点的输入信号。对不含有非线性环节的系统来说,则不需要初始值 $\boldsymbol{x}_0$、$\boldsymbol{u}_0$ 的设定。调用函数之后,实际的工作点在 $\boldsymbol{x}$、$\boldsymbol{u}$ 和 $\boldsymbol{y}$ 变量中返回,而状态变量的导数值在变量 $\boldsymbol{x}_\mathrm{d}$ 中返回。从理论上讲,状态变量在工作点处的一阶导数都应该等于 0。

得到工作点 $\boldsymbol{x}_0$、$\boldsymbol{u}_0$ 后,可以利用 Taylor 近似技术,对非线性系统在此工作点附近进行近似。如果 $|\Delta x_j| \ll 1$ 且 $|\Delta u_j| \ll 1$,则可以略去高次项,写出系统的近似模型。

$$\Delta \dot{x}_i = \sum_{j=1}^n \left. \frac{\partial f_i(\boldsymbol{x}, \boldsymbol{u})}{\partial x_j} \right|_{\boldsymbol{x}_0, \boldsymbol{u}_0} \Delta x_j + \sum_{j=1}^p \left. \frac{\partial f_i(\boldsymbol{x}, \boldsymbol{u})}{\partial u_j} \right|_{\boldsymbol{x}_0, \boldsymbol{u}_0} \Delta u_j \tag{6-3-8}$$

选择新的状态变量,令 $\boldsymbol{z}(t) = \Delta \boldsymbol{x}(t)$,$\boldsymbol{v}(t) = \Delta \boldsymbol{u}(t)$,则可以将上式写成线性形式

$$\dot{\boldsymbol{z}}(t) = \boldsymbol{A}_1 \boldsymbol{z}(t) + \boldsymbol{B}_1 \boldsymbol{v}(t) \tag{6-3-9}$$

该模型称为线性化模型,其中

$$\boldsymbol{A}_1 = \begin{bmatrix} \partial f_1/\partial x_1 & \cdots & \partial f_1/\partial x_n \\ \vdots & & \vdots \\ \partial f_n/\partial x_1 & \cdots & \partial f_n/\partial x_n \end{bmatrix}, \quad \boldsymbol{B}_1 = \begin{bmatrix} \partial f_1/\partial r_1 & \cdots & \partial f_1/\partial r_p \\ \vdots & & \vdots \\ \partial f_n/\partial r_1 & \cdots & \partial f_n/\partial r_p \end{bmatrix} \tag{6-3-10}$$

调用 MATLAB 提供的 `linearize()` 函数,就可以获得 Simulink 系统的线性化模型,该函数的调用格式为 $G = \texttt{linearize}(模型名)$,返回的 G 为 LTI 对象。

MATLAB 中还给出了 Simulink 模型线性化的底层函数 `linmod2()` 等,用以在工作点附近提取系统的线性化模型,这些函数可以直接获得系统的状态方程模型,其调用格式及应用范围归纳如下:

$[A,B,C,D]$=linmod2(模型名,x_0,u_0); %一般连续系统线性化

$[A,B,C,D]$=linmod(模型名,x_0,u_0); %有延迟连续系统线性化

$[A,B,C,D]$=dlinmod(模型名,x_0,u_0); %含有离散环节的系统线性化

其中,x_0、u_0为工作点的状态与输入值,可以由trim()函数求出。对只由线性模块构成的Simulink模型来说,可以省略这两个参数,调用了本函数后,将自动返回从输入端子到输出端子间的线性状态方程模型。

例6-14 考虑例6-4中给出的多变量系统模型,则可以给出下面的语句,由图6-33a给出的Simulink仿真模型获得带有延迟的多变量系统的线性化模型是零极点形式。

```
>> g11=tf(0.1134,[1.78 4.48 1],'ioDelay',0.72); g12=tf(0.924,[2.07 1]);
   g21=tf(0.3378,[0.361 1.09 1],'ioDelay',0.3);
   g22=tf(-0.318,[2.93 1],'ioDelay',1.29);
   G=[g11, g12; g21, g22]; Kp=[0.1134,0.924; 0.3378,-0.318];
   [a b c d]=linmod('c6mmimo2'); G1=zpk(ss(a,b,c,d)) %获得线性化模型
```

由于得出的模型规模较大,不在这里给出具体结果,有兴趣的读者可以查看计算机给出的具体模型。

第4章曾经介绍过pade()函数,也可以获得无延迟近似模型,得出的模型阶次高于前面的线性化模型。由下面语句可以得出两种近似模型与原始模型的阶跃响应曲线,如图6-59所示:

```
>> G2=zpk(pade(G*Kp,2)), step(G*Kp,G1,'--',G2,':')
```

可以看出,由Simulink模型获得的线性化模型对原始模型逼近效果不佳,而pade()函数得出的近似模型效果要好得多,几乎看不出与原始模型的区别。

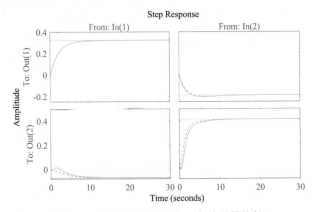

图6-59 仿真结果与精确仿真结果的比较

模型线性化的优势是可以将非线性系统在某个局部区域内近似成线性系统的形式,然后利用成熟的线性系统分析技术,对非线性系统做必要的分析。值得指出的是,虽然某些非线性系统可以进行线性化分析,但不能滥用线性化技术,否则可能得出错误的结论,因为,模型的线性化是有条件的。如果不满足条件,即 $|\Delta x_j| \ll 1$ 和 $|\Delta u_j| \ll 1$,则线性化技术没有意义。下面将通过例子演示滥用线性化的后果。

例 6-15　考虑如下给出的非线性模型,其中,$A=1, B=4, x_1(0)=4, x_2(0)=0$。

$$\begin{cases} \dot{x}_1(t) = A + x_1^2(t)x_2(t) - (B+1)x_1(t) \\ \dot{x}_2(t) = Bx_1(t) - x_1^2(t)x_2(t) \end{cases}$$

由 Simulink 可以直接绘制出系统的仿真模型,如图 6-60a 所示。其中,编写的 MATLAB 函数如下。该模型中引入了一个虚拟的输入端子,在后面的系统分析中不会用到该模块。

```
function dx=c6mlin1a(x)
A=1; B=3;
dx=[A+x(1)^2*x(2)-(B+1)*x(1); B*x(1)-x(1)^2*x(2)];
```

对系统进行线性化处理,则可以得出系统的线性化模型。

```
>> G=linearize('c6mlinr1'), x0=trim('c6mlinr1')
   [y,t]=initial(G,[4;0],20);  % 初值激励下的线性系统响应
   plot(y(:,1),y(:,2),'--',yout(:,1),yout(:,2),x0(1),x0(2),'x')
```

得出的线性化模型与工作点为

$$\dot{x}(t) = \begin{bmatrix} -4 & 16 \\ 3 & -16 \end{bmatrix} x(t) + \begin{bmatrix} 1 \\ 1 \end{bmatrix} u(t), \; y(t) = \begin{bmatrix} 1 & 0 \\ 0 & 1 \end{bmatrix} x(t), \; u(t) \equiv 0, \; x_0 = \begin{bmatrix} 2 \\ 1.625 \end{bmatrix}$$

当然,基于线性化模型也可以得出系统的时域响应。将线性化模型和原非线性模型的时域响应相平面曲线进行对比,如图 6-60b 所示,可以看出,二者没有任何相似之处。非线性系统的工作点位于极限环曲线内的某个点,这个点远离极限环,且极限环上任何一个轨迹点都不满足 $|x_i(t)| \ll 1$ 与 $|u_i(t)| \ll 1$ 的前提条件,所以,依靠线性化方法得到的系统响应是完全错误的,在实际应用中应该慎用。

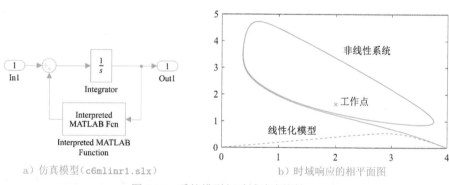

　　　a) 仿真模型(c6mlinr1.slx)　　　　　　b) 时域响应的相平面图

图 6-60　系统模型与时域响应比较

6.3.5　非线性系统的稳定性分析

非线性系统的稳定性分析经常采用的方法是 Lyapunov 判据。如果使用 Lyapunov 判据,则需要研究者自己构造一个正定的函数 $V(t, x)$。如果针对给定的非线性系统 $\dot{x} = f(t, x)$,可以证明 $\dot{V}(t, x) < 0$ 不等式恒成立,则该函数称为 Lyapunov 函数,且系统是稳定的;如果不能证明 $\dot{V}(t, x) < 0$,只能说明函数没有选对,却不能说明系统是不稳定的。Lyapunov 稳定性判定方法在实际应用中是有局限性的。

1)教科书中 Lyapunov 稳定性判据应用的例子大多数是经过编凑的,如果其中的结构或参数有微小变化,则很难构造适当的 $V(t, x)$ 函数,难以使用 Lyapunov 判据判定实际系

统的稳定性。所以,这样的判定方法对非线性系统没有普适性。

2)Lyapunov判据对不稳定系统毫无办法。如果找不到$V(t,\boldsymbol{x})$,则使用者只会自责没有找到合适的函数,而会一直找下去;如果分析的系统是不稳定的,则永远都不可能找到满足条件的$V(t,\boldsymbol{x})$函数,因为这样的$V(t,\boldsymbol{x})$不存在。

所以,Lyapunov判据对实际非线性系统的稳定性判定并不大适用,可以引入仿真方法对系统的稳定性进行有效的判定。系统结构和参数确定之后,唯一会影响系统稳定性的就是系统的初值。用户可以自行选择初值(例如,在允许区域内随机选择),如果找到一个使系统不稳定的初值,足以说明系统是不稳定的;如果运行很长时间都没有找到不稳定的初值,例如,运行24小时(每次仿真时间一般在毫秒级时间),则可以认为系统稳定。虽然这种稳定不是严格数学意义下的"稳定",但比较契合工程上"百年一遇""千年一遇"的说法,在实际应用中可以放心使用。

例6-16　考虑下面给出的非线性系统[78]:

$$\begin{cases} \dot{x}_1(t) = -4x_1(t) - 2x_1(t)x_2(t)\sin|x_1(t)| \\ \dot{x}_2(t) = x_1(t)x_2(t) + 3x_2(t)\mathrm{e}^{-x_2(t)} \end{cases}$$

这个系统是不能利用传统的Lyapunov方法进行稳定性分析的,因为Lyapunov函数不存在。由已知的数学模型,不难用第3章介绍的微分方程数值求解方法得出非线性系统的数值解。将这样的想法嵌入for循环,运行50次,每次使用一个随机生成的初始值,则可以得出系统的时域响应曲线(从略)。从得出的结果看,得出的系统响应都是不稳定的。事实上,只要找到一个不稳定的例子,足以说明该系统是不稳定的。所以,这种利用Lyapunov方法无法判定的非线性系统,由仿真方法足以得出确定性的结论:该系统是不稳定的。

```
>> f=@(t,x)[-4*x(1)-2*x(1)*x(2)*sin(abs(x(1)));
            x(1)*x(2)+3*x(2)*exp(-x(2))];
   for i=1:50, i, x0=-5+10*rand(2,1);
      [t,x]=ode15s(f,[0,100],x0); plot(t,x), hold on
   end, hold off
```

从这个例子可以看出,难以用纯理论求解的问题,可以借助仿真方法直接求解,这也为非线性系统的稳定性提供了一种可行的分析方法。

6.4 子系统与模块封装技术

在系统建模与仿真中,经常遇到很复杂的系统结构,难以用一个单一的模型框图进行描述。通常需要将这样的框图分解成若干个具有独立功能的子系统。在Simulink下支持这样的子系统结构。另外用户还可以将一些常用的子系统封装成为可重用模块,这些模块的用法也类似于标准的Simulink模块。更进一步地,用户还可以将自己开发的一系列模块做成自己的模块组或模块集。本节系统地介绍子系统的构造及应用、模块封装技术和模块库的设计方法,并通过例子演示子系统的构造和建模过程,还将介绍构造自己模块集的方法。

6.4.1 子系统概念及构成方法

要建立子系统,首先需要给子系统设置输入和输出端。子系统的输入端由 Sources 模块组中的 In 来表示,而输出端用 Sinks 模块组中的 Out 来表示。在输入端和输出端之间,用户可以根据需要任意地设计模块的内部结构。

当然,如果已经建立起一个框图,则可以将想建立子系统的部分选中,具体的方法是单击要选中区域的左下角,拖动鼠标在想选中区域的右上角处释放,则可以选中该区域内所有的模块及其连接关系。用鼠标选择了预期的子系统构成模块与结构之后,则可以用快捷菜单 Create Subsystem from Selection(由选择的模块建立子系统)来创建子系统。如果没有指定输入和输出端口,则 Simulink 会自动将流入选择区域的信号依次设置为输入信号,将流出的信号设置成输出信号,从而自动建立起输入与输出端口。

例 6-17 PID 控制器是在自动控制中经常使用的模块,在工程应用中其数学模型为

$$U(s) = K_{\mathrm{p}} \left(1 + \frac{1}{T_{\mathrm{i}} s} + \frac{s T_{\mathrm{d}}}{1 + s T_{\mathrm{d}}/N} \right) E(s) \qquad (6\text{-}4\text{-}1)$$

其中采用了一阶环节来近似纯微分动作,为保证有良好的微分近似的效果,一般选 $N \geqslant 10$。可以由 Simulink 环境容易地建立起 PID 控制器的模型,如图 6-61a 所示。注意,这里的模型含有 4 个变量:Kp、Ti、Td 和 N,这些变量应该在 MATLAB 工作空间中赋值。

绘制了原系统的框图,可以选中其中所有的模块,例如,可以使用 Ctrl + A 快捷键选择所有模块,也可以用鼠标拖动的方法选中。这样就可以用 Create Subsystem from Selection 快捷菜单构造子系统了,得出的子系统框图如图 6-61b 所示。双击子系统图标则可以打开原来的子系统内部结构窗口,如图 6-61a 所示。

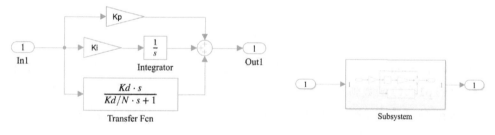

　　a）PID 控制器模型(`c6mpid1.slx`)　　　　　　b）生成的子系统示意图(`c6mpid1a.slx`)

图 6-61　PID 控制器的 Simulink 描述

除了上述的常规子系统外,还可以搭建使能子系统、触发子系统等,亦即由外部信号控制子系统,具体内容请参见参考文献 [47,78,80]。

6.4.2 模块封装方法

从前面的例子可以看出,引入子系统可以使得系统模型更结构化,从而使得系统更加可读,也更易于维护。考虑前面给出的 PID 控制器子系统,若在某控制系统中有两个参数不同的 PID 控制器,仍可以将 PID 控制器的子系统复制后嵌入仿真模型中,但应该手动地修改每个子系统的内部参数,这样做较烦琐,尤其对复杂的子系统模块来说。

在Simulink环境中,所谓封装(masking),就是将其对应的子系统内部结构隐含起来,以便访问该模块时只出现一个参数设置对话框,将模块中所需要的参数用这个对话框来输入。其实Simulink中大多数的模块都是由更底层的模块封装起来的,例如,传递函数模块,其内部结构是不可见的,它只允许双击打开一个参数输入对话框来读入传递函数的分子和分母参数。在前面介绍的PID控制器中,也可以把它封装起来,只留下一个对话框来接收该模块的4个参数。

如果想封装一个用户自建到模型,首先应该用建立子系统的方式将其转换为子系统模块,选中该模块的图标,再选择Mask → Create Mask快捷菜单项,则可以得出如图6-62所示的模块封装编辑程序界面,在该对话框中,有若干项重要内容需要用户自己填写。

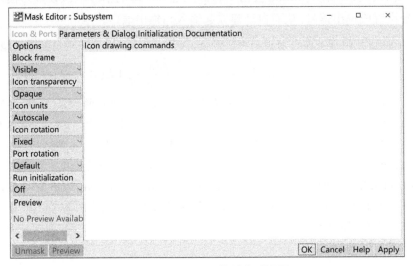

图6-62 Simulink的封装对话框

1)Drawing commands(绘图命令)编辑框允许给该模块图标绘制图形,例如,可以使用MATLAB的plot()函数画出线状的图形,也可以使用disp()函数在图标上写字符串名,允许用image()函数来绘制图像,还允许使用patch()命令绘制颜色填充块。

例6-18 如果想在图标上画出一个圆圈,例如,想得出如图6-63a所示的图标,则可以在该栏目上填写出MATLAB绘图命令plot(cos(0:.1:2*pi),sin(0:.1:2*pi))。

还可以使用disp('PID\nController')语句对该图标进行文字标注,这将得出如图6-63b所示的图标显示,其中的\n表示换行。若在前面的plot()语句后再添加disp()语句,则可以在圆圈上叠印出文字,如图6-63c所示。若给出image(imread('tiantan.jpg'))命令,则会将tiantan.jpg文件中的图像读入模块,并在图标上显示图像,如图6-63d所示。

2)图标的属性还可以通过左侧的Block frame(模块边框)、Icon transparency(图标透明性)及Icon rotation(图标旋转)等列表框进一步设置属性。例如,Icon rotation属性有两种选择,Fixed(固定的,默认选项)和Rotates(旋转),后者在旋转或翻转模块时,也将旋转该模块的图标,例如,若选择了Rotates选项,则将得出如图6-64a、b所示的效果。从旋转效果看,似

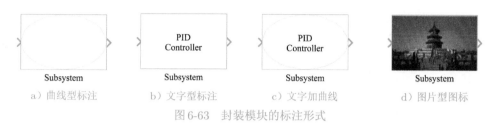

a）曲线型标注　　　　b）文字型标注　　　　c）文字加曲线　　　　d）图片型图标

图 6-63　封装模块的标注形式

乎翻转的模块其图标没有变化，仔细观察该图标可以发现，其图标为原来图标的翻转。若选择了 Fixed 选项，则在模块翻转时不翻转图像，如图 6-64c 所示。

a）旋转 90°　　　　　　b）翻转模块　　　　　c）旋转 90° 但选择 Fixed 选项

图 6-64　图标的旋转和翻转

封装模块的另一个关键的步骤是建立起封装的模块内部变量和封装对话框之间的联系，选择封装编辑程序的 Parameters 标签页，则将得出如图 6-65 所示的形式，其中间的区域可以编辑变量与对话框之间的联系。

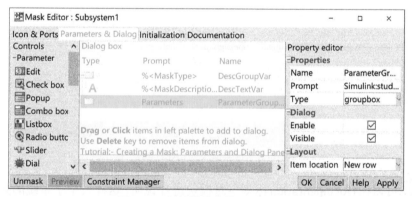

图 6-65　封装模块参数设置对话框

该对话框左侧提供了各种可以使用工具的图标，允许用户添加变量名，与模型中的变量建立关联关系。下面通过例子演示参数对话框的设计方法。

例 6-19　在前面的 PID 控制器的例子中，可以连续按下 3 次 Edit 图标，将该控制器的 3 个变量设置为编辑框。单击第一个参数位置，得出如图 6-66 所示的显示，可以在 Prompt（提示）栏目中填写该变量的提示信息，如 Proportional Kp，然后在 Variable（变量）栏目中填写出关联的变量名 Kp，注意该变量名必须和框图中的完全一致。还可以在右侧的 Value 编辑框中填写该变量的默认值。

还可以采用相应的方式编辑 T_i、T_d 变量的关联关系。现在建立滤波参数 N 的对话框项：该

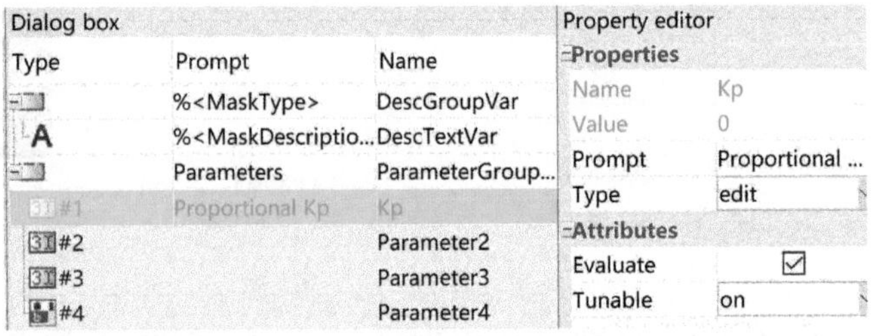

图 6-66　K_p 变量的设置与编辑

对话框可以由 Popup 按钮添加,打开图 6-67 界面中 Type options 右侧的列表框,在其编辑器填写 10、100 和 1000 选项即可。

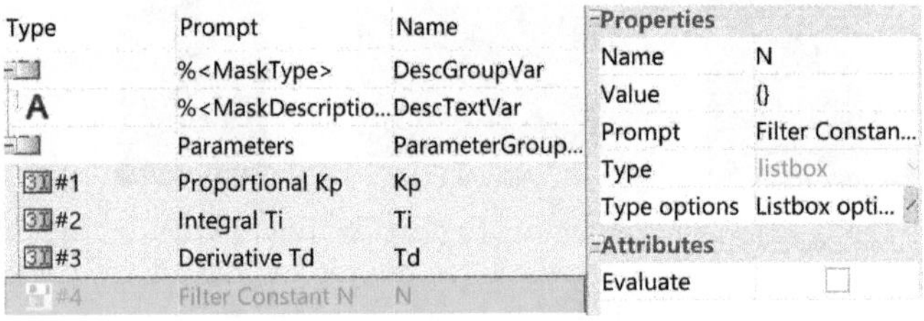

图 6-67　封装变量的关联设置对话框

用户还可以进一步选择 Initialization 标签对此模块进行初始化处理,该标签对应的对话框如图 6-68 所示。

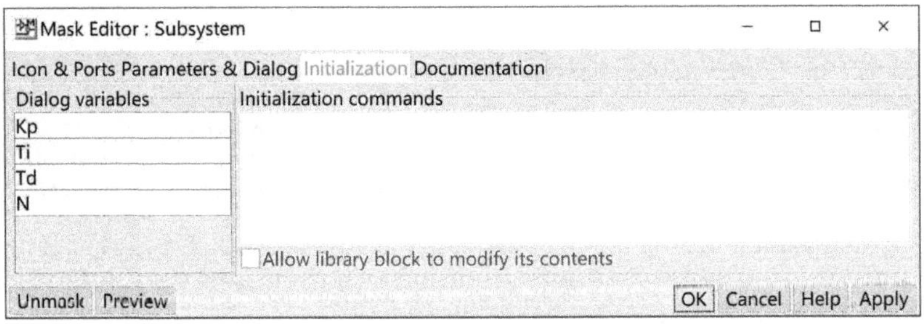

图 6-68　封装模块的初始化对话框

用户还可以在 Documentation 标签下对模块进行说明,这样一个子系统的封装就完成了。模块封装完成,就可以在其他系统里直接使用该模块了,双击封装模块,则可以得出如图 6-69 所示的对话框,允许用户输入 PID 控制器的参数。注意,这里的滤波常数 N 由列表框给出,允许的取值为 10、100 或 1000。

在封装的模块上右击,可以打开快捷菜单,其中的 Mask → Look under mask(观察封装模块)菜单项允许用户打开封装的模块,如图 6-70a 所示,用户可以修改其中的输入和输出端口的名字,例如,将输入的端口修改成 error,将输出的端口修改为 control,则修改后的封装模块会自动变为图 6-70b 中所示的效果,注意如果想显示端口的名称,则封装对话框中的 Icon Transparency 属性必须设置成 Opaque with ports。

例 6-20　再考虑前面介绍的分段线性静态非线性环节,可见图 6-52 中给出的 Simulink 模

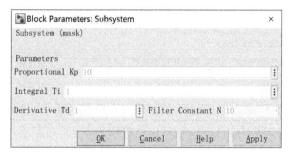

图 6-69　封装模块调用对话框

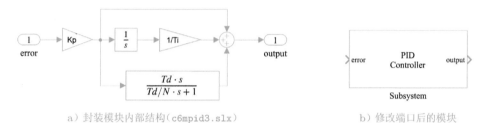

a）封装模块内部结构（c6mpid3.slx）　　　　　　　b）修改端口后的模块

图 6-70　封装变量的端口修改

型，可以认为是其一般的描述形式，单值非线性可以认为上下两路的非线性形状完全一致。这样就可以将其存成文件 c6mmsk2.slx，制作子系统并进行封装，在封装之前将两路非线性查表模块的参数分别设置为 (xu、yu) 和 (xd、yd)。

在参数设置对话框中可以按照如图 6-71 所示的方式填写两个变量 xx 和 yy。在该模块的实际使用时，如果是单值非线性，则在该模块对话框中给出转折点坐标即可，其使用方式和查表模块完全一致；如果是双值非线性模块，则可以在转折点坐标处分别填写两行的矩阵，其第一行填写上升段转折点坐标，第二行填写下降段的转折点坐标。

图 6-71　封装模块的初始化对话框

显然，这样填写的变量和模块中的不符，所以应该在初始化栏中分别对两组非线性模块的参数 (xu、yu) 和 (xd、yd) 进行赋值，具体地可以在 Initialization 栏中填写，并在封装编辑框主窗口（见图 6-65）左下角的 Run Initialization 列表框中设置为 'on'。

```
if size(yy,1)==1, xx=[xx; xx]; yy=[yy; yy]; end;
yu=yy(1,:); yd=yy(2,:); xu=xx(1,:); xd=xx(2,:);
```

这样，在该模块使用时就会自动地进行赋值了。在图标绘图栏目中应该填写 plot(xx',yy') 命令，这样就可以将非线性特性在图标上绘制出来了。

6.4.3　模块集构造

如果用户已经建立起一组 Simulink 模块，其中允许有 Simulink 搭建的模块，若想建立一个空白的 Simulink 模块集，则需要采用以下的步骤。

1）用 Simulink 起始窗口（见图 6-1）的 Blank Library（空白模块组）图标建立一个模块集

的空白窗口,并将该窗口存盘。例如,若想建立一个PID模块集,则可以在某个目录下将其存成一个名为pidblock.slx的文件。

2)将用户自己建立的Simulink模块复制到该模块集中。利用相应的方法,还可以将模块集再分级建立子模块集。

3)确认复制的模块和原来的模块所在窗口没有链接关系。具体的方法是,选中该模块,右击得到快捷菜单,确认其中的Link options菜单项为灰色,亦即不可选择,如果可以选择,则通过该菜单本身断开链接。

4)如果想在Simulink的模块浏览器上显示该模块集,则需要在该目录中建立一个名为slblocks.m的文件,可以将其他含有模块集的目录下该文件复制到用户自己模块集所在的路径中,并修改该文件的内容,将其中的3个变量进行如下赋值:

```
blkStruct.Name=sprintf('PID Control\n& Simulation\nBlockset'); %模块集
blkStruct.OpenFcn='pidblock';  %这个变量最重要,需要指向模块集的文件名
blkStruct.MaskDisplay='disp(''PID\nBlockset'')'; %模块显示名称
```

这样就能建立起一个模块集,并将其置于Simulink模块浏览器的窗口之下。例如,经过这样的处理,作者编写的PID控制器模块集就可以嵌入Simulink的模块浏览器下了。

6.5 S-函数及其应用

S-函数就是系统函数的意思。在控制理论研究中,经常需要用复杂的算法设计控制器,而这些算法经常因其复杂度又不适合用普通Simulink模块来搭建,这样的系统如果需要在Simulink下进行仿真研究,则需要用编程的形式设计出S-函数模块,将其嵌入系统中。成功使用S-函数后,就可以在Simulink下对任意复杂的系统进行仿真。

S-函数有固定的程序格式,用MATLAB语言可以编写S-函数,此外还允许采用C语言、C++、Fortran和Ada等语言编写,只不过用这些语言编写程序时,需要用编译器生成动态链接库(DLL或mexw32、mexw64)文件,可以在Simulink中直接调用。这里主要介绍用MATLAB语言设计S-函数的方法,并将通过例子介绍S-函数的应用与技巧。

6.5.1 S-函数的基本结构

S-函数是有固定格式的,MATLAB语言和C语言编写的S-函数的格式是不同的。用MATLAB语言编写的S-函数的引导语句为

$$\text{function } [\text{sys}, x_0, \text{str}, \text{ts}, \text{SSC}] = \text{fun}(t, x, u, \text{flag}, p_1, p_2, \cdots)$$

其中,fun为S-函数的函数名;t, x, u分别为时间、状态和输入信号;flag为标志位,标志位的取值不同,S-函数执行的任务与返回数据也是不同的;p_i为用户指定的附加参数,S-函数可以没有附加参数,也可以根据需要,带有任意多个附加参数;返回变元SSC描述状态创建与保存方法,建议设置为'DefaultSimState',甚至忽略该变元。

1)若flag的值为0,将启动S-函数所描述系统的初始化过程,这时将调用用户需要自编的子函数mdlInitializeSizes(),该函数应该对一些参数进行初始设置,如离散状态变

量的个数、连续状态变量的个数、模块输入和输出的路数、模块的采样周期个数和采样周期的值、模块状态变量的初值向量 x_0 等。首先通过 sizes=simsizes 语句获得默认的系统参数变量 sizes。得出的 sizes 实际上是一个结构体变量，其常用成员如下。

- NumContStates 表示 S-函数描述的模块中连续状态的个数。
- NumDiscStates 表示离散状态的个数。
- NumInputs 和 NumOutputs 分别表示模块输入和输出的个数。
- DirFeedthrough 为输入信号是否直接在输出端出现的标识，取值可以为 0、1。
- NumSampleTimes 为模块采样周期的个数，即 S-函数支持多采样周期的系统。

按照要求设置好的结构体 sizes 应该再通过 sys=simsizes(sizes) 语句赋给 sys 参数。除了 sys 外，还应该设置系统的初始状态变量 x_0、说明变量 str 和采样周期变量 ts，其中，ts 变量应该为双列的矩阵，其中每一行对应一个采样周期。对连续系统和有单个采样周期的系统来说，该变量为 $[t_1, t_2]$，其中，t_1 为采样周期，如果取 $t_1 = -1$，则将继承输入信号的采样周期，参数 t_2 为偏移量，一般取为 0。

2）当 flag 的值为 1 时，将做连续状态变量的更新，将调用 mdlDerivatives() 函数，更新后的连续状态变量的导数将由 sys 变量返回。

3）当 flag 的值为 2 时，将作离散状态变量的更新，将调用 mdlUpdate() 函数，更新后的离散状态变量的更新值将由 sys 变量返回。

4）当 flag 的值为 3 时，将求取系统的输出信号，将调用 mdlOutputs() 函数，计算得出的输出信号将由 sys 变量返回。

5）当 flag 的值为 4 时，将调用 mdlGetTimeOfNextVarHit() 函数，计算下一步的仿真时刻，并将计算得出的下一步仿真时间由 sys 变量返回。

6）当 flag 为 9 时，将调用 mdlTerminate() 函数终止仿真过程，这时不返回任何变量。

S-函数中目前不支持其他的 flag 选择。形成 S-函数的模块后，就可以将其嵌入系统的仿真模型中进行仿真了。在实际仿真过程中，Simulink 的机制会自动将 flag 设置成 0，进行初始化过程，然后将 flag 的值设置为 3，计算该模块的输出。一个仿真周期后，Simulink 先将 flag 的值分别设置为 1 和 2，更新系统的连续和离散状态，再将其设置成 3，计算模块的输出值，如此一个周期接一个周期地计算，直至仿真结束条件满足，Simulink 将把 flag 的值设置成 9，终止仿真过程。

6.5.2 用 MATLAB 编写 S-函数举例

S-函数编写有几个部分应该注意，首先是初始化编程，程序设计者应该首先弄清楚系统的输入、输出信号是什么，模块中应该有多少个连续状态、多少个离散状态，离散模块的采样周期是什么等基本信息，有了这些信息就可以进行模块的初始化了。初始化过程结束后，还应该知道该模块连续和离散的状态方程分别是什么，如何用 MATLAB 语句将其表示出来，并应该清楚如何从模块的状态和输入信号计算模块的输出信号，这样就可以编写 S-函数了。这里将通过一些例子介绍 S-函数的编写方法。

例6-21 这里通过跟踪微分器介绍S-函数的编写。跟踪微分器[81]的离散形式为

$$\begin{cases} x_1(k+1) = x_1(k) + Tx_2(k) \\ x_2(k+1) = x_2(k) + T\mathrm{fst}(x_1(k), x_2(k), u(k), r, h) \end{cases} \tag{6-5-1}$$

其中，T为采样周期；$u(k)$为第k时刻的输入信号；r为决定跟踪快慢的参数；而h为输入信号被噪声污染时，决定滤波效果的参数。fst函数可以由下面的式子计算：

$$\delta = rh, \ \delta_0 = \delta h, \ b = x_1 - u + hx_2, \ a_0 = \sqrt{\delta^2 + 8r|b|} \tag{6-5-2}$$

$$\begin{cases} x_2 + b/h, & |b| \leqslant \delta_0 \\ x_2 + 0.5(a_0 - \delta)\mathrm{sign}(b), & |b| > \delta_0 \end{cases} \tag{6-5-3}$$

$$\mathrm{fst} = \begin{cases} -ra/\delta, & |a| \leqslant \delta \\ -r\,\mathrm{sign}(a), & |a| > \delta \end{cases} \tag{6-5-4}$$

可以看出，该算法直接用Simulink模块搭建还是比较困难的[78]，所以这里将介绍采用S-函数建立该模块的方法。从式(6-5-1)中给出的状态方程可以看出，系统有两个离散状态：$x_1(k)$和$x_2(k)$，没有连续状态；系统有一路输入信号$u(k)$，有两路输出信号，分别为$y_1(k) = x_1(k)$和$y_2(k) = x_2(k)$，即原输入的跟踪信号及其导数；系统的采样周期为T，由于系统的输出可以由状态直接计算出，不直接涉及输入信号$u(k)$，所以初始化中DirectFeedthrough属性应该设置为0。另外，r, h, T还应该理解成该模块的附加参数。根据上述算法，立即可以写出其相应的S-函数实现。

```
function [sys,x0,str,ts,SSC]=han_td(t,x,u,flag,r,h,T)
switch flag
    case 0          % 调用初始化函数
        [sys,x0,str,ts,SSC] = mdlInitializeSizes(T);
    case 2          % 调用离散状态的更新函数
        sys = mdlUpdates(x,u,r,h,T);
    case 3          % 调用输出量的计算函数
        sys = x;    % 对这个简单问题，可以不必编写回调函数，直接嵌入switch结构
    case {1, 4, 9}  % 未使用的flag值
        sys = [];
    otherwise       % 处理错误
        error(['Unhandled flag = ',num2str(flag)]);
end
% 当flag=0时进行整个系统的初始化
function [sys,x0,str,ts,SSC] = mdlInitializeSizes(T)
% 首先调用simsizes函数得出系统规模参数sizes，并根据离散系统的实际情况
%     设置sizes变量
sizes = simsizes;            % 读入初始化参数模板
sizes.NumContStates = 0;     % 无连续状态
sizes.NumDiscStates = 2;     % 有两个离散状态
sizes.NumOutputs = 2;        % 输出两个量：跟踪信号和微分信号
sizes.NumInputs = 1;         % 系统有一路输入信号
```

```
sizes.DirFeedthrough = 0;      %输入不直接传到输出口
sizes.NumSampleTimes = 1;      %单个采样周期
sys = simsizes(sizes);         %根据上面的设置设定系统初始化参数
x0 = [0; 0];                   %设置初始状态为零状态
str = [];                      %将 str 变量设置为空字符串即可
ts = [T 0];                    %采样周期,若写成 −1 则表示继承其输入信号采样周期
SSC='DefaultSimState';         %设置默认参数
%在主函数的 flag=2 时,更新离散系统的状态变量
function sys = mdlUpdates(x,u,r,h,T)
sys(1,1)=x(1)+T*x(2);
sys(2,1)=x(2)+T*fst2(x,u,r,h);
%用户定义的子函数: fst2
function f=fst2(x,u,r,h)
delta=r*h; delta0=delta*h; b=x(1)-u+h*x(2);
a0=sqrt(delta*delta+8*r*abs(b));
if abs(b)<=delta0, a=x(2)+b/h; else, a=0.5*(a0-delta)*sign(b); end
if (abs(a)<=delta), f=-r*a/delta; else, f=-r*sign(a), end
```

编写了 S-函数模块后,就可以在仿真模型中利用该模块了。例如,在图 6-72a 中给出的仿真框图中,直接使用了编写的 S-函数模块 **han_td**,其输入端为信号发生器模块,输出端直接接示波器。双击其中的 S-函数模块,则将打开该模块的参数对话框,允许用户输入 S-函数的附加参数。在对话框中,输入 $r=30, h=0.01$ 与 $T=0.001$,并令输入信号为正弦信号,并选择仿真算法为定步长,步长为 0.001,则可以对系统进行仿真分析,得出如图 6-72b 所示的仿真结果。

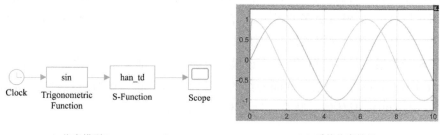

a) 仿真模型(c6msf2.slx)   b) 系统仿真结果

图 6-72 S-函数参数设置与系统输出

其实应用 MATLAB 本身的功能,还可以将其中 **fst2()** 函数的两组转移语句替换成

```
a=x(2)+b/h*(abs(b)<=delta0)+0.5*(a0-delta)*sign(b)*(abs(b)>delta0);
f=-r*a/delta*(abs(a)<=delta)-r*sign(a)*(abs(a)>delta);
```

例 6-22 考虑一个生成多阶梯信号的信号发生器,假设想在 $t_1, t_2, \cdots, t_N$ 时刻分别开始生成幅值为 $r_1, r_2, \cdots, r_N$ 的阶梯信号,这样的模块用 Simulink 现有的模块搭建是很麻烦的,如果 N 很大,则特别难以实现。这时可以考虑用 S-函数来搭建该信号发生模块。由设计要求知道,模块的输入信号为 0 路,输出为一路,另外系统没有连续和离散的状态,所以在设计 S-函数时只需考虑 **flag** 为 0 和 3 即可。在设计这个 S-函数时,应该引入两个附加变量 tTime=$[t_1, t_2, \cdots, t_N]$ 和 yStep=$[y_1, y_2, \cdots, y_N]$,故而可以设计出如下 S-函数:

```
function [sys,x0,str,ts,SSC]=multi_step(t,x,u,flag,tTime,yStep)
switch flag
    case 0                              %调用初始化过程
        [sys,x0,str,ts,SSC] = mdlInitializeSizes;
    case 3                              %计算输出信号,生成多阶跃信号
        i=find(tTime<=t); sys=yStep(i(end));
    case {1, 2, 4, 9},  sys = []; %未使用的flag值
    otherwise                           %错误信息处理
        error(['Unhandled flag = ',num2str(flag)]);
end
%如果flag=0,进行初始化处理
function [sys,x0,str,ts,SSC] = mdlInitializeSizes
sizes = simsizes;                %调入初始化的模版
sizes.NumContStates = 0; sizes.NumDiscStates = 0; %无连续、离散状态
sizes.NumOutputs = 1; sizes.NumInputs = 0;            %系统的输入和输出路数
sizes.DirFeedthrough = 0; %输入信号不直接传输到输出
sizes.NumSampleTimes = 1; %单个采样周期
sys = simsizes(sizes);       %初始化
x0=[]; str=[]; ts=[0 0];     %系统的初始状态为空向量
SSC='DefaultSimState';       %设置默认参数
```

6.5.3 S-函数的封装

从图 6-72a 可以看出,该模块的应用并不是很简单,因为附加参数的输入必须按照给定的顺序和数目给出,而没有更多的提示。结合前面介绍的模块封装技术,可以对每个附加参数加上提示信息,这样会使得该模块的使用更容易。

封装 S-函数模块是很简单的,右击该模块就能得出快捷菜单,从快捷菜单中选择 Mask → Create Mask 菜单项,则依照前面介绍的方法就可以将该 S-函数进行封装,得出封装后的 S-函数,限于篇幅,具体的封装方法这里不再赘述了。

6.6 习　题

1 在标准的 Simulink 模块组中,各个模块组中的模块遵从比较好的分类方法,请仔细观察各个模块组,熟悉其模块构成,以便以后遇到某些需要时能迅速、正确地找出相应的模块,更容易地搭建起 Simulink 模型。

2 物理学中的物体垂直下抛运动方程为 $\dot{x}(t) = v_0 + gt$,其中,t 为时间,$x(t)$ 为物体的位移,$v_0 = 1\,\mathrm{m/s}$ 为初速度,$g = 9.81\,\mathrm{m/s^2}$ 为重力加速度。试建立 Simulink 模型,研究时间 t 与位移 $x(t)$ 之间的关系。如果抛物点距地 $15\,\mathrm{m}$,有什么办法在重物落地瞬间停止仿真过程,并给出落地需要的时间。

3 考虑简单的线性微分方程

$$y^{(4)}(t) + 5y^{(3)}(t) + 63\ddot{y}(t) + 4\dot{y}(t) + 2y(t) = \mathrm{e}^{-3t} + \mathrm{e}^{-5t}\sin(4t + \pi/3)$$

且方程的初值为 $y(0) = 1, \dot{y}(0) = \ddot{y}(0) = 1/2, y^{(3)}(0) = 0.2$,试用 Simulink 搭建起系统的

仿真模型,并绘制出仿真结果曲线。由第 3 章介绍的知识可知,该方程可以用微分方程数值解的形式进行分析,试比较二者的分析结果。

4 考虑时变线性微分方程。

$$y^{(4)}(t) + 5ty^{(3)}(t) + 6t^2\ddot{y}(t) + 4\dot{y}(t) + 2e^{-2t}y(t) = e^{-3t} + e^{-5t}\sin(4t + \pi/3)$$

而方程的初值仍为 $y(0) = 1, \dot{y}(0) = \ddot{y}(0) = 1/2, y^{(3)}(0) = 0.2$,试用 Simulink 搭建起系统的仿真模型,并绘制出仿真结果曲线。其实,时变模型也可以用微分方程求解函数求解,试用 MATLAB 语言求解该模型并比较结果。

5 已知 Apollo 卫星的运动轨迹 (x, y) 满足下面的方程:

$$\begin{cases} \ddot{x}(t) = 2\dot{y}(t) + x(t) - \dfrac{\mu^*(x(t) + \mu)}{r_1^3(t)} - \dfrac{\mu(x(t) - \mu^*)}{r_2^3(t)} \\ \ddot{y}(t) = -2\dot{x}(t) + y(t) - \dfrac{\mu^* y(t)}{r_1^3(t)} - \dfrac{\mu y(t)}{r_2^3(t)} \end{cases}$$

其中,$\mu = 1/82.45, \mu^* = 1 - \mu, r_1 = \sqrt{(x + \mu)^2 + y^2}, r_2 = \sqrt{(x - \mu^*)^2 + y^2}$,假设系统初值为 $x(0) = 1.2, \dot{x}(0) = 0, y(0) = 0, \dot{y}(0) = -1.04935751$,试搭建起 Simulink 仿真框图并进行仿真,绘制出 Apollo 位置的 (x, y) 轨迹。

6 建立起如图 6-73 所示非线性系统[82] 的 Simulink 框图,并观察在单位阶跃信号输入下系统的输出曲线和误差曲线。

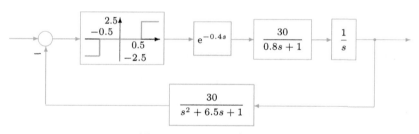

图 6-73　习题 6 的系统框图

7 建立起如图 6-74 所示非线性系统[54] 的 Simulink 框图,并设阶跃信号的幅值为 1.1,观察在阶跃信号输入下系统的输出曲线和误差曲线。求取系统在阶跃输入下的工作点,并在工作点处对整个系统进行线性化,得出近似的线性模型。对近似模型仿真分析,将结果和精确仿真结果进行对比分析。另外,本系统中涉及两个非线性环节的串联,试问这两个非线性环节可以互换吗?试从仿真结果上加以解释。

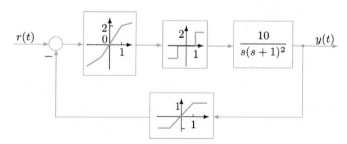

图 6-74　习题 7 非线性系统框图

8 已知某系统的 Simulink 仿真框图如图 6-75 所示，试由该框图写出系统的数学模型公式。

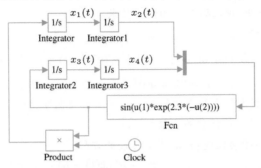

图 6-75　习题 8 的 Simulink 仿真框图

9 考虑下面给出的延迟微分方程模型：

$$\dot{y}(t) = \frac{0.2y(t-30)}{1+y^{10}(t-30)} - 0.1y(t)$$

假设 $y(0) = 0.1$，试用 Simulink 搭建仿真模型，并对该系统进行仿真，绘制出 $y(t)$ 曲线。

10 已知著名的 Van der Pol 非线性方程模型为 $\ddot{y}(t)+\mu(y^2(t)-1)\dot{y}(t)+y(t)=0$，试用 Simulink 表示该方程，并对该系统进行仿真分析。

11 试用 Simulink 求解下面的切换线性微分方程：

$$\begin{cases} \dot{x}_1(t) = f(x_1(t)) + x_2(t) \\ \dot{x}_2(t) = -x_1(t) \end{cases}$$

其中，$x_1(0) = x_2(0) = 5$，且 $f(x_1(t))$ 为分段函数，即

$$f(x_1(t)) = \begin{cases} -4x_1(t), & x_1(0) > 0 \\ 2x_1(t), & -1 \leqslant x_1(0) \leqslant 0 \\ -x_1(t) - 3, & x_1(0) < -1 \end{cases}$$

12 考虑下面的不连续微分方程模型[83]：

$$y''(t) + 2Dy'(t) + \mu\,\mathrm{sgn}(y'(t)) + y(t) = \Lambda\cos\omega t$$

其中，$D = 0.1, \mu = 4, A = 2, \omega = \pi$。初值 $y(0) = 3, y'(0) = 4$。试用 Simulink 搭建本微分方程的仿真模型，并在求解区间 $t \in [0,10]$ 内求解该方程。

13 考虑一个线性切换系统模型与状态反馈模型[84]

$$\boldsymbol{x}'(t) = \boldsymbol{A}_\sigma\boldsymbol{x}(t) + \boldsymbol{B}_\sigma u(t), \quad u(t) = \boldsymbol{k}_\sigma\boldsymbol{x}(t)$$

其中，$\sigma = \{1,2\}$。两个子系统分别为

$$\boldsymbol{A}_1 = \begin{bmatrix} 1 & 0 \\ 1 & 1 \end{bmatrix}, \ \boldsymbol{A}_2 = \begin{bmatrix} 1 & 1 \\ 0 & 1 \end{bmatrix}, \ \boldsymbol{B}_1 = \begin{bmatrix} 1 \\ 0 \end{bmatrix}, \ \boldsymbol{B}_2 = \begin{bmatrix} 0 \\ 1 \end{bmatrix}$$

且两个状态反馈向量分别为 $\boldsymbol{k}_1 = [6,9], \boldsymbol{k}_2 = [9,6]$。已知从子系统 1 切换到子系统 2 的条件为 $|x_1(t)| = 0.5|x_2(t)|$，而从子系统 2 切换到子系统 1 的条件为 $|x_1(t)| = 2|x_2(t)|$。若初始状态变量向量为 $\boldsymbol{x}_0 = [100,100]^{\mathrm{T}}$，试用 Simulink 得出切换系统的相平面曲线。

14 试用 Simulink 求解下面的不连续微分方程[83]，初值 $y(0) = 0.3$。

$$y'(t) = \begin{cases} t^2 + 2y^2(t), & (t+0.05)^2 + \big[y(t)+0.15\big]^2 \leqslant 1 \\ 2t^2 + 3y^2(t) - 2, & (t+0.05)^2 + \big[y(t)+0.15\big]^2 > 1 \end{cases}$$

15 假设单位负反馈线性控制系统的框图如图 6-76 所示, 其中, 受控对象模型与控制器模型分别为

$$G(s) = \frac{s^3 + 7s^2 + 24s + 24}{s^4 + 10s^3 + 35s^2 + 50s + 24}, \quad G_c(s) = \frac{s + 0.1}{0.1s + 1}$$

用方差为 1 的零均值 Gauss 白噪声信号 $u(t)$ 激励该系统, 试用仿真方法求出误差信号 $e(t)$

图 6-76　典型闭环系统框图

的概率密度函数曲线及其方差 (提示: 由反馈控制系统理论可知, 由 $r(t)$ 到 $e(t)$ 的等效传递函数模型可以推导成 $\widetilde{G}(s) = 1/[1 + G(s)G_c(s)]$, 可以将该模型进行离散化, 再进行仿真求解)。

16 假设已知线性系统模型为 $G(s) = (s^2 + 5s + 2)/[(s+4)^4 + 4s + 4]$, 试输入该系统模型, 并求出系统在脉冲输入、阶跃输入和斜坡输入下的解析解, 并和仿真曲线相比较, 验证得出的结果。

17 假设双输入双输出系统的状态方程表示为

$$\begin{cases} \dot{\boldsymbol{x}}(t) = \begin{bmatrix} 2.25 & -5 & -1.25 & -0.5 \\ 2.25 & -4.25 & -1.25 & -0.25 \\ 0.25 & -0.5 & -1.25 & -1 \\ 1.25 & -1.75 & -0.25 & -0.75 \end{bmatrix} \boldsymbol{x}(t) + \begin{bmatrix} 4 & 6 \\ 2 & 4 \\ 2 & 2 \\ 0 & 2 \end{bmatrix} \boldsymbol{u}(t) \\ \boldsymbol{y}(t) = \begin{bmatrix} 0 & 0 & 0 & 1 \\ 0 & 2 & 0 & 2 \end{bmatrix} \boldsymbol{x}(t) \end{cases}$$

且输入信号分别为 $\sin t$ 和 $\cos t$, 试用 Simulink 构造出该系统模型, 并对该系统进行仿真绘制出输出曲线。

18 已知 4 输入 4 输出多变量系统传递函数矩阵为[36]

$$\boldsymbol{G}(s) = \begin{bmatrix} 1/(1+4s) & 0.7/(1+5s) & 0.3/(1+5s) & 0.2/(1+5s) \\ 0.6/(1+5s) & 1/(1+4s) & 0.4/(1+5s) & 0.35/(1+5s) \\ 0.35/(1+5s) & 0.4/(1+5s) & 1/(1+4s) & 0.6/(1+5s) \\ 0.2/(1+5s) & 0.3/(1+5s) & 0.7/(1+5s) & 1/(1+4s) \end{bmatrix}$$

试用 Simulink 搭建起仿真模型并对系统进行仿真。该系统还可以用第 5 章介绍的 step() 函数进行仿真, 试比较两种方法得出的结果。

19 假设已知直流电机拖动模型框图如图 6-77 所示, 试利用 Simulink 提供的工具提取该系统的总模型, 并利用该工具绘制系统的阶跃响应、频域响应曲线。

20 试用 Simulink 搭建下面系统的仿真模型, 并绘制其阶跃响应曲线。

$$G(s) = \frac{\dfrac{2e^{-0.5s}}{s+2} + \dfrac{3e^{-s}}{s+1}}{s^4 + 10s^3 + 35s^2 + 50s + 24}$$

21 考虑 Lorenz 方程模型, 该模型没有输入信号

$$\begin{cases} \dot{x}_1(t) = -\beta x_1(t) + x_2(t)x_3(t) \\ \dot{x}_2(t) = -\rho x_2(t) + \rho x_3(t) \\ \dot{x}_3(t) = -x_1(t)x_2(t) + \sigma x_2(t) - x_3(t) \end{cases}$$

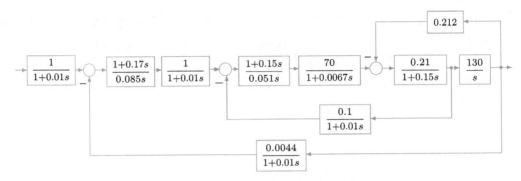

图 6-77 习题 19 的直流电机拖动系统框图

假设选择其三个状态变量 $x_i(t)$ 为其输出信号,以 β, σ, ρ 和 $x_i(0)$ 向量为附加参数,试将该模块封装起来,并绘制在不同参数下的 Lorenz 方程解的三维曲线。

22 假设已知误差信号 $e(t)$,试构造出求取 ITAE、ISE、ISTE 准则的封装模块。要求:误差信号 $e(t)$ 为该模块的输入信号,双击该模块弹出一个对话框,允许用户用列表框的方式选择输出信号形式,将选定的 ITAE、ISE、ISTE 之一作为模块的输出端显示出来。其中,这几个性能指标分别为

$$J_{\mathrm{ISE}} = \int_0^\infty e^2(t)\mathrm{d}t, \; J_{\mathrm{ITAE}} = \int_0^\infty t|e(t)|\mathrm{d}t, \; J_{\mathrm{ISTE}} = \int_0^\infty t^2 e^2(t)\mathrm{d}t$$

23 考虑大时间延迟受控对象和控制器模型

$$G(s) = \frac{10\mathrm{e}^{-20s}}{2s+1}, \; G_{\mathrm{c}}(s) = 0.6 + \frac{0.008}{s}$$

试同时用曲线和表盘的形式显示控制效果。

24 假设某可编程逻辑器件 (PLD) 模块有 6 路输入信号,A, B, W_1, W_2, W_3, W_4,其中,W_i 为编码信号,它们的取值将决定该模块输出信号 Y 的逻辑关系,具体逻辑关系由表 6-1 给出[85]。可见如果直接用模块搭建此 PLD 模块很复杂。试编写一个 S-函数实现这样的模块。

表6-1 习题24中的逻辑关系表

W_1	W_2	W_3	W_4	Y	W_1	W_2	W_3	W_4	Y
0	0	0	0	0	1	0	0	0	$A\overline{B}$
0	0	0	1	AB	1	0	0	1	A
0	0	1	0	$\overline{A+B}$	1	0	1	0	$\overline{B}$
0	0	1	1	$AB + \overline{AB} = A \odot B$	1	0	1	1	$A + \overline{B}$
0	1	0	0	$\overline{A}B$	1	1	0	0	$\overline{A}B + A\overline{B} = A \oplus B$
0	1	0	1	B	1	1	0	1	$A + B$
0	1	1	0	$\overline{A}$	1	1	1	0	$\overline{A} + \overline{B} = \overline{AB}$
0	1	1	1	$\overline{A} + B$	1	1	1	1	1

25 在 Simulink 等软件环境出现之前,为衡量仿真工具的优劣曾出现了各种各样的基准测试模型,F-14 战斗机模型就是其中之一[86,87],该系统框图如图 6-78 所示。该系统共有两路输入信号,其向量表示为 $\boldsymbol{u} = [n(t), \alpha_{\mathrm{c}}(t)]^{\mathrm{T}}$,其中,$n(t)$ 为单位方差的白噪声信号,而

$\alpha_{\mathrm{c}}(t) = K\beta(\mathrm{e}^{-\gamma t} - \mathrm{e}^{-\beta t})/(\beta - \gamma)$ 为攻击角度命令输入信号，这里 $K = \alpha_{\mathrm{c_{max}}}\mathrm{e}^{\gamma t_{\mathrm{m}}}$，且 $\alpha_{\mathrm{c_{max}}} = 0.0349, t_{\mathrm{m}} = 0.025, \beta = 426.4352, \gamma = 0.01$，整个系统的输出有三路信号，$\boldsymbol{y}(t) = [N_{\mathrm{Z_p}}(t), \alpha(t), q(t)]^{\mathrm{T}}$，这里 $N_{\mathrm{Z_p}}(t)$ 信号定义为 $N_{\mathrm{Z_p}}(t) = [-\dot{w}(t) + U_0 q(t) + 22.8\dot{q}(t)]/32.2$，已知系统中各个模块的参数为

$$\tau_a = 0.05, \sigma_{\mathrm{wG}} = 3.0, a = 2.5348, b = 64.13$$
$$V_{\tau_0} = 690.4, \sigma_\alpha = 5.236 \times 10^{-3}, Z_{\mathrm{b}} = -63.9979, M_{\mathrm{b}} = -6.8847$$
$$U_0 = 689.4, Z_{\mathrm{w}} = -0.6385, M_{\mathrm{q}} = -0.6571, M_{\mathrm{w}} = -5.92 \times 10^{-3}$$
$$\omega_1 = 2.971, \omega_2 = 4.144, \tau_{\mathrm{s}} = 0.10, \tau_\alpha = 0.3959$$
$$K_{\mathrm{Q}} = 0.8156, K_\alpha = 0.6770, K_{\mathrm{f}} = -3.864, K_{\mathrm{F}} = -1.745$$

试用子系统的方法建立 F-14 战斗机仿真模型，并绘制出在攻击角度命令信号 $\alpha_{\mathrm{c}}(t)$ 单独作用下，三路输出信号的曲线。

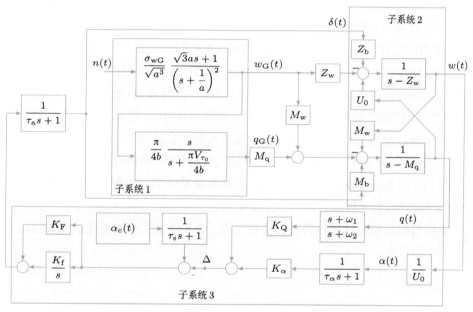

图 6-78　习题 25 的系统框图

第7章 控制系统计算机辅助设计

前面有关章节的内容主要集中于解决控制系统分析与仿真的问题,从本章开始,将介绍控制系统的设计问题。事实上,控制系统的设计问题可以认为是系统分析的逆问题,因为在系统分析中,常假设系统的控制器是已知的。在控制系统设计问题中,将研究如何对给定对象模型找出控制器策略,而并不仅仅是假定控制器已知,再去分析系统性能的问题了。

本章首先在第7.1节中介绍串联校正器的概念及设计方法,侧重于超前、滞后、超前滞后三种校正器的设计,并介绍相关算法的MATLAB实现以及一个MATLAB程序设计界面,用给出的方法可以直接设计串联控制器,并进行整个闭环系统的仿真分析,如果仿真结果不理想,则还可以再重新设计控制器。在第7.2节引入状态反馈的概念与方法,第7.3节将介绍一些基于状态空间模型和状态反馈的控制器设计方法,包括线性二次型最优调节器的设计方法、极点配置设计方法、观测器的概念与基本设计方法,以及基于观测器的状态反馈控制结构。第7.4节首先介绍了多变量系统的解耦问题,然后给出了基于状态反馈的解耦算法,给出了标准传递函数的概念,讨论了多变量系统的一般解耦方法。应用这里给出的解耦方法和结构,则可以很好地对多变量系统进行单独回路设计,得出理想的控制效果。第7.5节还将数值最优化技术与仿真技术相结合,引入伺服系统的最优控制器设计方法与MATLAB应用程序。

7.1 基于传递函数的控制器设计方法

串联控制是最常用的一种控制方案,串联控制器控制系统的基本结构如图7-1所示,其中,$r(t)$ 和 $y(t)$ 称为系统的输入信号和输出信号,一般的控制目的是使得输出信号能很好地跟踪输入信号,这样的控制又称为伺服控制。在这个基本的控制结构下,还有两个信号很关键,$e(t)$ 和 $u(t)$,分别称为反馈控制系统的误差信号和控制信号,一般要求误差越小越好,同时,在控制系统中 $u(t)$ 又常可以理解为控制所需的能量,所以从节能角度考虑,有时也希望它尽可能小。

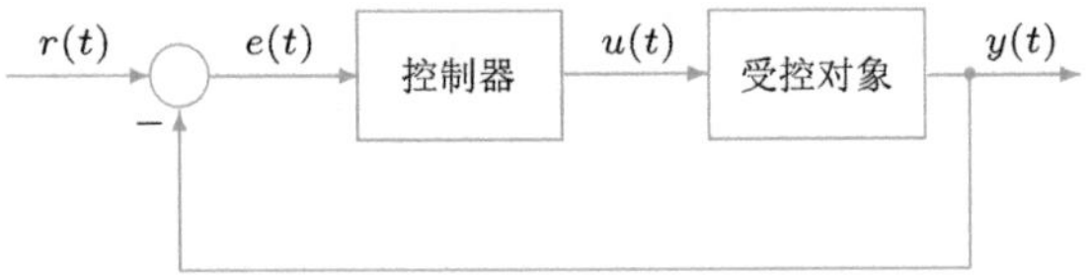

图 7-1　串联控制器基本结构

因为这样的控制结构是控制器与受控对象进行串联连接的,所以这种控制结构称为串联控制,常用的超前滞后类校正器和 PID 类控制器是最典型的串联控制器。本节首先介绍超前滞后类校正器,再介绍一种超前滞后校正器的设计算法,最后介绍 MATLAB 控制系统工具箱中提供的基于根轨迹和 Bode 图的控制器设计程序及其应用。

7.1.1 串联超前滞后校正器

在串联控制器中,超前滞后类的校正器是最常用的形式,这类控制器的结构简单,易于调节,其参数有明确的物理意义,可以有目的地调整控制器的参数,得出更满意的控制效果。超前滞后类校正器可以由电阻、电容电路实现,也可以由其他方法实现。本节将介绍超前校正器、滞后校正器和超前滞后校正器,并介绍这些校正器的特点及作用。

1. 超前校正器

超前校正器的数学模型为

$$G_c(s) = K\frac{\alpha Ts + 1}{Ts + 1} \tag{7-1-1}$$

其中,$\alpha > 1$,其零极点位置如图 7-2a 所示,该类校正器的 Bode 图如图 7-2b 所示。从其 Bode 图可以看出,由于引入这样具有正相位的校正器,将增大前向通路模型的相位,使其相位"超前"于受控对象的相位,所以这样的控制器称为相位超前校正器,简称超前校正器。该控制器的 Bode 相频特性图在 $\omega = T$ 时有最大的正值,所以如果超前校正器设计得好,则将增加开环系统的剪切频率和相位裕量,这意味着校正后闭环系统的阶跃响应速度将加快,且超调量将减小。

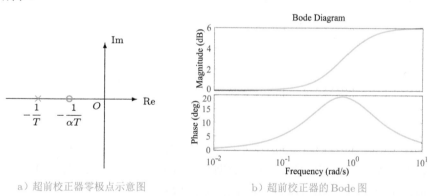

a)超前校正器零极点示意图　　　　　　b)超前校正器的 Bode 图

图 7-2　超前校正器

2. 滞后校正器

滞后校正器的数学模型为

$$G_c(s) = K\frac{Ts + 1}{\alpha Ts + 1} \tag{7-1-2}$$

其中,$\alpha > 1$,其零极点位置如图 7-3a 所示,Bode 图如图 7-3b 所示。该校正器的 Bode 相频特性图在 $\omega = T$ 时有最大的负值,所以如果设计滞后校正器,则需要减小开环系统的剪切频率,但可能增加相位裕量,这将意味着系统的超调量将减小,但代价是阶跃响应速度变慢。

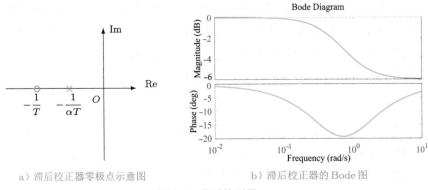

a）滞后校正器零极点示意图　　　　　　b）滞后校正器的 Bode 图

图 7-3　滞后校正器

3. 超前滞后校正器

超前滞后校正器是兼有超前、滞后校正器优点的一类校正器，其数学模型为

$$G_c(s) = K\frac{\alpha T_1 s + 1}{T_1 + 1}\frac{T_2 s + 1}{\beta T_2 s + 1} \tag{7-1-3}$$

其中，$\alpha > 1$ 表示超前部分，$\beta > 1$ 表示滞后部分，超前滞后校正器的零极点分布如图 7-4a 所示，典型超前滞后校正器的 Bode 图如图 7-4b 所示。

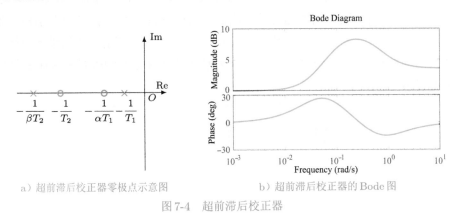

a）超前滞后校正器零极点示意图　　　　　b）超前滞后校正器的 Bode 图

图 7-4　超前滞后校正器

这类校正器能加快系统的响应速度，且减小系统的超调量。和超前校正器相比，超前滞后校正器多了两个参数可以校正，在参数调节上多了两个自由度，所以该校正器性能应该优于超前校正器，但参数调节比超前校正器要烦琐得多。

7.1.2 基于相位裕量的设计方法

利用系统频域响应性能可以试凑地解决超前滞后类校正器的设计问题，但这样做可能很耗时，有时还不能得出期望的结果。这里介绍一种基于校正后系统剪切频率和相位裕量设定的算法来设计超前滞后类校正器。

这里重新表示系统的超前滞后校正器如下：

$$G_c(s) = \frac{K_c(s + z_{c_1})(s + z_{c_2})}{(s + p_{c_1})(s + p_{c_2})} \tag{7-1-4}$$

其中，$z_{c_1} \leqslant p_{c_1}$，$z_{c_2} \geqslant p_{c_2}$，$K_c$ 为校正器的增益。假设期望校正后系统的剪切频率为 ω_c，则

可以求出受控对象模型在剪切频率 ω_c 下的幅值和相位,并分别记作 $A(\omega_c)$ 和 $\phi_1(\omega_c)$。如果期望校正后系统的相位裕量为 γ,则校正器的相位为 $\phi_c(\omega_c) = \gamma - 180° - \phi_1(\omega_c)$,这样可以建立起超前滞后校正器的设计规则。

1)当 $\phi_c(\omega_c) > 0$ 时,需要引入超前校正器,该校正器可以按如下方法设计:

$$\alpha = \frac{z_{c_1}}{p_{c_1}} = \frac{1 - \sin \phi_c(\omega_c)}{1 + \sin \phi_c(\omega_c)} \tag{7-1-5}$$

且

$$z_{c_1} = \sqrt{\alpha}\,\omega_c, \quad p_{c_1} = \frac{z_{c_1}}{p_{c_1}} = \frac{\omega_c}{\sqrt{\alpha}}, \quad K_c = \frac{\sqrt{\omega_c^2 + p_{c_1}^2}}{\sqrt{\omega_c^2 + z_{c_1}^2}\,A(\omega_c)} \tag{7-1-6}$$

可以得出系统的稳态误差系数为

$$K_1 = \lim_{s \to 0} s^v G_o(s) = \frac{b_m}{a_{n-v}}\frac{K_c z_{c_1}}{p_{c_1}} \tag{7-1-7}$$

其中,v 为对象模型 $G(s)$ 在 $s = 0$ 处极点的重数;$G_o(s)$ 为带有校正器系统的开环传递函数模型。

如果 $K_1 \geqslant K_v$,其中,K_v 为用户指定的容许静态误差的增益系数,则对指定的相位裕量采用超前校正就足够了,否则,还应该再设计相位超前滞后校正器。另外应该指出,如果受控对象模型不含有纯积分项,则虽然可以取较大的 K_v 值,并不能保证闭环系统没有静态误差,这时应该考虑其他含有积分作用的控制器类型,如 PID 控制器,人为地引入积分动作,消除静态误差。

2)超前滞后校正器可以进一步设计成

$$z_{c_2} = \frac{\omega_c}{10}, \quad p_{c_2} = \frac{K_1 z_{c_2}}{K_v} \tag{7-1-8}$$

3)如果 $\phi_c(\omega_c) < 0$,则需要按下面的方法设计相位滞后校正器:

$$K_c = \frac{1}{A(\omega_c)}, \quad z_{c_2} = \frac{\omega_c}{10}, \quad p_{c_2} = \frac{K_1 z_{c_2}}{K_v} \tag{7-1-9}$$

其中,$K_1 = b_m K_c / a_{n-v}$。

根据上面的算法,可以编写出 MATLAB 函数 `leadlagc()`[58],设计超前滞后校正器。该函数的调用格式为

$$G_c = \text{leadlagc}(G, \omega_c, \gamma, K_v, \text{key})$$

其中,key 为校正器类型标示,1 对应于超前校正器,2 对应于滞后校正器,3 对应于超前滞后校正器,如果不给出 key,则将通过上述的算法自动选择校正器类型。该函数的清单如下。

```
function Gc=leadlagc(G,Wc,Gam_c,Kv,key)
G=tf(G); den=G.den{1}; a=den(length(den):-1:1);
[Gai,Pha]=bode(G,Wc); Phi_c=sin((Gam_c-Pha-180)*pi/180);
ii=find(abs(a)<=0); num=G.num{1}; G_n=num(end);
if ~isempty(ii), a=a(ii(1)+1); else, a=a(1); end
alpha=sqrt((1-Phi_c)/(1+Phi_c)); Zc=alpha*Wc; Pc=Wc/alpha;
Kc=sqrt((Wc*Wc+Pc*Pc)/(Wc*Wc+Zc*Zc))/Gai; K1=G_n*Kc*alpha/a;
```

```
if nargin==4, key=1;
   if Phi_c<0, key=2; else, if K1<Kv, key=3; end, end
end
switch key
   case 1, Gc=tf([1 Zc]*Kc,[1 Pc]);
   case 2
      Kc=1/Gai; K1=G_n*Kc/a; Zc2=Wc/10; Gc=tf([1 Zc2],[1 K1*Zc2/Kv]);
   case 3
      Zc2=Wc/10; Pc2=K1*Zc2/Kv; Gcn=Kc*conv([1 Zc],[1,Zc2]);
      Gcd=conv([1 Pc],[1,Pc2]); Gc=tf(Gcn,Gcd);
end
```

例 7-1 假设受控对象的传递函数模型为

$$G(s) = \frac{10(s+1)}{s(s+0.1)(s+10)(s+20)}$$

选定 $\omega_c = 10\,\mathrm{rad/s}$，可以尝试不同的期望相位裕量值，例如，选择 $\gamma = 20°, 30°, \cdots, 90°$，则可以采用下面的语句设计校正器，并分析闭环系统的阶跃响应曲线和开环系统的 Bode 图，分别如图 7-5a、b 所示。

```
>> G=zpk([-1],[0;-0.1;-10;-20],10); %受控对象模型
   wc=10; f1=figure; f2=figure;      %打开两个图形窗口
   for gam=20:10:90                  %用循环结构尝试不同的期望相位裕量
      Gc=leadlagc(G,wc,gam,1000);    %设计超前滞后校正器
      figure(f1); step(feedback(G*Gc,1)); hold on %闭环阶跃响应
      figure(f2); bode(Gc*G); hold on            %开环 Bode 图
   end
```

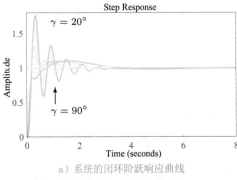

a）系统的闭环阶跃响应曲线

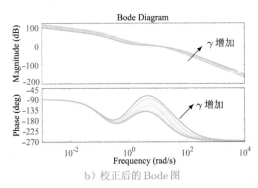

b）校正后的 Bode 图

图 7-5　不同相位裕量设置下的校正器控制效果

可见，相位裕量的值增大，将使得闭环系统的超调量减小，对这个例子来说，当相位裕量达到 60° 时，系统的超调量将很小。一般系统设计选择 γ 的值在 $40° \sim 60°$ 能得到很好的结果。如果剪切频率 ω_c 的值不变，则系统的响应速度差不多。如果选择 $\omega_c = 10\,\mathrm{rad/s}, \gamma = 55°$，则可以给出下面的设计语句：

```
>> Gc=zpk(leadlagc(G,10,55,1000))   %设计控制器并显示其零极点形式
   Gc1=zpk(leadlagc(G,10,55,1000,1)) %设计超前校正器
   step(feedback(G*Gc,1),'-',feedback(G*Gc1,1),'--') %绘制闭环响应
```

设计出校正器为

$$G_c(s) = 701.8634 \frac{(s+4.483)(s+1)}{(s+22.3)(s+0.1573)}, \quad G_{c1}(s) = 701.8634 \frac{s+4.483}{s+22.3}$$

用上述的语句可以设计出系统的超前滞后校正器和超前校正器,并绘制出系统的阶跃响应曲线,如图 7-6 所示。对所选择的对象来说,设计出来的超前滞后校正器的调节时间短但超调量大些,超前校正器的响应比较理想。

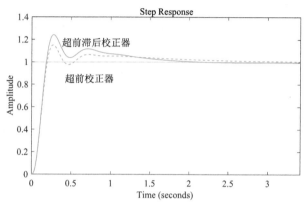

图 7-6 利用幅值裕量设计控制器的阶跃响应

若给定系统的期望相位裕量为 45°,试探不同的剪切频率 ω_c,则可以给出如下的 MATLAB 命令,这样闭环系统的阶跃响应曲线和开环系统的 Bode 图分别如图 7-7a、b 所示。

```
>> gam=45; f1=figure; f2=figure;   %打开两个图形窗口
   for wc=[0.1, 0.5, 1, 10, 50]    %尝试不同的预期截止频率
      Gc=leadlagc(G,wc,gam,1000); [a,b,c,d]=margin(Gc*G);
      figure(f1); step(feedback(G*Gc,1)); hold on
      figure(f2); bode(Gc*G); hold on;
   end
```

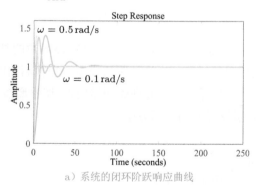

a) 系统的闭环阶跃响应曲线

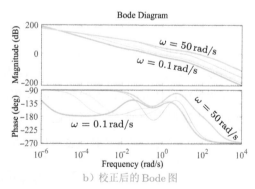

b) 校正后的 Bode 图

图 7-7 不同剪切频率设置下的校正器控制效果

可见,系统的响应速度随着 ω_c 的增大而增快,在 ω_c 的值过大时,尽管能设计出控制器,但系统的相位裕量并不能保证,所以不能无限制地增加 ω_c 的值,应该有个合理的限制,还可以通过某寻优算法去寻求能保证期望相位裕量的增大剪切频率值,获得更快的响应。

例 7-2 假设受控对象模型为 $G(s) = 1/(s+1)^6$,想设计一个超前滞后类校正器,使其剪切

频率为 $\omega_c = 50\,\mathrm{rad/s}$，期望相位裕量为 $\gamma = 50°$，则可以用下面的语句去输入系统模型。

```
>> s=tf('s'); G=1/(s+1)^6;          %受控对象模型
   Gc=leadlagc(G,50,50,1000)        %选择剪切频率和相位裕量,设计控制器
   step(feedback(Gc*G,1))           %闭环系统阶跃响应
```

并设计出控制器为

$$G_c(s) = \frac{3.609 \times 10^{10} s + 7.822 \times 10^{11}}{s + 115.3}$$

还可以得出在此控制器下闭环系统的阶跃响应曲线。如图7-8a所示。遗憾的是,在这样的控制器作用下,闭环系统是不稳定的。

从设计的结果看,虽然本算法能够设计出超前校正器,但会导致闭环系统不稳定,所以选定的 ω_c 和 γ 值过高,不能通过超前滞后校正器的形式来实现。校正后系统的 Bode 图可以由 $\mathrm{bode}(G*G_c)$ 直接绘制出来,如图7-8b所示,但可以看出,得出的系统是不稳定的。

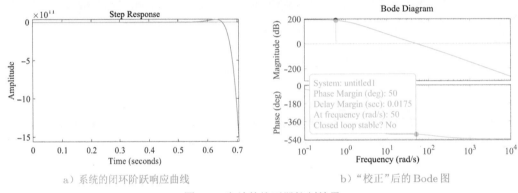

a）系统的闭环阶跃响应曲线   b）"校正"后的 Bode 图

图 7-8　失效的校正器控制结果

另外可以得出结论,这样设计算法并不能保证设计出令人满意的控制器,设计完成后还需要对整体控制效果进行检验,直到能满足预定要求时,这样的控制器才能够用于控制。

7.1.3 控制系统工具箱中的设计界面

MATLAB 的控制系统工具箱中提供了一个控制器设计界面 sisotool(),该函数的基本调用方法为 $\mathrm{sisotool}(G, G_c)$,其中,$G$ 为受控对象模型,G_c 为控制器模型。这样将得出一个控制系统设计界面,该界面允许选择和修改控制器的结构,允许添加零极点,调整增益,从而设计出控制器模型,下面将通过一个例子演示该界面的使用方法。

例7-3　假设受控对象的传递函数模型为

$$G(s) = \frac{10(s+1)}{s(s+0.1)(s+10)(s+20)}$$

这样就可以用下面的语句启动 sisotool() 函数,将显示出如图7-9所示的系统响应曲线,该界面的左侧是系统的 Bode 图,右侧是根轨迹图和闭环系统阶跃响应曲线。

```
>> G=zpk([-1],[0;-0.1;-10;-20],10);    %输入受控对象模型
   Gc1=zpk(leadlagc(G,10,55,1000,1));  %设计超前校正器
   sisotool(G,Gc1)                      %启动单变量控制器设计界面
```

其中,用 Gc1 表示一个初始设计的控制器模型,如果不给出初始控制器当然也能直接调用这个

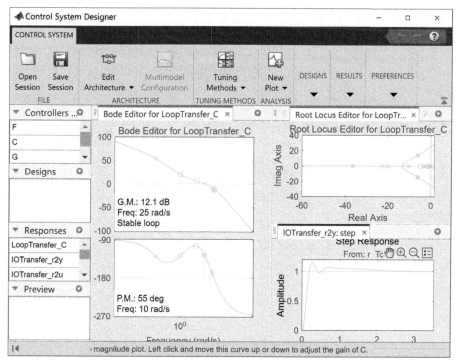

图 7-9 系统响应曲线绘制

函数,调用语句为 sisotool(G)。

单击工具栏中的 Edit Architecture 按钮,则显示如图 7-10 所示的控制器结构选择界面,用户可以从中选择各种控制器结构。双击左侧栏目的系统结构图标就可以从中选择不同的控制器结构,单击控制器模块则可以选择不同的控制器,选择完成后就可以开始设计控制器了。

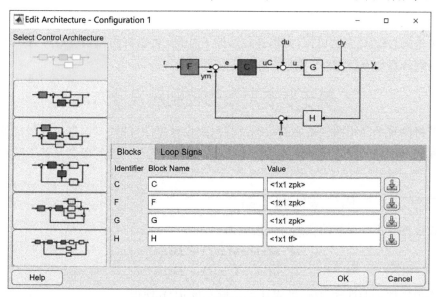

图 7-10 控制器结构选择

这样的界面很好地关联了各种分析曲线之间的关系,如果调整系统的参数,如整体增益,其他各个响应曲线会有相应的变化。不过,如果想用这样的工具设计比较好的控制器是很麻烦的,本书不做推荐。

7.2 状态反馈控制

系统的状态空间理论是1960年前后发展起来的,基于该理论的控制理论曾被称为"现代控制理论"。有关系统状态空间的分析前面已经进行了介绍,本节引入系统状态反馈控制的概念。

系统状态反馈的示意图如图7-11a所示,更详细的内部结构如图7-11b所示。将 $\boldsymbol{u}(t) = \boldsymbol{v}(t) - \boldsymbol{Fx}(t)$ 代入开环系统的状态方程模型,则在状态反馈矩阵 $\boldsymbol{F}$ 下,系统的闭环状态方程模型可以写成

$$\begin{cases} \dot{\boldsymbol{x}}(t) = (\boldsymbol{A} - \boldsymbol{BF})\boldsymbol{x}(t) + \boldsymbol{Bv}(t) \\ \boldsymbol{y}(t) = (\boldsymbol{C} - \boldsymbol{DF})\boldsymbol{x}(t) + \boldsymbol{Dv}(t) \end{cases} \tag{7-2-1}$$

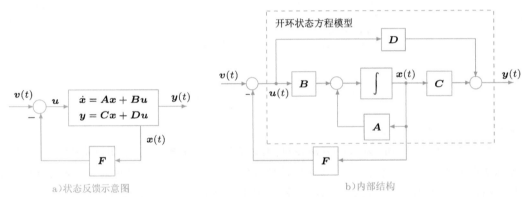

a)状态反馈示意图   b)内部结构

图7-11 状态反馈结构

如果系统 $(\boldsymbol{A}, \boldsymbol{B})$ 完全可控,则选择合适的 $\boldsymbol{F}$ 矩阵,可以将闭环系统矩阵 $\boldsymbol{A} - \boldsymbol{BF}$ 的特征值配置到任意地方(当然还要满足共轭复数的约束)。

7.3 基于状态反馈的控制器设计方法

本节将侧重于介绍两种著名的状态反馈系统设计算法:线性二次型指标最优调节器设计方法和极点配置的状态反馈系统设计方法,并引入状态观测器的概念及基于观测器的控制方法。

7.3.1 线性二次型指标最优调节器

假设线性时不变系统的状态方程模型为

$$\begin{cases} \dot{\boldsymbol{x}}(t) = \boldsymbol{Ax}(t) + \boldsymbol{Bu}(t) \\ \boldsymbol{y}(t) = \boldsymbol{Cx}(t) + \boldsymbol{Du}(t) \end{cases} \tag{7-3-1}$$

可以引入最优控制的性能指标,即设计一个输入量 $\boldsymbol{u}(t)$,使得

$$J = \frac{1}{2}\boldsymbol{x}^{\mathrm{T}}(t_{\mathrm{n}})\boldsymbol{Sx}(t_{\mathrm{n}}) + \frac{1}{2}\int_{t_0}^{t_{\mathrm{n}}} \left[\boldsymbol{x}^{\mathrm{T}}(t)\boldsymbol{Q}(t)\boldsymbol{x}(t) + \boldsymbol{u}^{\mathrm{T}}(t)\boldsymbol{R}(t)\boldsymbol{u}(t) \right] \mathrm{d}t \tag{7-3-2}$$

为最小,其中,$\boldsymbol{Q}$ 和 $\boldsymbol{R}$ 分别为对状态变量和输入变量的加权矩阵,t_n 为控制作用的终止时间。矩阵 $\boldsymbol{S}$ 对控制系统的终值也给出某种约束,这样的控制问题称为线性二次型(linear quadratic,LQ)最优控制问题。

可以建立如下的 Hamilton 矩阵:

$$\boldsymbol{H} = -\frac{1}{2}\Big[\boldsymbol{x}^{\mathrm{T}}(t)\boldsymbol{Q}\boldsymbol{x}(t) + \boldsymbol{u}^{\mathrm{T}}(t)\boldsymbol{R}\boldsymbol{u}(t)\Big] + \boldsymbol{\lambda}^{\mathrm{T}}(t)\Big[\boldsymbol{A}\boldsymbol{x}(t) + \boldsymbol{B}\boldsymbol{u}(t)\Big] \qquad (7\text{-}3\text{-}3)$$

若输入信号没有任何约束,则目标函数的最优值(在这种情况下为最小值)可以由求解 $\boldsymbol{H}$ 矩阵对 $\boldsymbol{u}(t)$ 的导数所构成的方程得出

$$\frac{\partial \boldsymbol{H}}{\partial \boldsymbol{u}} = -\boldsymbol{R}\boldsymbol{u}(t) + \boldsymbol{B}^{\mathrm{T}}\boldsymbol{\lambda}(t) = \boldsymbol{0} \qquad (7\text{-}3\text{-}4)$$

从该方程可以得出使得目标函数为最小的最优控制信号 $\boldsymbol{u}(t)$,并记为 $\boldsymbol{u}^*(t)$,这时可以得出 $\boldsymbol{u}^*(t)$ 的最优解为

$$\boldsymbol{u}^*(t) = \boldsymbol{R}^{-1}\boldsymbol{B}^{\mathrm{T}}\boldsymbol{\lambda}(t) \qquad (7\text{-}3\text{-}5)$$

可以看出 $\boldsymbol{\lambda}(t)$ 可以写成 $\boldsymbol{\lambda}(t) = -\boldsymbol{P}(t)\boldsymbol{x}(t)$,其中,$\boldsymbol{P}(t)$ 为对称矩阵,该矩阵满足下面著名的 Riccati 微分方程:

$$\dot{\boldsymbol{P}}(t) = -\boldsymbol{P}(t)\boldsymbol{A} - \boldsymbol{A}^{\mathrm{T}}\boldsymbol{P}(t) + \boldsymbol{P}(t)\boldsymbol{B}\boldsymbol{R}^{-1}\boldsymbol{B}^{\mathrm{T}}\boldsymbol{P}(t) - \boldsymbol{Q} \qquad (7\text{-}3\text{-}6)$$

其中,该矩阵的终值为 $\boldsymbol{P}(t_n) = \boldsymbol{S}$,这样可以写出最优控制信号为

$$\boldsymbol{u}^*(t) = -\boldsymbol{R}^{-1}\boldsymbol{B}^{\mathrm{T}}\boldsymbol{P}(t)\boldsymbol{x}(t) \qquad (7\text{-}3\text{-}7)$$

可见,最优控制信号将取决于状态变量 $\boldsymbol{x}(t)$ 与 Riccati 微分方程的解 $\boldsymbol{P}(t)$。

可以看出,Riccati 微分方程求解是很困难的,而基于该方程解的控制器的实现就更困难,所以这里只考虑稳态的简单情况。在稳态的情况下,终止时间假定为 $t_n \to \infty$,这样会使得系统的状态渐近地趋于 $\boldsymbol{0}$。Riccati 微分方程的解矩阵 $\boldsymbol{P}(t)$ 将趋于常数矩阵,使得 $\dot{\boldsymbol{P}}(t) = \boldsymbol{0}$。在这种情况下,Riccati 微分方程将简化成

$$\boldsymbol{P}\boldsymbol{A} + \boldsymbol{A}^{\mathrm{T}}\boldsymbol{P} - \boldsymbol{P}\boldsymbol{B}\boldsymbol{R}^{-1}\boldsymbol{B}^{\mathrm{T}}\boldsymbol{P} + \boldsymbol{Q} = \boldsymbol{0} \qquad (7\text{-}3\text{-}8)$$

该方程经常称作 Riccati 代数方程。假设 $\boldsymbol{u}^*(t) = -\boldsymbol{K}\boldsymbol{x}(t)$,其中,$\boldsymbol{K} = \boldsymbol{R}^{-1}\boldsymbol{B}^{\mathrm{T}}\boldsymbol{P}$,则可以得出在状态反馈下的闭环系统的状态方程为 $[(\boldsymbol{A}-\boldsymbol{B}\boldsymbol{K}),\boldsymbol{B},\boldsymbol{C},\boldsymbol{D}]$。

控制系统工具箱中提供了 `lqr()` 函数,用来依照给定加权矩阵设计 LQ 最优控制器,该函数的调用格式为 $[K,P]=\text{lqr}(A,B,Q,R)$,其中,$(A,B)$ 为给定的对象状态方程模型,返回的向量 $\boldsymbol{K}$ 为状态反馈向量,$\boldsymbol{P}$ 为 Riccati 代数方程的解,该函数中使用了基于 Schur 分解算法的代数方程求解函数 `care()`,其中,$P=\text{care}(A,B,Q,R)$。

更一般地,该函数 $P=\text{care}(A,B,Q,R,S,E)$ 可以直接求解下述广义 Riccati 方程:

$$\boldsymbol{A}^{\mathrm{T}}\boldsymbol{P}\boldsymbol{E} + \boldsymbol{E}^{\mathrm{T}}\boldsymbol{P}\boldsymbol{A} - (\boldsymbol{E}^{\mathrm{T}}\boldsymbol{P}\boldsymbol{B} + \boldsymbol{S})\boldsymbol{R}(\boldsymbol{B}^{\mathrm{T}}\boldsymbol{P}\boldsymbol{E} + \boldsymbol{S}^{\mathrm{T}}) + \boldsymbol{Q} = \boldsymbol{0} \qquad (7\text{-}3\text{-}9)$$

对离散系统来说,二次型性能指标可以写成

$$J = \frac{1}{2}\sum_{k=0}^{N}\Big[\boldsymbol{x}^{\mathrm{T}}(k)\boldsymbol{Q}\boldsymbol{x}(k) + \boldsymbol{u}^{\mathrm{T}}(k)\boldsymbol{R}\boldsymbol{u}(k)\Big] \qquad (7\text{-}3\text{-}10)$$

其相应的动态 Riccati 方程为[79]

$$S(k) = F^{\mathrm{T}}\left[S(k+1) - S(k+1)GR^{-1}G^{\mathrm{T}}S(k+1)\right]F + Q \qquad (7\text{-}3\text{-}11)$$

其中，$S(N) = Q$，N 为终止时刻，且 (F, G) 为离散状态方程矩阵。对二次型最优调节问题来说，S 的稳态值记作 S_∞，这样离散 Riccati 代数方程为

$$S_\infty = F^{\mathrm{T}}\left[S_\infty - S_\infty GR^{-1}G^{\mathrm{T}}S_\infty\right]F + Q \qquad (7\text{-}3\text{-}12)$$

这时控制律为

$$K = \left[R + G^{\mathrm{T}}S_\infty G\right]^{-1}B^{\mathrm{T}}S_\infty F \qquad (7\text{-}3\text{-}13)$$

离散系统的代数 Riccati 方程可以由 dare() 函数求解，控制律 K 可以由 dlqr() 函数求解，其调用格式可以由 help 命令获得。

从最优控制律可以看出，其最优性完全取决于加权矩阵 Q、R 的选择，然而这两个矩阵如何选择并没有解析方法，只能定性地去选择这两个矩阵，所以这样的"最优"控制事实上完全是人为的。一般情况下，如果希望输入信号小，则选择较大的 R 矩阵，对多输入系统来说，若希望第 i 路输入小些，则 R 的第 i 列的值应该选得大些，如果希望第 j 状态变量的值比较小，则应该相应地将 Q 矩阵的第 j 个元素选择较大的值，这时最优化功能会迫使该变量的幅值变小。

例 7-4 假设连续系统的状态方程模型参数为

$$A = \begin{bmatrix} -1.358 & 0.3 & 0 & 0 & 0 \\ 2.615 & -0.6956 & 0.4 & 0 & 0 \\ 0 & 0.0478 & -0.25 & 0 & 0 \\ -1 & 0 & 0 & 0 & 0 \\ 0 & 0 & -1 & 0 & 0 \end{bmatrix}, \quad B = \begin{bmatrix} 0.0409 & -0.0491 \\ 0.0982 & -0.0818 \\ 0 & 0 \\ 0 & 0 \\ 0 & 0 \end{bmatrix}$$

选择加权矩阵 $Q = \mathrm{diag}(1000, 0, 1000, 500, 500)$，$R = I_2$，则可以通过下面的语句直接设计出系统的状态反馈矩阵和 Riccati 方程的解为

```
>> A=[-1.3576 0.3000 0 0 0; 2.6151 -0.6956 0.4 0 0;
     0 0.0478 0.25 0 0; -1 0 0 0 0; 0 0 -1 0 0];
   B=[0.0409 -0.0491; 0.0982 -0.0818; zeros(3,2)]; %状态方程
   Q=diag([1000 0 1000 500 500]); R=eye(2);        %加权矩阵输入
   [K,S]=lqr(A,B,Q,R)   %状态反馈矩阵和 Riccati 方程的解
```

得出的解为

$$S = \begin{bmatrix} 752.1081 & -171.6656 & -5590.5117 & -1328.5311 & 1408.5078 \\ -171.6656 & 121.0578 & 3109.5411 & 526.0537 & -812.7052 \\ -5590.5117 & 3109.5411 & 85774.8867 & 15036.1974 & -22844.4165 \\ -1328.5311 & 526.0537 & 15036.1974 & 3724.6049 & -3790.1385 \\ 1408.5078 & -812.7052 & -22844.4165 & -3790.1385 & 7142.7758 \end{bmatrix}$$

$$K = \begin{bmatrix} 13.9037 & 4.8668 & 76.705 & -2.6784 & -22.1997 \\ -22.8863 & -1.4737 & 20.1337 & 22.1997 & -2.6784 \end{bmatrix}$$

7.3.2 极点配置控制器设计

如果给出了对象的状态方程模型，则经常希望引入某种控制器，使得闭环系统的极点可以移动到指定的位置，因为这样可以适当地指定系统闭环极点的位置，使得其动态性能

得到改进。在控制理论中将这种移动极点的方法称为极点配置。

本节中将介绍单输入、单输出系统的极点配置算法,并假定系统的状态方程表示为

$$\begin{cases} \dot{\boldsymbol{x}}(t) = \boldsymbol{A}\boldsymbol{x}(t) + \boldsymbol{B}\boldsymbol{u}(t) \\ \boldsymbol{y}(t) = \boldsymbol{C}\boldsymbol{x}(t) \end{cases} \tag{7-3-14}$$

其中,$(\boldsymbol{A}, \boldsymbol{B}, \boldsymbol{C})$ 矩阵的维数是相容的。可以引入系统的状态反馈,并假定进入受控系统的信号为 $\boldsymbol{u}(t) = \boldsymbol{r}(t) - \boldsymbol{K}\boldsymbol{x}(t)$,其中,$\boldsymbol{r}(t)$ 为系统的外部参考输入信号,这样可以将系统的闭环状态方程写成

$$\begin{cases} \dot{\boldsymbol{x}}(t) = (\boldsymbol{A} - \boldsymbol{B}\boldsymbol{K})\boldsymbol{x}(t) + \boldsymbol{B}\boldsymbol{r}(t) \\ \boldsymbol{y}(t) = \boldsymbol{C}\boldsymbol{x}(t) \end{cases} \tag{7-3-15}$$

假设闭环系统期望的极点位置为 $\mu_i, i = 1, \cdots, n$,则闭环系统的特征方程 $\alpha(s)$ 可以表示成

$$\alpha(s) = \prod_{i=1}^{n}(s - \mu_i) = s^n + \alpha_1 s^{n-1} + \alpha_2 s^{n-2} + \cdots + \alpha_{n-1}s + \alpha_n \tag{7-3-16}$$

对开环状态方程模型 $(\boldsymbol{A}, \boldsymbol{B}, \boldsymbol{C}, \boldsymbol{D})$ 来说,在状态反馈向量 $\boldsymbol{K}$ 下,闭环系统的状态方程可以写成 $(\boldsymbol{A} - \boldsymbol{B}\boldsymbol{K}, \boldsymbol{B}, \boldsymbol{C}, \boldsymbol{D})$。如果想将闭环系统的全部极点均移动到指定的位置,则可以采用极点配置技术,常用的极点配置算法如下。

1. Ackermann 算法

极点配置的问题还可以由一种不同的方法来解决,在这种方法中状态反馈向量 $\boldsymbol{K}$ 可以由下式得出

$$\boldsymbol{K} = -[0, 0, \cdots, 0, 1]\boldsymbol{T}_{\mathrm{c}}^{-1}\alpha(\boldsymbol{A}) \tag{7-3-17}$$

其中,$\boldsymbol{T}_{\mathrm{c}} = \begin{bmatrix} \boldsymbol{B}, \boldsymbol{A}\boldsymbol{B}, \cdots, \boldsymbol{A}^{n-1}\boldsymbol{B} \end{bmatrix}$ 为可控性判定矩阵;$\alpha(\boldsymbol{A})$ 为将 $\boldsymbol{A}$ 代入式(7-3-16)得出的矩阵多项式的值,该值可由 `polyvalm()` 函数求出。如果系统完全可控,则 $\boldsymbol{T}_{\mathrm{c}}$ 为满秩矩阵,对单变量系统来说,$\boldsymbol{T}_{\mathrm{c}}^{-1}$ 存在,故可以设计出极点配置控制器。

控制系统工具箱中给出了 `acker()` 函数来实现该算法 $\boldsymbol{K}=\text{acker}(\boldsymbol{A}, \boldsymbol{B}, \boldsymbol{p})$,其中,$(\boldsymbol{A}, \boldsymbol{B})$ 为状态方程模型,变量 $\boldsymbol{p}$ 为包含期望极点位置的向量,而返回变量 $\boldsymbol{K}$ 为状态反馈向量。

2. Bass–Gura 算法

假设原系统的开环特征方程 $a(s)$ 可以写成

$$a(s) = \det(s\boldsymbol{I} - \boldsymbol{A}) = s^n + a_1 s^{n-1} + a_2 s^{n-2} + \cdots + a_{n-1}s + a_n \tag{7-3-18}$$

若该系统完全可控,则状态反馈向量 $\boldsymbol{K}$ 可以由下式得出[88]:

$$\boldsymbol{K} = \boldsymbol{\gamma}^{\mathrm{T}}\boldsymbol{\Gamma}^{-1}\boldsymbol{T}_{\mathrm{c}}^{-1} \tag{7-3-19}$$

其中,$\boldsymbol{\gamma}^{\mathrm{T}} = \Big[(a_n - \alpha_n), \cdots, (a_1 - \alpha_1)\Big]$,且

$$\boldsymbol{\Gamma} = \begin{bmatrix} a_{n-1} & a_{n-2} & \cdots & a_1 & 1 \\ a_{n-2} & a_{n-3} & \cdots & 1 & \\ \vdots & \vdots & & & \\ a_1 & 1 & & & \\ 1 & & & & \end{bmatrix} \tag{7-3-20}$$

可以看出,因为 $\boldsymbol{\Gamma}$ 为非奇异的 Hankel 矩阵,如果系统完全可控,则单变量系统的 $\boldsymbol{T}_\mathrm{c}$ 矩阵可逆,所以通过状态反馈向量 $\boldsymbol{K}$,可以任意地配置闭环系统的极点。基于此算法可以编写出 MATLAB 函数 bass_pp(),其清单在下面给出,该函数的调用格式与 acker() 函数完全一致。

```
function K=bass_pp(A,B,p)
a1=poly(p); a=poly(A); %求出原系统和闭环系统的特征多项式
L=hankel(a(end-1:-1:1)); C=ctrb(A,B);
K=(a1(end:-1:2)-a(end:-1:2))*inv(L)*inv(C);
```

3. 鲁棒极点配置算法[89]

控制系统工具箱中提供了 place() 函数,该函数是基于鲁棒极点配置的算法编写的,用来求取状态反馈矩阵 $\boldsymbol{K}$。该函数的调用格式为 $\boldsymbol{K}=\mathrm{place}(\boldsymbol{A},\boldsymbol{B},\boldsymbol{p})$。应该指出,place() 函数还适用于求解多变量系统的极点配置问题,但该函数并不适用于含有多重期望极点的问题。相反地,acker() 函数可以求解配置多重极点的问题,但却不能求解多变量问题。

例7-5 假设系统的状态方程模型为

$$
\begin{cases}
\dot{\boldsymbol{x}}(t) = \begin{bmatrix} 2.25 & -5 & -1.25 & -0.5 \\ 2.25 & -4.25 & -1.25 & -0.25 \\ 0.25 & -0.5 & -1.25 & -1 \\ 1.25 & -1.75 & -0.25 & -0.75 \end{bmatrix} \boldsymbol{x}(t) + \begin{bmatrix} 4 & 6 \\ 2 & 4 \\ 2 & 2 \\ 0 & 2 \end{bmatrix} \boldsymbol{u}(t) \\
\boldsymbol{y}(t) = \begin{bmatrix} 0 & 0 & 0 & 1 \\ 0 & 2 & 0 & 2 \end{bmatrix} \boldsymbol{x}(t)
\end{cases}
$$

可以使用下面的语句直接进行极点配置,并检验闭环系统极点位置:

```
>> A=[2.25, -5, -1.25, -0.5;  2.25, -4.25, -1.25, -0.25;
      0.25, -0.5, -1.25,-1;  1.25, -1.75, -0.25, -0.75];
   B=[4, 6; 2, 4; 2, 2; 0, 2];  P=[-1 -2 -3 -4]; %闭环极点位置指定
   K=place(A,B,P)                              %系统极点配置
   eig(A-B*K)'     %闭环系统极点检验,显示特征根向量的转置
```

这样得出的状态反馈矩阵如下:

$$
\boldsymbol{K} = \begin{bmatrix} 1.508 & -6.4966 & 5.9305 & 3.2317 \\ 0.4595 & 1.7859 & -3.2431 & -1.1573 \end{bmatrix}
$$

经验证,闭环系统的极点确实已配置到了预先指定的位置。

可以看出,由上面的语句可以立即设计出极点配置后的状态反馈控制器矩阵,并将系统的闭环极点配置到预期的位置。注意,因为系统是多变量系统,所以 acker() 和 bass_pp() 均不能使用,只能使用 place() 函数进行极点配置。

例7-6 考虑例5-4中给出的离散系统状态方程模型

$$
\boldsymbol{x}[(k+1)T] = \begin{bmatrix} 0 & 1 & 0 & 0 \\ 0 & 0 & -1 & 0 \\ 0 & 0 & 0 & 1 \\ 0 & 0 & 5 & 0 \end{bmatrix} \boldsymbol{x}(kT) + \begin{bmatrix} 0 & 1 \\ 0 & -1 \\ 0 & 0 \\ 0 & 0 \end{bmatrix} \boldsymbol{u}(kT)
$$

假设想将系统的闭环极点设置为 $\pm 0.1, -0.5 \pm 0.2\mathrm{j}$,则可以尝试给出如下的命令来进行系统极点配置的设计:

```
>> A=[0 1 0 0 ; 0 0 -1 0; 0 0 0 1; 0 0 5 0];  %输入 A 矩阵
   B=[0 1 ; 0 -1; 0 0 ; 0 0];                  %输入 B 矩阵
   P=[0.1;-0.1; -0.5+0.2i; -0.5-0.2i];         %设置期望闭环极点的位置
   K=place(A,B,P)   %试图进行系统极点配置,然而得出如下的错误信息显示
```

这时将给出如下的错误信息:

```
??? Error using ==> place
Can't place eigenvalues there.
```

表明不能进行极点配置。用下面的命令对系统的可控性进行分析:

```
>> rank(ctrb(A,B))   %判定系统的可控性
```

可见,系统的可控性判定矩阵的秩为2,不是满秩矩阵,表明系统不完全可控,所以系统的极点不可能任意配置,从而验证了极点配置所必备的条件:系统完全可控。如果系统不完全可控,可以考虑采用部分极点配置的方法进行处理。

7.3.3 观测器设计及基于观测器的调节器设计

在实际应用中,并不是所有的状态变量的值都是可测的,所以不能直接使用状态变量的反馈,这样就不能完成上面给出的LQ最优控制策略。显然,可以创建一个附加的状态空间模型,使得该模型与对象的状态空间模型$(\boldsymbol{A},\boldsymbol{B},\boldsymbol{C},\boldsymbol{D})$完全一致,来重构原系统模型的状态。这样对两个系统施加同样的输入信号,可以期望重构的系统与原系统的状态完全一致。然而,若系统存在某些扰动,或原系统的模型参数有变化时,则重构模型的状态可能和原系统的状态不一致,这样在模型结构中,除了使用输入信号外,还应该使用原系统的输出信号,这样的概念和当时引入反馈的概念类似。

带有状态观测器的典型控制系统结构如图7-12所示。若原系统的$(\boldsymbol{A},\boldsymbol{C})$为完全可观

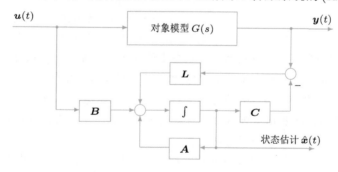

图7-12 状态观测器的典型结构

测,则状态观测器数学模型的状态空间表示为

$$\dot{\hat{\boldsymbol{x}}}(t) = \boldsymbol{A}\hat{\boldsymbol{x}}(t) + \boldsymbol{B}\boldsymbol{u}(t) - \boldsymbol{L}(\boldsymbol{C}\hat{\boldsymbol{x}}(t) + \boldsymbol{D}\boldsymbol{u}(t) - \boldsymbol{y}(t))$$
$$= (\boldsymbol{A} - \boldsymbol{L}\boldsymbol{C})\hat{\boldsymbol{x}}(t) + (\boldsymbol{B} - \boldsymbol{L}\boldsymbol{D})\boldsymbol{u}(t) + \boldsymbol{L}\boldsymbol{y}(t) \tag{7-3-21}$$

其中,$\boldsymbol{L}$为列向量,该列向量应该使得$(\boldsymbol{A} - \boldsymbol{L}\boldsymbol{C})$稳定。由式(7-3-21)可以推导出

$$\dot{\hat{\boldsymbol{x}}}(t) - \dot{\boldsymbol{x}}(t) = (\boldsymbol{A} - \boldsymbol{L}\boldsymbol{C})\hat{\boldsymbol{x}}(t) + (\boldsymbol{B} - \boldsymbol{L}\boldsymbol{D})\boldsymbol{u}(t) + \boldsymbol{L}\boldsymbol{y}(t) - \boldsymbol{A}\boldsymbol{x}(t) - \boldsymbol{B}\boldsymbol{u}(t)$$
$$= (\boldsymbol{A} - \boldsymbol{L}\boldsymbol{C})[\hat{\boldsymbol{x}}(t) - \boldsymbol{x}(t)]s \tag{7-3-22}$$

该方程的解析解为

$$\hat{\boldsymbol{x}}(t) - \boldsymbol{x}(t) = \mathrm{e}^{(\boldsymbol{A}-\boldsymbol{L}\boldsymbol{C})(t-t_0)}[\hat{\boldsymbol{x}}(t_0) - \boldsymbol{x}(t_0)] \qquad (7\text{-}3\text{-}23)$$

因为 $(\boldsymbol{A} - \boldsymbol{LC})$ 稳定,可以看出 $\lim\limits_{t\to\infty}[\hat{\boldsymbol{x}}(t) - \boldsymbol{x}(t)] = 0$,这样,观测出的状态可以逼近原系统的状态。

作者编写了一个 MATLAB 函数 simobsv()[58] 来仿真系统的状态观测器所观测到的状态,其调用格式为 $[\hat{x}, x, t]$=simobsv(G, L),其中,G 为对象的状态方程对象模型;L 为观测器向量。由此函数得出的重构状态的阶跃响应在 $\hat{x}$ 矩阵中返回,而原系统的状态变量由矩阵 $\boldsymbol{x}$ 返回。该函数还可以自动地选择时间向量,并在 $\boldsymbol{t}$ 向量中返回。

```
function [xh,x,t]=simobsv(G,L)
[y,t,x]=step(G); G=ss(G); A=G.a; B=G.b; C=G.c; D=G.d;
[y1,xh1]=step((A-L*C),(B-L*D),C,D,1,t);
[y2,xh2]=lsim((A-L*C),L,C,D,y,t); xh=xh1+xh2;
```

例 7-7 假设系统的状态方程模型为

$$\dot{\boldsymbol{x}}(t) = \begin{bmatrix} 0 & 2 & 0 & 0 \\ 0 & -0.1 & 8 & 0 \\ 0 & 0 & -10 & 16 \\ 0 & 0 & 0 & -20 \end{bmatrix} \boldsymbol{x}(t) + \begin{bmatrix} 0 \\ 0 \\ 0 \\ 0.3953 \end{bmatrix} u(t)$$

输出方程为 $y(t) = 0.09882x_1(t) + 0.1976x_2(t)$。这里可以考虑用极点配置的方法设计观测器。假设期望观测器的极点均位于 $-1, -2, -3, -4$,则可以由下面的 MATLAB 命令设计出极点配置的观测器模型,得出 $\boldsymbol{L}^{\mathrm{T}} = [10.1215, -106.7824, 288.4644, -193.5749]$。

```
>>  A=[0,2,0,0; 0,-0.1,8,0; 0,0,-10,16; 0,0,0,-20];
    B=[0;0;0;0.3953]; C=[0.09882,0.1976,0,0]; D=0;
    P=[-1; -2; -3; -4]; %观测器的期望极点位置
    L=place(A',C',P)'; L', [xh,x,t]=simobsv(ss(A,B,C,D),L);
    plot(t,x,t,xh,':'); set(gca,'XLim',[0,15],'YLim',[-0.5,4])
```

根据这样的观测器可以仿真出系统的状态变量阶跃响应曲线,如图 7-13a 所示。可见,几个状态变量的在初始时间处的响应不是很理想,但总体上可以逼近各个状态。

选择远离虚轴的极点位置,如均选择于 -10,这样就能得出新的观测器,其向量为 $\boldsymbol{L}_2^{\mathrm{T}} = [-421.1634, 260.7255, 33.2946, -20.8091]$,并绘制出各个状态及观测状态的阶跃响应曲线,如图 7-13b 所示,这时设计的观测器效果有所改善。

```
>>  P=[-10;-10;-10;-10]; L2=acker(A',C',P)'; L2' %设计新观测器
    [xh,x,t]=simobsv(ss(A,B,C,D),L2);
    plot(t,x,t,xh,':'); set(gca,'XLim',[0,30],'YLim',[-0.5,4])
```

设计出了合适的状态观测器之后,带有观测器的状态反馈控制策略可以由图 7-14 中给出的结构来实现。

考虑图 7-11a 中所示的反馈结构,由式(7-3-21)可以将状态反馈 $\boldsymbol{K}\hat{\boldsymbol{x}}(t)$ 写成两个子系统 $G_1(s)$ 与 $G_2(s)$ 的形式,这两个子系统分别由信号 $\boldsymbol{u}(t)$ 与 $\boldsymbol{y}(t)$ 单独驱动,使得 $G_1(s)$ 可以写成

$$\begin{cases} \dot{\hat{\boldsymbol{x}}}_1(t) = (\boldsymbol{A}-\boldsymbol{LC})\hat{\boldsymbol{x}}_1(t) + (\boldsymbol{B}-\boldsymbol{LD})\boldsymbol{u}(t) \\ \boldsymbol{y}_1(t) = \boldsymbol{K}\hat{\boldsymbol{x}}_1(t) \end{cases} \qquad (7\text{-}3\text{-}24)$$

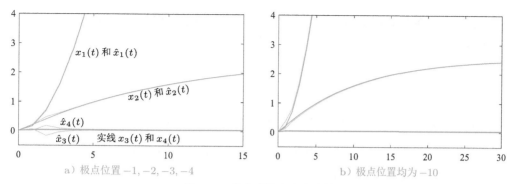

a) 极点位置 $-1, -2, -3, -4$ b) 极点位置均为 -10

图 7-13 状态观测器响应比较

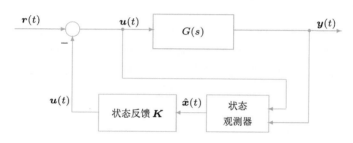

图 7-14 带有观测器的状态反馈控制结构

而 $G_2(s)$ 可以写成

$$\begin{cases} \dot{\hat{\boldsymbol{x}}}_2(t) = (\boldsymbol{A} - \boldsymbol{L}\boldsymbol{C})\hat{\boldsymbol{x}}_2(t) + \boldsymbol{L}\boldsymbol{y}(t) \\ \boldsymbol{y}_2(t) = \boldsymbol{K}\hat{\boldsymbol{x}}_2(t) \end{cases} \tag{7-3-25}$$

这样系统的闭环模型可以由图 7-15a 中的结构表示。对图中模型略做变换,则闭环系统

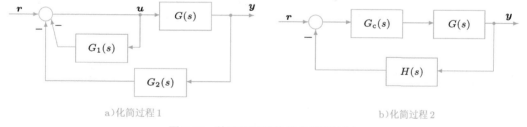

a) 化简过程 1   b) 化简过程 2

图 7-15 基于观测器的状态反馈控制

可以表示成图 7-15b 中的结构。这时 $G_{\mathrm{c}}(s) = 1/[1 + G_1(s)]$,且 $H(s) = G_2(s)$,所以这样的结构又等效于典型的反馈控制结构。可以证明,该控制器模型 $G_{\mathrm{c}}(s)$ 能进一步写成

$$G_{\mathrm{c}}(s) = 1 - \boldsymbol{K}(s\boldsymbol{I} - \boldsymbol{A} + \boldsymbol{B}\boldsymbol{K} + \boldsymbol{L}\boldsymbol{C} - \boldsymbol{L}\boldsymbol{D}\boldsymbol{K})^{-1}\boldsymbol{B} \tag{7-3-26}$$

从而控制器 $G_{\mathrm{c}}(s)$ 的状态空间实现可以写成

$$\begin{cases} \dot{\boldsymbol{x}}(t) = (\boldsymbol{A} - \boldsymbol{B}\boldsymbol{K} - \boldsymbol{L}\boldsymbol{C} + \boldsymbol{L}\boldsymbol{D}\boldsymbol{K})\boldsymbol{x}(t) + \boldsymbol{B}\boldsymbol{u}(t) \\ \boldsymbol{y}(t) = -\boldsymbol{K}\boldsymbol{x}(t) + \boldsymbol{u}(t) \end{cases} \tag{7-3-27}$$

因为观测器的动作隐含在这种反馈控制的结构之中,所以将这样的结构称为基于观测器的控制器(observer-based controller)结构。

有了状态反馈向量 $\boldsymbol{K}$ 和观测器向量 $\boldsymbol{L}$,则上面的控制器和反馈环节可以立即由 MAT-
LAB 函数得出

```
function [Gc,H]=obsvsf(G,K,L)
H=ss(G.a-L*G.c,L,K,0);
Gc=ss(G.a-G.b*K-L*G.c+L*G.d*K, G.b, -K, 1);
```

如果参考输入信号 $r(t) = 0$,则控制结构 $G_c(s)$ 可以进一步简化成

$$
\begin{cases}
\dot{\boldsymbol{x}}(t) = (\boldsymbol{A} - \boldsymbol{BK} - \boldsymbol{LC} + \boldsymbol{LDK})\boldsymbol{x}(t) + \boldsymbol{L}u(t) \\
\boldsymbol{y}(t) = \boldsymbol{Kx}(t)
\end{cases}
\tag{7-3-28}
$$

这时调节器可以用 $G_c = \mathrm{reg}(G, \boldsymbol{K}, \boldsymbol{L})$ 得出。

例 7-8 考虑例 7-7 中给出的系统状态方程模型,考虑对 $x_1(t)$ 和 $x_2(t)$ 引入较小的加权,而对其他两个状态变量引入较大的约束,则可以选择加权矩阵为 $\boldsymbol{Q} = \mathrm{diag}(0.01, 0.01, 2, 3), R = 1$,则可以用下面的 MATLAB 语句设计出 LQ 最优控制器 $\boldsymbol{K} = [0.1, 0.9429, 0.7663, 0.6387]$。

```
>> A=[0,2,0,0; 0,-0.1,8,0; 0,0,-10,16; 0,0,0,-20];
   B=[0;0;0;0.3953]; C=[0.09882,0.1976,0,0]; D=0;
   Q=diag([0.01,0.01,2,3]); R=1;              %输入加权矩阵
   K=lqr(A,B,Q,R), step(ss(A-B*K,B,C,D)) %设计 LQ 最优控制器
```

在直接状态反馈的控制下,系统的阶跃响应曲线如图 7-16 所示。

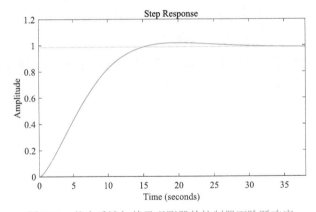

图 7-16 状态反馈与基于观测器的控制器下阶跃响应

假设系统的状态不可直接测出,则可以设计一个观测器,重构出系统的状态,再经过这些重构的状态进行状态反馈,则可以得出系统响应曲线。这里用极点配置的方法设计观测器,设观测器的极点均位于 -5,则可以用下面的语句设计出观测器,并设计出基于观测器的控制器下系统阶跃响应曲线,与状态反馈的结果几乎完全一致。

```
>> P=[-5;-5;-5;-5]; G=ss(A,B,C,D); L=acker(A',C',P)'; %设计观测器
   [Gc,H]=obsvsf(G,K,L);                    %设计控制器
   step(ss(A-B*K,B,C,D),feedback(G*Gc,H)) %比较基于观测器的控制器与状态反馈
```

下面语句可以得出基于观测器的控制器下闭环系统的最小实现模型,对消了相同的零极点后,得出 4 阶模型,与直接状态反馈很接近。

```
>> G1=zpk(minreal(feedback(G*Gc,H))) %最小实现模型
```

```
G2=zpk(minreal(ss(A-B*K,B,C,D))) %这个结果和上式忽略两个一阶零点几乎一致
```

这样得出的最小实现模型和其简化形式为

$$G_1 = \frac{-1.1466e\times10^{-15}(s+9.338\times10^7)(s-9.338\times10^7)(s+1)}{(s+20.01)(s+10.01)(s^2+0.3341s+0.0505)}$$

$$G_2 = \frac{9.9982(s+1)}{(s+20.01)(s+10.01)(s^2+0.3341s+0.0505)}$$

7.4　多变量系统的解耦控制

在多变量系统研究中，通常第 i 路控制输入对第 j 路输出存在扰动作用，这种现象称为耦合。如何消除耦合现象，是多年来系统解耦所需研究的问题。消除耦合又称为多变量系统的解耦。前面介绍的部分内容在控制器算法中已经考虑了解耦，另一些算法则没有考虑，在本节对一些解耦方法给出必要的介绍。

7.4.1　状态反馈解耦控制

考虑线性系统的状态方程模型 $(\boldsymbol{A},\boldsymbol{B},\boldsymbol{C},\boldsymbol{D})$，该模型有 m 路输入信号，m 路输出信号。若控制信号 $\boldsymbol{u}$ 是由状态反馈建立起来的，即 $\boldsymbol{u}=\boldsymbol{\Gamma r}-\boldsymbol{Kx}$，这样闭环系统的传递函数矩阵模型可以写成

$$\boldsymbol{G}(s) = \left[(\boldsymbol{C}-\boldsymbol{DK})(s\boldsymbol{I}-\boldsymbol{A}+\boldsymbol{BK})^{-1}\boldsymbol{B}+\boldsymbol{D}\right]\boldsymbol{\Gamma} \tag{7-4-1}$$

对每个 $j, j=1,\cdots,m$ 定义出阶次 d_j，使得其为满足 $\boldsymbol{c}_j^{\mathrm{T}}\boldsymbol{A}^i\boldsymbol{B}\neq\boldsymbol{0}, i=0,1,\cdots,n-1)$，的最小 j 值，则 $\boldsymbol{c}_j^{\mathrm{T}}$ 为矩阵 $\boldsymbol{C}$ 的第 j 行。

若 $m\times m$ 阶矩阵

$$\boldsymbol{B}_1 = \begin{bmatrix} \boldsymbol{c}_1^{\mathrm{T}}\boldsymbol{A}^{d_1}\boldsymbol{B} \\ \vdots \\ \boldsymbol{c}_m^{\mathrm{T}}\boldsymbol{A}^{d_m}\boldsymbol{B} \end{bmatrix} \tag{7-4-2}$$

为非奇异矩阵，若如下选择状态反馈矩阵 $\boldsymbol{K}$ 和前置矩阵 $\boldsymbol{\Gamma}$，则式（7-4-1）定义的系统可以动态解耦[88]。

$$\boldsymbol{\Gamma} = \boldsymbol{B}_1^{-1}, \quad \boldsymbol{K} = \boldsymbol{\Gamma}\begin{bmatrix} \boldsymbol{c}_1^{\mathrm{T}}\boldsymbol{A}^{d_1+1} \\ \vdots \\ \boldsymbol{c}_m^{\mathrm{T}}\boldsymbol{A}^{d_m+1} \end{bmatrix} \tag{7-4-3}$$

根据上述算法可以编写一个 MATLAB 函数 decouple() 来设计解耦矩阵。

```
function [G1,K,d,Gam]=decouple(G)
A=G.a; B=G.b; C=G.c; [n,m]=size(G.b); B1=[]; K0=[];
for j=1:m, for k=0:n-1
    if norm(C(j,:)*A^k*B)>eps, d(j)=k; break; end
  end
  B1=[B1; C(j,:)*A^d(j)*B]; K0=[K0; C(j,:)*A^(d(j)+1)];
end
Gam=inv(B1); K=Gam*K0; G1=tf(ss(A-B*K,B,C,G.d))*Gam;
```

该函数的调用格式为 $[\boldsymbol{G}_1,\boldsymbol{K},\boldsymbol{d},\boldsymbol{\Gamma}]$=decouple$(\boldsymbol{G})$，其中，$\boldsymbol{G}$ 为原始的多变量系统状态方程模型，$\boldsymbol{G}_1$ 为解耦后的传递函数矩阵，$\boldsymbol{K}$ 为状态反馈矩阵。向量 $\boldsymbol{d}$ 包含前面定义的 d_j 值，矩阵 $\boldsymbol{\Gamma}$ 为前置补偿器矩阵。

例7-9 考虑下面的双输入双输出系统,试设计出满足完全解耦的状态反馈。

$$\begin{cases} \dot{\boldsymbol{x}} = \begin{bmatrix} 2.25 & -5 & -1.25 & -0.5 \\ 2.25 & -4.25 & -1.25 & -0.25 \\ 0.25 & -0.5 & -1.25 & -1 \\ 1.25 & -1.75 & -0.25 & -0.75 \end{bmatrix} \boldsymbol{x} + \begin{bmatrix} 4 & 6 \\ 2 & 4 \\ 2 & 2 \\ 0 & 2 \end{bmatrix} \boldsymbol{u} \\ \boldsymbol{y} = \begin{bmatrix} 0 & 0 & 0 & 1 \\ 0 & 2 & 0 & 2 \end{bmatrix} \boldsymbol{x} \end{cases}$$

系统的状态方程模型可以直接输入系统中,这样就可以由下面的命令立即设计出能够完全解耦的状态反馈矩阵 $\boldsymbol{K}$:

```
>> A=[2.25, -5, -1.25, -0.5;  2.25, -4.25, -1.25, -0.25;
      0.25, -0.5, -1.25,-1;  1.25, -1.75, -0.25, -0.75];
   B=[4, 6; 2, 4; 2, 2; 0, 2]; C=[0, 0, 0, 1; 0, 2, 0, 2];
   D=zeros(2,2); G=ss(A,B,C,D); [G1,K,d,Gam]=decouple(G)
```

这样可以构造出状态反馈矩阵 $\boldsymbol{K}$ 和矩阵 $\boldsymbol{\Gamma}$。这时,传递函数矩阵 $\boldsymbol{G}_1(s)$ 可以实现完全解耦。

$$\boldsymbol{G}_1(s) = \begin{bmatrix} \dfrac{1}{s} & 0 \\ 0 & \dfrac{1}{s} \end{bmatrix}, \quad \boldsymbol{K} = \frac{1}{8} \begin{bmatrix} -1 & -3 & -3 & 5 \\ 5 & -7 & -1 & -3 \end{bmatrix}, \quad \boldsymbol{\Gamma} = \begin{bmatrix} -1.5 & 0.25 \\ 0.5 & 0 \end{bmatrix}$$

引入状态反馈矩阵 $\boldsymbol{K}$ 与前置补偿器 $\boldsymbol{\Gamma}$,则多变量系统可以完全解耦。解耦后的传递函数矩阵可以表示成

$$\boldsymbol{G}_1 = \mathrm{diag}\left(\left[\frac{1}{s^{d_1+1}}, \cdots, \frac{1}{s^{d_m+1}}\right]\right) \tag{7-4-4}$$

引入解耦补偿器 $(\boldsymbol{K}, \boldsymbol{\Gamma})$,可以建立起如图7-17所示的反馈控制结构。因为虚线框中的部分实现了完全解耦,则外环控制器 $\boldsymbol{G}_c(s)$ 可以分别由单独回路设计的方法实现。

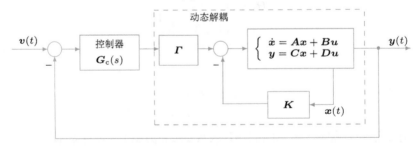

图7-17 状态反馈控制器解耦结构

7.4.2 状态反馈的极点配置解耦系统

前面给出的动态解耦系统只能将多变量系统解耦成积分器型的对角传递函数矩阵,而积分器型受控对象在控制器设计中是很难解决的。如果仍想使用状态反馈型的解耦规则 $\boldsymbol{u} = \boldsymbol{\Gamma} \boldsymbol{r} - \boldsymbol{K} \boldsymbol{x}$,可以期望将解耦后的对角元素变成下面的形式:

$$\boldsymbol{G}_{\boldsymbol{K},\boldsymbol{\Gamma}}(s) = \begin{bmatrix} \dfrac{1}{s^{d_1+1} + a_{1,1}s^{d_1} + \cdots + a_{1,d_1+1}} & \\ & \dfrac{1}{s^{d_m+1} + a_{m,1}s^{d_m} + \cdots + a_{m,d_m+1}} \end{bmatrix} \tag{7-4-5}$$

其中，$d_i, i = 1, \cdots, m$ 如前定义，每个多项式的系数 $s^{d_i+1} + a_{i,1}s^{d_i} + \cdots + a_{i,d_i+1}$ 可以用极点配置方法来设计。

可以考虑采用标准传递函数的形式来构造期望的多项式模型。满足 ITAE 最优准则的 n 阶标准传递函数由下式定义[90]：

$$T(s) = \frac{1}{s^n + a_1 s^{n-1} + a_2 s^{n-2} + \cdots + a_{n-1}s + a_n} \qquad (7\text{-}4\text{-}6)$$

其中，$T(s)$ 系统的分母多项式系数 a_i 在表 7-1 中给出。

表7-1　ITAE 最优准则的标准传递函数分母多项式系数表

n	超调量	$\omega_n t_s$	分母多项式，其中，$a_{n+1} = \omega_n^n$
1			$s + \omega_n$
2	4.6%	6.0	$s^2 + 1.41\omega_n s + \omega_n^2$
3	2%	7.6	$s^3 + 1.75\omega_n s^2 + 2.15\omega_n^2 s + \omega_n^3$
4	1.9%	5.4	$s^4 + 2.1\omega_n s^3 + 2.4\omega_n^2 s^2 + 2.7\omega_n^3 s + \omega_n^4$
5	2.1%	6.6	$s^5 + 2.8\omega_n s^4 + 5.0\omega_n^2 s^3 + 5.5\omega_n^3 s^2 + 2.4\omega_n^4 s + \omega_n^5$
6	5%	7.8	$s^6 + 2.25\omega_n s^5 + 6.6\omega_n^2 s^4 + 8.6\omega_n^3 s^3 + 7.45\omega_n^4 s^2 + 2.95\omega_n^5 s + \omega_n^6$

根据前面的算法，可以容易地写出 n 阶标准传递函数模型的 MATLAB 函数 `std_tf()`。

```
function G=std_tf(wn,n)
M=[1,1,0,0,0,0,0; 1,1.41,1,0,0,0,0;
   1,1.75,2.15,1,0,0,0; 1,2.1,3.4,2.7,1,0,0;
   1,2.8,5.0,5.5,3.4,1,0; 1,3.25,6.6,8.6,7.45,3.95,1];
G=tf(wn^n,M(n,1:n+1).*(wn*ones(1,n+1)).^[0:n]);
```

该函数的调用格式为 $T=$`std_tf`(ω_n, n)，其中，ω_n 为用户选定的自然频率，n 为预期的标准传递函数阶次。得出的 T 即标准传递函数模型。

定义一个矩阵 $\boldsymbol{E}$，使其每一行可以写成 $\boldsymbol{e}_i^{\mathrm{T}} = \boldsymbol{c}_i^{\mathrm{T}} \boldsymbol{A}^{d_i} \boldsymbol{B}$，另一个矩阵 $\boldsymbol{F}$ 的每一行 $\boldsymbol{f}_i^{\mathrm{T}}$ 可以定义为

$$\boldsymbol{f}_i^{\mathrm{T}} = \boldsymbol{c}_i^{\mathrm{T}} \left(\boldsymbol{A}^{d_i+1} + a_{i,1}\boldsymbol{A}^{d_i} + \cdots + a_{i,d_i+1}\boldsymbol{I} \right) \qquad (7\text{-}4\text{-}7)$$

这样，状态反馈矩阵 $\boldsymbol{K}$ 和前置变换矩阵 $\boldsymbol{\Gamma}$ 可以写成

$$\boldsymbol{\Gamma} = \boldsymbol{E}^{-1}, \ \ \boldsymbol{K} = \boldsymbol{\Gamma}\boldsymbol{F} \qquad (7\text{-}4\text{-}8)$$

基于本算法，可以写出极点配置动态解耦的 MATLAB 函数。

```
function [G1,K,d,Gam]=decouple_pp(G,wn)
G=ss(G); A=G.a; B=G.b; C=G.c; [n,m]=size(G.b); E=[]; F=[];
for i=1:m, for j=0:n-1
    if norm(C(i,:)*A^j*B)>eps, d(i)=j; break, end, end
  g1=std_tf(wn,d(i)+1); [~,d1]=tfdata(g1,'v');
  F=[F; C(i,:)*polyvalm(d1,A)]; E=[E; C(i,:)*A^d(i)*B];
end
Gam=inv(E); K=Gam*F; G1=minreal(tf(ss(A-B*K,B,C,G.d))*Gam);
```

该函数的调用格式为 $[G_1, K, d, \boldsymbol{\Gamma}]=$`decouple_pp`$(G, \omega_n)$，其中，$\omega_n$ 为标准传递函

数的自然频率,其他变量定义和前面给出的 decouple() 函数一致。

例 7-10 考虑例 7-9 中给出的多变量控制系统模型。选择 $\omega_n = 5$,则可以由下面语句先输入系统状态方程模型,然后直接调用 decouple_pp() 函数来设计解耦器模型

```
>> A=[2.25, -5, -1.25, -0.5;  2.25, -4.25, -1.25, -0.25;
      0.25, -0.5, -1.25,-1;  1.25, -1.75, -0.25, -0.75];
   B=[4, 6; 2, 4; 2, 2; 0, 2]; C=[0, 0, 0, 1; 0, 2, 0, 2];
   D=zeros(2,2); G=ss(A,B,C,D); [G1,K,d,Gam]=decouple_pp(G,5)
```

这时,可以得出能够完全解耦的状态反馈控制器,其状态反馈矩阵 $\boldsymbol{K}$、前置补偿器 $\boldsymbol{\Gamma}$ 和解耦后的系统模型 $\boldsymbol{G}_1(s)$ 分别为

$$\boldsymbol{K} = \frac{1}{8} \begin{bmatrix} -1 & 17 & -3 & -35 \\ 5 & -7 & -1 & 17 \end{bmatrix}, \ \boldsymbol{\Gamma} = \begin{bmatrix} -1.5 & 0.25 \\ 0.5 & 0 \end{bmatrix}, \ \boldsymbol{G}_1(s) = \begin{bmatrix} \dfrac{1}{s+5} & \\ & \dfrac{1}{s+5} \end{bmatrix}$$

如果系统的状态不可直接测量,当然也可以通过观测器重构系统的状态,并在观测状态变量的基础上建立起解耦控制器。

7.5 基于数值最优化技术的最优控制器设计

7.5.1 二次型最优控制商榷

第 7.3.1 节介绍了基于二次型指标的最优控制器设计方法,在数学表达式及推导上该方法看似很严谨,但在实际应用中,该方法有很多值得商榷之处。

1)目标函数选择的是二次型性能指标,而一般伺服控制需求是快速跟踪、小超调量等,这些要求用二次型性能指标很难描述。选择二次型指标的原因是因为该目标函数可以求导,可以使用 Lagrange 算子推导问题解的数学形式。

2)二次型性能指标需要用户自己选择 $\boldsymbol{Q}$、$\boldsymbol{R}$ 加权矩阵,这两个矩阵至今没有广泛被接受的选择方法。如果选择合适,最优控制是有意义的,否则没有意义甚至有害。所以,这样的最优控制带有一定的人为性,并不客观。

3)在最优控制律推导过程中,得出了 Riccati 微分方程,不过该方程无法求解,所以进一步假设 $\boldsymbol{P}(t)$ 为常数矩阵,得出了 Riccati 代数方程。这样的推导虽然得到了漂亮的闭式解,不过该解已经不是原始问题的解。

4)线性二次型性能指标只能用于常系数线性受控对象的线性控制器设计,如果受控对象含有非线性环节、时变环节,或控制器含有非线性环节,则二次型最优控制方法无法使用。所以,该最优控制器设计方法有很大的局限性。

随着像 MATLAB 这样强有力的计算机语言与工具普及起来之后,很多最优控制问题可以变换成一般的最优化问题,用数值最优化方法就可以简单地求解。这样的求解虽然没有完美的数学形式,但有时更实用,可以真正得出有意义的最优控制器。

7.5.2 最优控制目标函数的选择

前面已经叙述过,目标函数的选择在最优控制中是最重要的因素。只有选择真正有意义的目标函数,最优控制才有意义;否则,即使得出漂亮的数学公式,得出的所谓最优控制器也是没有任何意义的。如何选择有意义的目标函数呢?

在控制理论及控制工程发展过程中,人们曾使用各种各样的目标函数,比如前面介绍的二次型最优指标,但这样的指标和实际工程中使用的基于误差的指标之间有很大差距,所以,对伺服控制与跟踪系统来说,控制系统的误差 $e(t)$ 是一个很重要的指标,人们期望误差尽可能小。因为误差信号是一个动态信号,所以通常采用误差积分来定义最优控制的指标。常用的误差指标如下:

$$\text{ISE 指标:} \int_0^\infty e^2(t)\mathrm{d}t \qquad \text{IAE 指标:} \int_0^\infty |e(t)|\mathrm{d}t$$
$$\text{ITAE 指标:} \int_0^\infty t|e(t)|\mathrm{d}t \qquad \text{ISTE 指标:} \int_0^\infty te^2(t)\mathrm{d}t \tag{7-5-1}$$

其中,在控制理论中经常使用 ISE 指标,因为该指标容易计算,甚至可以解析推导。对线性系统来说,ISE 指标又称为 $\mathcal{H}_2$ 指标。若误差信号的 Laplace 变换为 $E(s)$,则 ISE 指标可以由复域表达式表示。

$$J = \frac{1}{2\pi\mathrm{j}} \int_{-\mathrm{j}\infty}^{\mathrm{j}\infty} E(s)E(-s)\mathrm{d}s \tag{7-5-2}$$

而该表达式可以用递推方法求出[65],或由 norm() 函数直接求解。

例 7-11 考虑受控对象 $G(s) = 1/(s+1)^6$。如果采用 PID 控制策略,则需要寻优的决策变量应该为 PID 控制器的 3 个参数,这样决策变量可以定义为 $\boldsymbol{x}^\mathrm{T} = [K_\mathrm{p}, K_\mathrm{i}, K_\mathrm{d}]$,PID 控制器的传递函数可以写成 $G_\mathrm{c}(s) = x_1 + x_2/s + x_3s$。为避免纯微分运算,控制器的最后一项可以近似为 $x_3s/(0.001s+1)$。若输入信号为阶跃信号,则误差信号的 Laplace 变换可以表示成

$$E(s) = \frac{U(s)}{1+G_\mathrm{c}(s)G(s)} = \frac{1}{s} \cdot \frac{1}{1+G_\mathrm{c}(s)G(s)} \tag{7-5-3}$$

这样,目标函数的 M-函数表示可以写成如下形式:

```
function e=c7mopid(x,G,s)
E=minreal(feedback(1,G*(x(1)+x(2)/s+x(3)*s/(0.001*s+1)))/s);
e=norm(E); if ~isfinite(e), e=1000; end
```

其中,附加参数 G 和 s 分别为受控对象 LTI 模型和 Laplace 算子。建立了目标函数则可以直接使用下面的语句设计最优 PID 控制器了:

```
>> s=tf('s'); G=1/(s+1)^6; f=@(x)c7mopid(x,G,s);
   x=fminunc(f,[0.5; 0.1; 0])
```

得出最优控制器参数分别为 $\boldsymbol{x}^\mathrm{T} = [1.2409, 0.4475, 3.9861]$。在此控制器的作用下,系统的输出曲线和控制信号分别如图 7-18a、b 所示。

```
>> Gc=x(1)+x(2)/s+x(3)*s/(0.001*s+1); step(feedback(G*Gc,1))
   figure; step(feedback(Gc,G))
```

由前面的设计例子可见,可以通过引入实用的目标函数,然后借助现代最新计算机数

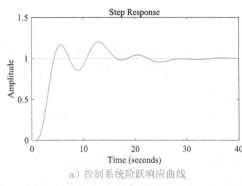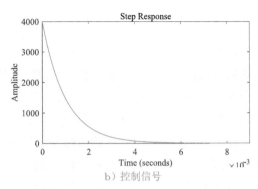

a）控制系统阶跃响应曲线   b）控制信号

图 7-18   ISE 准则下的 PID 控制器效果

学语言求解相应的最优化问题，得出更有意义的最优控制器。然而，由前面的最优控制器设计结果，自然会引出下面几个问题。

1）最优指标选择是否合理？从得出的控制效果可见，输出信号基本上令人满意，不过是不是存在更有意义的最优性指标？如何选择目标函数能得出更好的结果？

2）如何处理系统中的非线性？前面例子中计算目标函数是由求 Laplace 变换表达式的 $\mathcal{H}_2$ 范数而实现的，而该方法显然不适合于非线性系统的最优控制器设计，如果系统中含有非线性环节，应该如何处理？

3）控制信号过大不可实现怎么办？由前面例子中可见，得出的控制器信号在 t 很微小时可能过大，实际系统中不能接受这样大的控制信号，否则可能破坏硬件系统。所以在实际控制中应该让控制信号经过一个饱和装置，以确保该信号不超过容许的范围。这样做显然需要在系统中人为引入非线性现象。

综上所述，如果出现上面任意一种情况，用 $\mathcal{H}_2$ 范数计算目标函数都是不可行的。所以应该探索和使用其他的最优控制器设计方法。

前面介绍过，ITAE 指标是解析不可求解的，另外，如果采用仿真环节计算 ITAE 指标，则不可能对 $[0,\infty]$ 时间区域全部仿真，故应该考虑某有限时段 $t \in [0,t_n]$ 内的仿真计算。下面将通过例子讨论一般的最优控制器设计方法及 t_n 选取问题。

例 7-12 仍考虑前面的受控对象模型，假设期望控制信号 $|u(t)| \leqslant 3$，则可以搭建如图 7-19a 所示的 Simulink 仿真框图。双击 PID Controller 模块，将 PID 控制器的参数设置为变量 K_p、K_i 和 K_d，并在其对话框的 Output Saturation（输出饱和）标签页中，选中 Limit output 复选框，并将饱和非线性的上下界分别设置为 3 和 −3，如图 7-19b 所示。在该框图中，除了给出闭环控制的结构外，还构造了 ITAE 积分信号，该信号的最后一个值即为期望的 ITAE 准则的近似值。从最优化角度看，应该将决策变量选择为 PID 控制器的参数，$\boldsymbol{x} = [K_p, K_i, K_d]$，目的是通过最优化的搜索得出使得目标函数最小的控制器参数 $\boldsymbol{x}$。

基于前面给出的仿真框图可以编写出如下 M-函数来描述所需的目标函数：

```
function y=c7optfun(x)
assignin('base','Kp',x(1)); assignin('base','Ki',x(2));
assignin('base','Kd',x(3));
[t,x1,y1]=sim('c7moptpid',[0,30]); y=y1(end);
```

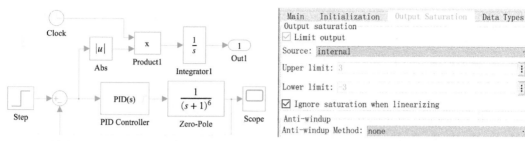

a）最优控制仿真框图（文件名：c7moptpid.slx）　　　　　　　　　b）饱和非线性输入

图7-19　PID控制仿真模型

在该函数中，可以人为选择 $t_n = 30$。进入该函数后，通过 assign() 函数将决策变量 x 的各个分量，分别分发给工作空间中的 K_p、K_i 和 K_d 变量，使得在 Simulink 模型仿真时它们能被正确赋值。这样由下面的语句即可求解最优化问题，得出所需的 $x^T = [1.0348, 0.1992, 1.6371]$，寻优过程耗时 $49.30\,s$。这时得出的阶跃响应输出曲线和 ITAE 积分曲线分别如图7-20a、b所示。

```
>> x0=rand(3,1); tic, x=fminunc(@c7optfun,x0), toc
```

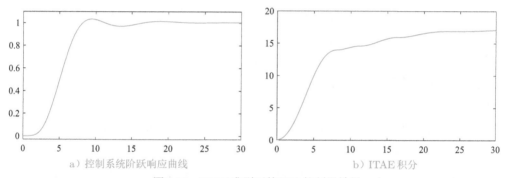

a）控制系统阶跃响应曲线　　　　　　　　　　　　　b）ITAE积分

图7-20　ITAE 准则下的 PID 控制器效果

从前面给出的例子可以看出，ITAE 比 ISE 指标更适合于伺服系统的设计。究其原因，ISE 对各个时刻的误差同等看待，故系统响应不易进入稳态；而 ITAE 准则对 t 较大时的误差引入了惩罚机制，迫使系统尽快进入稳态，所以 ITAE 指标更合理。

例7-13　仍考虑例7-11中的最优 PID 控制器设计问题。现在观察 t_n 的选择对控制器设计的影响。选择不同的 t_n 值，还可以得出相应的控制器参数和近似 ITAE 值，如表7-2所示。可见，对本例来说，$t_n \in (30, 60)$ 都得到很好的效果，且控制器参数差异不大。

表7-2　不同 t_n 对控制效果的比较

t_n	K_p	K_i	K_d	ITAE	t_n	K_p	K_i	K_d	ITAE
15	1.3602	0.27626	1.9773	9.3207	20	1.4235	0.27228	2.0731	9.7011
25	1.3524	0.26555	1.8846	9.945	30	1.3506	0.26454	1.8669	9.9814
35	1.3488	0.26395	1.859	10.008	40	1.3457	0.26363	1.8495	10.016
45	1.346	0.26357	1.8493	10.019	50	1.3452	0.26351	1.8472	10.021
55	1.345	0.26349	1.8467	10.021	60	1.345	0.26349	1.8467	10.021

终止仿真时间可以事后离线选择。得出某个最优控制器，如果 ITAE 积分曲线进入饱和

状态,则可以在该时刻t_1和$2t_1$之间选择t_n,其值对控制器设计不会有很大影响。如果t_n过小,则不能使ITAE积分进入稳态,设计的控制器不可用;若t_n选择过大,则会忽略系统的初始振荡,使得超调量变大,设计出的控制器也不理想。

7.5.3 快速重启与优化过程的实时显示

如果实际运行上述的最优化代码,读者可能会发现整个求解过程是很耗时的。在进行最优化时,可以发现,Simulink模型的状态栏一直出现"Compiling"(编译)字样。在比较新的版本中,每次仿真之前默认需要编译一次模型,而最优化过程需要调用Simulink仿真过程成百上千,甚至成千上万次,如果每次都事先编译,将无形地增添巨大的计算量,这在实际控制器设计中是很不合适的,所以应该探讨解决这类问题的快速方法。

Simulink提供了"快速重启"(fast restart)的仿真模式,只要模型结构和不可调参数不发生变化,则无须重新编译,直接仿真。不过,若使用快速重启功能,最优化过程需要做以下改动。

1)用assignin()函数时应该修改模型工作空间的变量,而不是MATLAB工作空间的变量,否则,该变量可能不被接受。

2)调用sim()函数只能返回一个变元,即使反选了Single simulation output选项,快速重启模态下也只允许返回一个变元,否则出错。这个变量的tout和yout成员变量返回仿真的时间向量与输出矩阵。

3)调用sim()时不允许用户重新设置仿真过程的Start Time和Stop Time,这些参数必须在模型中设置,不能修改。

下面将通过例子演示Simulink的快速重启功能,并演示优化过程的实时显示方法。

例7-14 试利用快速重启功能重新求解例7-11中的控制器最优设计问题。

解 前面介绍的是目标函数通过assignin()函数与模型的工作空间交换中间信息,该方法在快速重启模式下工作并不理想,所以可以考虑与模型工作空间交换信息,将决策变量直接分派到模型空间中的Kp与Kd变量。这样,需要如下改写目标函数:

```
function y=c7optfun1(x)
W=get_param(gcs,'ModelWorkspace'); %获得模块工作空间句柄
assignin(W,'Kp',x(1)); assignin(W,'Ki',x(2));
assignin(W,'Kd',x(3)); txy=sim('c7moptpid');
y=txy.yout(end); pause(1e-5)          %计算目标函数并暂停
```

注意,在目标函数中还给出了pause(1e-5)命令,其含义为每次计算完目标函数暂停50μs。这样做的好处是,每次计算完目标函数后,Simulink模型的示波器可以刷新一次,用户可以动态地(实时地)观测优化的过程。

在寻优主程序中,可以给出下面的命令,直接设计最优PD控制器。注意,在运行这段语句之前,建议打开模型中的示波器模块,以便实时观察寻优的过程。运行下面命令,可以得出完全一致的控制器参数,耗时13.43 s。可以发现,寻优过程明显加快。

```
>> c7moptpid; set_param(gcs,'FastRestart','on'); %快速重启状态
   x0=[0.5,0.1,0]; tic, v=fminsearch(@c7optfun1,x0), toc
```

```
set_param(gcs,'FastRestart','off'); %运行完成可以关闭快速重启状态
```

7.5.4 基于 MATLAB/Simulink 的最优控制程序及其应用

由前面的演示可以看出，基于数值最优化技术的最优控制器设计方法不必拘泥于传统的最优控制格式，可以任意地定义目标函数，然后利用数值最优化技术设计最优控制器。由于可以选择真正有意义的目标函数，所以这样的设计方法比传统的最优控制有更好的应用前景。

作者总结了伺服控制的一般形式，编写了一个基于跟踪误差指标的最优控制器设计程序，依赖 MATLAB 和 Simulink 求解出真正最优的控制器参数，该程序允许用户用 Simulink 描述控制系统模型，其中控制器可以由任意形式给出，允许带有待优化的参数，并可以自动生成最优化需要的目标函数求解用的 MATLAB 函数，然后调用相应的最优化问题求解函数，求出最优控制器的参数。

最优控制器设计程序（optimal controller designer，OCD）的调用过程如下。

1）在 MATLAB 提示符下键入 ocd，则将得出如图 7-21 所示的程序界面，该界面将允许用户利用 MATLAB 和 Simulink 提供的功能设计最优控制器。

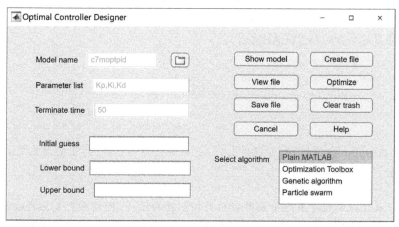

图 7-21　最优控制器设计程序界面

2）建立一个 Simulink 仿真模型，该模型应该至少包含以下两个内容：首先应含有待优化的参数变量，这可以在框图的模块参数中直接反映出来，例如，在 PI 控制器中使用 Kp 和 Ki 来表示其参数；另外，误差信号的准则需要用输出端子模块表示，若选择系统误差信号的 ITAE 准则作为目标函数，则需要将误差积分信号连接到输出端子 1 口。

3）将对应的 Simulink 模型名 c7moptpid 填写到界面的 Model name 编辑框中。

4）将待优化变量名填写到 Parameter list 编辑框中，且各个变量名之间用逗号分隔。

5）另外还需估计指标收敛的时间段作为终止仿真时间，例如，若选择 ITAE 指标，则理论上应该选择的终止仿真时间为 ∞，但在数值仿真时不能这样选择，且时间选择过长则将影响暂态结果，所以应该选择 ITAE 积分趋于平稳处的时间填写到 Terminate time 栏目中。

注意,这样的参数选择可能影响最终寻优结果。

6)可以单击 Create File 按钮自动生成描述目标函数的 MATLAB 文件 opt_*.m。OCD 将自动安排一个文件名来存储该目标函数,单击 Clear Trash 按钮可以删除这些暂存的目标函数文件。对这里给出的例子,用 Create File 按钮可能写出 MATLAB 函数。

7)单击 Optimize 按钮将启动优化过程,对指定的参数进行寻优,在 MATLAB 工作空间中返回,变量名与上面编辑框中填写的完全一致。在实际控制器设计中,为确保能得到理想的控制器,有时需要再次单击此按钮获得更精确最优解。在实际的程序中,该按钮将根据需要自动调用 MATLAB 下的最优化函数 fminunc()、fminsearch() 等进行参数寻优。

8)本程序允许用户指定优化变量的上下界,允许用户自己选择优化参数的初值,还允许选择不同误差准则等,这些都可以通过相应的编辑框和列表框直接实现。

如果 Simulink 模型自带示波器模块,建议打开示波器模块,在线观察最优控制器的动态设计过程。

例 7-15 考虑例 7-11 中给出的受控对象模型,若想用最优控制设计程序 OCD 设计最优 PID 控制器,则需要设计一个 Simulink 仿真模型,前面已经建立了 c7moptpid.slx 模型文件。

启动 OCD 程序,在 Model name 编辑框中填写 c7moptpid,在 Parameter list 编辑框中填写待优化的变量名 Kp,Ki,Kd,并在 Terminate time 栏目填写终止时间 50,则可以单击 Create File 按钮生成描述目标函数的 MATLAB 文件。

```
function y=optfun_8(x)
W=get_param('c7moptpid','ModelWorkspace');
assignin(W,'Kp',x(1)); assignin(W,'Ki',x(2)); assignin(W,'Kd',x(3));
try, txy=sim('c7moptpid'); y=txy.yout(end,1); pause(1e-5);
catch, y=1e10; end
```

这时,单击 Optimize 按钮,则可以得出 ITAE 最优化设计参数。得出的结果与前面例子中的结果完全一致。

例 7-16 最优控制程序不限于简单 PID 类控制器的设计,假设有更复杂的控制结构。例如,图 7-22 所示的串级 PI 控制器,传统的方法需要先设计内环控制器,再设计外环控制器,这里将介绍用 OCD 同时设计串级控制器的方法。

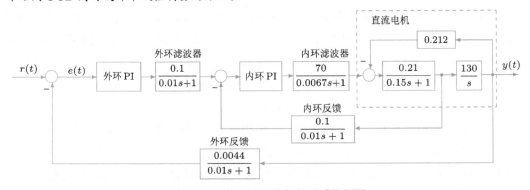

图 7-22 双闭环直流电机拖动系统框图

要解决这样的问题, 需要建立起如图 7-23 所示的 Simulink 仿真模型, 存成 c6mdbl2.slx 文件, 注意在该模型中定义了 4 个待定参数: Kp1, Ki1, Kp2, Ki2, 并定义了误差的 ITAE 指标, 输出到第一输出端子上。启动 OCD, 在 Model name 编辑框中填写 c7mdbl2.slx, 在 Parameter list 编辑框中填写 Kp1,Ki1,Kp2,Ki2, 并在 Terminate time 栏目中填写终止时间 0.6, 则可以单击 Create File 按钮生成描述目标函数的 MATLAB 文件, 再单击 Optimize 按钮, 则可以得出最优控制器参数。得出的 ITAE 最优化控制器参数为 $K_{p1} = 10.7635$, $K_{i1} = -0.5764$, $K_{p2} = 38.5322$, $K_{i2} = 13.7285$, 亦即控制器模型为

外环控制器 $G_{c1}(s) = 38.5322 + \dfrac{13.7285}{s}$, 内环控制器 $G_{c2}(s) = 10.7635 - \dfrac{0.5764}{s}$

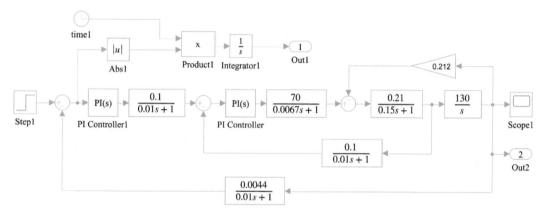

图 7-23 串级控制的 Simulink 仿真模型 (文件名: c7mdbl2.slx)

在这些控制器下系统的阶跃响应曲线如图 7-24 所示, 可见系统响应还是很理想的。

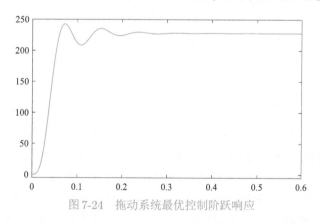

图 7-24 拖动系统最优控制阶跃响应

7.5.5 最优控制程序的其他应用

最优控制程序不仅能用于最优控制器的设计, 还可以用于其他需要优化的场合, 如模型降阶等。用 Simulink 只要能搭建出误差或误差准则模型, 就可以用本程序求出最优参数。本节将通过例子介绍 OCD 程序在模型降阶中的应用。

例 7-17 现在考虑用 OCD 来进行最优降阶研究。在使用 OCD 之前, 应该实现定义一个误

差信号,然后对这个误差信号进行某种最优化,就可以利用 OCD 求取最优模型了。假设受控对象模型为 $G(s) = 1/(s+1)^6$,想获得一个带有延迟的一阶模型,则可以搭建起一个 Simulink 模型 c7mmr.slx,如图 7-25 所示。这里采用 ITAE 准则来构造误差信号,进行最优降阶研究。

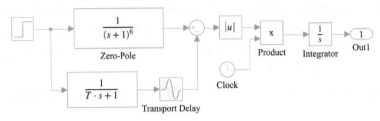

图 7-25   定义降阶误差信号的 Simulink 仿真框图(文件名:c7mmr.slx)

为简便起见,K 参数没有必要辨识,可以直接采用系统的稳态值,亦即系统分子和分母多项式常数项的比值,对此例来说为 1。所以,现在只需要对 T、L 两个参数进行数值最优化,获得最优的降阶模型。

启动 OCD 程序,在 Model name 编辑框中填写 c7mmr1,在 Parameter list 编辑框中填写 L,T,并在 Terminate time 栏目里填写终止时间 10,则可以单击 Create File 按钮生成描述目标函数的 MATLAB 文件,再单击 Optimize 按钮,则可以得出 ITAE 最优化拟合参数为 $L = 3.6458$,$T = 2.6781$,即最优降阶模型为 $G^*(s) = \mathrm{e}^{-3.6458s}/(2.6781s + 1)$。

7.5.6 PID 控制器——最好的二阶控制器结构

PID 控制器是工业界使用最多的控制器,其特点比较鲜明,参数调整也比较容易。不过,如果通过仿真方法,可以尝试下面两种二阶控制器结构

$$G_1(s) = \frac{a_1 s^2 + a_2 s + a_3}{s(a_4 s + 1)}, \quad G_2(s) = \frac{a_1 s^2 + a_2 s + a_3}{s^2 + a_4 s + a_5} \tag{7-5-4}$$

看看能否得出更好的控制效果。这两个控制器各有特点,前者,由于包含积分环节,所以可以消除稳态误差,而后者适用于没有稳态误差(或自带积分环节的)受控对象的控制。从第二个控制器模型看,这是一个广义的超前滞后校正器,因为其零极点可以为实数,也可能为复数。其实,第一个控制器是第二个控制器的一个特例,$a_5 = 0$。本节将通过例子演示,对不自带积分器的受控对象模型来说,PID 控制器是最好的二阶控制器结构。

例 7-18   仍假设受控对象为 $G(s) = 1/(s+1)^6$。由于该受控对象不自带积分器,所以应该尝试第一种二阶控制器结构,以消除问题误差。试设计最优二阶控制器。

由于受控对象模型不自带积分器环节,所以,若想消除闭环控制的静态误差,需要在控制器上引入积分环节,所以需要采用上述的 $G_1(s)$ 模型形式来表示一般的二阶控制器。仿照模型 c7moptpid.slx,用新的控制器模型替换原有的 PID 控制器模块,构造如图 7-26 所示的仿真模型。其中,用下面的语句可以直接描述受控对象模型:

```
>> s=tf('s'); G=1/(s+1)^6;
```

利用 OCD 程序对控制器参数寻优,则可以得出控制器参数为 $a = [1.3867, 0.9668, 0.2428, 0.0011]$。可以看出,由于 $a_4 = 0.0011 \approx 0$,这样设计的控制器就是 PID 控制器。得出的最优控制器参数与例 7-13 相仿。

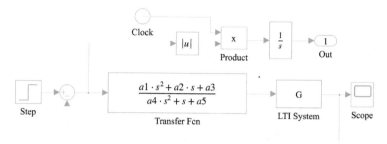

图 7-26　新控制器下的 Simulink 模型（模型名：`c7mopttf.slx`）

有两点值得说明，第一，这里的受控对象采用了通用的 LTI System 模块，可以替换成任意的线性受控对象模型；第二，对不自带积分器的受控对象，这里从提高优化效率起见，将 a_5 强行置零，且在 OCD 的决策变量列表中不列入 a_5。如果需要非零的 a_5，可以将 a_5 变量名填写到该模块中。对这个具体受控对象而言，即使列入 a_5，也将得出 $a_5 = 0$ 的结论。

作者尝试了很多例子，得出的结论是一致的，即搜索出来的 $a_4 \approx 0$。可以看出，对不自带积分环节的受控对象而言，PID 控制器是性能最好的二阶控制器。对非线性受控对象和非线性控制器而言，这个结论是否成立，留作本章习题，读者可以自行举例验证。

例 7-19　考虑自带积分器的受控对象模型 $G(s) = 1/[s(s+1)^4]$。可以考虑采用第二种控制器结构对其控制，并设计最优 PD 控制器。仍使用 Simulink 模型 `c7mopttf.slx` 描述本问题，在 Parameter list 的决策变量列表中再添加 a_5，利用 OCD 程序，同样选择终止仿真时间为 $t_n = 40$，可以设计的最优控制器如下。用同样的方法也可以设计最优 PD 控制器，得出的结果也在下面给出。

$$G_1(s) = \frac{78.632(s^2 + 0.8974s + 0.3)}{(s^2 + 0.2491s + 41.66)}, \ G_{\text{PD}}(s) = 0.3187 + \frac{0.7833s}{0.007833s + 1}$$

在该控制器下系统的阶跃响应曲线如图 7-27 所示，图中还叠印了最优 PD 控制器的控制效果。可以看出，新控制结构的控制效果优于 PD 控制器。当然，与常规 PD 控制器不同的是，该控制器的可调参数多 2 个，这样的比较并不公平。该控制器的极点为复数极点，没有太明确的物理意义。从理论上看，PD 控制器只是该控制器的一个特殊结构，所以，能够确保搜索到的结果不比 PD 控制器差。正常情况下，这样的设计方法是可以得出更好的控制器的。

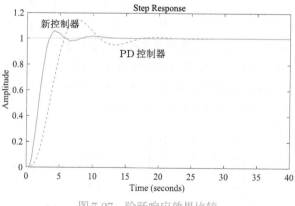

图 7-27　阶跃响应效果比较

7.6 习 题

1 假设系统的对象模型与已知控制器分别为

$$G(s) = \frac{210(s+1.5)}{(s+1.75)(s+16)(s+1.5\pm j3)}, \; G_c(s) = \frac{52.5(s+1.5)}{s+14.86}$$

试观察在该控制器下系统的动态特性。比较原系统和校正后系统的幅值和相位裕量,并给出进一步改进系统性能的建议。

2 给下面对象的传递函数模型

1) $G(s) = \dfrac{16}{s(s+1)(s+2)(s+8)}$ 2) $G(s) = \dfrac{2(s+1)}{s(47.5s+1)(0.0625s+1)^2}$

设计出超前滞后校正器,使得校正后系统具有所期望的相位裕量和剪切频率。修正期望的指标来改进闭环系统的动态性能,并由闭环系统的阶跃响应来验证控制器。

3 若系统的状态方程模型为

$$\dot{x}(t) = \begin{bmatrix} 0 & 1 & 0 & 0 \\ 0 & 0 & 1 & 0 \\ -3 & 1 & 2 & 3 \\ 2 & 1 & 0 & 0 \end{bmatrix} x(t) + \begin{bmatrix} 1 & 0 \\ 2 & 1 \\ 3 & 2 \\ 4 & 3 \end{bmatrix} u(t)$$

选择加权矩阵 $Q = \mathrm{diag}(1,2,3,4)$ 及 $R = I_2$,则设计出这一线性二次型指标的最优控制器及在最优控制下的闭环系统极点位置,并绘制出闭环系统各个状态的曲线。

4 双输入双输出系统的状态方程表示为

$$A = \begin{bmatrix} 2.25 & -5 & -1.25 & -0.5 \\ 2.25 & -4.25 & -1.25 & -0.25 \\ 0.25 & -0.5 & -1.25 & -1 \\ 1.25 & -1.75 & -0.25 & -0.75 \end{bmatrix}, \; B = \begin{bmatrix} 4 & 6 \\ 2 & 4 \\ 2 & 2 \\ 0 & 2 \end{bmatrix}, \; C = \begin{bmatrix} 0 & 0 & 0 & 1 \\ 0 & 2 & 0 & 2 \end{bmatrix}$$

假设选择加权矩阵 $Q = \mathrm{diag}([1,4,3,2])$,且 $R = I_2$,试设计出线性二次型最优调节器,并绘制系统的阶跃响应曲线。如果想改善闭环系统性能,应该如何修改 Q 矩阵。

5 假设系统的状态方程模型为

$$A = \begin{bmatrix} -0.2 & 0.5 & 0 & 0 & 0 \\ 0 & -0.5 & 1.6 & 0 & 0 \\ 0 & 0 & -14.3 & 85.8 & 0 \\ 0 & 0 & 0 & -33.3 & 100 \\ 0 & 0 & 0 & 0 & -10 \end{bmatrix}, \; B = \begin{bmatrix} 0 \\ 0 \\ 0 \\ 0 \\ 30 \end{bmatrix}, \; C = [1,0,0,0,0]$$

试求出系统所有的零点和极点。如果想将其极点配置到 $P = [-1,-2,-3,-4,-5]$,请按状态反馈的方式设计出控制器实现闭环极点的移动。如果想进一步改进闭环系统的动态响应,则可以修正期望闭环极点的位置,然后进行重新设计。设计完成后再设计出基于观测器的调节器和控制器,并分析新的闭环系统的性能。

6 对给定的对象模型

$$A = \begin{bmatrix} 2 & 1 & 0 & 0 \\ 0 & 2 & 0 & 0 \\ 0 & 0 & -1 & 0 \\ 0 & 0 & 0 & -1 \end{bmatrix}, \; B = \begin{bmatrix} 0 \\ 1 \\ 1 \\ 1 \end{bmatrix}, \; C = [1,0,1,0]$$

试设计出一个状态反馈向量 k,使得闭环系统的极点配置到 $(-2,-2,-1,-1)$ 位置。另外,如果想将系统的所有极点均配置到 -2,这样的配置是否可行?试解释原因。

7 试为下面的对象模型设计出状态观测器,并对观测器进行仿真分析,说明观测器的效果是否令人满意。如果不满意,试改变有关参数再重新设计观测器,直到获得满意的结果。

$$A = \begin{bmatrix} 0 & 0 & 1 & 0 & 0 \\ 1 & 0 & 0 & 0 & 0 \\ 0 & 1 & 0 & 1 & -1 \\ 0 & 1 & 1 & 1 & 0 \\ 0 & 0 & 1 & 0 & 0 \end{bmatrix}, \; B = \begin{bmatrix} 1 \\ 2 \\ 1 \\ 0 \\ 1 \end{bmatrix}, \; C = [0,0,0,1,1]$$

8 考虑下面的双输入双输出系统模型[74]:

1) $A = \begin{bmatrix} -1 & 1 & 1 & 1 \\ 6 & 0 & -3 & 1 \\ -1 & 1 & 1 & 2 \\ 2 & -2 & -2 & 0 \end{bmatrix}, \; B = \begin{bmatrix} 0 & 0 \\ 1 & 0 \\ 0 & 0 \\ 0 & 1 \end{bmatrix}, \; C = \begin{bmatrix} 2 & 0 & -1 & 0 \\ -1 & 0 & 1 & 0 \end{bmatrix}$

2) $A = \begin{bmatrix} 3 & 1 & 0 \\ 0 & 0 & -1 \\ 0 & 1 & -1 \end{bmatrix}, \; B = \begin{bmatrix} 0 & 0 \\ 1 & 0 \\ 0 & 1 \end{bmatrix}, \; C = \begin{bmatrix} 2 & -1 & 1 \\ 0 & 2 & 1 \end{bmatrix}$

3) $G(s) = \begin{bmatrix} \dfrac{3}{s^2+2} & \dfrac{2}{s^2+s+1} \\ \dfrac{4s+1}{s^2+2s+1} & \dfrac{1}{s} \end{bmatrix}$

试求出能使其解耦的状态反馈方法,并考虑极点配置方式的解耦,讨论参考极点位置选择对解耦及控制的影响。

9 前面介绍了基于状态方程的系统解耦方法,并介绍了解耦矩阵的设计程序。试根据介绍的内容,搭建一个 Simulink 仿真模型,并封装控制器模块。

10 如果受控对象模型含有纯时间延迟环节,试用最优控制器设计程序设计出 ITAE、IAE、ISE 等最优指标下的 PID 控制器,并比较控制效果。

1) $G_a(s) = \dfrac{1}{(s+1)(2s+1)} e^{-s}$ 2) $G_b(s) = \dfrac{1}{(17s+1)(6s+1)} e^{-30s}$

11 假设受控对象模型由下面的延迟微分方程给出,并用 PI 控制器对系统施加控制,试将其控制转换为最优化问题进行求解,得出最优 PI 控制器参数,并绘制出系统的阶跃响应曲线。如果想减小闭环系统的超调量,则可以引入约束条件,将原始问题转换为有约束最优化问题的求解,试对该问题进行求解。

$$\frac{dy(t)}{dt} = \frac{0.2y(t-30)}{1 + y^{10}(t-30)} - 0.1y(t)$$

12 已知受控对象为一个时变模型

$$\ddot{y}(t) + e^{-0.2t}\dot{y}(t) + e^{-5t}\sin(2t+6)y(t) = u(t)$$

试设计一个能使得 ITAE 指标最小的 PI 控制器,并分析闭环系统的控制效果。设计最优控制器需要用有限的时间区间去近似 ITAE 的无穷积分,所以比较不同终止时间下的设计是有意义的,试分析不同终止时间下的 PI 控制器并分析效果。如果不采用 ITAE 指标而采用 IAE、ISE 等,设计出的控制器是什么,控制效果如何?

13 模型参考自适应控制是一类很有效的控制方法,基于超稳定性方法的模型参考自适应系统结构如图 7-28 所示[91]。系统参数 $b_0 = 0.5$, $a_1 = 0.447$, $a_2 = 0.1$,且选择控制器参数 $d_0 = 1$, $d_1 = 0.5$, $k_1 = 0.03$, $k_2 = 1$,若取 $\hat{b}_0(0) = 0.2$,且受控对象模型参数为 $a_3 = 5$, $a_4 = 8$,试设计最优 PI 控制器 $(k_2 s + k_1)/s$,若选择 PID 控制器又能得到什么样的结果?

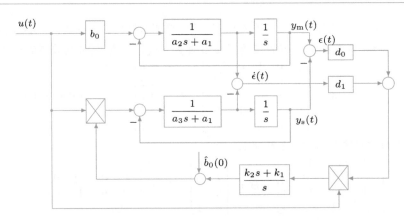

图7-28 模型参考自适应系统的框图

14 7.5.6节给出实验结论:对不自带积分器的受控对象模型而言,PID控制器是最好的二阶控制器。用户可以自选受控对象模型,利用OCD程序设计最优控制器,看看能否得出$a_4 = 0$的结论,并观察IAE或ISE性能指标下,能否得出类似结论。

15 表7-1给出了标准传递函数的最优分母系数表。可以考虑下面的思路重建标准传递函数表。由标准传递函数换算出开环传递函数模型,然后在ITAE性能指标下搜索最优多项式系数,观察是否能重建表7-1。另外,对更高阶的传递函数模型,试推导出最优标准传递函数的系数。

16 如果系统的受控对象模型如下,试设计最优的PID控制器,并观察控制效果。

$$G(s) = \frac{1 + \dfrac{3\mathrm{e}^{-s}}{s + 1}}{s + 1}$$

17 假设系统的受控对象模型由习题16给出。如果准备采用二自由度的PID控制器对其进行控制,控制器的数学表达式为

$$U(s) = K_{\mathrm{p}}\big(bR(s) - Y(s)\big) + \frac{K_{\mathrm{i}}}{s}\big(R(s) - Y(s)\big) + \frac{K_{\mathrm{d}}s}{T_{\mathrm{f}}s + 1}\big(cR(s) - Y(s)\big)$$

其中, $R(s)$ 为外部输入信号; $Y(s)$ 为输出信号。假设 $T_{\mathrm{f}} = 0.001$, 试搭建控制系统的 Simulink 仿真模型,并设计控制器的5个参数b、c、K_{p}、K_{i}、K_{d}。当然,为简单起见,也可以使用 PID Controller (2DOF) 模块直接表示二自由度 PID 控制器。

18 假设受控对象为 $G(s) = 1/(s + 1)^5$,试在ITAE指标和ISE指标下设计最优的超前校正器,并比较控制效果。如果控制信号的幅值受限,例如,$|u(t)| \leqslant 10$,试重新设计控制器,并观察控制效果。

19 7.5.6节给出实验结论:对不自带积分器的受控对象模型而言,PID控制器是最好的二阶控制器。用户可以自选受控对象模型,利用OCD程序设计最优控制器,看看能否得出$a_4 \approx 0$的结论,并观察IAE或ISE性能指标下,能否得出类似结论。如果受控对象含有非线性环节,或控制器带有饱和非线性,能否得出类似的结论?

20 表7-1给出了标准传递函数的最优分母系数表。可以考虑下面的思路重建标准传递函数表。由标准传递函数换算出开环传递函数模型,然后在ITAE性能指标下搜索最优多项式系数,观察是否能重建表7-1。另外,对更高阶的传递函数模型,试推导出最优标准传递函数的系数。

第8章 PID控制器设计

PID控制器是最早发展起来的控制策略之一[92]，因为这种控制具有简单的控制结构，在实际应用中又较易于整定，所以它在工业过程控制中有着最规范的应用。有研究表明，在1989年的过程控制系统中，有超过90%的控制器是PID类的控制器[93,94]。其实，第7章也通过仿真实验得出结论，PID控制器是最好的二阶控制器。

第8.1节将首先介绍各种PID控制器的结构，并介绍各种PID控制器的Simulink实现。第8.2节介绍过程控制模型的一阶延迟近似方法。第8.3节介绍PID控制器参数的整定方法，从最经典的Ziegler–Nichols控制器参数整定算法出发，介绍几种有代表意义的PID控制器参数整定算法，最后介绍MATLAB控制系统工具箱提供的pidtune()函数及其应用。第8.4节将介绍作者开发的PID控制工具箱及模块集，然后将最优控制器的概念与Simulink仿真模型有机结合，介绍最优PID控制器设计程序OptimPID的应用。

8.1 PID控制器及其Simulink建模

8.1.1 PID控制器概述

PID控制一般使用图8-1中给出的控制系统结构，在实际控制中，PID控制器计算出来的控制信号还应该经过一个驱动器（actuator）后去控制受控对象，而驱动器一般可以近似为一个饱和非线性环节，这时PID控制系统结构如图8-1所示。其中，连续PID控制器的最一般形式为

$$u(t) = K_{\mathrm{p}}e(t) + K_{\mathrm{i}}\int_0^t e(\tau)\mathrm{d}\tau + K_{\mathrm{d}}\frac{\mathrm{d}e(t)}{\mathrm{d}t} \tag{8-1-1}$$

其中，K_{p}，K_{i} 和 K_{d} 分别是对系统误差信号及其积分与微分量的加权，控制器通过这样的加权就可以计算出控制信号，驱动受控对象模型。如果控制器设计得当，则控制信号将能使得误差按减小的方向变化，达到控制的要求。

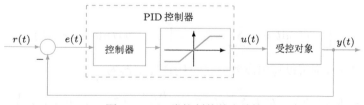

图8-1 PID类控制的基本结构

图8-1中描述的系统为非线性系统,在分析时为简单起见,令饱和非线性的饱和参数为∞,就可以忽略饱和非线性,得出线性系统模型进行分析。

PID控制的结构简单,另外,这三个加权系数K_p、K_i和K_d都有明显的物理意义:比例控制器直接响应于当前的误差信号,一旦发生误差信号,则控制器立即发生作用以减少偏差,K_p的值大则偏差将变小,然而这不是绝对的,考虑根轨迹分析,K_p无限地增大会使得闭环系统不稳定;积分控制器对以往的误差信号发生作用,引入积分控制能消除控制中的静态误差,但K_i的值增大可能增加系统的超调量;微分控制对误差的导数,亦即变化率发生作用,有一定的预报功能,能在误差有大的变化趋势时施加合适的控制,K_d的值增大能加快系统的响应速度,减小调节时间。

连续PID控制器的Laplace变换形式可以写成

$$G_c(s) = K_p + \frac{K_i}{s} + K_d s \tag{8-1-2}$$

在实际的过程控制的参考文献中,常将控制器的数学模型写作

$$u(t) = K_p \left[e(t) + \frac{1}{T_i} \int_0^t e(\tau) d\tau + T_d \frac{de(t)}{dt} \right] \tag{8-1-3}$$

比较式(8-1-1)与式(8-1-3)可以轻易发现,$K_i = K_p/T_i$,$K_d = K_p T_d$。所以二者是完全等价的。对式(8-1-3)两端进行Laplace变换,则可以推导出控制器的传递函数为

$$G_c(s) = K_p \left(1 + \frac{1}{T_i s} + T_d s \right) \tag{8-1-4}$$

为避免纯微分运算,经常用一阶滞后环节去近似纯微分环节,亦即将PID控制器写成

$$G_c(s) = K_p \left(1 + \frac{1}{T_i s} + \frac{T_d s}{T_d/N s + 1} \right) \tag{8-1-5}$$

其中,$N \to \infty$则为纯微分运算,在实际应用中N取一个较大的值就可以很好地进行近似,例如取$N = 10$。实际仿真研究可以发现,在一般实例中,N不必取得很大,取10以上就可以较好地逼近实际的微分效果[58]。

虽然式(8-1-2)和式(8-1-3)均可以用于表示PID控制器,但它们各有特点,一般介绍PID整定算法的参考文献中均采用后者的数学模型,而在PID控制与优化中采用前者介绍的公式更合适。

8.1.2 离散PID控制器

如果采样周期T的值很小,在kT时刻误差信号$e(kT)$的导数与积分就可以近似为

$$\frac{de(t)}{dt} \approx \frac{e(kT) - e[(k-1)T]}{T} \tag{8-1-6}$$

$$\int_0^{kT} e(t)dt \approx T \sum_{i=0}^{k} e(iT) = \int_0^{(k-1)T} e(t)dt + Te(kT) \tag{8-1-7}$$

将其代入式(8-1-1),则可以写出离散形式的PID控制器为

$$u(kT) = K_p e(kT) + K_i T \sum_{m=0}^{k} e(mT) + \frac{K_d}{T} \Big\{ e(kT) - e[(k-1)T] \Big\} \tag{8-1-8}$$

该控制器可以简记为

$$u_k = K_{\mathrm{p}}e_k + K_{\mathrm{i}}T\sum_{m=0}^{k}e_m + \frac{K_{\mathrm{d}}}{T}(e_k - e_{k-1}) \tag{8-1-9}$$

离散 PID 控制器的传递函数为

$$G_{\mathrm{c}}(z) = K_{\mathrm{p}} + \frac{K_{\mathrm{i}}Tz}{z-1} + \frac{K_{\mathrm{d}}(z-1)}{Tz} \tag{8-1-10}$$

8.1.3　PID控制器的变形

除了上面介绍的 PID 控制器常规形式之外, PID 控制器还有很多变形的表现形式, 例如, 积分分离式离散 PID 控制器、增量式 PID 控制器、抗积分饱和(anti-windup) PID 控制器、二自由度 PID 控制器等。

1. 积分分离式 PID 控制器

在 PID 控制器中, 积分的作用是消除静态误差, 但由于积分的引入, 系统的超调量也将增加, 所以在实际的控制器应用中, 一种很显然的想法就是: 在启动过程中, 如果静态误差很大, 可以关闭积分部分的作用, 稳态误差很小时再开启积分作用, 消除静态误差, 这样的控制器又称为积分分离的 PID 控制器。

2. 增量式 PID 控制器

考虑式(8-1-8)中给出的离散 PID 控制器, 其中积分部分完全取决于以往所有的误差信号。计算 $u_k - u_{k-1}$, 可以得出

$$u_k - u_{k-1} = K_{\mathrm{p}}(e_k - e_{k-1}) + K_{\mathrm{i}}Te_k + K_{\mathrm{d}}(e_{k+1} + e_{k-1} - 2e_k) = \Delta u_k \tag{8-1-11}$$

这时控制器的输出信号可以由 $u_k = u_k + \Delta u_k$ 计算出来, 因为新的控制器输出是由其上一部分的输出加上一个增量 Δu_k 构成, 所以这类控制器又称为增量式 PID 控制器。

3. 抗积分饱和 PID 控制器

当输入信号的设定点发生变化时, 因为这时的误差信号太大, 使得控制信号极快地达到传动装置的限幅。输出信号已经达到参考输入值时, 误差信号变成负值, 但可能由于积分器的输出过大, 控制信号仍将维持在饱和非线性的限幅边界上, 故使得系统的输出继续增加, 直到一段时间后积分器才能恢复作用, 这种现象称作积分器饱和作用[93]。

4. 二自由度 PID 控制器

前面介绍的控制器都是对误差信号 $e(s)$ 直接操作, 得出控制器的输出信号。如果积分环节仍然对 $e(s)$ 直接操作, 而比例微分环节对输入、输出信号的加权进行操作, 则可以构造下面的二自由度 PID 控制器。

$$u(s) = K_{\mathrm{p}}(br(s) - y(s)) + \frac{K_{\mathrm{i}}}{s}e(s) + K_{\mathrm{d}}(cr(s) - y(s)) \tag{8-1-12}$$

8.1.4　PID控制器的Simulink模块实现

在 Simulink 仿真中, PID 控制器可以由底层构造, 也可以使用 Simulink 提供的现成模块表示。在 Continuous 模块组中, 提供了 PID Controller 和 PID Controller (2DOF) 两个模块,

描述普通的PID控制器和二自由度PID控制器,Discrete模块组中也有其离散版本。如果将控制器模块复制到模型窗口,并双击该模块,则打开PID控制器参数对话框。

8.2 过程系统的一阶延迟模型近似

带有时间延迟的一阶模型(first-order lag plus dead-time,FOPDT)的数学表示为

$$G(s) = \frac{k}{Ts+1}\mathrm{e}^{-Ls} \tag{8-2-1}$$

在PID控制器的诸多算法中,绝大多数的算法都是基于FOPDT模型的,这主要是因为大部分过程控制模型的响应曲线和一阶系统的响应较类似,可以直接进行拟合。所以,找出获得一阶的近似模型对很多PID算法都是很必要的,本节将介绍这种近似的一些方法。

8.2.1 由响应曲线识别一阶模型

一般的过程控制对象模型的阶跃响应曲线形状如图8-2a所示,对这类系统的阶跃响应曲线,可以用FOPDT模型来近似,可以按图中给出的方法绘制出三条虚线,从而提取出模型的k, L, T参数。由阶跃响应曲线去找出这样的几个参数往往带有一些主观性,因为想绘制斜线并没有准确的准则,所以其坡度选择有一定的随意性,不容易得出很好的客观模型。

另外一种表示一阶模型的方法是Nyquist图形法,从Nyquist图上可以求出对象模型的Nyquist图和负实轴相交点的频率ω_{c}和幅值K_{c},如图8-2b所示,这样用这两个参数就能表示一阶的近似模型了。这两个参数实际上就是系统的幅值裕量数据,可以用MATLAB的`margin()`函数来直接求取。

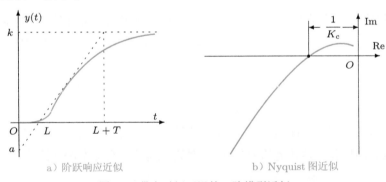

a) 阶跃响应近似   b) Nyquist图近似

图8-2 带有时间延迟的一阶模型近似

还可以由数据来辨识这些参数,因为该系统模型对应的阶跃响应解析解可以写成

$$\hat{y}(t) = \begin{cases} k(1-\mathrm{e}^{-(t-L)/T}), & t > L \\ 0, & t \leqslant L \end{cases} \tag{8-2-2}$$

故可以用最小二乘拟合方法由响应数据拟合出系统的FOPDT模型。作者编写了可以用各种算法拟合系统模型的MATLAB函数`getfopdt()`来求取系统的一阶模型,该函数的调用格式为$[k,L,T,G_{\mathrm{a}}]$=`getfopdt(key,G)`,其中,`key`变量表示各种方法。对已知的阶跃响应数据,`key`=1,且G为受控对象模型,通过该函数的调用将直接返回一阶近似模型参数k,

L, T, 同时将返回近似的传递函数模型 G_{a}。

```
function [K,L,T,G1]=getfopdt(key,G)
switch key
   case 1, [y,t]=step(G);
      fun=@(x,t)x(1)*(1-exp(-(t-x(2))/x(3))).*(t>x(2));
      x=lsqcurvefit(fun,[1 1 1],t,y); K=x(1); L=x(2); T=x(3);
   case 2, [Kc,~,wc,~]=margin(G);
      ikey=0; L=1.6*pi/(3*wc); K=dcgain(G); T=0.5*Kc*K*L;
      if isfinite(Kc), x0=[L;T];
      while ikey==0, u=wc*x0(1); v=wc*x0(2);
         FF=[K*Kc*(cos(u)-v*sin(u))+1+v^2; sin(u)+v*cos(u)];
         J=[-K*Kc*wc*sin(u)-K*Kc*wc*v*cos(u),-K*Kc*wc*sin(u)+2*wc*v;
            wc*cos(u)-wc*v*sin(u), wc*cos(u)]; x1=x0-inv(J)*FF;
      if norm(x1-x0)<1e-8, ikey=1; else, x0=x1; end, end
      L=x0(1); T=x0(2);   end
   case 3, [n1,d1]=tfderv(G.num{1},G.den{1});
      [n2,d2]=tfderv(n1,d1); K1=dcgain(n1,d1);
      K2=dcgain(n2,d2); K=dcgain(G); Tar=-K1/K;
      T=sqrt(K2/K-Tar^2); L=Tar-T;
   case 4
      Gr=opt_app(G,0,1,1); L=Gr.ioDelay;
      T=Gr.den{1}(1)/Gr.den{1}(2); K=Gr.num{1}(end)/Gr.den{1}(2);
end
G1=tf(K,[T 1],'iodelay',L);
function [e,f]=tfderv(b,a)
f=conv(a,a); na=length(a); nb=length(b);
e1=conv((nb-1:-1:1).*b(1:end-1),a);
e2=conv((na-1:-1:1).* a(1:end-1),b);
maxL=max(length(e1),length(e2));
e=[zeros(1,maxL-length(e1)) e1]-[zeros(1,maxL-length(e2)) e2];
```

8.2.2　基于频域响应的近似方法

考虑下面一阶模型的频域响应

$$G(\mathrm{j}\omega) = \left.\frac{k}{Ts+1}\mathrm{e}^{-Ls}\right|_{s=\mathrm{j}\omega} = \frac{k}{T\mathrm{j}\omega+1}\mathrm{e}^{-\mathrm{j}\omega L} \tag{8-2-3}$$

在剪切频率 ω_{c} 下的极限增益 K_{c} 实际上是 Nyquist 图与负实轴的第一个交点，它们满足下面的两个方程：

$$\begin{cases} \dfrac{k(\cos\omega_{\mathrm{c}}L - \omega_{\mathrm{c}}T\sin\omega_{\mathrm{c}}L)}{1+\omega_{\mathrm{c}}^2T^2} = -\dfrac{1}{K_{\mathrm{c}}} \\ \sin\omega_{\mathrm{c}}L + \omega_{\mathrm{c}}T\cos\omega_{\mathrm{c}}L = 0 \end{cases} \tag{8-2-4}$$

此外，k 实际上是对象模型的稳态值，该值可以直接由给出的传递函数得出。定义两个

变量：$x_1 = L$ 与 $x_2 = T$，则可以列出这两个未知变量满足的方程为

$$\begin{cases} f_1(x_1, x_2) = kK_c(\cos\omega_c x_1 - \omega_c x_2 \sin\omega_c x_1) + 1 + \omega_c^2 x_2^2 = 0 \\ f_2(x_1, x_2) = \sin\omega_c x_1 + \omega_c x_2 \cos\omega_c x_1 = 0 \end{cases} \tag{8-2-5}$$

可以由下式得出 Jacobian 矩阵：

$$J = \begin{bmatrix} \partial f_1/\partial x_1 & \partial f_1/\partial x_2 \\ \partial f_2/\partial x_1 & \partial f_2/\partial x_2 \end{bmatrix}$$
$$= \begin{bmatrix} -kK_c\omega_c\sin\omega_c x_1 - kK_c\omega_c^2 x_2\cos\omega_c x_1 & -kK_c\omega_c\sin\omega_c x_1 + 2\omega_c^2 x_2 \\ \omega_c\cos\omega_c x_1 - \omega_c^2 x_2\sin\omega_c x_1 & \omega_c\cos\omega_c x_1 \end{bmatrix} \tag{8-2-6}$$

这样，两个未知变量 (x_1, x_2) 可以由拟 Newton 算法求解，在函数 `getfopdt()` 的调用中取 key=2，且将 G 表示系统模型即可。

8.2.3 基于传递函数的辨识方法

考虑带有时间延迟的一阶环节为 $G_n(s) = ke^{-Ls}/(1+Ts)$，求取 $G_n(s)$ 关于变量 s 的一阶和二阶导数，则可以得出

$$\frac{G_n'(s)}{G_n(s)} = -L - \frac{T}{1+Ts}, \quad \frac{G_n''(s)}{G_n(s)} - \left(\frac{G_n'(s)}{G_n(s)}\right)^2 = \frac{T^2}{(1+Ts)^2}$$

求取各个导数在 $s = 0$ 处的值，则可以发现

$$T_{ar} = -\frac{G_n'(0)}{G_n(0)} = L + T, \quad T^2 = \frac{G_n''(0)}{G_n(0)} - T_{ar}^2 \tag{8-2-7}$$

其中，T_{ar} 又称为平均驻留时间，从上面的方程可以发现，$L = T_{ar} - T$。系统的增益同样可以由 $k = G_n(0)$ 直接求出。在函数 `getfopdt()` 的调用中取 key=3，且将 G 表示系统模型，即可得出一阶模型。

8.2.4 最优降阶方法

作者提出了一种带有时间延迟环节系统的次最优降阶方法[66]，可以通过数值最优化算法求解出这 3 个特征参数，由于篇幅所限，不对之详细描述。在 MATLAB 函数 `getfopdt()` 中，令 key=4，且 G 为受控对象数学模型，即可得出最优一阶近似模型。

例8-1   假设受控对象的传递函数模型为 $G(s) = 1/(s+1)^6$，可以用下面语句由各种方法得出一阶近似模型，并比较其阶跃响应曲线，如图 8-3 所示。

```
>> s=tf('s'); G=1/(s+1)^6;              % 对象模型输入
   [K1,L1,T1,G1]=getfopdt(1,G); G1 % 曲线拟合最小二乘法结果
   [K2,L2,T2,G2]=getfopdt(2,G); G2 % 基于传递函数的拟合方法
   [K3,L3,T3,G3]=getfopdt(3,G); G3 % 基于频域响应的拟合方法
   [K4,L4,T4,G4]=getfopdt(4,G); G4 % 次最优降阶方法
   step(G,'-',G1,':',G2,'*',G3,'--',G4,'-.',15)
```

用上述 4 种方法得出的拟合模型分别为

$$G_1 = \frac{1.011e^{-3.26s}}{3.076s + 1}, \ G_2 = \frac{e^{-3.48s}}{3.722s + 1}, \ G_3 = \frac{e^{-3.55s}}{2.449s + 1}, \ G_4 = \frac{e^{-3.37s}}{2.883s + 1}$$

从得出的拟合结果可以看出，采用基于传递函数的拟合方法得出的结果最差，次最优降阶方法和曲线最小二乘的拟合方法得出的结果拟合效果接近，均优于基于频域响应的拟合方法。

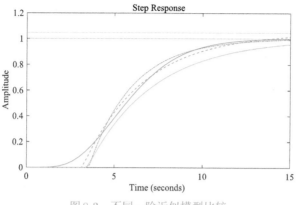

图 8-3　不同一阶近似模型比较

8.3 PID 控制器参数整定方法

8.3.1 Ziegler–Nichols 经验公式

早在 1942 年，Ziegler 与 Nichols 提出了一种著名的 PID 类控制器整定的经验公式[8]，在过程控制中提出了一种切实可行的方法，后来称为 Ziegler–Nichols 整定公式，这样的方法和其改进的形式直接用于实际的过程控制。

假设已经得到了系统的 FOPDT 近似模型参数 K, L 和 T，根据相似三角形的原理就可以立即得出 $a = KL/T$，这样就可以根据表 8-1 设计出 P、PI 和 PID 控制器，设计方法很简单直观。根据此算法可以编写一个 MATLAB 函数 `ziegler()`[58]，由该函数可以直接设计出系统的 PID 类控制器 $[G_c, K_p, T_i, T_d, H]$=ziegler(key,vars)，其中，key=1,2,3 分别对应于 P、PI 和 PID 控制器，用户可以选择该标示来选择控制器类型，vars=$[K, L, T, N]$。使用此函数可以立即设计出所需的控制器。

表8-1　Ziegler–Nichols 整定公式

控制器类型	由阶跃响应整定			由频域响应整定		
	K_p	T_i	T_d	K_p	T_i	T_d
P	$1/a$			$0.5K_c$		
PI	$0.9/a$	$3L$		$0.4K_c$	$0.8T_c$	
PID	$1.2/a$	$2L$	$L/2$	$0.6K_c$	$0.5T_c$	$0.12T_c$

```
function [Gc,Kp,Ti,Td,H]=ziegler(key,vars)
Ti=[]; Td=[]; H=1;
if length(vars)==4
   K=vars(1); L=vars(2); T=vars(3); N=vars(4); a=K*L/T;
   if key==1, Kp=1/a;
   elseif key==2, Kp=0.9/a; Ti=3.33*L;
   elseif any([3 4]==key), Kp=1.2/a; Ti=2*L; Td=L/2; end
elseif length(vars)==3
   K=vars(1); Tc=vars(2); N=vars(3);
```

```
    if key==1, Kp=0.5*K;
    elseif key==2, Kp=0.4*K; Ti=0.8*Tc;
    elseif key==3 || key==4, Kp=0.6*K; Ti=0.5*Tc; Td=0.12*Tc; end
  elseif length(vars)==5
    K=vars(1); Tc=vars(2); rb=vars(3); N=vars(5);
    pb=pi*vars(4)/180; Kp=K*rb*cos(pb);
    if key==2, Ti=-Tc/(2*pi*tan(pb));
    elseif any(key==[3,4]), Ti=Tc*(1+sin(pb))/(pi*cos(pb)); Td=Ti/4;
end, end
switch key
    case 1, Gc=Kp;
    case 2, Gc=tf(Kp*[Ti,1],[Ti,0]);
    case 3, nn=[Kp*Ti*Td*(N+1)/N,Kp*(Ti+Td/N),Kp];
        dd=Ti*[Td/N,1,0]; Gc=tf(nn,dd);
    case 4
        d0=sqrt(Ti*(Ti-4*Td)); Ti0=Ti; Kp=0.5*(Ti+d0)*Kp/Ti;
        Ti=0.5*(Ti+d0); Td=Ti0-Ti; Gc=tf(Kp*[Ti,1],[Ti,0]);
        nH=[(1+Kp/N)*Ti*Td,Kp*(Ti+Td/N),Kp];
        H=tf(nH,Kp*conv([Ti,1],[Td/N,1]));
    case 5, Gc=tf(Kp*[Td*(N+1)/N,1],[Td/N,1]);
end
```

如果已知频率响应数据,如系统的幅值裕量 K_c 及其剪切频率 ω_c,则可以定义两个新的量, $T_c = 2\pi/\omega_c$,可以通过表8-1设计出各种PID类控制器,也可以用前面提及的 ziegler() 函数来设计,在调用时只需给出 vars=$[K_c, T_c, N]$ 即可。

例8-2 假设对象模型为一个6阶的传递函数 $G(s) = 1/(s+1)^6$,利用例8-1的结论,则可以得出该受控对象模型的较好的FOPDT近似为 $k = 1, T = 2.883, L = 3.37$,这样由表8-1中给出的公式即可设计出PI和PID控制器。

```
>> s=tf('s'); G=1/(s+1)^6; N=10; K=1; T=2.883; L=3.37; a=K*L/T;
   Kp=0.9/a, Ti=3*L, G1=pidstd(Kp,Ti) %PI控制器设计
   Kp=1.2/a, Ti=2*L, Td=0.5*L        %PID控制器
```

例如,设计出来的PID控制器的参数为 $K_p = 1.0266, T_i = 6.7400, T_d = 1.6850$,其中,上面的MATLAB语句可以用作者设计的 ziegler$(3,[K,L,T,N])$ 函数设计出来。设计出控制器之后,就可以分析给出的受控对象模型在该控制器下的阶跃响应曲线,如图8-4a所示,可惜这样设计的控制器效果不是很理想。

```
>> G2=pidstd(Kp,Ti,Td,N)   %构造PID控制器
   step(feedback(G*G1,1),'-',feedback(G*G2,1),'--')
```

应用MATLAB中提供的 margin() 函数,可以直接得出该系统的剪切频率和幅值裕量,从而直接套用表8-1中给出的Ziegler–Nichols公式设计出PI和PID控制器,将这些控制器用于原对象模型的控制,则可以用下面语句绘制出系统的阶跃响应曲线,如图8-4b所示,对这个例子来说,设计的控制器效果有所改善。

```
>> [Kc,b,wc,d]=margin(G); Tc=2*pi/wc; %提取幅值裕量和剪切频率
```

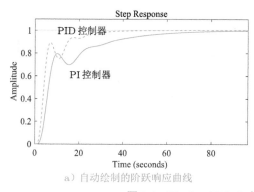
a）自动绘制的阶跃响应曲线

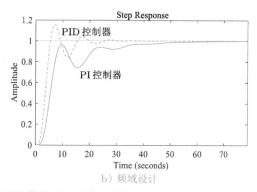
b）频域设计

图 8-4　Ziegler–Nichols 算法设计的控制器下阶跃响应

```
Kp=0.4*Kc, Ti=0.8*Tc, G1=pidstd(Kp,Ti) %PI 控制器
Kp=0.6*Kc, Ti=0.5*Tc, Td=0.12*Tc, G2=pidstd(Kp,Ti,Td)
step(feedback(G*G1,1),'-',feedback(G*G2,1),'--')
```

8.3.2　改进的 Ziegler–Nichols 算法

PID 控制器的频域解释如图 8-5 所示，假设受控对象的 Nyquist 图上有一个 A 点，如果施加比例控制，则 K_p 能沿 OA 线的方向拉伸或压缩 A 点，微分控制和积分控制分别沿图中所示的垂直方向拉伸 Nyquist 图上的相应点。所以从理论上讲，经过适当配置 PID 控制器的参数，Nyquist 图上某点可以移动到任意的指定点。

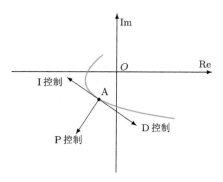

图 8-5　PID 控制的频域解释

假设选择一个增益为 $G(j\omega_0) = r_a e^{j(\pi+\phi_a)}$ 的 A 点，且期望将该点通过 PID 控制移动到指定的 A_1 点，该点的增益为 $G_1(j\omega_0) = r_b e^{j(\pi+\phi_b)}$。再假定在频率 ω_0 处 PID 控制器写成 $G_c(s) = r_c e^{j\phi_c}$，则可以写出

$$r_b e^{j(\pi+\phi_b)} = r_a r_c e^{j(\pi+\phi_a+\phi_c)} \tag{8-3-1}$$

这样可以选择控制器，使得 $r_c = r_b/r_a$ 与 $\phi_c = \phi_b - \phi_a$。由上面的推导，可以按下面的方法设计出 PI 和 PID 控制器。

1）PI 控制器。可以选择

$$K_p = \frac{r_b \cos(\phi_b - \phi_a)}{r_a}, \quad T_i = \frac{1}{\omega_0 \tan(\phi_a - \phi_b)} \tag{8-3-2}$$

这样要求 $\phi_a > \phi_b$，使得设计出来的 T_i 为正数。进一步地，类似于 Ziegler–Nichols 算法，若选择原 Nyquist 图上的点作为其与负实轴的交点，即 $r_a = 1/K_c$ 及 $\phi_a = 0$，则 PI 控制器可以由下面的式子直接设计出来：

$$K_p = K_c r_b \cos\phi_b, \quad T_i = -\frac{T_c}{2\pi \tan\phi_b}, \quad \text{其中} \quad T_c = 2\pi/\omega_c \tag{8-3-3}$$

2) PID 控制器。可以写出

$$K_p = \frac{r_b \cos(\phi_b - \phi_a)}{r_a}, \ \omega_0 T_d - \frac{1}{\omega_0 T_i} = \tan(\phi_b - \phi_a) \tag{8-3-4}$$

可以看出,满足式(8-3-4)的 T_i 和 T_d 参数有无穷多组,通常可以选择一个常数 α,使得 $T_d = \alpha T_i$。这样就可以由方程唯一地确定一组 T_i 和 T_d 参数为

$$T_i = \frac{1}{2\alpha\omega_0} \left(\tan(\phi_b - \phi_a) + \sqrt{4\alpha + \tan^2(\phi_b - \phi_a)} \right), \ T_d = \alpha T_i \tag{8-3-5}$$

可以证明,在 Ziegler–Nichols 整定算法中,α 可以选为 $\alpha = 1/4$。如果进一步仍选择原 Nyquist 图上的点为其与负实轴的交点,即 $r_a = 1/K_c$ 与 $\phi_a = 0$,则可以设计出满足 $\alpha = 1/4$ 的 PID 控制器参数为

$$K_p = K_c r_b \cos\phi_b, \ T_i = \frac{T_c}{\pi} \left(\frac{1 + \sin\phi_b}{\cos\phi_b} \right), \ T_d = \frac{T_c}{4\pi} \left(\frac{1 + \sin\phi_b}{\cos\phi_b} \right) \tag{8-3-6}$$

可以看出,通过适当地选择 r_b 和 ϕ_b,则可以设计出 PI 和 PID 控制器。改进的 Ziegler–Nichols PI 或 PID 控制器也可以由作者编写的 MATLAB 函数 `ziegler()` 设计出来,这时 **vars** 变量应该表示为 $vars = [K_c, T_c, r_b, \phi_b, N]$。

例 8-3 再考虑例 8-2 中使用的受控对象模型,$G(s) = 1/(s+1)^6$,选定 $r_b = 0.8$,则对不同的 ϕ_b 可以使用循环语句用 MATLAB 语言设计出控制器,并比较闭环系统的阶跃响应曲线,如图 8-6a 所示。

```
>> s=tf('s'); G=1/(s+1)^6; [Kc,b,wc,a]=margin(G); Tc=2*pi/wc; rb=0.8;
   for phi_b=[10:10:80],   %选择不同的预期相位裕量进行循环
      [Gc,Kp,Ti,Td]=ziegler(3,[Kc,Tc,rb,phi_b,10]);
      step(feedback(G*Gc,1),20), hold on
   end
```

则可以绘制出如图 8-6a 所示的阶跃响应曲线,这里显示的 PID 控制效果是在不同的 ϕ_b 要求下的系统响应曲线,从这些曲线可以看出,当 ϕ_b 很小时,系统阶跃响应的超调量将很大,所以应该适当地增大 ϕ_b 的值,但若无限制地增大 ϕ_b 的值,则系统响应的速度越来越慢,$\phi_b = 90°$ 时系统的阶跃响应几乎等于 0。

对这个受控对象来说,可以选择 $\phi_b = 20°$,这样试凑不同的 r_b 的值,可以由下面的语句绘制出不同 r_b 下的阶跃响应曲线,如图 8-6b 所示。

```
>> phi_b=20;            %固定相位裕量
   for rb=0.1:0.1:1  %选择不同的幅值进行循环
      [Gc,Kp,Ti,Td]=ziegler(3,[Kc,Tc,rb,phi_b,10]);
      step(feedback(G*Gc,1),20), hold on
   end
```

从得出的选项可以看出,若选择 $r_b = 0.5$,$\phi_b = 20°$ 时的阶跃响应曲线较令人满意,这时可以用下面语句得出 PID 控制器的参数为 $K_p = 1.1136, T_i = 4.9676, T_d = 1.2369$。

```
>> [Gc,Kp,Ti,Td]=ziegler(3,[Kc,Tc,0.5,20,10]); [Kp,Ti,Td]
```

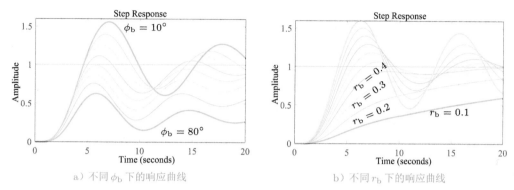

a）不同 ϕ_b 下的响应曲线　　　　　　　　　　b）不同 r_b 下的响应曲线

图 8-6　改进的 PID 算法系的阶跃响应曲线

8.3.3 改进 PID 控制结构与算法

除了标准的 PID 控制器结构外，PID 控制器还有各种各样的变形形式，如微分在反馈回路的 PID 控制器、精调 PID 控制器等，这里将介绍其中几种 PID 控制器。

1. 微分动作在反馈回路的 PID 控制器

例如，在实际应用中发现，系统的阶跃响应会导致误差信号在初始时刻发生跳变，所以直接对其求微分会得出很大的值，不利于实际的控制，所以可以将微分动作从前向通路移动到输出信号上，得出如图 8-7 所示的控制器结构。这时即使阶跃响应时误差有跳变，但输出信号应该是光滑的，所以对其取微分则没有问题，但这样的响应速度将慢于经典的 PID控制器。

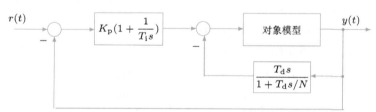

图 8-7　微分在反馈回路的 PID 控制结构

和如图 4-4 所示的典型的反馈控制结构比较，可以将这个控制结构转换成典型反馈控制系统，这时前向通路控制器模型 $G_\mathrm{c}(s)$ 和反馈回路模型 $H(s)$ 分别为

$$G_\mathrm{c}(s) = K_\mathrm{p}\left(1 + \frac{1}{T_\mathrm{i}s}\right), \ H(s) = \frac{(1 + K_\mathrm{p}/N)T_\mathrm{i}T_\mathrm{d}s^2 + K_\mathrm{p}(T_\mathrm{i} + T_\mathrm{d}/N) + K_\mathrm{p}}{K_\mathrm{p}(T_\mathrm{i}s + 1)(T_\mathrm{d}s/N + 1)} \quad (8\text{-}3\text{-}7)$$

2. 精调的 Ziegler–Nichols 控制器及算法

由于传统的 Ziegler–Nichols 控制器设计算法经常在设定点控制时产生较强的振荡，并经常伴有较大的超调量，所以可以使用精调的 Ziegler–Nichols 整定算法[95]。这类 PID 控制器的数学表示为

$$u(t) = K_\mathrm{p}\left[(\beta u_\mathrm{c} - y) + \frac{1}{T_\mathrm{i}}\int e\mathrm{d}t - T_\mathrm{d}\frac{\mathrm{d}y}{\mathrm{d}t}\right] \quad (8\text{-}3\text{-}8)$$

其中，微分动作作用在输出信号上，输入信号的一部分直接叠加到控制信号上。一般情况下

应该选择 $\beta < 1$，这时控制策略可以进一步地写成

$$u(t) = K_p \left(\beta e + \frac{1}{T_i} \int e \, dt \right) - K_p \left[(1-\beta)y + T_d \frac{dy}{dt} \right] \tag{8-3-9}$$

从这样的描述，可以绘制出这种控制策略框图表示，如图8-8所示。可以将这个控制结构转换成典型反馈控制系统，这时前向通路控制器模型 $G_c(s)$ 和反馈回路模型 $H(s)$ 分别为

$$G_c(s) = K_p \left(\beta + \frac{1}{T_i s} \right), \quad H(s) = \frac{T_i T_d \beta (N+2-\beta) s^2 / N + (T_i + T_d/N)s + 1}{(T_i \beta s + 1)(T_d s/N + 1)} \tag{8-3-10}$$

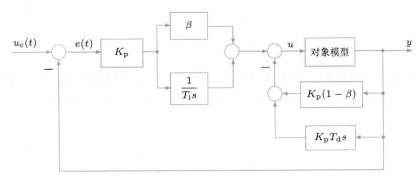

图8-8　精调的 PID 控制结构

考虑图8-8中给出的精调PID控制器结构，可以引入一个归一化的延迟 τ 与一阶时间常数 κ，定义为 $\kappa = K_c k$，且 $\tau = L/T$，就可以在任何范围内使用变量 τ 和 κ，这样对不同的 τ 和 κ 范围，可以由下面的共同方法来设计 PID 控制器。

1）若 $2.25 < \kappa < 15$ 或 $0.16 < \tau < 0.57$，则应该保留 Ziegler–Nichols 参数，同时为了使得超调量分别小于10%或20%，则可以由下式求出 β 参数：

$$\beta = \frac{15-\kappa}{15+\kappa}, \quad \text{且} \quad \beta = \frac{36}{27+5\kappa} \tag{8-3-11}$$

2）若 $1.5 < \kappa < 2.25$ 或 $0.57 < \tau < 0.96$，在 Ziegler–Nichols 控制器的 T_i 参数应当精调为 $T_i = 0.5\mu T_c$，其中

$$\mu = \frac{4}{9}\kappa, \quad \text{且} \quad \beta = \frac{8}{17}(\mu - 1) \tag{8-3-12}$$

3）若 $1.2 < \kappa < 1.5$，则为了使得系统的超调量小于10%，PID 的参数应该用下面的公式进行精调：

$$K_p = \frac{5}{6} \left(\frac{12+\kappa}{15+14\kappa} \right), \quad T_i = \frac{1}{5} \left(\frac{4}{15}\kappa + 1 \right) \tag{8-3-13}$$

作者编写了一个MATLAB函数 `rziegler()`[58] 来设计精调的 Ziegler–Nichols PID 控制器，该函数的调用格式为 $[G_c, K_p, T_i, T_d, \beta, H]$=rziegler(vars)，该函数的清单如下，其中，vars=$[k, L, T, N, K_c, T_c]$。

```
function [Gc,Kp,Ti,Td,b,H]=rziegler(vars)
K=vars(1); L=vars(2); T=vars(3); N=vars(4); a=K*L/T; Kp=1.2/a;
Ti=2*L; Td=L/2; Kc=vars(5); Tc=vars(6); kappa=Kc*K; tau=L/T; H=[];
if (kappa > 2.25 && kappa<15) || (tau>0.16 && tau<0.57)
```

```
    b=(15-kappa)/(15+kappa);
elseif (kappa<2.25 && kappa>1.5) || (tau<0.96 && tau>0.57)
    mu=4*jappa/9; b=8*(mu-1)/17; Ti=0.5*mu*Tc;
elseif (kappa>1.2 && kappa<1.5)
    Kp=5*(12+kappa)/(6*(15+14*kappa)); Ti=0.2*(4*kappa/15+1); b=1;
end
Gc=tf(Kp*[b*Ti,1],[Ti,0]); nH=[Ti*Td*b*(N+2-b)/N,Ti+Td/N,1];
dH=conv([Ti*b,1],[Td/N,1]); H=tf(nH,dH);
```

例 8-4 仍考虑例 8-5 中给出的受控对象模型 $G(s) = 1/(s+1)^6$，可以用下面的命令设计出系统的精调 PID 控制器，$K_\mathrm{p} = 1.0279, T_\mathrm{i} = 6.7305, T_\mathrm{d} = 1.6826, \beta = 0.7271$，并绘制出系统的阶跃响应曲线，如图 8-9 所示，遗憾的是，对本例来说，这样设计出来的控制器效果比最原始的 Ziegler–Nichols PID 控制器没有什么改进。

```
>> s=tf('s'); G=1/(s+1)^6; [K,L,T]=getfopdt(4,G); %次最优降阶方法
   [Kc,p,wc,m]=margin(G); Tc=2*pi/wc;    % 求取系统的频率响应特征
   [Gc,Kp,Ti,Td,beta,H]=rziegler([K,L,T,10,Kc,Tc])
   G_c=feedback(G*Gc,H); step(G_c);      % 闭环系统的阶跃响应曲线
```

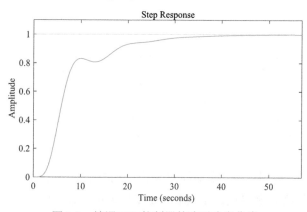

图 8-9 精调 PID 控制器的阶跃响应曲线

3. 改进的 PID 结构

参考文献 [96] 中给出了一种 PID 控制器结构，还给出了相应的整定算法，控制器的模型为

$$G_\mathrm{c}(s) = K_\mathrm{p}\left(1 + \frac{1}{T_\mathrm{i}s}\right)\frac{1 + T_\mathrm{d}s}{1 + T_\mathrm{d}s/N} \qquad (8\text{-}3\text{-}14)$$

文献 [96] 给出了诸多整定的算法，控制效果良莠不齐，读者可以考虑尝试、实践这些方法，这里不做进一步的介绍。

8.3.4 最优 PID 整定算法

考虑 FOPDT 受控对象模型，对某一组特定的 K, L, T 参数，可以采用数值方法对某一个指标进行优化，可以得出一组 $K_\mathrm{p}, T_\mathrm{i}, T_\mathrm{d}$ 参数，修改对象模型的参数，则可以得出另外一组控制器参数，这样通过曲线拟合的方法就可以得出控制器设计的经验公式。参考文献中很多 PID 控制器设计算法都是根据这样的方式构造的。

最优化指标可以有很多可以选择的,例如,时间加权的指标定义为

$$I_n = \int_0^\infty t^n e^2(t)\mathrm{d}t \qquad (8\text{-}3\text{-}15)$$

其中,$n = 0$ 称为 ISE 指标,$n = 1$ 和 $n = 2$ 分别称为 ISTE 和 $\mathrm{IST^2E}$ 指标[97],另外还有常用的 IAE 和 ITAE 指标,其定义分别为

$$I_{\mathrm{IAE}} = \int_0^\infty |e(t)|\mathrm{d}t, \quad I_{\mathrm{ITAE}} = \int_0^\infty t|e(t)|\mathrm{d}t \qquad (8\text{-}3\text{-}16)$$

庄敏霞与 Atherton 教授[97] 提出了基于式(8-3-15)指标的最优控制 PID 控制器参数整定经验公式

$$K_\mathrm{p} = \frac{a_1}{k}\left(\frac{L}{T}\right)^{b_1}, \quad T_\mathrm{i} = \frac{T}{a_2 + b_2(L/T)}, \quad T_\mathrm{d} = a_3 T\left(\frac{L}{T}\right)^{b_3} \qquad (8\text{-}3\text{-}17)$$

对不同的 L/T 范围,系数对 (a, b) 可以由表 8-2 直接查出。可以看出,如果得到了对象模型的 FOPDT 近似,则可以通过查表的方法找出相应的 a_i, b_i 参数,代入上式就可以设计出 PID 控制器。

表8-2   设定点 PID 控制器参数

L/T 的范围	0.1 − 1			1.1 − 2		
最优指标	ISE	ISTE	$\mathrm{IST^2E}$	ISE	ISTE	$\mathrm{IST^2E}$
a_1	1.048	1.042	0.968	1.154	1.142	1.061
b_1	−0.897	−0.897	−0.904	−0.567	−0.579	−0.583
a_2	1.195	0.987	0.977	1.047	0.919	0.892
b_2	−0.368	−0.238	−0.253	−0.220	−0.172	−0.165
a_3	0.489	0.385	0.316	0.490	0.384	0.315
b_3	0.888	0.906	0.892	0.708	0.839	0.832

该控制器一般可以直接用于原受控对象模型的控制,如果所使用的 FOPDT 模型比较精确,则 PID 控制器效果将接近于对 FOPDT 模型的控制。另外,该算法的适用范围为 $0.1 \leqslant L/T \leqslant 2$,不适合于大时间延迟系统的控制器设计,在适用范围上有一定局限性。

Murrill[96,98] 提出了使得 IAE 准则最小的 PID 控制器的算法

$$K_\mathrm{p} = \frac{1.435}{K}\left(\frac{T}{L}\right)^{0.921}, \quad T_\mathrm{i} = \frac{T}{0.878}\left(\frac{T}{L}\right)^{0.749}, \quad T_\mathrm{d} = 0.482T\left(\frac{T}{L}\right)^{-1.137} \qquad (8\text{-}3\text{-}18)$$

该算法适合于 $0.1 < L/T < 1$ 的受控对象模型。对一般的受控对象模型,参考文献[99] 提出了改进算法,将 K_p 式子中的 1.435 改写成 3 就可以拓展到其他的 L/T 范围。

对 ITAE 指标进行最优化,则可以得出如下的 PID 控制器设计经验公式[96,98]:

$$K_\mathrm{p} = \frac{1.357}{K}\left(\frac{T}{L}\right)^{0.947}, \quad T_\mathrm{i} = \frac{T}{0.842}\left(\frac{T}{L}\right)^{0.738}, \quad T_\mathrm{d} = 0.318T\left(\frac{T}{L}\right)^{-0.995} \qquad (8\text{-}3\text{-}19)$$

该公式的适用范围仍然是 $0.1 < L/T < 1$。参考文献[100] 提出了在 $0.05 \leqslant L/T \leqslant 6$ 范围内设计 ITAE 最优 PID 控制器的经验公式

$$K_\mathrm{p} = \frac{(0.7303 + 0.5307T/L)(T + 0.5L)}{K(T + L)}, \quad T_\mathrm{i} = T + 0.5L, \quad T_\mathrm{d} = \frac{0.5LT}{T + 0.5L} \qquad (8\text{-}3\text{-}20)$$

　　例 8-5　仍考虑例 8-2 中给出的受控对象模型 $G(s) = 1/(s+1)^6$，前面给出最优降阶模型为 $G(s) = \mathrm{e}^{-3.37s}/(2.883s+1)$，亦即 $K = 1, L = 3.37$，且 $T = 2.883$，这样可以用下面的语句依照各种算法设计出 PID 控制器

```
>> s=tf('s'); G=1/(s+1)^6;      %受控对象模型
   K=1; L=3.37; T=2.883;        %近似一阶模型参数
   Kp1=1.142*(L/T)^(-0.579); Ti1=T/(0.919-0.172*(L/T));
   Td1=0.384*T*(L/T)^0.839;  [Kp1,Ti1,Td1] %Zhuang & Atherton ISTE 最优控制
```

这时可以设计出 PID 控制器的参数为 $K_\mathrm{p} = 1.0433, T_\mathrm{i} = 4.0156, T_\mathrm{d} = 1.2620$。

　　由式 (8-3-20) 中给出的设计算法，也可以由下面语句设计出 PID 控制器：

```
>> Ti2=T+0.5*L; Kp2=(0.7303+0.5307*T/L)*Ti2/(K*(T+L));
   Td2=(0.5*L*T)/(T+0.5*L); %ITAE 最优控制 PID 控制器
```

设计出的 PID 控制器的参数为 $K_\mathrm{p} = 0.8652, T_\mathrm{i} = 4.5680, T_\mathrm{d} = 1.0635$。

　　用这两个控制器分别控制原始受控对象模型，则可以得出如图 8-10 所示的阶跃响应曲线，可以看出，这些 PID 控制器的效果还是令人满意的。

```
>> Gc1=pidstd(Kp1,Ti1,Td1,10), Gc2=pidstd(Kp2,Ti2,Td2,10)
   step(feedback(Gc1*G,1),'-',feedback(Gc2*G,1),'--')
```

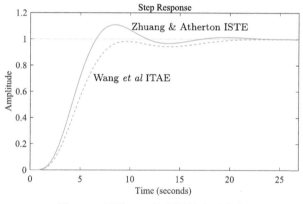

图 8-10　两种 PID 控制器的阶跃响应

8.3.5　PID 控制器设计程序

　　如果已知 LTI 受控对象的 G，则可以使用 MATLAB 控制系统工具箱的 pidtune() 函数直接设计 PID 类控制器，该函数的调用格式为 G_c=pidtune(G,type,ω_c) 函数，可以为受控对象 G 设计出由 type 类型指定的控制器 G_c。其中，控制器类型 type 在表 8-3 中列出。该函数还允许用户指定剪切频率 ω_c。

　　例 8-6　假设受控对象模型为 $G(s) = \mathrm{e}^{-2s}/[s(s+1)^4]$，试设计 PI、PD 与 PID 控制器。

　　解　该模型不可能用 FOPDT 模型逼近，需要采用专门的算法设计控制器。例如，可以由下面语句直接设计出 PI、PD、PID 控制器，并得出闭环系统的阶跃响应曲线，如图 8-11 所示。可见，得出的 PID 控制器效果还算令人满意，另外两个控制器效果较差。此外，由于 PI 控制器中没有微分动作，所以控制的速度偏慢。

```
>> s=tf('s'); G=exp(-2*s)/s/(s+1)^4;
```

表8-3 控制系统工具箱支持的 PID 控制器表

关键词 type	控制器类型	连续控制器模型	离散控制器模型
'p'	比例控制器	K_p	K_p
'i'	积分控制器	$\dfrac{K_i}{s}$	$K_i\dfrac{T}{z-1}$
'pi'	PI 控制器	$K_p + \dfrac{K_i}{s}$	$K_p + K_i\dfrac{T}{z-1}$
'pd'	PD 控制器	$K_p + K_d s$	$K_p + K_d\dfrac{z-1}{T}$
'pdf'	带滤波的 PD 控制器	$K_p + K_d\dfrac{s}{T_f s + 1}$	$K_p + K_d\dfrac{1}{T_f + \dfrac{T}{z-1}}$
'pid'	PID 控制器	$K_p + \dfrac{K_i}{s} + K_d s$	$K_p + K_i\dfrac{T}{z-1} + K_d\dfrac{z-1}{T}$
'pidf'	带滤波的 PID 控制器	$K_p + \dfrac{K_i}{s} + K_d\dfrac{s}{T_f s + 1}$	$K_p + K_i\dfrac{T}{z-1} + K_d\dfrac{1}{T_f + \dfrac{T}{z-1}}$
pidf2	二自由度 PID 控制器	见式(8-1-12)描述的数学形式	

```
Gc1=pidtune(G,'pd'), Gc2=pidtune(G,'pid'), Gc3=pidtune(G,'pi')
step(feedback(G*Gc1,1),'-',feedback(G*Gc2,1),':',...
     feedback(G*Gc3,1),'--',440)
```

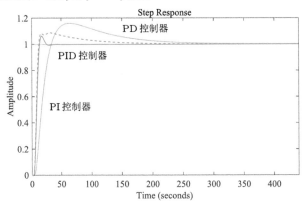

图8-11 各种 PID 类控制器作用下的闭环阶跃响应曲线

上述语句设计出来的三个控制器分别为

$$G_{c1}(s) = 0.134 + 0.284s, \ G_{c2}(s) = 0.134 + \frac{0.00031}{s} + 0.302s, \ G_{c3}(s) = 0.0846 + \frac{0.00012}{s}$$

例8-7 考虑例4-14中给出的受控对象模型。试为该受控对象设计 PID 控制器,并分析系统的闭环阶跃响应。

解 由下面的语句直接输入受控对象模型,然后调用 pidtune() 函数设计 PID 控制器和一个带滤波的 PID 控制器,则得出的控制器模型分别为

$$G_{c1}(s) = 0.505 + \frac{0.175}{s} + 0.0925s, \ G_{c2}(s) = 0.458 + \frac{0.193}{s} + \frac{0.143s}{0.556s + 1}$$

在这两个控制器下,闭环系统的阶跃响应曲线如图8-12所示。可以看出,二者的控制效果大同小异。

```
>> s=tf('s'); G=(1+3*exp(-s)/(s+1))/(s+1);
   Gc1=pidtune(G,'pid'), Gc2=pidtune(G,'pidf')
   step(feedback(G*Gc1,1),feedback(G*Gc2,1),'--')
```

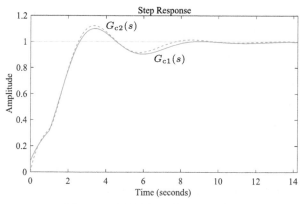

图 8-12   系统的闭环阶跃响应曲线

二自由度 PID 控制器也可以由 pidtune() 函数直接设计,不过,设计出二自由度 PID 控制器模型之后,不大容易利用 LTI 对象研究闭环系统的时域响应。这里,建议采用 Simulink 仿真方法,直接使用连续模块组中的 PID Controller (2DOF) 模块描述控制器,对系统进行时域响应的仿真。

例 8-8   仍考虑例 8-7 中给出的受控对象模型,试设计二自由度 PID 控制器,并绘制闭环系统的阶跃响应曲线。

可以由下面的语句直接设计出二自由度的 PID 控制器:

```
>> s=tf('s'); G=(1+3*exp(-s)/(s+1))/(s+1);
   Gc=pidtune(G,'pidf2') % 设计二自由度 PID 控制器
```

得出的控制器参数为 $K_p = 0.458, K_i = 0.193, K_d = 0.143, T_f = 0.556, b = 0.263, c = 0.000346$。如果想研究闭环系统的阶跃响应,则可以建立如图 8-13 所示的 Simulink 仿真框图。将设计的二自由度 PID 控制器参数直接填入 PID Controller (2DOF) 模块,并将 $1/T_f$ 的值填入 N 编辑框。

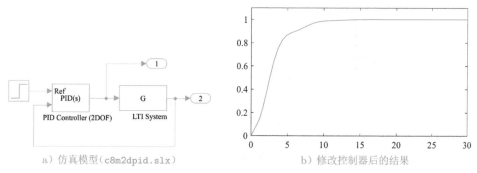

a) 仿真模型(c8m2dpid.slx)   b) 修改控制器后的结果

图 8-13   二自由度 PID 控制系统仿真模型

8.4 PID工具箱应用举例

在过程系统中，PID类控制器因其结构简单、参数物理意义明显、整定方便、鲁棒性强等优势，应用特别广泛，整定算法和改进控制器结构在参考文献中也多有报道，然而在MATLAB下至今尚没有被广泛接受的PID控制工具箱。本节简要介绍了作者编写的PID模块集和最优PID控制器设计App，相信能一定程度地解决这样的问题。

目前的PID控制工具箱主要有两部分功能：由任意受控对象模型的最优PID控制器设计程序及其他各种PID控制器的Simulink模块集，这里将简单介绍这个工具箱的基本功能，并通过例子演示其应用。

8.4.1 Simulink下的PID控制器模块集

作者编写的PID模块集中实现了各种先进的PID控制器模块，如经典的连续、离散PID类控制器及各种改进形式、模糊逻辑PID控制器、专家系统PID控制器、神经网络PID控制器等，其中很多模块是通过参考文献 [101] 中给出的MATLAB仿真程序改写而成，采用S-函数的形式改写控制器代码并进行封装，形成各种PID控制器模块。

用户在MATLAB提示符下键入 `pidblock`，或直接从Simulink的模型浏览器窗口中选择PID模块集，则将得出如图8-14所示的模型浏览器窗口，用户可以直接使用该模块集中给出的PID控制器模块进行仿真。

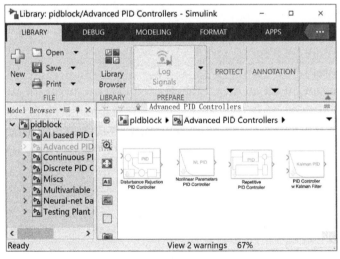

图8-14　PID模块集界面

在这样的模块集中，除了PID类控制器模块之外，还实现了若干其他辅助模块，如ITAE准则模块等，这些模块为用户进行PID优化控制等提供了方便。

由于其中大部分算法较复杂，不大适合于用Simulink模块搭建，所以采用S-函数来实现这些算法。下面通过一个简单的例子来演示其中基于神经元的PID控制器的S-函数实现及控制系统仿真，神经网络的内容超出本书的范围，所以只需将其理解成一种算法即可。

例 8-9　受控对象由差分方程给出[101]

$$y(k) = 0.368y(k-1) + 0.26y(k-2) + 0.10u(k-1) + 0.632u(k-2)$$

且采样周期为 $T = 0.001\text{s}$，则用离散传递函数

$$G(z) = \frac{0.10z + 0.632}{z^2 - 0.368z - 0.26}$$

就可以表示该模型。现在考虑用基于神经网络的控制器对其进行控制。

　　神经网络控制是智能控制领域目前较活跃的研究方向，神经网络理论超出本书讨论的范围，这里仅给出基于单个神经元的 PID 控制器的最简单介绍，并介绍其 MATLAB 实现。基于单个神经元的 PID 控制器框图如图 8-15 所示，其中微积分模块计算 3 个量：$x_1(k) = e(k)$，

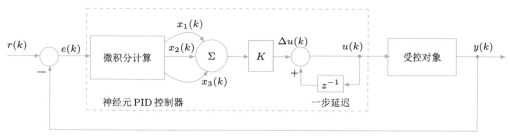

图 8-15　基于单个神经元的 PID 控制器框图

$x_2(k) = \Delta e(k) = e(k) - e(k-1)$，$x_3(k) = \Delta^2 e(k) = e(k) - 2e(k-1) + e(k-2)$，使用改进的 Hebb 学习算法，3 个权值的更新规则可以写成[101]

$$\begin{cases} w_1(k) = w_1(k-1) + \eta_{\text{p}}e(k)u(k)[e(k) - \Delta e(k)] \\ w_2(k) = w_2(k-1) + \eta_{\text{i}}e(k)u(k)[e(k) - \Delta e(k)] \\ w_3(k) = w_3(k-1) + \eta_{\text{d}}e(k)u(k)[e(k) - \Delta e(k)] \end{cases} \tag{8-4-1}$$

其中，$\eta_{\text{p}}, \eta_{\text{i}}, \eta_{\text{d}}$ 分别为比例、微分、积分的学习速率。可以选择这 3 个权值变量为系统的状态变量，这时控制律可以写成

$$u(k) = u(k-1) + K\sum_{i=1}^{3} w_i^0(k)x_i(k) \tag{8-4-2}$$

而归一化的权值 $w_i^0(k) = w_i(k)/\sum_{i=1}^{3}|w_3(k)|$。总结上述算法，可以搭建如图 8-16 所示的 Simulink 框图来实现该控制器，其中的核心部分用 S-函数形式编写，可以选择模块输入信号为 $[e(k), e(k-1), e(k-2), u(k-1)]$，输出选择为 $[u(k), w_i^0(k)]$，为使得控制器更接近实用，控制律信号 $u(k)$ 后接饱和非线性，这样就可以构造出如图 8-16 所示的控制器模块框图，其中 S-函数 neuron_pid.m 的内容如下。

```
function [sys,x0,str,ts]=neuron_pid(t,x,u,flag,deltaK)
switch flag          %S-函数的标准框架
   case 0            % 初始化
      [sys,x0,str,ts] = mdlInitializeSizes;
   case 2            % 离散状态更新，亦即神经元的权值
      sys=mdlUpdate(t,x,u,deltaK);
   case 3            % 计算输出量，亦即控制律和权值
      sys = mdlOutputs(t,x,u);
```

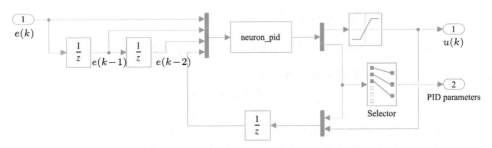

图8-16 基于单个神经元的PID控制器模块框图

```
    case {1, 4, 9}     %未定义的flag值
        sys = [];
    otherwise          %错误处理
        error(['Unhandled flag = ',num2str(flag)]);
end
% --- 模块初始化函数 mdlInitializeSizes
function [sys,x0,str,ts] = mdlInitializeSizes
sizes = simsizes;               %读入系统变量的默认值
sizes.NumContStates = 0;    %没有连续状态
sizes.NumDiscStates = 3;    %设置3个离散状态,亦即权值
sizes.NumOutputs = 4;       %设置四路输出,分别为控制律和归一化的权值
sizes.NumInputs = 4;        %设置四路输入,分别为误差的3个时刻值即控制律
sizes.DirFeedthrough = 1;   %输入信号直接在输出中反映出来
sizes.NumSampleTimes = 1;   %单采样速率系统
sys = simsizes(sizes);      %设置系统模型变量
x0 = [0.3*rand(3,1)];       %初始状态变量,亦即权值,设置成随机数
str = []; ts = [-1 0];      %继承输入信号的采样周期
% --- 状态更新函数 mdlUpdate
function sys = mdlUpdate(t,x,u,deltaK)
sys=x+deltaK*u(1)*u(4)*(2*u(1)-u(2));
% --- 输出信号计算函数 mdlOutputs
function sys = mdlOutputs(t,x,u)
xx= [u(1)-u(2) u(1) u(1)+u(3)-2*u(2)];
sys=[u(4)+0.12*xx*x/sum(abs(x)); x/sum(abs(x))];
```

将此控制器进行封装,就可以构造出神经元PID模块,该模块可以直接用于闭环系统建模,可以构造如图8-17所示的Simulink模型,其中的输入模块Multi-step signal generator信号源为作者编写的PID模块集中的一个模块,可以用于生成多阶梯信号,由于篇幅所限,在这里不做详细介绍,读者可以阅读该模块及S-函数代码。

对该系统进行仿真,则系统的给定信号、输出信号和控制律$u(k)$如图8-18a所示,可见,这时的控制效果是很理想的。图8-18b中给出了3个权值$w_i^0(k)$的曲线,从中可以看出,应用基于神经元的PID控制器后,PID控制器的参数不再是固定的了,而是随时间变化的,从而表现出较好的控制效果。

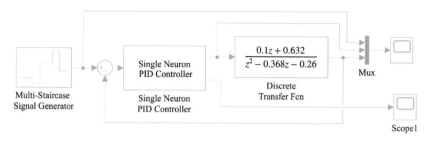

图 8-17 神经元 PID 的控制系统框图(文件名:c8shebb.slx)

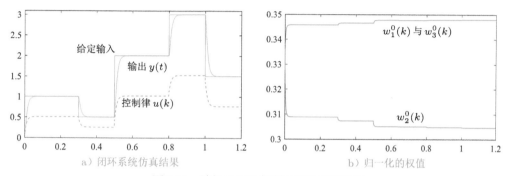

a) 闭环系统仿真结果   b) 归一化的权值

图 8-18 神经元 PID 控制系统的仿真结果

8.4.2 最优 PID 控制器设计程序

因为 PID 控制器是过程控制领域应用最广的控制器,所以作者对这类控制器的寻优设计方法进行了归纳,设计了一个程序界面,可以方便地进行 PID 控制器的设计和仿真。除了继承了 OCD 程序的最优化功能外,该程序还对超调量受限的有约束最优化问题、局部最优解的避免等一系列实际问题提供了解决方法。该程序的使用步骤如下。

1)在 MATLAB 提示符下键入 `OptimPID`,打开如图 8-19 所示的程序主界面。

2)输入受控对象模型。由 Simulink 绘制受控对象模型,并将模型名输入 Plant model name 编辑框。

3)在 Terminate Time 编辑框输入终止仿真时间,默认值为 10。

4)从 Controller type 列表框选择控制器类型。注意,尽管程序能优化离散 PID 控制器,但通常情况下较耗时,所以建议选择连续选项得出最优控制器参数。得出的优化参数可以直接用于离散 PID 控制器。

5)单击 Create file 来生成目标函数的 M-函数文件。

6)单击 Optimize 按钮来搜索最优控制器参数。在优化过程中,会将示波器窗口调至前台,用可视的方法显示动态寻优过程。在默认的示波器内显示三条曲线,上面的曲线是系统的输出信号,中间的曲线是控制信号 $u(t)$,下面的曲线为 ITAE 积分曲线。如果 ITAE 积分信号进入平缓区,说明终止仿真时间选择正确,否则应该加大终止仿真时间。

例 8-10 首先例 8-7 介绍的线性时不变受控对象模型。假设要求控制信号 $|u(t)| \leqslant 15$,则可以顺序地执行下列动作来设计最优 PID 控制器。

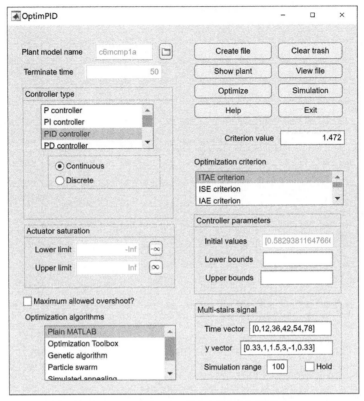

图8-19 最优PID控制器设计主界面

1)给出 `OptimPID` 命令起动程序,打开如图8-19所示的界面。

2)在 Plant model name 编辑框输入受控对象的 Simulink 模型名 c6mcmp1a。

3)在 Controller Type 栏选择 PID 控制器,暂不考虑驱动饱和。

4)在 Terminate Time 栏设置终止时间,如选择50。

5)单击 Create file 按钮,自动生成目标函数的 MATLAB 文件。

6)单击 Optimize 按钮来设计最优控制器。设计过程中,内部的示波器模块处于打开状态,用户可以可视地观察优化过程。例如,本系统结束优化时的示波器的显示如图8-20a所示。可见,该控制器的控制效果比较理想,远优于例8-7的控制效果。

从看出的曲线看,由于ITAE积分曲线趋于平缓,所以选择的终止仿真时间是正确的,得出的控制器是有效的。从中间的曲线(控制信号 $u(t)$)看,初始时刻该信号较大,达到40。如果控制信号不允许超过±15这个范围,则可以将信息填入 Actuator saturation 栏目,重新寻优,得出的结果如图8-20b所示。和前面介绍的无驱动饱和的控制器相比,控制效果几乎没有什么牺牲,但得出的控制信号被限制在±15之内,控制效果更合理。从ITAE积分曲线看,带驱动饱和的控制器对应的ITAE稳态值稍大。

LTI对象是实际控制工程中经常遇到的受控对象类型,例8-7介绍的受控对象模型本身也是LTI对象,所以,应该建立一个LTI受控对象的 Simulink 模型,由 LTI System 模块构成 Simulink 模型的核心,构造 c8mlti.slx。在控制器设计之前先对 G 变量进行赋值,然后设计控制器。

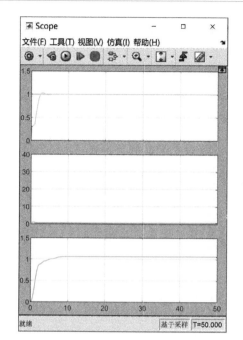
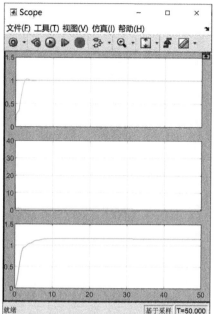

a) 直接优化结果　　　　　　　　　　b) 带驱动饱和的最优控制

图 8-20 最优 PID 控制器的控制结果

例8-11 重新考虑例8-10的控制器设计问题。由下面的命令输入受控对象模型：

```
>> s=tf('s'); G=(1+3*exp(-s)/(s+1))/(s+1);
```

利用 OptimPID 程序可以得出与例8-10完全一致的结果。

例8-12 考虑非最小相位的受控对象，假设受控对象模型为 $G(s) = (-s+1)/(s+1)^3$。可以利用 c8mlti.slx 模型，由 OptimPID 程序设计最优 PID 控制器。选择终止仿真时间为20，则控制器模型如下：

$$G_{\text{PID}}(s) = 1.0627 + \frac{0.4081}{s} + \frac{0.8976s}{0.008976s + 1}$$

这样得出的最优控制器闭环控制效果和多阶梯响应曲线如图8-21a、b所示，可见控制效果是令人满意的。

例8-13 考虑例6-7中描述的时变受控对象模型，可以将受控对象提取出来，构造如图8-22a所示的 Simulink 仿真模型。选择仿真终止时间为20，则可以得出如图8-22b所示的最优控制效果。可见，这样的控制效果远优于例6-7给出的 PI 控制器。

8.5 习 题

1 应用不同的算法给下面各个模型设计 PID 控制器，并比较各个控制器下闭环系统的性能

　　1) $G_a(s) = \dfrac{1}{(s+1)^3}$　2) $G_b(s) = \dfrac{1}{(s+1)^5}$　3) $G_c(s) = \dfrac{-1.5s+1}{(s+1)^3}$

试分别利用整定公式和 PID 控制器设计程序设计控制器，并比较控制器的控制效果。

2 试用 MATLAB 提供的 PID 控制器设计工具及其他工具为下面的受控对象模型设计控制器[102]。

　　1) $G_1(s) = \dfrac{1}{(s+1)^6}$　2) $G_2(s) = \dfrac{12.8e^{-s}}{16.8s+1}$　3) $G_3(s) = \dfrac{37.7e^{-10s}}{(2s+1)(7200s+1)}$

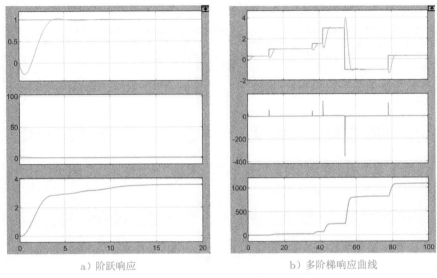

a) 阶跃响应   b) 多阶梯响应曲线

图 8-21 非最小相位系统的最优 PID 控制

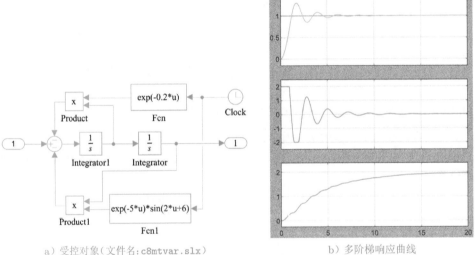

a) 受控对象（文件名:c8mtvar.slx）   b) 多阶梯响应曲线

图 8-22 时变系统的最优 PI 控制

4) $G_4(s) = \dfrac{(10s-1)\mathrm{e}^{-s}}{(2s+1)(4s+1)}$ 5) $G_5(s) = \dfrac{5.526\mathrm{e}^{-2.5s}}{s^2 + 0.6s + 2.5}$

6) $G_6(s) = \dfrac{10.078\mathrm{e}^{-10s}}{s^2 + 0.14s + 0.49}$ 7) $G_7(s) = \dfrac{3.3}{(1+0.1s)(1+0.2s)(1+0.7s)}$

3 多变量系统由于输入输出直接存在耦合，故不能直接采用 PID 控制器对每个单独回路单独控制。考虑例 5-31 中得出的对角占优化处理，假设系统的受控对象模型为

$$\boldsymbol{G}(s) = \begin{bmatrix} \dfrac{0.806s + 0.264}{s^2 + 1.15s + 0.202} & \dfrac{-15s - 1.42}{s^3 + 12.8s^2 + 13.6s + 2.36} \\ \dfrac{1.95s^2 + 2.12s + 0.49}{s^3 + 9.15s^2 + 9.39s + 1.62} & \dfrac{7.15s^2 + 25.8s + 9.35}{s^4 + 20.8s^3 + 116.4s^2 + 111.6s + 18.8} \end{bmatrix}$$

再假设静态前置补偿阵为 $\boldsymbol{K}_{\mathrm{p}} = \begin{bmatrix} 0.3610 & 0.4500 \\ -1.1300 & 1.0000 \end{bmatrix}$，试对补偿后系统按两个回路单独

进行 PID 控制器设计, 观察控制效果。

4 用各种方法对下面各个对象模型作带有延迟的一阶近似, 并应用时域和频域分析方法比较这样的近似和原模型的接近程度。

$$1)\,G(s) = \frac{12(s^2 - 3s + 6)}{(s+1)(s+5)(s^2+3s+6)(s^2+s+2)} \qquad 2)\,G(s) = \frac{-5s + 2}{(s+1)^2(s+3)^3}e^{-0.5s}$$

5 如果对象模型含有纯时间延迟环节, 试用最优控制器设计程序设计出 ITAE、IAE、ISE 等最优指标下的 PID 控制器, 并比较控制效果。

$$1)\,G_a(s) = \frac{1}{(s+1)(2s+1)}e^{-s} \qquad 2)\,G_b(s) = \frac{1}{(17s+1)(6s+1)}e^{-30s}$$

6 假设受控对象模型由下面的延迟微分方程给出, 并用 PI 控制器对系统施加控制, 试将其控制转换为最优化问题进行求解, 得出最优 PI 控制器参数, 并绘制出系统的阶跃响应曲线。如果想减小闭环系统的超调量, 则可以引入约束条件, 将原始问题转换为有约束最优化问题的求解, 试对该问题进行求解。

$$\frac{dy(t)}{dt} = \frac{0.2y(t-1)}{1 + y^{10}(t-1)} - 0.1y(t) + u(t)$$

7 已知受控对象为一个时变模型。

$$\ddot{y}(t) + e^{-0.2t}\dot{y}(t) + e^{-5t}\sin(2t+6)y(t) = u(t)$$

试设计一个能使得 ITAE 指标最小的 PI 控制器, 并分析闭环系统的控制效果。设计最优控制器需要用有限的时间区间去近似 ITAE 的无穷积分, 所以比较不同终止时间下的设计是有意义的, 试分析不同终止时间下的 PI 控制器并分析效果。如果不采用 ITAE 指标而采用 IAE、ISE 等, 设计出的控制器是什么? 控制效果如何?

8 考虑大时间延迟的受控对象模型 $G(s) = e^{-20s}/(s+1)^3$, 试用 MATLAB 的 pidtune() 函数和其他设计工具为其设计 PID 控制器, 并比较控制器效果。

9 试为下面的离散模型设计最优连续和离散 PID 控制器[103]:

$$1)\,H(z) = \frac{7}{z^4 - 1.31z^3 + 1.21z^2 - 0.287z - 0.0178}, \; T = 0.01\,\text{s}$$

$$2)\,H(z) = \frac{3z^2 - 1}{z^5 - 0.6z^4 + 0.13z^3 - 0.364z^2 + 0.1416z - 0.288}, \; T = 0.01\,\text{s}$$

10 试为下面受控对象模型[104]设计常规 PID 控制器和二自由度 PID 控制器:

$$G(s) = \frac{1 + \dfrac{3e^{-s}}{s+1}}{s+1}$$

如果系统在 25 s 时输出端外加幅值为 0.3 的扰动阶跃信号, 试比较两种控制器的响应曲线和扰动抑制效果。

第9章 工程系统的物理建模与仿真

前面系统地介绍了各种控制系统的仿真方法和计算机辅助设计方法。利用前面介绍的思路，如果已知系统的数学模型，则可以用MATLAB或Simulink将其描述出来，然后对其进行分析与设计。然而，在实际工程系统的控制和仿真中，通常受控对象是不能轻易得出数学模型的。本章将侧重介绍另一种建模与仿真方法——物理建模。

对实际工程系统而言，如果利用物理规则建立其数学模型是比较烦琐的过程，有时甚至是不可能的。所以，本章将探讨工程系统的物理建模与仿真方法。第9.1节简单介绍物理建模的必要性，并介绍物理建模的基本概念。本节还介绍MATLAB下多领域物理建模工具Simscape及其基础模块库的简单内容和使用方法。第9.2节将通过例子演示各种电气系统的建模与仿真方法，包括电路系统、模拟电子线路与数字电子线路的建模方法。第9.3节探讨机械系统的建模问题，通过例子演示力学系统与四连杆机构的建模与仿真方法。

9.1 多领域物理建模简介

9.1.1 数学建模方法的局限性

前面所有的仿真问题都是在系统模型已知的前提下演示的，这些模型是利用传统建模步骤建立起来的。在传统建模方法中，往往可以根据物理规律写出数学方程，例如，电路系统可以根据Kirchhoff定律列出电路方程，而简单机械运动可以根据Newton运动定律列出系统模型。有了这些模型，再根据数学方程搭建出Simulink仿真模型，最后才能对系统进行仿真分析。

因此，若想对实际系统进行数学建模与分析，需要很强的领域知识。如果研究者需要研究自己不熟悉领域的系统建模问题，例如，一个电气工程师需要对某个包含机械系统在内的大系统进行建模与仿真分析，一方面，需要花大量时间先弄通机械领域的数学模型与建模方法，然后才能对整个系统进行建模，这无疑是很耗时的；另一方面，由于研究者对自己不熟悉的领域经验不足，可能建立起的模型可信度不高。此外，某些根据物理规律建模的方法会忽略很多"次要"的因素，而如果事实上这些因素不可忽略时，将产生巨大的建模误差，甚至有时建立的模型可能是错误的。

例9-1 考虑如图9-1a所示的简单电阻、电感、电容电路图。这里给出的参数是Laplace变换后的参数。利用Kirchhoff定律，可以分别写出这3个回路的电流方程。由于电容和电感可以分别

表示为积分器和微分器,因此写出如下的 Laplace 变换方程组[90]:

$$\begin{cases} (2s+2)I_1(s) - (2s+1)I_2(s) - I_3(s) = V(s) \\ -(2s+1)I_1(s) + (9s+1)I_2(s) - 4sI_3(s) = 0 \\ -I_1(s) - 4sI_2(s) + (4s+1+1/s)I_3(s) = 0 \end{cases} \tag{9-1-1}$$

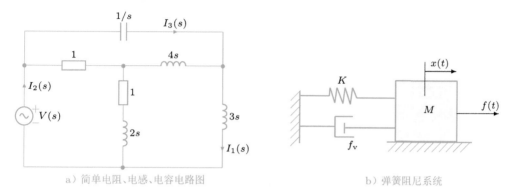

a) 简单电阻、电感、电容电路图　　　　　　b) 弹簧阻尼系统

图 9-1　实际系统示意图

如果令输入电压为 220 V,频率为 1 Hz 的交流电,$V(t) = 220\sin 2\pi t$。因为原系统是线性的,所以电流信号也是正弦信号,其频率为 1 Hz,只是其幅值与初相不同于电压信号 $v(t)$。由于建模本身的问题,这里给出的模型和得出的结论都有待检验。当然,这里给出的只是简单电路,复杂电路按照这里给出的建模方法是很不方便的,如有几十个回路的电路将建立起几十个方程,它们的求解将异常烦琐,而建模过程稍有疏忽就可能漏掉其中某个回路,这样得出的仿真模型将是错误的。因此,应该考虑更好的建模和仿真方法,如后面将介绍的物理建模方法,用电阻、电容等元件搭建出仿真模型。

例 9-2　考虑如图 9-1b 所示的弹簧阻尼系统,其中 $x(t)$ 为滑块的位移,$f(t)$ 为外部的拉力。在该系统中,阻尼器的阻力和运动速度成正比。这样,根据 Newton 第二定律,可以立即写出数学模型:

$$M\ddot{x}(t) + f_v \dot{x}(t) + Kx(t) = f(t) \tag{9-1-2}$$

其中,f_v 为阻尼器的阻尼系数;K 为弹簧的弹性系数。

简单系统模型当然可以通过 Newton 定律将数学模型建立起来,如果需要研究由几个弹簧阻尼模块构成的系统将更复杂,如果某个合力没有分析正确,也将导致整体建模失败。因此,复杂力学系统直接建模是很烦琐的,需要很深厚的专业知识才能建立起来,所以应该由重物、弹簧、阻尼器等元件将仿真模型搭建起来。

鉴于上述原因,对复杂的工程系统建模应该考虑改换思路,考虑采用多领域物理建模的方法。MathWorks 公司开发的 Simscape 及其他相关专业模块集是多领域物理建模的理想工具。利用该工具可以将多领域的系统在 Simulink 统一框架下建立起来,从而对其进行整体仿真,这是其他软件平台难以实现的。

9.1.2　Simscape简介

Simscape 是 MathWorks 公司在 2005 年推出的全新的多领域面向对象的物理建模工具。最新版的 Simscape 经过若干代的进化,现在的功能越来越强大,覆盖的领域范围也越来越广。在Simscape的早期版本中,很多组成部分自成体系,例如,与电气、电子系统有关的包括PowerSystems(更早期版本的名字为SimPowerSystems)与SimElectronics等,而最新版本对这些组成部分重新整合,形成了新的Electrical模块集。

用户可以在命令窗口中输入`simscape`命令,或从Simulink模型库中直接打开Simscape模块集,如图9-2所示。

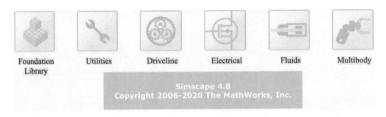

图 9-2　Simscape 模块集

目前,Simscape模块集包括电、磁、力、热、液等在内的Foundation Library(基础模块库),还有更专业的、集成度更高的模块集,如Electrical(电气与电子模块集)、Driveline(动力传动系统模块集)、Multibody(多体机械系统模块集)和 Fluids(流体系统模块集)等。这些模块集的目标是提供一系列部件模块,允许用户像组装实际硬件系统那样把相应的模块组装起来,构造出整个仿真系统,而系统所基于的数学模型会在组装过程中自动建立起来。Simscape及相关模块集是Simulink在物理模型仿真层次上进行的有意义的尝试。在建立模型时,不需要对相关领域的背景知识和数学模型等有深入的了解,因此,用户可以对自己不熟悉领域的研究对象进行直观建模和仿真分析。

此外,MathWorks公司开发的Simscape语言还允许用户利用类似于MATLAB语言的基本语法,以面向对象的编程方式,自己定义新的可重用部件模块,这极大地丰富了Simulink的多领域物理建模的功能。

9.1.3 基础模块库

单击图9-2中的Foundation Library模块,则可以打开如图9-3所示的Simscape基础模块库。可见,该模块库包含电(Electrical)、力(Mechanical)、液压(Hydraulic)、气动(Gas)、磁(Magnetic)和热(Thermal)等子模块组,还包含一个与物理信号及其转换相关的子模块组(Physical Signals)。

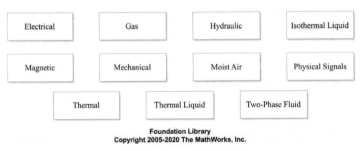

图 9-3　Simscape 基础模块库

双击其中的电模块组，可以打开对应的模块组，如图9-4所示。可以发现它有3个子模块组：Electrical Elements（电元件）和Electrical Sensors（电传感器）、Electrical Sources（电信号源）子模块组。

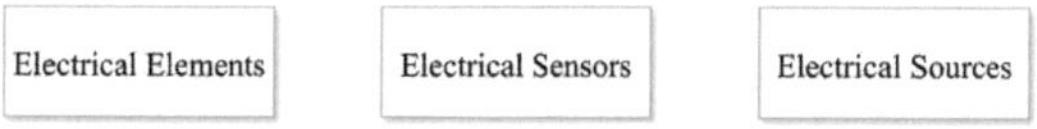

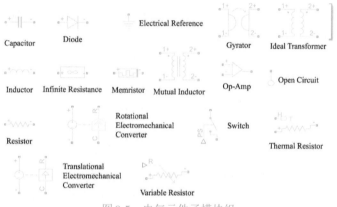

图 9-4　Simscape 基础模块库的电气模块组

双击 Electrical Elements 图标，打开如图9-5所示的电气元件子模块组的内容。可见，该模块集包括 Resistor（电阻）、Inductor（电感）、Capacitor（电容）、Mutual Inductor（互感器）、Ideal Transformer（理想变压器）和 Variable Resistor（变阻器）等常用电路元件，也包括 Diode（二极管）、Op-Amp（运算放大器）、Gyrator（旋转器）和 Memristor（忆阻器）等电子元件，还提供了 Electrical Reference（接地）模块。

图 9-5　电气元件子模块组

从图9-5中元件的端子显示看，这与普通Simulink端子的箭头标号是不同的，Simulink信号是单向的，这里的模块端子接收的是物理信号，是双向的。这两种信号线是不能互连的，必须先转换再连接。

Electrical Sources模块组提供的电气信号源模块如图9-6所示。该模块组包括AC Voltage Source（交流电压源）、AC Current Source（交流电流源）、DC Voltage Source（直流电压源）、DC Current Source（直流电流源）模块，也提供了各类受控电源，如Voltage-Controlled Current Source（压控电流源）等。

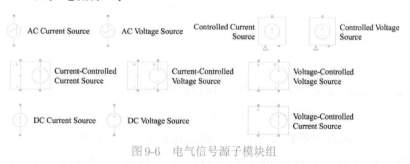

图 9-6　电气信号源子模块组

Electrical Sinks模块组提供的输出池模块如图9-7所示。该组只有两个模块：Current Sensor（电流传感器）和Voltage Sensor（电压传感器），相当于电流表与电压表。这两个模块可以按连接硬件的方法连接到电路中。检测的信号是物理信号，不能直接连接示波器。

图9-7　电气输出池子模块组

9.1.4 不同类型的信号线与端子

以往介绍Simulink建模时涉及Simulink模型的信号线，该信号线是有向的，是从一个模块的输出端子直接连接到另一个模块的输入端子。这样的输入、输出端子在Simulink模块上是以三角符号表示的。如果采用Simscape建模，则引入另一种输入、输出端子，例如，在图9-5中给出的模块中，输入、输出端子是以圆圈形式标识的，连接这类输入、输出端子的信号称为物理信号（physical signal，PS信号），物理信号是无向的。这两类信号在仿真框图中是并存的，但由于定义不同，这些信号线不能相互直接连接，它们之间的混用需要调用相应的模块进行转换后才可以实现。

双击Simscape主模块集的Utilities（公共工具）模块组图标，则显示如图9-8所示的模块组内容。其中，包含Simulink模块和物理信号直接相互转换的模块（PS-Simulink Converter和Simulink-PS Converter），除了这两个转换模块，还提供了Solver Configuration（仿真参数设置）模块、Two-Way Connection（双向连接）模块和Connection Port（连接端口）模块，其中，Solver Configuration模块是仿真模型中必须给出的。如果模型中没有这个模块，则仿真无法进行，给出错误信息。

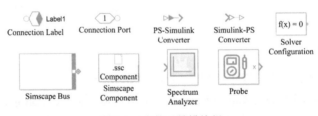

图9-8　公共工具模块组

9.2 电气系统建模与仿真

9.2.1 Simscape建模基础

空白模型窗口当然可以通过选择File → New → Model命令打开，但需要在模型中手工添加Solver Configuration等必要的模块，比较烦琐，若不添加这些模块，仿真无法进行。

建议采用`ssc_new`命令启动建模过程，该命令自动打开如图9-9所示的模型框架，用户可以由此框架为起点开始物理建模。该框架还有4个起始模块：Solver Configuration、Simulink-PS Converter、PS-Simulink Converter，后者直接连接到Scope模块。模型框架的大段文字是介绍Simscape建模的资源。这段文字建模时可以删去。如果需要与Simulink模块连接，则必须使用转换器模块，不能直接连接。下面将通过例子演示Simscape仿真模型的建立与使用方法。

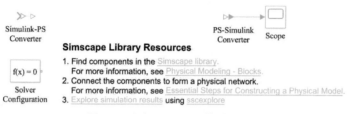

图9-9 空白Simscape模型的框架

例9-3 重新考虑例9-1中给出的电路模型。假设想测出电容两端的电压及电流I_1信号，则需要在相应的位置添加电压表和电流表。按照物理学实验的常识，电压表应该并联在电容两端，而电流表应该串联到$I_1(s)$的支路。因此，从图9-9给出的空白框架出发，可以搭建如图9-10所示的Simscape仿真模型。为以后分析方便，在建模时预留了输入与输出端子。可以看出，该模型的核心部分与给出的电路图完全相同。

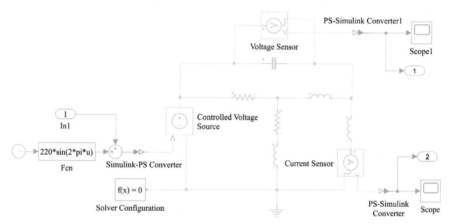

图9-10 电路图的仿真模型（文件名：c9mcirc1.slx）

双击电容模型，则弹出如图9-11所示的参数对话框，在该对话框中还需要给出Capacitance（电容）值。为精确仿真电容，有时还需要给出Series resistance（串联电阻）与Parallel conductance（并联电导）值，正常情况下，这些参数都是微小的数值。因为这里研究的是理想电容，所以可以将后两者设置为0。

图9-11 电容元件的参数对话框（局部）

该对话框还有一个Source code（源代码）的热链接，单击该链接，可以打开一个MATLAB

编辑器窗口,显示由Simscape语言编写的元件源代码。例如,电容元件的源代码如下所示[○]:

```
component capacitor < foundation.electrical.branch
    parameters
        c={1e-6,'F'}; r={1e-6,'Ohm'}; g={0,'1/Ohm'};
    end
    variables
        vc={value={0,'V'}, priority=priority.high};
    end
    equations
        assert(c>0); assert(g>=0)
        assert(isfinite(g)); assert(r>=0); assert(isfinite(r))
        v==i*r+vc; i==c*vc.der+g*vc;
end, end
```

由Simscape语言描述的电容模块可见,其等效电路图如图9-12a所示,其中,r为串联等效电阻,g为并联电导。理想情况下,$r = g = 0$。在某些场合下,这些参数不能忽略,因此采用等效电路可以更精确地对实际系统进行仿真研究。此外,电感的等效电路如图9-12b所示,该模型有自己的串联等效电阻r和并联等效电导g。

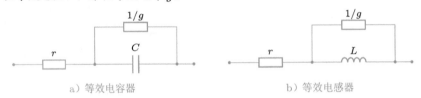

a) 等效电容器　　　　　　　　　　　　b) 等效电感器

图9-12　等效电容器与电感器

对该电路图模型进行仿真,则可以得出如图9-13所示的仿真结果。

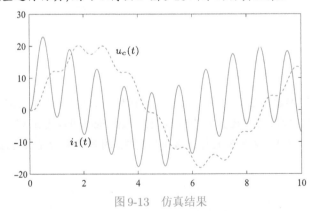

图9-13　仿真结果

由符号运算工具箱直接求解式(9-1-1)也可以得出该信号,得出的电压、电流信号理论值与图9-13中给出的仿真结果完全一致。

```
>> syms t s;
   A=[2*s+2,-(2*s+1),-1; -(2*s+1),9*s+1,-4*s; -1,-4*s,4*s+1+1/s];
```

[○] 为排版方便起见,在程序格式上稍有改动。

```
xx=inv(A)*[laplace(220*sin(2*pi*t));0;0]; U=xx(3)/s; I1=xx(2);
u=ilaplace(U); t1=0:0.01:10; y2=double(subs(u,t,t1));
i1=ilaplace(I1); y1=double(subs(i1,t,t1)); plot(t1,y1,t1,y2,'--')
```

由实际运行可见,这样的求解方法是比较耗时的。如果研究有几十个回路的电路图,很显然这样的理论求解是不可行的,因此仿真方法成为唯一可行的途径。

例9-4 考虑例9-3中给出的电路图,还可以通过前面介绍的线性化技术得出输入端到输出端的传递函数矩阵。因为建模时预留了输入与输出端子,所以可以由下面命令直接对模型线性化,并将线性化结果转换为零极点式的数学模型:

```
>> G=zpk(linearize('c9mcirc1'))
```

得到的线性化结果为

$$
G(s) = \left[\begin{array}{c} \dfrac{0.33333(s+0.08096)(s+1.544)}{(s+1.12)(s+0.0667)(s^2+0.06379s+0.558)} \\ \dfrac{0.33333(s+1)(s^2+0.25s+0.125)}{(s+1.12)(s+0.0667)(s^2+0.06379s+0.558)} \end{array} \right]
$$

从得出的结果看,因为有两个输出端子,所以得出的传递函数矩阵的第一行元素为输出端子1(即电容电压)对输入信号的传递函数,第二行为回路电流对输入信号的传递函数。

9.2.2 电子线路及其仿真

Simscape这类工具出现之前,在MATLAB中对电子线路进行仿真是很麻烦的,因为在Simulink下连模拟电子线路中最常用的晶体管模型也没有现成的模块可以描述,只能用其他间接的方法进行近似。有了当前系统模块集,电子线路的建模与仿真变得十分容易,因为,Simscape的Electrical模块组提供了更专业的电气仿真模块。双击图9-2的Electrical图标,则打开如图9-14所示的电气系统模块集。可见,除了传统的Passive(无源)电气元件,还支持Semiconductor & Converters(半导体与转换器)、Integrated Circuit(集成电路)等电子模块。

图9-14 电气系统模块集

双击Semiconductor & Converters图标,则打开如图9-15所示的模块组,包括二极管、晶体管这样的模拟器件,也包含各种场效应晶体管(FET)、IGBT和晶闸管等电力电子元件。其中,Converters(变换器)是下一级的子模块组,提供了各种变换器模块,包括交流、直流变换器、斩波器和整流器等元件。

用户只需根据需要绘制出电子线路的物理模型,Simulink环境就可以直接生成仿真模

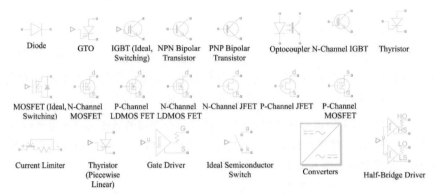

图 9-15　半导体元件子模块组

型,得出仿真结果。后面将通过例子演示简单电子线路的建模与仿真方法。

例 9-5　考虑如图 9-16a 所示的晶体管电子线路电路图。其中,$R_0 = 10\,\mathrm{k\Omega}$,$R_1 = 1\,\mathrm{k\Omega}$,$C_1 = C_2 = 82\,\mathrm{pF}$,$L = 120\,\mathrm{\mu H}$。该电路图中有一个晶体管,需要使用 Semiconductor & Converters 模块组中的 NPN Bipolar Transistor 来构造仿真模型,利用相关模块可以搭建起如图 9-16b 所示的仿真模型。双击晶体管模块,则可以打开如图 9-17 所示的参数对话框,其中包含晶体管元件的各种参数,用户可以根据实际情况相应地修改其中的某些参数,或保持默认参数不变。注意模型中的 S1 和 S2 模块,必须用这样的模块建立起物理信号与 Simulink 信号之间的转换。

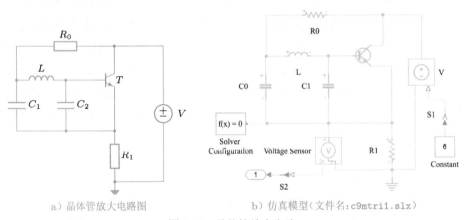

a) 晶体管放大电路图　　　　　　　　　　b) 仿真模型(文件名:c9mtri1.slx)

图 9-16　晶体管放大电路

例 9-6　重新考虑例 9-5 中的模型。由下面的语句对该电路图进行仿真研究,则可以得出如图 9-18 所示的 R_1 电压仿真曲线。

```
>> [t x y]=sim('c9mtri1'); plot(t,y)
```

9.2.3 运算放大器电路仿真

运算放大器是控制系统中连续控制器实现的关键元件,由运算放大器可以容易地组建微分控制器、积分控制器等常用的控制器结构。在控制理论研究中,通常认为运算放大器是具有无穷大增益的元件,但实际上理想的运算放大器并不存在,实际运算放大器增益是有限值。此外,运算放大器输出电压有一个范围,超出该范围会被自动饱和掉。因此实际的运

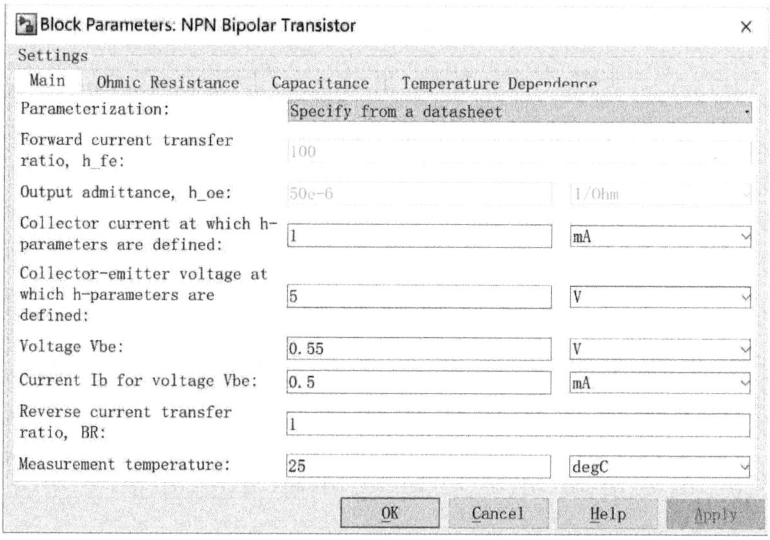

Block Parameters: NPN Bipolar Transistor

Settings

| Main | Ohmic Resistance | Capacitance | Temperature Dependence |

Parameterization:	Specify from a datasheet	
Forward current transfer ratio, h_fe:	100	
Output admittance, h_oe:	50e-6	1/Ohm
Collector current at which h-parameters are defined:	1	mA
Collector-emitter voltage at which h-parameters are defined:	5	V
Voltage Vbe:	0.55	V
Current Ib for voltage Vbe:	0.5	mA
Reverse current transfer ratio, BR:	1	
Measurement temperature:	25	degC

OK　Cancel　Help　Apply

图 9-17　晶体管模块参数对话框

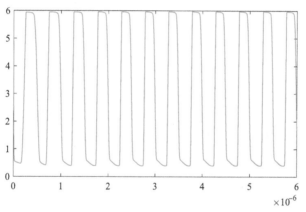

图 9-18　电压仿真曲线

算放大器和理想的运算放大器是不同的。双击 Integrated Circuits 模块组图标,则可以打开如图 9-19 所示的模块集。其中提供了各种运算放大器模块。这里将通过例子对原始放大器电路进行仿真分析。

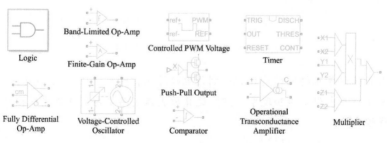

Logic　Band-Limited Op-Amp　Controlled PWM Voltage　Timer

Finite-Gain Op-Amp

Push-Pull Output

Fully Differential Op-Amp　Voltage-Controlled Oscillator　Comparator　Operational Transconductance Amplifier　Multiplier

图 9-19　集成电路子模块组

例 9-7　已知如图 9-20 所示的运算放大器电子线路。其中,$R_1 = 360\,\text{k}\Omega$, $R_2 = 220\,\text{k}\Omega$,

$C_1 = 5.6\,\mu\mathrm{F}, C_2 = 0.1\,\mu\mathrm{F}$, 试建立其仿真模型,并观察输入信号幅值变化对输出信号的影响。

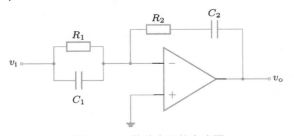

图 9-20 运算放大器的电路图

可以考虑采用运算放大器模块作为其核心,搭建出如图 9-21 所示的仿真模型。从构造的模型可见,其表现形式是很直观、方便的。

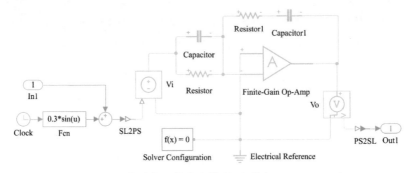

图 9-21 运算放大器的仿真模型(文件名:c9moa1.slx)

双击运算放大器模块则可以打开其参数输入对话框,可以按照图 9-22 给出的方式设置运算放大器参数。其中,增益为 1000,不是理想的 ∞。另外,这里设置该元件的钳位电压为 $\pm15\mathrm{V}$。

Block Parameters: Finite-Gain Op-Amp		×

Finite-Gain Op-Amp
Settings

Main | Noise

Gain, A:	1000	
Input resistance, Rin:	1e6	Ohm
Output resistance, Rout:	100	Ohm
Minimum output, Vmin:	-15	V
Maximum output, Vmax:	15	V

OK | Cancel | Help | Apply

图 9-22 运算放大器参数对话框

如果输入正弦信号 v_i 的幅值为 $0.3\,\mathrm{V}$,则该电路输出信号 v_o 可以通过仿真得出,如图 9-23a 所示。可见,输出信号出现了饱和现象。这时,运算放大器电路不再是线性系统模块了,而具有不可忽视的非线性特性。

```
>> [t x y]=sim('c9moa1'); plot(t,y)
```

进一步增加正弦输入信号的幅值到 $0.5\,\mathrm{V}$,则得出如图 9-23b 所示的输出信号波形,可见这样得出的饱和非线性现象更不能忽略。

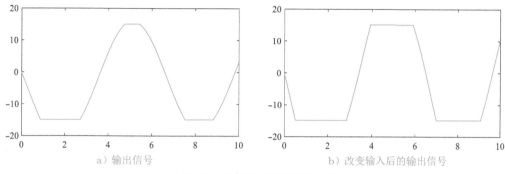

a）输出信号　　　　　　　　　　　　　　b）改变输入后的输出信号

图 9-23　运算放大器的输出信号

若想获得系统的线性模型，则可以利用模型中输入、输出端子，并给出下面的线性化命令：

```
>> G=zpk(linearize('c9moa1'))
```

这样，经过线性化计算，可以得出相应的传递函数模型为

$$G(s) = \frac{-999.55(s+0.496)(s+45.45)}{(s+858.2)(s+0.03571)}$$

9.2.4 数字电子线路仿真举例

Simscape 模块集提供了大量的数字电子电路模块，可以直接用于数字电子线路的计算机仿真，常用的门电路模块与触发器模块在图 9-19 中的 Logic 子模块组中列出。除了该模块集外，Simulink 的 Logic and Bit Operations 模块组中也提供了各种理想的逻辑模块，可以使用这些模块搭建数字电子线路的仿真模型。本节将给出若干实例演示数字电子线路的建模与仿真方法。

例 9-8　试用 Simulink 仿真模型实现逻辑 $Z = \overline{A \cdot \overline{A \cdot B} + B \cdot \overline{A \cdot B}}$。

解　在数字逻辑领域，$A \cdot B$ 称为 A 和 B 信号的"与"运算，与运算称为"与"门（AND）。$A+B$ 称为"或"门（OR），$\overline{A}$ 称为"非"门（NOT）。此外，$\overline{A \cdot B}$ 称为"与非门"（NAND），$\overline{A+B}$ 称为"或非门"（NOR）。这些逻辑运算可以由 Logic 组中列出的门电路直接实现。有了这些门电路模块，则可以搭建如图 9-24 所示的仿真框图。

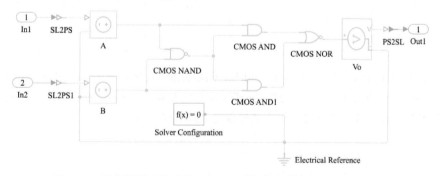

图 9-24　数字逻辑表达式的 Simulink 模型（文件名：c9mdig1.slx）

如果使用 Simulink 提供的理想逻辑模块，则可以搭建如图 9-25 所示的仿真模型。从得出的模型看，所有的信号都是 Simulink 信号，这些信号与输入、输出端子的连接可以直接完成，无须转换，也无须附加模块。

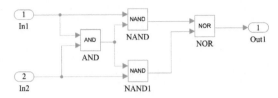

图9-25 理想数字逻辑表达式的Simulink模型（文件名：`c9mdig1a.slx`）

真值表（truth table）是数字电子线路的重要数学模型。下面通过例子演示基于真值表的译码电路仿真模型建模方法与7段发光二极管（light emitting diode，LED）的显示方法。

例9-9 假设有4路二进制输入信号A_1、A_2、A_3、A_4，试搭建一个译码电路，由这4路输入信号驱动7段发光二极管，显示出BCD（binary coded decimal）编码结果。BCD译码逻辑规则可以由真值表描述，如表9-1所示[105]。

表9-1 BCD译码的7段LED显示真值表

输入信号				译码	输出信号						
A_1	A_2	A_3	A_4	显示	Y_1	Y_2	Y_3	Y_4	Y_5	Y_6	Y_7
0	0	0	0	0	1	1	1	1	1	1	0
0	0	0	1	1	0	1	1	0	0	0	0
0	0	1	0	2	1	1	0	1	1	0	1
0	0	1	1	3	1	1	1	1	0	0	1
0	1	0	0	4	0	1	1	0	0	1	1
0	1	0	1	5	1	0	1	1	0	1	1
0	1	1	0	6	0	0	1	1	1	1	1
0	1	1	1	7	1	1	1	0	0	0	0
1	0	0	0	8	1	1	1	1	1	1	1
1	0	0	1	9	1	1	1	1	0	1	1
1	0	1	0	—	0	0	0	0	0	0	1
1	0	1	1	—	0	0	0	0	0	0	1
1	1	0	0	—	0	0	0	0	0	0	1
1	1	0	1	—	0	0	0	0	0	0	1
1	1	1	0	—	0	0	0	0	0	0	1
1	1	1	1	—	0	0	0	0	0	0	1

真值表在Simulink下可以由Logic and Bit Operations模块组中的Combinational Logic（组合逻辑）模块表示。由表9-1中给出的信息，可以将真值表右侧的$Y_1 \sim Y_7$信息用矩阵表示，并将该矩阵填写到组合逻辑的参数对话框中就可以完成译码模块的设置。

```
>> T=[1 1 1 1 1 1 0; 0 1 1 0 0 0 0; 1 1 0 1 1 0 1; 1 1 1 1 0 0 1;
      0 1 1 0 0 1 1; 1 0 1 1 0 1 1; 0 0 1 1 1 1 1; 1 1 1 0 0 0 0;
      1 1 1 1 1 1 1; 1 1 1 1 0 1 1; repmat([0,0,0,0,0,0,1],6,1)];
```

早期版本提供了发光二极管的Simulink模块，这个模块在新版本下是不支持的，因此需要考虑替代模块。Simulink在Dashboard模块组中提供了Multi State Image（多状态图像）模块，可以人为生成两个文件，`red.jpg`和`white.jpg`，分别存放纯红色和纯白色图像，然后将其与两个状态1和0关联起来。这样，当模块的输入信号值为1时，显示红色图片，如果为0则显示白色图片,达到发光二极管的效果。可以用7个这样的模块摆成"8"字形,如图9-26所示。

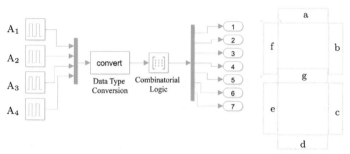

图9-26　LED译码系统的仿真模型(文件名:c9mtru1.slx)

在该模型中将4路输入信号构成的BCD编码传递给组合逻辑模块。其实,可以这样理解真值表:如果$A_1=0$, $A_2=A_3=A_4=1$时,$Y_1=Y_2=Y_3=1$,其余的Y_i均为0。就是说,这时的LED中,a、b、c段应该显示红色(显示译码结果为"7")。4路输入信号用Mux模块组合成向量型信号,输入组合逻辑模块。由于组合逻辑模块只能接收二进制信号,而输入模块生成的是双精度信号,因此在输入组合逻辑模块之前,应该采用Data Type Conversion(数据类型转换)模块将其先转换成二进制信号,再进行连接。组合逻辑模块有7路输出信号,可以将这7路输出信号通过Demux模块连接到7个输出端子,再将7个输出端子与7个Multi State Image模块建立关联关系。这样,就可以实现所需的BCD译码与LED显示。

4路输入信号$A_1 \sim A_4$均采用脉冲信号,其中,A_1信号的周期设置为1,后续各路信号周期逐次减半。这样,$A_1 \sim A_4$信号就可以生成各种组合,由此测试译码电路的显示。为更好地显示译码显示效果,可以选择定步长仿真算法,并将步长设置为0.000001。

例9-10　第4章介绍了系统辨识中经常使用的PRBS信号。该信号可以由如图9-27所示的电子线路直接生成。其中,三个逻辑门模块从上到下分别为异或门、或门和与门。

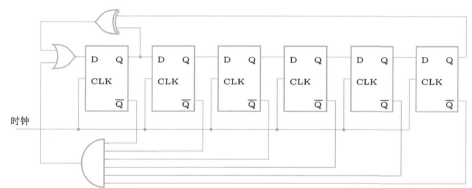

图9-27　PRBS信号发生器电路

由给出的电路图可见,这样的模型是难以写出其数学模型的,因为触发器的数学模型不是很容易写出,需要由真值表描述。因此,一种实用、可行的建模方法就是使用物理建模的方法。

该电路的核心是触发器模块。由Simulink Extra模块集中的触发器模块组如图9-28所示。该模块组有D Latch模块、D Flip-Flop(D触发器)模块、J-K Flip-Flop(JK触发器)模块、S-R Flip-Flop(SR触发器)模块,也有Clock(时钟)模块,默认的时钟周期为2s。

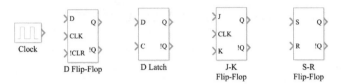

图 9-28 触发器模块组

对这个具体例子而言,如果采用D锁存器模块容易产生代数环,仿真不能正确进行,因此应该采用6个D触发器与时钟模块、与门、或门与异或门模块,直接搭建如图9-29所示的仿真模型。可以采用脉冲形式的时钟信号控制各个D触发器模块。和电路图不同的是,这里还需要给每个触发器引入使能信号。可以将该信号连接到所有触发器模块的使能端!CLR,且使能信号为常数1。逻辑模块也可以直接调用数学模块组中的Logical Operator模块搭建。

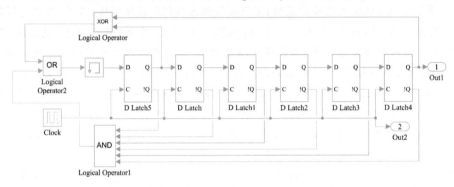

图 9-29 基于触发器的 PRBS 序列发生器仿真系统(文件名:c9mflip.slx)

构造出系统的仿真框图后,就可以对其进行仿真研究,得出如图9-30所示的仿真曲线,其中该信号的周期为63,亦即126 s。可见,带有触发器数字电路可以容易地用Simulink进行仿真,用示波器或输出端子直接观察各个信号的时序曲线,为数字电子线路的分析提供了有力的手段。

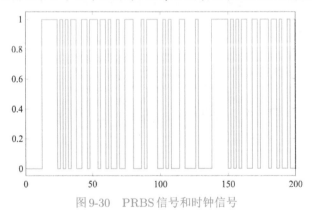

图 9-30 PRBS 信号和时钟信号

9.3 机械系统建模与仿真

前面介绍过,利用Simscape的基础模块库可以实现力学系统的建模与仿真。除了基础模块库之外,更复杂机械系统的建模与仿真可以使用更专业的Multibody模块集来完成。下面首先介绍简单力学系统的建模与仿真,然后介绍Multibody模块集及仿真方法。

9.3.1 力学系统的模块

Simscape基础模块库还提供了Mechanical（力学模块组），包含5个子模块组，如图9-31所示，分别为Mechanical Sensors（机械传感器）、Mechanical Sources（机械信号源）、Mechanisms（机构）、Rotational Elements（转动元件）和Translational Elements（平动元件）。

图9-31　Simscape基础模块库的力学子模块组

平动元件库的内容如图9-32所示，包括Mass（质量）模块、Translational Friction（平动摩擦力）模块、Translational Damper（阻尼平动）模块、Translational Spring（平动弹簧）模块和Translational Hard Stop（平动硬停）模块等，和其他元件库一样，平动元件库还提供了Mechanical Translational Reference（机械平动参考点）模块。因此，例9-2中给出的系统可以由该子模块组中的模块直接搭建。

图9-32　平动元件子模块组

力学信号源模块组如图9-33a所示，包括Ideal Force Source（理想力输入）、Ideal Torque Source（理想转矩输入）、Ideal Angular Velocity Source（理想角速度输入）和Ideal Translational Velocity Source（理想平动速度输入）等信号源模块。力学传感器模块组如图9-33b所示，包括Ideal Force Sensor（理想力传感器）、Ideal Rotational Motion Sensor（理想转动运动传感器）、Ideal Torque Sensor（理想转矩传感器）和Ideal Translational Motion Sensor（理想平动运动传感器）等模块。

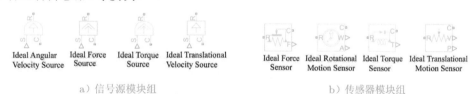

a）信号源模块组　　　　　　　　　　　b）传感器模块组

图9-33　力学模块组的输入与传感器

9.3.2 简单力学系统的仿真

一般力学系统用Simscape的基础模块库就可以进行建模与仿真研究。下面通过例子介绍弹簧阻尼系统的建模与仿真问题求解。

例9-11　考虑例9-2中介绍的弹簧阻尼系统，已知弹簧的弹性系数为$1000\,\mathrm{N/m}$，阻尼系数为$100\,\mathrm{N\cdot s/m}$，重物质量$M = 1\,\mathrm{kg}$。

打开基础模块集,可以发现,该模块集的平动元件组提供 Translational Spring、Translational Damper 和 Mass 模块,可以将这三个模块按照图 9-1b 中标出的方法连接,得出物理仿真模型的主体部分。双击这三个模块,则可以将其给定参数直接输入 3 个模块中,以便下一步直接使用。

如果想对其施加外力,则可以通过力学信号源模块组的 Ideal Force Source 模块,将外力直接施加在模块上。重物的位置和速度显示可以通过传感器组的 Translational Motion Sensor 模块获得。该模块的 P 端子返回位移信号,V 端子返回速度信号。如果需要加速度信息,则可以在该端口后面添加一个微分器模块。和电路模型一样,力学系统的建模也需要一个公共的参考点,由 Mechanical Translational Reference 模块表示,该模块有点像电路中的地线。这样,就可以得出如图 9-34 所示的仿真模型。

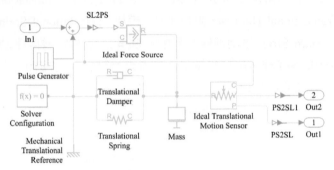

图 9-34 弹簧阻尼系统仿真模型(文件名:c9mmass1.slx)

若输入方波信号的外力为 1N,方波周期为 5s,占空比为 40%,可以通过 Pulse Generator 的参数对话框输入这些信息。这样,通过仿真就可以得出重物的位移和速度曲线,如图 9-35 所示。

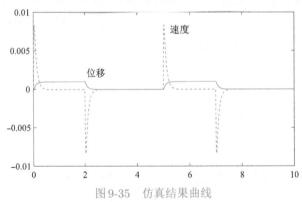

图 9-35 仿真结果曲线

这个模型本身是一个线性模型。给模型标识出输入端子和输出端子,则可以通过线性化方法得出从输入端到两个输出端的传递函数矩阵模型。

```
>> G=linearize('c9mmass1')
```
得出传递函数矩阵的转置为

$$\boldsymbol{G}^{\mathrm{T}}(s) = \left[\frac{1}{s^2 + 100s + 1000}, \frac{s}{s^2 + 100s + 1000} \right]$$

对这样的简单模型而言,可以根据 Newton 第二定律,建立系统的数学方程,再通过适当的理论推导,得出系统的数学模型。例如,若将已知参数代入微分方程 $Mx''(t) + f_{\mathrm{v}}x'(t) +$

$Kx(t) = f(t)$，则可以直接推出上面的传递函数矩阵模型。

　　如果系统结构变得更复杂，则数学建模的方法可能不可行，需要考虑使用物理建模的方法建立仿真模型。

　　例9-12　考虑图9-36给出的复杂弹簧阻尼系统模型，该模型的数学模型是很难推导的。假设3个阻尼器的阻尼系数均为 $f_{v1} = f_{v2} = f_{v3} = 100\,\text{N·s/m}$，弹性系数 $K_1 = K_2 = 1000\,\text{N/m}$，$K_3 = K_4 = 400\,\text{N/m}$，$M_1 = M_2 = M_3 = 1\,\text{kg}$。

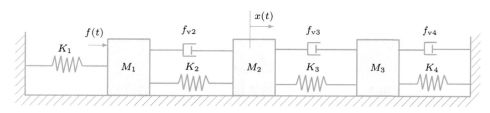

图9-36　多弹簧阻尼系统

　　仿照前面建立的仿真模型，再按规定的图形添加阻尼模块、弹簧模块与重物模块，则可以按图9-37中给出的方式搭建起仿真模型，并按照要求修改各个模块的参数。可以看出，这样的建模方法是很简单、直观的，无须太多物理学的基础知识，只需将各个模块按图连起来就可以了。

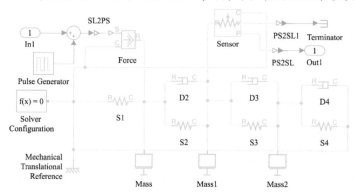

图9-37　多弹簧阻尼系统的Simulink模型（文件名：c9mmass2.slx）

　　如果拉力 $f(t)$ 选为幅值为4N的方波信号，则可以得出仿真结果。若将 K_2 的值从1000降至400，再重新仿真，则两个仿真结果如图9-38所示。

　　通过下面语句还可以对这个模型做线性化近似：

```
>> G=linearize('c9mmass2'); G=minreal(zpk(G))
```

得出系统的线性化模型为

$$G(s) = \frac{100(s + 195.9)(s + 10)(s + 4.083)}{(s + 318.2)(s + 145.2)(s + 8.486)(s + 4.082)(s^2 + 24.01s + 699.6)}$$

9.3.3　Multibody模块集简介

　　Multibody模块集的前身是2001年10月推出了SimMechanics Blockset（机构系统模块集）。该模块集借助于MATLAB/Simulink及其三维动画工具，允许用户对机构系统进行仿真，这表明MATLAB系列产品在物理建模领域前进了一大步。Multibody利用牛顿动力

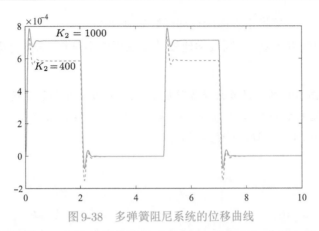

图9-38　多弹簧阻尼系统的位移曲线

学中力和转矩等基本概念,可以对各种关节连接的运动体进行建模与仿真,实现对机构系统进行分析与设计的目的。

作为Simulink下的一个应用程序,可以从Simulink浏览器中直接打开Multibody模块集,也可以在MATLAB命令窗口中由 sm_lib 命令打开该模块集,后者将打开如图9-39所示的模块集,其中包含下面几个子模块组。

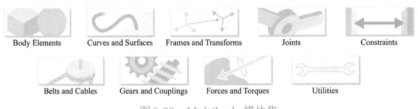

图9-39　Multibody 模块集

1) Body Elements(刚体子模块组)。双击该模块组图标,则打开如图9-40所示的模块组内容。可以看出,其中包含了各种形状的刚体模块,如 Cylindrical Solid(柱体)、Ellipsoidal Solid(椭圆形体)、Spherical Solid(球体)等刚体模块,也包含了 Flexible Bodies(柔性体)模块组与 Variable Mass(变质量)模块组。模块组还提供了 Inertia Sensor(转矩传感器)模块。

图9-40　Body Element 模块组

2) Joints(关节)模块组。双击 Joints 模块组图标,则可以打开如图9-41所示的模块组。其中包括6-DOF Joint(六自由度关节)、Bearing Joint(轴承关节)、Prismatic Joint(移动关节)、Planar Joint(平面关节)、Revolute Joint(转动关节)、Universal Joint(通用关节)等模块。一般的关节模块有两个连接端,B端称为主动端(base),F端称为从动端(follower)。按照传统系统仿真的概念,也可以将B端理解为输入端,将F端理解为输出端。

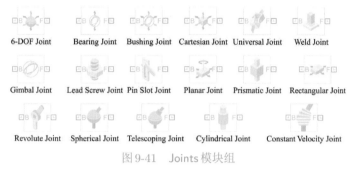

图 9-41 Joints 模块组

3）Force and Torque（力与转矩）模块组。如果双击 Force and Torque 模块组图标，则可以打开如图 9-42 所示的模块组。可以看出，该模块组包含 External Force and Torque（外力与转矩）模块、Internal Force（内力）模块与 Gravitational Field（重力场）模块、Spring and Damper Force（弹簧与阻尼力）模块等。

图 9-42 Force and Torque 模块组

4）Frames and Transforms（坐标系与变换）模块组，如图 9-43 所示。其中，包括 Reference Frame（参考坐标系）、Rigid Transform（刚体变换）、Transform Sensors（变换传感器）和 World Frame（世界坐标系）模块。

图 9-43 Frames and Transforms 模块组

其实，从底层提供的 Body Element 模块看，一般没有主动端与从动端，所以难以与关节直接连接，应该用底层的模块构造一些复合（compound）模块。下面通过例子演示两个常用的复合模块。

例 9-13　Multibody 模块集演示程序中提供了一些复合模块，这些模块已经封装实现，可以在建模中重用。图 9-44 介绍了两个常用的连杆模块。

事实上，两个复合模块都是可重用的封装模块。其中，复合模块 2 的底层构造可以参见 sm_compound_body.slx 模型。该模型将连杆分成三个部分建模并连接，其内部结构如图 9-45 所示。注意，部件连接时内部采用坐标变换模块。

9.3.4 四连杆机构的建模与仿真

本节将以平面四连杆机构的建模与仿真为例，介绍 Multibody 在机构系统建模与仿真中的应用。通过这个例子，读者会对解决类似的问题有一定的认识，可以更好地利用这一工具求解其他的机械系统建模与仿真问题。

a) 复合模块1   b) 复合模块2

图9-44   两个复合连杆模块

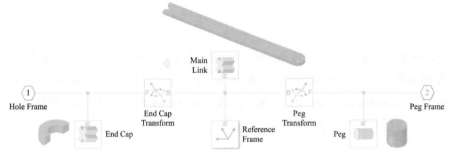

图9-45   复合连杆模块的内部结构

例9-14   考虑如图9-46所示的平面四连杆机构的运动简图。整个连杆机构的几何尺寸在图中给出。

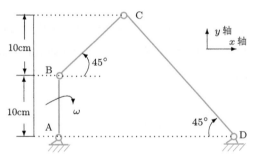

图9-46   四连杆机构运动简图

从该机构运动简图可见,整个系统有两个固定机架,3个连杆。连杆之间、连杆与机架之间用单自由度的转动关节连接。其中,AB段称为曲柄(crank),可以绕A点360°转动;BC段称为连接杆(connector);CD段称为摇杆(rocker),可以绕D点反复摆动。这种四连杆机构又称为曲柄摇杆(crank–rocker)四连杆机构。

MATLAB提供了一个演示模型sm_four_bar.slx。这里给出的仿真模型只是四连杆机构的仿真框架,可以以其为起点,根据图9-46中提供的新参数构造系统的仿真模型,如图9-47所示。该模型中,除了连杆和关节外,还描述了两个底座模块和坐标变换模块。

双击底座模块,可以打开如图9-48a所示的对话框,输入底座的参数。用户可以输入Base radius(底座半径)、Base thickness(底座厚度)、Peg radius(楔子半径),还可以输入底座的颜色。

双击连杆模块,可以打开如图9-48b所示的参数对话框,可以输入Link density(连杆密度)的值,如果使用铁制连杆,则参数应该选7800kg/m^3。Link length(连杆长度)参数可以根据图9-46换算填写。AB连杆的长度填写10,BC长度为$10\sqrt{2} \approx 14.1412$,CD段长度为$20\sqrt{2} \approx 28.2843$。此外,还可以在Link Color(连杆颜色)编辑框给各个连杆设置成不同的颜色。

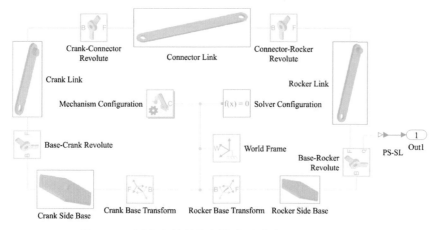

图9-47 四连杆机构的仿真模型(文件名:c9m4bar.slx)

填写了这些参数,就可以直接对该系统进行仿真。

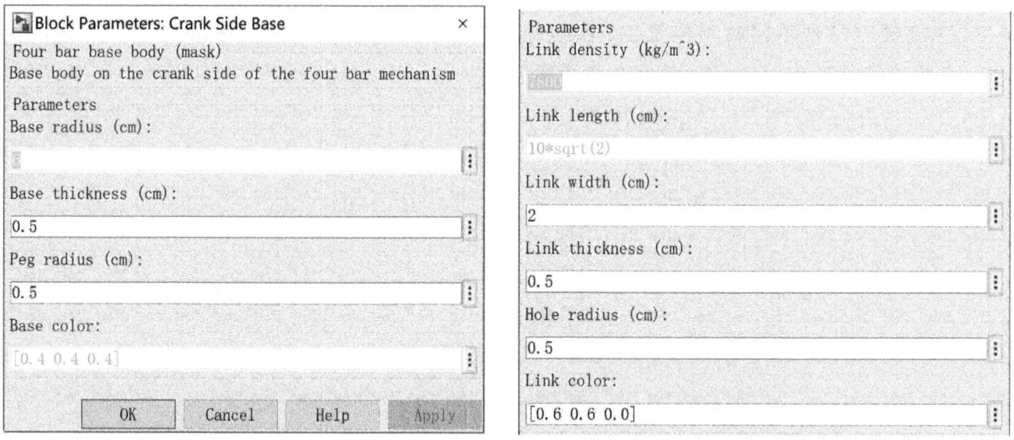

Block Parameters: Crank Side Base ×

Four bar base body (mask)
Base body on the crank side of the four bar mechanism

Parameters
Base radius (cm):

Base thickness (cm):
0.5

Peg radius (cm):
0.5

Base color:
[0.4 0.4 0.4]

OK　　Cancel　　Help　　Apply

Parameters
Link density (kg/m^3):

Link length (cm):
10*sqrt(2)

Link width (cm):
2

Link thickness (cm):
0.5

Hole radius (cm):
0.5

Link color:
[0.6 0.6 0.0]

a)底座模型的参数对话框　　　　　　　b)连杆参数对话框

图9-48 底座与连杆模块的参数对话框

填写完各个模块的参数,则可以启动仿真过程。仿真过程启动之后,Simulink会自动打开
Mechanics Explorers(机械浏览器),给出如图9-49所示的四连杆机构三维动画演示。用户还可
以调整浏览器窗口下部的播放速度滚动杆,调节动画的播放速度。

从这个例子可以看出物理建模与仿真的优势,无须写出该系统的数学模型,只需将连
杆、关节等依次组装起来,给出各个环节的参数,就可以直接对整个系统进行仿真分析,得
出运行结果的动画显示。

9.4 习 题

1 考虑如图9-50所示的电路,假设已知 $R_1 = R_2 = R_3 = R_4 = 10\Omega$, $C_1 = C_2 = C_3 = 10\mu F$,
并假设输入交流电压 $v(t) = \sin(\omega t)$,并令 $\omega = 10$,试对该系统进行仿真,求出输出信号
$v_c(t)$,并求出其解析解。可以用两种方法绘制出该系统的Bode图。
1)求出系统的线性模型,然后用 **bode()** 函数绘制。

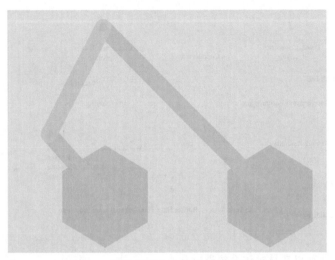

图9-49 机械浏览器的三维动画显示窗口

2) 选择一系列不同的频率值 ω_i, 在每一个频率值下求出解析解的幅值与相位, 然后用描点的方法绘制出 Bode 图, 请问二者是否一致。

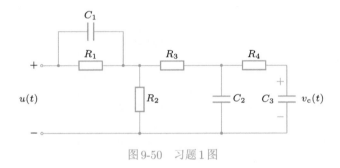

图9-50 习题1图

2 晶体管是电子线路中经常使用的元件, 而电力系统模块集没有提供该元件, 给电子线路的仿真带来很大的困难。在电子线路类课程中通常介绍晶体管的近似方法, 试利用近似方法用 Simulink 模块搭建出晶体管的等效电路, 并封装成可用模块。

3 请用 Simulink 搭建出下面的数字逻辑电路:

1) $Z_1 = A + B\overline{C} + D$ 2) $Z_2 = AB(C + D) + D + \overline{D}(A + B)(\overline{B} + \overline{C})$

并自己选定信号验证这两个电路是等价的。

4 试写出图9-51给出图形的逻辑表达式[105], 用 Simulink 搭建该表达式的仿真模型并进行仿真分析。

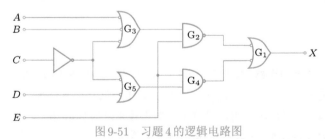

图9-51 习题4的逻辑电路图

5　试建立起如图 9-52a、b、c 所示的运算放大器放大电路电路图的仿真模型,绘制出各种信号控制下的电路信号响应曲线,并试图提取放大倍数的传递函数模型。另外,试通过仿真分析当运算放大器增益为 10^4、10^6 及无穷大时输出信号的区别。

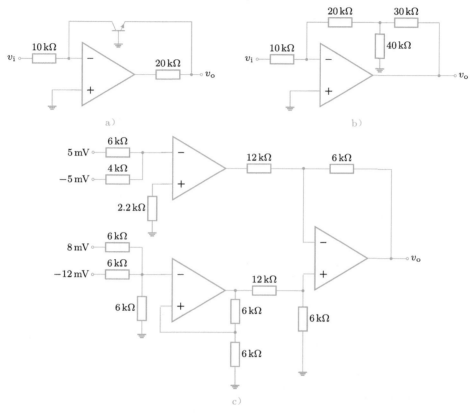

图 9-52　习题 5 的运算放大器电路图

6　例 9-9 给出的模型中,如果输入信号 $A_1 = A_3 = A_4 = 0$,$A_2 = 1$,试判定哪几段数码管点亮,哪几段关闭?如果这 4 个信号都是 1,数码管的点亮、关闭状态又会怎样?请用仿真实验验证上面的结论。

7　已知某逻辑电路的真值表由表 9-2 给出,试由该真值表搭建起 Simulink 仿真系统模型。

8　假设 JK 触发器逻辑电路如图 9-53a、b 所示[105],试由仿真方法绘制输出信号的时序图。

9　考虑第 6 章习题 14 中给出的 PLD 关系列表,试用基本逻辑模块搭建起仿真系统模型,并比较和 S-函数建模的优劣。

表9-2　某逻辑电路真值表

输入端子				输出端子							
X_3	X_2	X_1	X_0	g_3	g_2	g_1	g_0	b_3	b_2	b_1	b_0
0	0	0	0	0	0	0	0	0	0	0	0
0	0	0	1	0	0	0	1	0	0	0	1
0	0	1	0	0	0	1	1	0	0	1	1
0	0	1	1	0	0	1	0	0	0	1	0
0	1	0	0	0	1	1	0	0	1	1	1
0	1	0	1	0	1	1	1	0	1	1	0
0	1	1	0	0	1	0	1	0	1	0	0
0	1	1	1	0	1	0	0	0	1	0	1
1	0	0	0	1	1	0	0	1	1	1	1
1	0	0	1	1	1	0	1	1	1	1	0
1	0	1	0	1	1	1	1	1	1	0	0
1	0	1	1	1	1	1	0	1	1	0	1
1	1	0	0	1	0	1	0	1	0	0	0
1	1	0	1	1	0	1	1	1	0	0	1
1	1	1	0	1	0	0	1	1	0	1	1
1	1	1	1	1	0	0	0	1	0	1	0

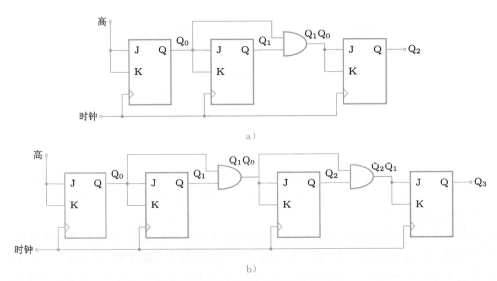

图9-53　习题8的触发器电路图

参 考 文 献

[1] 戴先中. 自动化科学与技术学科的内容、地位与体系 [M]. 北京: 高等教育出版社, 2003.

[2] Lewis F L. Applied optimal control and estimation, digital design and implementation [M]. Englewood Cliffs: Prentice-Hall, 1992.

[3] 万百五. 自动化(专业)概论 [M]. 武汉: 武汉理工大学出版社, 2002.

[4] Maxwell J C. On governors [J]. Proceedings of Royal Society of London, 1868, 16:270~283.

[5] Routh E J. A treatise on the stability of a given state of motion [M]. London: Macmillan & Co., 1877.

[6] Hurwitz A. On the conditions under which an equation has only roots with negative real parts [J]. Mathematische Annalen, 1895, 46(2):273~284 (in German).

[7] Minorsky N. Directional stability and automatically steered bodies [J]. Journal of American Society of Naval Engineering, 1922, 34(2):280~309.

[8] Ziegler J G, Nichols N B. Optimum settings for automatic controllers [J]. Transaction of the ASME, 1944, 64:759~768.

[9] Nyquist H. Regeneration theory [J]. Bell Systems Technical Journal, 1932, 11(1):126~147.

[10] Bode H. Network analysis and feedback amplifier design [M]. New York: D Van Nostrand, 1945.

[11] James H M, Nichols N B, Phillips R S. Theory of servomechanisms [M], MIT Radiation Laboratory Series, Volume 25. New York: McGraw-Hill, 1947.

[12] Evans W R. Graphical analysis of control systems [J]. Transactions of AIEE, 1948, 67(1): 547~551.

[13] Pontryagin L S, Boltyansky V G, Gamkrelidze R V, et al. The mathematical theory of optimal processes [M]. New York: Wiley, 1962.

[14] Bellman R. Dynamic programming [M]. New Jersey: Princeton University Press, 1957.

[15] Kalman R E. On the theory of control systems [C]. Moscow: Proceedings of 1st IFAC Congress, 1960.

[16] Kalman R E. Contributions to the theory of optimal control [J]. Boletin de la Societed Mathematica Mexicana, 1960, 5:102~119.

[17] Kalman R E. A new approach to linear filtering and prediction problems [J]. ASME Journal of Basic Engineering, 1960, 82(1):34~45.

[18] Zames G. Feedback and optimal sensitivity: model reference transformations, multiplicative seminorms, and approximate inverses [C]. Oklahoma City: Proceedings 17th Allerton Conference, 1979, 744~752. Also, Transaction on Automatic Control, 1981, AC-26(2):585~601.

[19] Doyle J C, Glover K, Khargonekar P, et al. State-space solutions to standard $\mathcal{H}_2$ and $\mathcal{H}_\infty$ control problems [J]. IEEE Transaction on Automatic Control, 1989, AC-34(8):831~847.

[20] Murray R M. Control in an information rich world: report of the panel on future directions in control, dynamics, and systems [M]. Philadelphia: SIAM Press, 1987.

[21] 胡峰, 孙国基, 卫军胡. 动态系统计算机仿真技术综述(I) 仿真模型 [J]. 系统仿真学报, 2000, 17(1):1~7.

[22] Atherton D P. Nonlinear control engineering: describing function analysis and design [M]. London: Van Nostrand Reinhold, 1975.

[23] Jury E I, Blanchard J. A stability test for linear discrete systems in table form [J]. IRE Proceedings, 1961, 49(12):1947~1948.

[24] Smith B T, Boyle J M, Dongarra J J. Matrix eigensystem routines: EISPACK guide [M]. 2nd ed. New York: Springer-Verlag, 1976.

[25] Garbow B S, Boyle J M, Dongarra J J, et al. Matrix eigensystem routines: EISPACK guide extension [M]. New York: Springer-Verlag, 1977.

[26] Dongarra J J, Bunch J R, Moler C B, et al. LINPACK user's guide [M]. Philadelphia: Society of Industrial and Applied Mathematics, 1979.

[27] Numerical Algorithm Group. NAG FORTRAN library manual [Z]. 1982.

[28] Press W H, Flannery B P, Teukolsky S A, et al. Numerical recipes, the art of scientific computing [M]. Cambridge: Cambridge University Press, 1986.

[29] Melsa J L, Jones S K. Computer programs for computational assistance in the study of linear control theory [M]. New York: McGraw-Hill, 1973.

[30] CAD Center. GINO-F Users' manual [Z]. 1976.

[31] Anderson E, Bai Z, Bischof C, et al. LaPACK users' guide [M]. 3rd ed. Philadelphia: SIAM Press, 1999.

[32] Wolfram S. The Mathematica book [M]. Cambridge: Cambridge University Press, 1988.

[33] Frank G. The Maple Book [M]. Los Angeles: Chapman & Hall/CRC, 2001.

[34] Åström K J. Computer aided tools for control system design [M]//Jamshidi M, Herget C J. Computer-aided control systems engineering. Amsterdam: Elsevier Science Publishers BV, 1985.

[35] Furuta K. Computer-aided design program for linear control systems [C]. Zurich: Proceedings of IFAC Symposium on CACSD, 1979, 267~272.

[36] Rosenbrock H H. Computer-aided control system design [M]. New York: Academic Press, 1974.

[37] Edmunds J M. Cambridge linear analysis and design programs [C]. Zurich: Proceedings IFAC Symposium on CACSD, 1979, 253~258.

[38] Maciejowski J M, MacFarlane A G J. CLADP: the Cambridge linear analysis and design programs [M] // Jamshidi M, Herget C J. Computer-aided control systems engineering. Amsterdam: Elsevier Science Publishers B V, 1985.

[39] Armstrong E S. ORACLS: a design system for linear multivariable control [M]. New York: Marcel Dekker Inc., 1980.

[40] 王治宝, 韩京清. CADCSC 软件系统: 控制系统计算机辅助设计 [M]. 北京: 科学出版社, 1997.

[41] 孙增圻, 袁曾任. 控制系统的计算机辅助设计 [M]. 北京: 清华大学出版社, 1988.

[42] 吴重光, 沈承林. 控制系统计算机辅助设计 [M]. 北京: 机械工业出版社, 1988.

[43] Moler C B. MATLAB: An interactive matrix laboratory [R]. Technical Report 369, Department of Mathematics and Statistics, University of New Mexico, 1980.

[44] Mitchell & Gauthier Associate. Advanced continuous simulation language (ACSL): user's manual [Z]. Mitchell & Gauthier Associate, 1987.

[45] 胡包钢, 赵星, 康孟珍. 科学计算自由软件 SCILAB 教程 [M]. 北京: 清华大学出版社, 2003.

[46] 薛定宇. 高等应用数学问题的 MATLAB 求解 [M]. 4 版. 北京: 清华大学出版社, 2018.

[47] 薛定宇. 薛定宇教授大讲堂(卷 VI): Simulink 建模与仿真 [M]. 北京: 清华大学出版社, 2021.

[48] Atherton D P, Xue D. The analysis of feedback systems with piecewise linear nonlinearities when subjected to Gaussian inputs [M] // Kozin F and Ono T. Control systems, topics on theory and application. Tokyo: Mita Press, 1991.

[49] Lamport L. LATEX: a document preparation system: user's guide and reference manual [M]. 2nd ed. Hoboken: Addision-Wesley Publishing Company, 1994.

[50] The MathWorks Inc. Creating graphical user interfaces [Z], 2001

[51] Nelder J A, Mead R. A simplex method for function minimization [J]. The Computer Journal, 1965, 7(4):308~313.

[52] Enright W H. Optimal second derivative methods for stiff systems [M] // Willoughby R A. Stiff

differential systems. New York: Plenum Press, 1974.

[53] Floudas C A, Pardalos P M. A collection of test problems for constrained global optimization algorithms [M]. Berlin: Springer-Verlag, 1990.

[54] 王万良. 自动控制原理 [M]. 北京: 科学出版社, 2001.

[55] Patel R V, Munro N. Multivariable system theory and design [M]. Oxford: Pergamon Press, 1982.

[56] Maciejowski J M. Multivariable feedback design [M]. Wokingham: Addison-Wesley, 1989.

[57] 陈怀琛. MATLAB 及在电子信息课程中的应用 [M]. 北京: 电子工业出版社, 2002.

[58] 薛定宇. 反馈控制系统的设计与分析: MATLAB 语言应用. 北京: 清华大学出版社, 2000.

[59] Davison E J. A method for simplifying linear dynamic systems [J]. IEEE Transaction on Automatic Control, 1966, AC-11(1):93~101.

[60] Chen C F, Shieh L S. A novel approach to linear model simplification [J]. International Journal of Control, 1968, 8(6):561~570.

[61] Bultheel A, van Barel M. Padé techniques for model reduction in linear system theory: a survey [J]. Journal of Computational and Applied Mathematics, 1986, 14(3):401~438.

[62] Hutton M F. Routh approximation for high-order linear systems [C]. Proceedings of 9th Allerton Conference, 1971, 160~169.

[63] Shamash Y. Linear system reduction using Padé approximation to allow retention of dominant modes [J]. International Journal of Control, 1975, 21(2):257~272.

[64] Lucas T N. Some further observations on the differential method of model reduction [J]. IEEE Transaction on Automatic Control, 1992, AC-37(9):1389~1391.

[65] Åström K J. Introduction to stochastic control theory [M]. London: Academic Press, 1970.

[66] Xue D, Atherton D P. A suboptimal reduction algorithm for linear systems with a time delay [J]. International Journal of Control, 1994, 60(2):181~196.

[67] Hu X H. FF-Padé method of model reduction in frequency domain [J]. IEEE Transaction on Automatic Control, 1987, AC-32(3):243~246.

[68] Gruca A, Bertrand P. Approximation of high-order systems by low-order models with delays [J]. International Journal of Control, 1978, 28(6):953~965.

[69] Levy E C. Complex-curve fitting [J]. IRE Transaction on Automatic Control, 1959, AC-4(1):37~44.

[70] Akaike H. A new look at the statistical model identification [J]. IEEE Transactions on Automatic Control, 1974, AC-19(6):716~723.

[71] Ljung L. System identification: theory for the user [M]. 2nd ed. Upper Saddle River: PTR Prentice Hall, 1999.

[72] Wang Q G, Ye Z, Cai W J, et al. PID control for multivariable processes [M]. Berlin: Springer, 2008.

[73] Kailath T. Linear systems [M]. Englewood Cliffs: Prentice-Hall, 1980.

[74] 郑大钟. 线性系统理论 [M]. 2 版. 北京: 清华大学出版社, 2002.

[75] 薛定宇, 任兴权. 连续系统的仿真与解析解法 [J]. 自动化学报, 1992, 19(6):694~702.

[76] MacFarlane A G J, Postlethwaite I. The generalized Nyquist stability criterion and multivariable root loci [J]. International Journal of Control, 1977, 25(1):81~127.

[77] Munro N. Multivariable control 1: the inverse Nyquist array design method [C] // Manchester: Lecture notes of SERC vacation school on control system design. 1989.

[78] 薛定宇. 薛定宇教授大讲堂(卷 VI): Simulink 建模与仿真 [M]. 北京: 清华大学出版社, 2021.

[79] Franklin G F, Powell J D, Workman M. Digital control of dynamic systems [M]. 3rd ed. Reading:

Addison Wesley, 1988.

[80] The MathWorks Inc. Simulink user's manual [Z].

[81] 韩京清，袁露林. 跟踪微分器的离散形式 [J]. 系统科学与数学, 1999, 19(3):268~273.

[82] 刘德贵，费景高. 动力学系统数字仿真算法 [M]. 北京: 科学出版社, 2001.

[83] Hairer E, Nørsett S P, Wanner G. Solving ordinary differential equations I: Nonstiff problems [M]. 2nd ed. Berlin: Springer-Verlag, 1993.

[84] Li Z G, Soh Y C, Wen C Y. Switched and impulsive systems: Analysis, design, and applications [M]. Berlin: Springer, 2005.

[85] 彭容修. 数字电子技术基础 [M]. 武汉: 武汉理工大学出版社, 2001.

[86] Frederick D K, Rimer M. Benchmark problem for CACSD packages [C]. Santa Barbara: Abstracts of the second IEEE symposium on computer-aided control system design, 1985.

[87] Rimvall C M. Computer-aided control system design [J]. IEEE Control Systems Magazine, 1993, 13(1):14~16.

[88] Balasubramanian R. Continuous time controller design [M], IEE Control Engineering Series, Volume 39. London: Peter Peregrinus Ltd, 1989.

[89] Kautskey J, Nichols N K, Van Dooren P. Robust pole-assignment in linear state feedback [J]. International Journal of Control, 1985, 41(5):1129~1155.

[90] Dorf R C, Bishop R H. Modern control systems [M]. 9th ed. Upper Saddle River: Prentice-Hall, 2001.

[91] 徐心和. 模型参考自适应系统 [Z]. 沈阳: 东北工学院讲义, 1982.

[92] Bennett S. Development of the PID controllers [J]. IEEE Control Systems Magazine, 1993, 13(6): 58~65.

[93] Åström K J, Hägglund T. PID controllers: theory, design and tuning [M]. Research Triangle Park, Instrument Society of America, 1995.

[94] 陶永华，尹怡欣，葛芦生. 新型 PID 控制及其应用 [M]. 北京: 机械工业出版社, 2001.

[95] Hang C C, Åström K J, Ho W K. Refinement of the Ziegler-Nichols tuning formula [J]. Proceedings of IEE, Part D, 1991, 138(2):111~118.

[96] O'Dwyer A. Handbook of PI and PID controller tuning rules [M]. London: Imperial College Press, 2003.

[97] Zhuang M, Atherton D P. Automatic tuning of optimum PID controllers [J]. Proceedings of IEE, Part D, 1993, 140(3):216~224.

[98] Murrill P W. Automatic control of processes [M]. Scranton: International Textbook Co, 1967.

[99] Cheng G S, Hung J C. A least-squares based self-tuning of PID controller [C]. Raleigh: Proceedings of the IEEE South East Conference, 1985, 325~332.

[100] Wang F S, Juang W S, Chan C T. Optimal tuning of PID controllers for single and cascade control loops [J]. Chemical Engineering Communications, 1995, 132(1):15~34.

[101] 刘金琨. 先进 PID 控制及其 MATLAB 仿真 [M]. 北京: 电子工业出版社, 2003.

[102] Johnson M A, Moradi M H. PID control: new identification and design methods [M]. London: Springer, 2005.

[103] Hellerstein J L, Diao Y, Parekh S, et al. Feedback control of computing systems [M]. Hoboken: IEEE Press and John Wiley & Sons Inc, 2004.

[104] Brosilow C, Joseph B. Techniques of model-based control [M]. Englewood Cliffs: Prentice Hall, 2002.

[105] Floyd T L. Digital fundamentals [M]. 11th ed. Harlow: Pearson Education Limited, 2015.